Technischer Fortschritt
und Arbeitslosigkeit

Jörg Sommer

Campus Forschung
Band 344

Harald Hagemann und Peter Kalmbach sind Hochschullehrer am Fachbereich Wirtschaftswissenschaft der Universität Bremen.

Harald Hagemann, Peter Kalmbach (Hg.)

Technischer Fortschritt und Arbeitslosigkeit

Campus Verlag
Frankfurt/New York

CIP-Kurztitelaufnahme der Deutschen Bibliothek

Technischer Fortschritt und Arbeitslosigkeit /
Harald Hagemann ; Peter Kalmbach (Hg.). –
Frankfurt/Main ; New York : Campus Verlag, 1983.
(Campus : Forschung ; Bd. 344)
ISBN 3-593-33246-9

NE: Hagemann, Harald [Hrsg.]; Campus / Forschung

Umschlaggestaltung: Eckard Warminski, Frankfurt/Main
Druck und Bindung: difo-druck, Bamberg
Printed in Germany

INHALT

Robert A. Dickler, Universität Frankfurt

Hans-Dieter Feser, Universität Regensburg

Alexander Gerybadze, VDI-Technologiezentrum Berlin

Jörg Glombowski, Katholieke Hogeschool Tilburg

Albert Jeck, Universität Kiel

Heinz D. Kurz, Universität Bremen

Thomas Lärm, Universität Regensburg

Bernd Mettelsiefen, Universität Paderborn

Joachim Wagner, Universität Hannover

Hans Peter Widmaier, Universität Regensburg

Harald Hagemann und Peter Kalmbach

TECHNISCHER FORTSCHRITT UND ARBEITSLOSIGKEIT: EINFÜHRUNG

In den letzten Jahren ist der Frage nach den Beschäftigungswirkungen neuer Technologien erhebliche Aufmerksamkeit zuteil geworden, zunächst vor allem in den Medien, zunehmend aber auch in der empirischen Forschung. Auslöser dafür war zweifellos das rasche Vordringen der Mikroelektronik, noch dazu in einer Phase, die bereits durch hohe Arbeitslosigkeit gekennzeichnet ist. Die Befürchtungen gehen dahin, daß der erst noch bevorstehende massenhafte Einsatz der Mikroelektronik einen erheblichen Abbau von Arbeitsplätzen verursachen und technologische Arbeitslosigkeit zur Folge haben wird. Von der empirischen Forschung wird insbesondere erwartet, daß sie Aussagen über die Realität solcher Befürchtungen zu machen im Stande ist.

Von der theoretischen Forschung wird der Empiriker dabei weitgehend im Stich gelassen. Was die Theorie der technologischen Arbeitslosigkeit anbetrifft, so gilt auch heute noch, was Neisser vor mehr als vierzig Jahren feststellte: Sie ist ein Stiefkind der ökonomischen Wissenschaft (Neisser 1942, S. 5o); man ist sogar geneigt hinzuzufügen, ein Stiefkind, dem häufig jede Familienzugehörigkeit abgesprochen wurde. Diese Außenseiterrolle einer Theorie der technologischen Arbeitslosigkeit hat negative Folgen für die empirische Forschung. Indem die wenigen vorliegenden Ansätze dem Empiriker nicht selten unbekannt sind oder zumindest mit seinen sonstigen, von der herrschenden Wirtschaftstheorie geprägten Einsichten im Widerspruch liegen, ist er schnell geneigt, auf theoretische Fundierungen weitgehend zu verzichten. Um die Beschäftigungswirkungen neuer Technologien zu ermitteln, versucht er gar nicht erst, Einflüsse und Zusammenhänge in einem Modell zu erfassen, sondern vertraut der "Expertenmeinung" über die zu erwartenden Beschäftigungseffekte. Nun ist sicher etwas an der Aussage, daß ein Experte jemand ist, der von immer weniger immer mehr versteht. Um die Beschäftigungswirkungen zu erfassen, müßte man aber von sehr vielem etwas verstehen, von mehr jedenfalls als Experten mit ihrer notwendigerweise oft partiellen Sichtweise. Die Erhebung von Expertenmeinungen kann den empirischen Forscher deshalb nicht davon entlasten, über Einflußgrößen und Wechselwirkungen nachzudenken oder kurz: sich um eine theoretische Basis zu bemühen.

Der hier vorgelegte Band kann das bestehende Schisma zwischen theoretischer Forschung über die Frage technologischer Arbeitslosigkeit und den empirischen Versuchen, die Beschäftigungswirkungen neuer Technologien zu erfassen, nicht auflösen: auch die hier versammelten Arbeiten gehören recht eindeutig der einen oder der anderen "Fraktion" an. Er kann aber zu einer Verringerung der Kluft beitragen, in dem z.T. nahezu in Vergessenheit geratene Beiträge zu einer Theorie technologischer Arbeitslosigkeit aufgegriffen und einer erneuten Betrachtung unterzogen werden. Ihre Rezeption und Fortentwicklung könnte dazu beitragen, der empirischen Forschung eine befriedigendere theoretische Fundierung zu verschaffen.

Die überraschende Entdeckung, die man macht, wenn man die Theorien technologischer Arbeitslosigkeit in der Literatur sichtet, ist folgende: Sie sind - mit nur einer bemerkenswerten Ausnahme - allesamt von Ökonomen formuliert worden, die Vertreter der klassischen Politischen Ökonomie sind oder in deren Tradition stehen. Wir denken speziell an Ricardo, Mill und Marx, an Lederer und Kähler, die Anfang der dreißiger Jahre diese Frage wieder aufnahmen und an Lowe (1976), dessen Arbeit zu den wenigen gehört, die in jüngerer Zeit zur Frage technologischer Arbeitslosigkeit theoretisch Substanzielles beigetragen haben.

Die erwähnte Ausnahme ist Hicks (1973). Ohne ihn müßte man feststellen, daß Vertreter der neoklassischen Theorie zur Frage der technologischen Arbeitslosigkeit nichts beizutragen haben. Hicks widerlegt diese allzu globale Feststellung, wobei es allerdings bemerkenswert ist, daß er einen "neo-österreichischen" Ansatz zugrundelegt, d.h. den für die österreichische Kapitaltheorie so charakteristischen Zeitaspekt in den Vordergrund rückt, der in der von Hicks früher propagierten "Walrasianischen" Neoklassik (Hicks, 1939) nur eine verkümmerte Rolle spielt.

Nun wird man nicht leugnen können, daß die heute fast ausschließlich gelehrte Theorie auf der Walrasianischen Theorie des allgemeinen Gleichgewichts basiert, wenn auch viele Studenten nur mit Vulgärversionen davon in Berührung kommen. Reichlich unverbunden damit erfährt der Student daneben etwas über die Keynesianische Beschäftigungstheorie - häufig in der Form der "neoklassischen Synthese". Beides zusammen führt dazu, daß sich die Frage nach einer technologischen Arbeitslosigkeit gar nicht mehr stellt.

1. Technologische Arbeitslosigkeit - gibt's die?

Im Zentrum der neoklassischen Theorie steht der Allokationsaspekt. Ihre zentrale Botschaft läßt sich ohne Berücksichtigung der Produktion formulieren und die Behandlung des "reinen Tauschs" ist auch heute noch oft genug der Ausgangspunkt mikroökonomischer Lehrbücher. Die Frage, die sie sich vorgibt, lautet: Welches ist und wie kommt es zu einer "optimalen Allokation" eines in Höhe und Verteilung gegebenen Güterbestands? Werden bestimmte Eigenschaften der individuellen Nutzenfunktionen vorausgesetzt, so läßt sich zeigen, daß ein atomistischer Wettbewerb nutzenmaximierender Individuen ein Preissystem zur Folge hat, das eine Pareto-optimale Konstellation beschreibt: keiner kann besser gestellt werden, ohne daß ein anderer dadurch geschädigt wird.

Diese Demonstration für den reinen Tausch wird bei der Berücksichtigung der Produktion nur leicht modifiziert. Als gegeben vorausgesetzt wird nicht mehr eine bestimmte Gütermenge, es sind jetzt "Produktionsfaktoren", die durch den Produktionsprozeß in Güter transformiert werden. Die Preisbildung bei den Produktionsfaktoren unterscheidet sich von der Güterpreisbildung in der neoklassischen Behandlung in keiner wesentlichen Hinsicht. Wie die Güterpreise werden auch die Faktorpreise als Knappheitsindizes, bzw. als optimale Allokatoren der einzusetzenden Produktionsfaktoren angesehen. Setzt man ausreichende Substitutionsmöglichkeiten voraus, so muß es immer Faktorkombinationen und damit verbundene Faktorpreisrelationen geben, die einen vollen Einsatz aller Faktoren gewährleisten. Wird ein Faktor in einer geringeren als der angebotenen Menge eingesetzt, so handelt es sich um ein "freies Gut", das nur einen Preis von null haben kann.

Nach dieser Sicht der Dinge gibt es eigentlich nur zwei Möglichkeiten, Arbeitslosigkeit - oder wie sich das in dieser Theorie darstellt: teilweise Nichtnutzung des Faktors Arbeit - zu erklären. Die erste bestünde darin, die Voraussetzung ausreichender Substitutionsmöglichkeiten in Frage zu stellen. Ist Substitution nur in beschränktem Umfang möglich, so könnte der vorhandene Kapitalstock eine Restriktion bezüglich der Beschäftigungsmöglichkeiten ausüben. Weil nicht jedes Kapital-Arbeitsverhältnis möglich ist, könnte die Beschäftigung durch den vorhandenen Kapitalstock beschränkt sein - und zwar auf eine Höhe, die unterhalb der Vollbeschäftigung liegt.

Modelle, in denen eine solche Voraussetzung eingeführt wurde, haben in der Entwicklungstheorie eine gewisse Rolle gespielt, in der neoklassischen Theorie kommt dieser Annahme keine größere Bedeutung zu. Sie geht üblicherweise von einer Voraussetzung aus, die Lowe folgendermaßen formuliert hat: "The stock of capital as it exists at any moment is regarded as offering, at least in principle unlimited employment opportunities" (Lowe, 1955, S. 235). Eine technisch gegebene Beschränkung der Substitutionsmöglichkeiten wird demnach ausgeschlossen. Was bleibt, sind - und das ist die zweite der erwähnten Möglichkeiten - "Unvollkommenheiten", vor allem in der Form institutioneller Hindernisse, die einen vollen Einsatz des Faktors Arbeit verhindern können. Im wesentlichen geht es dabei um die Hemmnisse, die der Herausbildung der erforderlichen (nämlich die Faktormärkte räumenden und damit u.a. zu Vollbeschäftigung führenden) Faktorpreisrelationen entgegenstehen.

Die Erklärung von Arbeitslosigkeit fällt in diesem Kontext mit Begründungen dafür zusammen, daß der Lohnsatz auf einem Niveau verharrt, das am Arbeitsmarkt keine Markträumung erlaubt. Es gäbe zwar einen markträumenden (niedrigeren) Lohnsatz, aber es besteht eine Inflexibilität der Löhne nach unten, die diesen Lohnsatz verhindert. Dafür verantwortlich gemacht werden in der Regel die Gewerkschaften, die manchem Neoklassiker im wesentlichen als Verhinderungsinstanzen des markträumenden Lohnsatzes erscheinen.

Es kann wenig überraschen, welche Behandlung und Einschätzung technologische Arbeitslosigkeit unter einem solchen Blickwinkel erfährt. Entweder wird die Möglichkeit einer solchen Form der Arbeitslosigkeit verneint oder aber technologische Arbeitslosigkeit wird zu einem Synonym für Mindestlohnarbeitslosigkeit.

Ein gewisses Problem ergibt sich für die neoklassische Theorie dadurch, daß nach ihrer Logik, die für eine volle Nutzung aller Produktionsfaktoren erforderlichen Faktorpreisverhältnisse einen Lohnsatz unter dem Existenzminimum keinesfalls ausschließen. Viele neoklassische Autoren übergehen dies einfach, nicht jedoch Wicksell, der im Hinblick auf eine Zweiklassengesellschaft mit Arbeitern und Grundbesitzern folgendes ausführt: "Nicht einmal unter Annahme, daß der Arbeitslohn sich bereits auf dem Lebensminimum befinde und also nach der gewöhnlichen Anschauungsweise nicht tiefer sinken könne, wird das Resultat anders ausfallen. In der Wirklichkeit können ja die Arbeitslöhne nicht nur zufälligerweise unter das Lebensminimum herabgedrückt werden, sondern auch unter ihm stehen bleiben, letzteres nämlich dann, wenn die Arbeiter und ihre Familie auf anderem Wege, z.B. durch die Armenordnung, das erhalten, was ihnen zum Lebensunterhalte fehlt, wie es am Ende des 18. und zu Anfang des 19. Jahrhunderts in England in großem Umfange üblich war. Setzen wir nun voraus, daß die vorhandene Arbeiterbevölkerung unter allen Umständen auf eine oder die andere Art und Weise durch die Fürsorge der Grundbesitzer unterhalten werden müsse, so würde es diesen tatsächlich mehr Vorteil bringen, wenn sie die Arbeitslöhne bis auf den Punkt hinabbrächten, auf welchen sie bei freier Konkurrenz zu fallen die Tendenz haben, und dann den an dem Unterhalte der Arbeiter fehlenden Rest auf dem Wege der Wohltätigkeit ausfüllten, als wenn jeder angestellte Arbeiter notwendigerweise sein Lebensminimum verdienen muß, was ja, besonders nach einer technischen Erfindung oben erwähnter Art, die Folge haben könnte, daß eine große Anzahl ganz ohne Arbeit bliebe und alle diese unbeschäftigten Arbeiter mit ihren Familien der Armenpflege vollständig zur Last fielen" (Wicksell, 1913, S. 2o3).

Dies ist eine durchaus konsequente, wenngleich bis zur Absurdität getriebene Anwendung der zugrundeliegenden Theorie: Wenn Preise, also auch Löhne, Knappheitsindizes darstellen, so darf am allgemeinen Verpreisungsprinzip auch dann nicht gerüttelt werden, wenn man es mit einem Preis zu tun hat, der - wie der Lohnsatz - bestimmte Besonderheiten aufweist. Stets hat zu gelten: Die relative Seltenheit bestimmt den Preis, bzw. Preise sind Ausdruck der relativen Seltenheit. Sozialpolitisch motivierte Maßnahmen sind erlaubt - in die Preisbildung darf selbst dann nicht eingegriffen werden, wenn ein Lohnsatz unter dem Existenzminimum sich als optimaler Allokator erweist. Diese Position läßt sich bis zu zeitgenössischen Neoklassikern verfolgen (siehe z.B. Meade, 1964).

Natürlich stellt die von Wicksell angestellte Überlegung auf einen Extremfall ab, in dem der technische Fortschritt (sic!) den Lohn unter den Existenzminimumlohn drückt. Die Antwort der Neoklassik auf das Problem der technologischen Arbeitslosigkeit wird hier aber deutlich. So argumentiert Wicksell z.B. gegen Ricardo, daß die durch die Einführung der Maschinerie entstehende Arbeitslosigkeit durch den fallenden Lohnsatz wieder absorbiert wird, da die Unternehmer in allen Sektoren der Ökonomie Kapital durch Arbeit substituieren werden. Pasinetti bemerkt dazu: "If one follows this argument logically, one comes to the conclusion that a continuous process of technical progress is accompanied by a continuous process of decreasing wage rates! The conclusion is so absurd that it requires no comment" (Pasinetti 1981, S. 23o). Man muß diesen harschen Kommentar allerdings insofern etwas einschränken als Wicksell in diesem Zusammenhang nicht die allgemeine Wirkung des technischen Fortschritts, sondern eine besondere Form diskutiert, die dadurch gekennzeichnet ist, daß das Grenzprodukt der Arbeit sinkt.

Substitutionsmöglichkeiten auf der technischen Seite, Flexibilität der Faktorpreise auf der ökonomischen sind also nach neoklassischer Sicht die Voraussetzung zur Vermeidung technologischer Arbeitslosigkeit. Diese Annahmen sind auch grundlegend für die neoklassische Wachstumstheorie und erklären, weshalb in der Flut an wachstumstheoretischer Literatur dem Problem der technologischen Arbeitslosigkeit keinerlei Aufmerksamkeit geschenkt wurde. Solow (1956) hatte in seinem für die neoklassische Wachstumstheorie grundlegende Aufsatz den Weg gewiesen, indem er ein Zweifaches postulierte: 1. Fragen des wirtschaftlichen Wachstums sind Fragen der langen Frist und 2. Fragen der langen Frist sind die Domäne der neoklassischen Analyse, "the land of the margin". Damit schien ihm ausreichend begründet, daß es jedenfalls nicht Aufgabe der Wachstumstheorie sein könne, Beschäftigungshöhe und Kapazitätsauslastung zu thematisieren. Er und zahllose Nachfolger gingen fürderhin davon aus, daß der Preismechanismus stets in der Lage ist, Faktorangebot und -nachfrage in Übereinstimmung zu bringen. Da der volle Einsatz aller Faktoren somit vorausgesetzt wurde, blieb der Wachstumstheorie nur noch die Aufgabe, die Entwicklung der verschiedenen Faktoren zu untersuchen. Technischer Fortschritt wurde zwar berücksichtigt, aber selbst wenn von arbeitsparendem Fortschritt die Rede war, hatte das nichts mit technologischer Arbeitslosigkeit zu tun, der arbeitsparende Charakter kam lediglich in den Faktorverhältnissen zum Ausdruck.

Fassen wir den bisherigen Befund zusammen. Daß bei starren Faktoreinsatzverhältnissen Arbeitslosigkeit etwa wegen eines Mangels an Kapital bestehen kann, würden Neoklassiker nicht leugnen. Sie gehen aber davon aus, daß stets ausreichende Substitutionsmöglichkeiten bestehen, so daß es von der technischen Seite her keine vollbeschäftigungsbehindernde Restriktion gibt. Tritt dennoch Arbeitslosigkeit auf, so sind dafür Unvollkommenheiten bzw. institutionelle Hemmnisse verantwortlich, die den Preismechanismus darin behindern, daß der markträumende Lohnsatz zustande kommt. Wenn als Folge eines technischen Fortschritts Arbeitslosigkeit auftritt, so ist ihnen das Indiz dafür, daß es an der notwendigen Lohnflexibilität hapert, denn im Grundsatz gibt es einen markträumenden Lohn. Das heißt aber: Kompensation ist stets möglich, wenn keine Beschränkungen des Preismechanismus vorliegen. Technologische Arbeitslosigkeit ist im neoklassischen Verständnis letztlich Mindestlohnarbeitslosigkeit.

Wenden wir uns nun kurz der zweiten theoretischen Richtung zu, mit der ein Ökonomiestudent in Berührung kommt, der Keynesschen Beschäftigungstheorie. Kann man von ihr etwas über technologische Arbeitslosigkeit lernen? Die Antwort muß negativ ausfallen. Keynes macht die Voraussetzung seiner Analyse genügend deutlich: "We take as given the existing skill and quantity of available labour, the existing quality and quantity of available equipment, the existing technique ..." (Keynes, 1936, S. 245). Er betont zwar, daß er die in seiner Analyse als gegeben angenommenen Größen nicht für konstant hält; die Konsequenzen ihrer Veränderungen zu untersuchen, ist jedoch nicht Gegenstand seiner Theorie. Sein Thema ist Arbeitslosigkeit, die auf einem Mangel an effektiver Nachfrage beruht und nichts sonst.

Während die Beschränkung der Keynesschen Analyse auf "deficient demand" - Arbeitslosigkeit verständlich macht, daß er zur Behandlung der technologischen Arbeitslosigkeit keinen Ansatzpunkt bietet, muß erstaunen, daß auch die postkeynesianische Wachstumstheorie dazu recht wenig beisteuert. Am deutlichsten wird das in den verschiedenen Wachstumsmodellen, die Kaldor (1957, 1961, Kaldor/ Mirrlees 1962) vorgestellt hat. Sie sind allesamt Vollbeschäftigungsmodelle, was z.B. Samuelson (1955) veranlaßte, von Jean Baptiste Kaldor zu sprechen. Samuelson mißverstand Kaldor allerdings, wenn er den Verteilungsmechanismus als einen Mechanismus zur Erreichung von Vollbeschäftigung interpretiert. Kaldor ging davon aus, daß es im Kontext einer wachstumstheoretischen Analyse legitim ist, Vollbeschäftigung vorauszusetzen, weil er - ein sicherlich zeitbedingtes Element einer Analyse - in langfristiger Betrachtung Vollbeschäftigung als Normalzustand ansah. Unter dieser Annahme tritt bei ihm der Verteilungsmechanismus an die Stelle des keynesianischen Multiplikators.

Andere Vertreter der postkeynesianischen Wachstumstheorie, vor allem Harrod und J. Robinson lassen mit ihren Ansätzen schon eher die Möglichkeit zu, technologische Arbeitslosigkeit zu behandeln. Aber auch für sie ist diese ein Phänomen, dem nur am Rande Aufmerksamkeit geschenkt wird.

Die gängigen Richtungen bieten also insgesamt wenig Ansatzpunkte für einen Rahmen, der eine fruchtbare Analyse gestattet. Wie schon bemerkt, sind es vor allem Vertreter der klassischen Politischen Ökonomie und Autoren, die in dieser Tradition stehen, die zu einer Theorie technologischer Arbeitslosigkeit beigetragen haben. Deren Ansatz haben wir uns deshalb näher zuzuwenden.

2. Die Maschineriedebatte der klassischen Politischen Ökonomie

In weitgehendem Gegensatz zu den Naturwissenschaften besitzt in den Wirtschafts- und Sozialwissenschaften die Auseinandersetzung mit den "Größen" der Vergangenheit nicht nur eine theoriegeschichtliche Bedeutung, sondern kann oftmals einen notwendigen und fruchtbaren Beitrag zu laufenden Debatten leisten. Dies wird an der Frage der Beschäftigungswirkungen des technischen Wandels deutlich, die von den Klassikern sowie in der Freisetzungs- und Kompensationsdebatte der zwanziger und dreißiger Jahre besonders intensiv diskutiert worden ist.

Wurden die Wirkungen des technischen Fortschritts von Smith und Say sowohl vom Standpunkt der Gesellschaft wie der Arbeiter aus noch als eindeutig vorteilhaft erachtet, so ändert sich diese Einschätzung mit dem in der dritten Auflage von Ricardos Principles (1821) neu eingefügten Kapitel "On Machinery", in dem der Autor u.a. behauptet, daß im Gegensatz zur herrschenden Meinung und zu seinen früheren Ansichten "die Ersetzung von menschlicher Arbeit durch Maschinen den Interessen der Arbeiterklasse oft sehr schade". Im weiteren Verlauf seiner Erörterungen stellt Ricardo dann allerdings fest, daß die nachteiligen Folgen nur bei plötzlicher Einführung neuer Maschinerie zu erwarten sind und daß im Zuge der Kapitalakkumulation die freigesetzten Arbeiter wieder Beschäftigung finden. Ricardo deutet damit die beiden Richtungen an, die sich in nachfolgenden Debatten immer wieder gegenüberstehen: die Freisetzungs- und Kompensationstheorie des technischen Fortschritts. Da mit Ricardos Ausführungen die Geburtsstunde der Beschäftigungswirkungen des technischen Fortschritts als Gegenstand ernsthafter wirtschaftswissenschaftlicher Analyse läutet, keiner der späteren Autoren in dieser Frage an Ricardos Beitrag vorbeikommt und Ricardos Ansatz seit jeher recht gegensätzlichen Einschätzungen unterliegt, ist eine detaillierte Darstellung und kritische Würdigung seiner Argumentation unverzichtbar. Dieser Aufgabe widmen sich Jeck und Kurz mit großer Akribie. Ihr Beitrag zeigt zugleich das tatsächliche Ausmaß von Ricardos Positionswechsel auf, das vielfach überschätzt worden ist.

Ricardos Abkehr von seinem früheren Standpunkt, daß technische Innovationen stets allen Klassen zum Vorteil gereichen, da dies für die Arbeiterklasse nicht zutreffe, hat ihm neben zahlreicher Kritik auch viel Lob eingetragen, so u.a. von Marx, der Ricardos Ehrlichkeit bei der Revision seiner Ansichten über die Anwendung von Maschinen hervorhebt. Es ist jedoch zu betonen, daß Ricardo zwar die Möglichkeit nachteiliger Wirkungen des technischen Fortschritts für die Arbeiterklasse akzentuiert, nicht jedoch ihre Notwendigkeit, und darüber hinaus, daß technologische Arbeitslosigkeit als dauerhaftes, strukturelles Problem nicht existiert, sondern nur als Kapitalmangeltheorie temporärer Arbeitslosigkeit. Jeck und Kurz rücken zurecht, daß sich zwischen Ricardos "neuer" und seiner "alten" Ansicht hinsichtlich der Wirkungen der Maschinerie keine Welten auftun, sondern die Freisetzungsdramatik vor allem aus der Annahme eines plötzlichen Innovationsstoßes resultiert, in Verbindung mit Ricardos Methode der isolierenden Abstraktion, die die Beschäftigungswirkungen deshalb in aller Schärfe aufzeigt, da von der kompensierenden Kapitalakkumulation zunächst abstrahiert wird.

Aufgrund der mit der Maschinenanwendung verbundenen Senkungen der Produktionskosten fließen den innovatorischen Unternehmern Extraprofite zu, was ihre Fähigkeit zum Akkumulieren erhöht und damit eine Kompensation der mit dem technologischen Wandel verbundenen negativen Beschäftigungseffekte ermöglicht. Ricardo sieht also in der Kapitalakkumulation die notwendige Vorausetzung einer Wiedereinstellung der entlassenen Arbeiter (1), erkennt andererseits jedoch auch, daß mit einer forcierten Kapitalakkumulation eine immanente Tendenz zur verstärkten Einführung arbeitsparender Produktionstechniken einhergeht. Obwohl Ricardo selbst betont, daß es auf die Dauerhaftigkeit der Akkumulationstendenz ankommt und es sein unvergängliches Verdienst bleibt, die kapitaltheoretische Dimension des Maschinerieproblems aufgezeigt zu haben, versäumt er es jedoch, die genauen technologischen und verhaltensmäßigen Bedingungen herauszuarbeiten, die erfüllt sein müssen, um das ursprüngliche Beschäftigungsniveau wieder zu erreichen. Seine Analyse des Anpassungsprozesses bleibt rudimentär. Dies führt manche Interpreten zu der überzogenen Schlußfolgerung, daß das Kapitel "On Machinery is uncharacteristically (for Ricardo) short-run" (Maital und Haswell 1977, S. 366).

Am stärksten aufgegriffen und fortgeführt wird Ricardos Maschinerieanalyse von John Stuart Mill (1848), der auch die beiden zentralen Gedanken übernimmt: Freisetzung durch eine Kapitalumlenkung (Lohnfondsthese) und Kompensation über eine hinreichende Kapitalakkumulation. Im Gegensatz zu der nachfragetheoretischen Argumentation von Malthus und Sismondi, die eine unterkonsumtionstheoretische Position vertraten, von der aus sie die Saysche Kaufkraftthese der Kompensation kritisierten, gab Ricardo

(1) Im übrigen sei angemerkt, daß Ricardo einen sinkenden Reallohnsatz weder als eine notwendige Konsequenz der Freisetzung von Arbeitskräften noch als ein effektives Gegenmittel zu deren Kompensation ansieht.

der Freisetzungstheorie durch die Einführung des Kapital (umlenkungs)argumentes eine neue Begründung. Seiner Ansicht nach ist die Einführung neuer Maschinerie untrennbar mit einer Verringerung des Lohnfonds verbunden. Als Folge des Technikenwechsels steigt das Verhältnis des fixen zum zirkulierenden Kapital, wobei letzteres die periodisch vorgeschossenen Löhne, d.h. die Subsistenzmittel der Arbeiter, in ihrer Höhe festlegt. Während in der Konstruktionsphase der Maschine die Beschäftigung aufrechterhalten bleibt, sinkt mit Beginn der Nutzungsphase aufgrund der verringerten Produktion von Lohngütern in der Vorperiode die Beschäftigung. Veränderungen der Beschäftigung werden somit ausschließlich zurückgeführt auf Veränderungen in der physischen Zusammensetzung des Kapitalstocks, dessen Wert als gegeben und konstant unterstellt wird.

Da die Größe des Lohnfonds für die Beschäftigungsmöglichkeiten von Arbeitern entscheidend ist, führt eine Verringerung der produzierten Lohngüter zu einer Freisetzung von Arbeitern und/oder einem Fall des Reallohns. Bei Konstanz des Reallohns muß jede Verringerung des Lohnfonds Arbeitslosigkeit hervorrufen. Zwar identifiziert Ricardo das zirkulierende Kapital nicht unmittelbar mit dem Lohnfonds, jedoch unterstellt er eine direkte Proportionalität zwischen dem Beschäftigungsvolumen und dem zirkulierenden Kapital: "The increase of circulating not of fixed capital, regulates the demand for labour" (Ricardo 1951, S. 432). Das Beschäftigungsniveau bleibt auch bei Mill abhängig vom vorhandenen Lohnkapital. Allerdings geht er in einem wichtigen Punkt über Ricardo hinaus, indem er betont, daß zum zirkulierenden Kapital nicht nur Lohngüter gehören und daher auch von Veränderungen in der Struktur des zirkulierenden Kapitals Beschäftigungswirkungen ausgehen können: "that the portion of capital consumed in the form of seed or material, though, unlike fixed capital, it requires to be at once replaced from the gross produce, stands yet in the same relation to the employment of labour as fixed capital does. What is expended in materials is as much withdrawn from the maintenance and remuneration of labourers, as what is fixed in machinery; and if capital now expended in wages were diverted to the providing of materials, the effect on the labourers would be as prejudicial as if it were converted into fixed capital" (Mill, S. 1oo).

Im Gegensatz zu Ricardo, der lediglich den zirkulierenden Teil des Marxschen variablen Kapitals berücksichtigt und von Roh- und Hilfsstoffen sowie Zwischenprodukten abstrahiert, berücksichtigt Mill - in Marxscher Terminologie - also auch den zirkulierenden Teil des konstanten Kapitals. Obwohl Mill Ricardos These vertritt, daß aus einer Verringerung des Lohnfonds negative Beschäftigungswirkungen resultieren, hält er diesen Fall praktisch für irrelevant "since there is probably no country whose fixed capital increases in a ratio more than proportional to its circulating " (Mill, S. 97), zumal auch ein allein aufgrund der skizzierten Strukturveränderungen innerhalb des zirkulierenden Kapitals auftretender Beschäftigungseffekt "is a kind of change which seldom, if ever, takes place" (S. 1oo).

Mill, der theoretisch immer wieder die Möglichkeiten der Arbeiterfreisetzung akzentuiert, ist mit Blick auf die Realität ein Kompensationsoptimist, da die potentielle technologische Arbeitslosigkeit in der Regel durch eine ausreichende Kapitalakkumulation kompensiert werde. Es ist vor allem diese theoretische Begründung der Freisetzungs- wie der Kompensationsvorgänge, aufgrund derer man Mill trotz seines Kompensationsoptimismus zu den Freisetzungstheoretikern zählen muß. Dies zeigt sich auch daran, daß er die von den Kaufkraftkompensationstheoretikern vertretene These einer endogenen Kompensation zurückweist, wonach es über die mit der Einführung der Maschinerie verbundenen, die effektive Gesamtnachfrage stimulierenden Produktionskostensenkungen zu einer automatischen Wiederbeschäftigung der freigesetzten Arbeiter kommt, denn: "Demand for commodities is not demand for labour" (Mill, S. 79). In seinen berühmten vier "fundamental propositions respecting capital" sowie dem anschließenden Kapitel über "circulating and fixed capital" (Kapitel V und VI von Buch I, "Production") arbeitet Mill seine Position heraus, bei der deutlich wird, daß er in der Nachfolge Ricardos primär kapitaltheoretisch argumentiert und die Beschäftigungsproblematik in eine Akkumulationstheorie einzubetten versucht.

Der erste der vier Millschen Lehrsätze über die Rolle des Kapitals im Produktionsprozeß beinhaltet, daß die Produktions- und Beschäftigungsmöglichkeiten durch das vorhandene Kapital begrenzt werden ("Industry is limited by capital"). Unter der bei Mill anklingenden Vorstellung fixer Produktionskoeffizienten und der Vollauslastungsannahme bedeutet dies, daß die Beschäftigung nur über eine zusätzliche Kapitalbildung erhöht werden kann: "While on the one hand, industry is limited by capital, so on the other, every increase of capital gives, or is capable of giving, additional employment to industry" (Mill, S. 66). Der für eine erfolgreiche Kompensation erforderliche Spar- und Investitionsprozeß (Lehrsatz 2: "Capital is the result of saving") wird zweifelsohne dadurch begünstigt, daß die Unternehmerkapitalisten aus der Einführung arbeitsparender Maschinerie einen Vorteil ziehen, der sich in einem Anstieg der Profitrate äußert.

Indem er die "tendency of improvements in production to cause increased accumulation, and thereby ultimately to increase the gross produce (1), even if temporarily diminishing it" (S. 98) akzentuiert, verdeutlicht Mill, daß die Einführung verbesserter Maschinerie über eine Anregung der Spar- und Akkumulationstätigkeit zugleich die Basis für eine erfolgreiche Absorption der freigesetzten Arbeiter in sich birgt. Während es somit an der langfristigen Vorteilhaftigkeit der Einführung technologischer Innovationen für die Arbeiter selbst in der existierenden Gesellschaft keinen Zweifel gebe, müßten die negativen Auswirkungen plötzlicher Innovationsstöße durch wirtschaftspolitische Maßnahmen des Staates gemildert werden, die auf eine Verminderung des Innovationstempos hinauslaufen (vgl. Mill, S. 99). Dieser für den potentiellen Fall einer eintretenden technologischen Arbeitslosigkeit befürwortete Interventionismus ist für einen liberalen Ökonomen alles andere als selbstverständlich und in der Folgezeit teilweise überrascht bis stirnrunzelnd zur Kenntnis genommen worden. "And while Ricardo had frowned on state interference with the rate of technical advance, Mill does not hesitate to recommend measures to moderate its rapidity. ... No one went as far as Mill did, however, in suggesting direct interference with private decisions to introduce new machinery" (Blaug 1968, S. 189 f.).

Im dritten Lehrsatz betont Mill, daß Kapital - obwohl Resultat des Sparens - im Produktionsprozeß konsumiert wird und dieser produktive Konsum gerade Voraussetzung seiner kontinuierlichen Reproduktion ist, dabei den Arbeitern entsprechende Beschäftigungsmöglichkeiten liefernd. Der kontroverseste und in der Folgezeit vieldiskutierte Lehrsatz ist der vierte, worin Mill hervorhebt, daß Nachfrage nach Gütern nicht gleichbedeutend ist mit

(1) Wie bei Ricardo unterscheidet sich bei Mill das Bruttoprodukt bzw. Bruttoeinkommen durch den Lohnfonds vom Nettoprodukt bzw. Nettoeinkommen. Der über die Einführung neuer Maschinerie entscheidende Unternehmerkapitalist ist nicht am Bruttoeinkommen, d.h. (bei Abstraktion vom Rentenphänomen) der Summe aus Profiten und Löhnen - und damit für einen gegebenen Reallohnsatz indirekt am Beschäftigungsvolumen - interessiert, sondern ausschließlich am Profit, dem Nettoeinkommen. Ricardos Kapitalumlenkungsargument beinhaltet ein zunächst sinkendes Bruttoeinkommen bei steigendem Nettoeinkommen, dessen weitere Verwendung für die langfristig resultierende Beschäftigungsentwicklung von entscheidender Bedeutung ist.

Nachfrage nach Arbeitskräften, ein Zusammenhang, der nach allgemeiner Vorstellung zweifelsohne ein Paradoxon sei und daher einer intensiven Diskussion bedürfe (1). Dieses vierte Prinzip steht im untrennbaren Zusammenhang mit dem ersten: So wie der Umfang der Produktion abhängig ist vom Kapital, so ist die Nachfrage nach Arbeitskräften abhängig von der Menge der vorhandenen Lohngüter. Ohne zusätzliche Kapitalbildung aus dem Nettoprodukt ist keine zusätzliche Nachfrage nach Arbeitskräften möglich. Mills vierter Lehrsatz ist die direkte Antithese zum Kaufkraftkompensationstheorem, dessen Inhalt man auch in dem Satz zusammenfassen kann: demand for commodities is demand for labour. Im Gegensatz dazu wird Mill nicht müde zu betonen, daß sich die Arbeitsnachfrage nicht aus der Güternachfrage konstituiert, die für Mill nur die Richtung bestimmt, in der Arbeit eingesetzt wird, d.h. die Verteilung eines Beschäftigungsvolumens, das allein vom Umfang des gebildeten Lohnkapitals determiniert wird. Die Bedeutung der Millschen Ausführungen liegt darin, daß er auf die unternehmerischen Spar- und Investitionsentscheidungen als notwendiger Vorbedingung einer Expansion der Produktion und Beschäftigung abstellt. Sie laufen auf die Vorstellung hinaus, daß das Beschäftigungsniveau eine direkte Funktion der Kapitalbildung ist. Dementsprechend ist die Einführung neuer Maschinerie immer dann unproblematisch - und dies ist für Mill der Regelfall -, wenn die Kapitalakkumulation im Verhältnis zum Umfang und Tempo des technischen Fortschritts groß genug ist, um via Bildung zusätzlichen (Lohn-)Kapitals eine Kompensation zu ermöglichen.

Obwohl Mill zurecht auf die Ausblendung des Produktionsprozesses als entscheidende Schwäche des Kaufkraftkompensationstheorems verweist, abstrahiert auch er von allen Problemen, die aus der Heterogenität der Kapitalgüter und der Arbeit resultieren. So setzt seine Argumentation, daß eine Veränderung der Nachfrage- und Produktionsstruktur keine Beschäftigungswirkungen zur Folge habe, die implizite Annahme identischer sektoraler Kapitalintensitäten voraus.

Das Verdienst von Mill liegt sicherlich darin, daß er die Kapitalfrage weiter verfolgt als Ricardo und die Analyse der Freisetzungs- und Kompensationsproblematik konsequent in das generelle Bezugssystem der klassischen Triade von technischem Fortschritt, Akkumulation und Beschäftigung verweist. Mill arbeitet jedoch ebenfalls nicht deutlich genug heraus, daß eine erfolgreiche Kompensation nicht nur vom Lohnfonds, sondern vor allem auch vom neu

(1) Vgl. Mill (1976), S. 78-9o sowie zur weitreichenden Rezeption dieses "Paradoxons" Thompson (1975).

zu schaffenden "fixen" Kapital abhängt, ein Tatbestand, der erst bei Marx voll zur Geltung kommt.

Marx (1) ist als Freisetzungstheoretiker von den beiden bisher behandelten Autoren entscheidend beeinflußt, sicher stärker von Ricardo als von Mill, von letzterem jedoch mehr als seine geringe Wertschätzung von dessen Arbeiten erwarten ließe. Einfluß auf seine Behandlung der Freisetzungsfrage hat auch Barton ausgeübt, dem bereits Ricardo in seinem Maschineriekapitel eine längere Fußnote widmete. Der Bartonschen Idee, daß das fixe Kapital im Verhältnis zum zirkulierenden steigt, konnte Ricardo, der ja eben dies in seinem Beispiel behandelt, durchaus zustimmen, nicht aber dessen Aussage, daß man sich leicht vorstellen könne, daß die gesamte Sparsumme einer Periode sich ausschließlich in einer Erhöhung des Fixkapitals niederschlägt und dann keinerlei arbeitsnachfrageerhöhende Effekte hätte.

Marx kritisiert bekanntlich die Unterscheidung zwischen fixem und zirkulierendem Kapital als eine aus der Stellung im Zirkulationsprozeß abgeleitete und ersetzt sie durch die Gegenüberstellung von konstantem und variablem Kapital als die nach der Stellung in Produktionsprozeß gemäße. Ansonsten folgt er den von Ricardo und Barton gelegten Spuren: Ein wesentlicher Baustein seiner Freisetzungstheorie besteht darin, daß der technische Fortschritt eine im Verhältnis zum variablen Kapital überdurchschnittliche Ausdehnung des konstanten Kapitals bewirkt, d.h. die "organische Zusammensetzung des Kapitals" steigt. Mit bestimmten Formulierungen hat Marx den Eindruck erweckt, daß er noch über Barton hinausgeht, indem er sogar einen Rückgang der Nachfrage nach Arbeit für wahrscheinlich hält, so wenn er feststellt: "Da die Nachfrage nach Arbeit nicht durch den Umfang des Gesamtkapitals, sondern durch den seines variablen Bestandteils bestimmt ist, fällt sie also progressiv mit dem Wachstum des Gesamtkapitals ..." (Marx 1968a. S. 658). In unmittelbarem Anschluß wird aber festgestellt: "Mit dem Wachstum des Gesamtkapitals wächst zwar auch sein variabler Bestandteil, ... aber in beständig abnehmender Proportion" (Marx 1968a, S. 658) - eine Auffassung, die voll und ganz der Ricardos entspricht.

(1) Die Marxsche Freisetzungstheorie befindet sich hauptsächlich in den Kapiteln 13 und vor allem 23 ("Das allgemeine Gesetz der kapitalistischen Produktion") des ersten Kapitalbandes. Vgl. außerdem die Bemerkungen zur Maschinerie, Marxens Kommentierung der Ansichten von Ricardo und Barton,in Band 2 der Theorien über den Mehrwert.

Wie aber ist dann die entscheidende Differenz zu Ricardo zu erklären? Für diesen ist ja Freisetzung auf den eher unwahrscheinlichen Fall einer plötzlichen Entdeckung und Einführung neuer Maschinerie beschränkt und auch dann nur ein temporäres Phänomen, das durch verstärkte Akkumulation wieder geheilt wird. Für Marx ist demgegenüber klar, daß der kapitalistische Akkumulationsprozeß mit der Dauerexistenz einer industriellen Reservearmee einhergeht, die zwar zyklischen Schwankungen unterworfen ist, aber im Akkumulationsprozeß dennoch nie vollständig verschwindet.

Es ist klar, daß die steigende organische Zusammensetzung des Kapitals allein darauf keine Antwort liefern kann, wenn sie mit einem Wachstum des variablen Kapitals verbunden ist - und trotz mancher Widersprüchlichkeiten wird man das als die Marxsche Sicht anzusehen haben. Da das voll und ganz mit Ricardos Ansicht übereinstimmt, muß die unterschiedliche Einschätzung in etwas anderem begründet sein.

Die entscheidende Differenz läßt sich schnell entdecken. Sie liegt nicht bei der Arbeitsnachfrage. Daß der relative Anstieg des Fixkapitals (Ricardo) bzw. des konstanten Kapitals (Marx) gegenüber einer hypothetischen Entwicklung, in der Fixkapital zu zirkulierendem Kapital bzw. konstantes zu variablem Kapital unverändert bleiben, geringere zusätzliche Beschäftigungsmöglichkeiten bietet, ist beiden bewußt. Marx weicht von Ricardo jedoch vor allem in seiner Behandlung des Arbeitsangebots ab. "Das Kapital agiert auf beiden Seiten zugleich" (Marx 1968a, S. 669), stellt er fest und führt verschiedene Begründungen dafür an, daß Akkumulation sich eben nicht nur in einer Nachfrage nach Arbeit äußert, sondern gleichzeitig die "Zufuhr" von Arbeitskräften beeinflußt. Ohne hier auf die Begründung im einzelnen einzugehen, können wir festhalten, daß der Akkumulationsprozeß die Partizipationsrate und die von den bereits Beschäftigten erbrachte Arbeitsmasse in einer Weise beeinflußt, daß nach der Marxschen Vorstellung eine Beschränkung des Akkumulationsprozesses durch die vorhandene Arbeitsbevölkerung keine Rolle spielt. Ein zentrales Postulat der Marxschen Theorie wird hier deutlich. Weder durch die Arbeitsbevölkerung noch durch den Boden (bzw. durch die Bebauung von immer schlechteren Böden) wird der Akkumulationsprozeß beschränkt, es gilt vielmehr: "die wahre Schranke der kapitalistischen Produktion ist das Kapital selbst ..." (Marx 1968b, S. 26o).

Man würde die theoretische Leistung von Marx sicher unterschätzen, wenn man allein die von ihm betonte und im einzelnen ausgeführte Wirkung des Akkumulationsprozesses auch auf das Arbeitsangebot hervorhebt. Seine Freisetzungstheorie geht über die von Ricardo vorgelegte auch darin hinaus, daß er das von Ricardo nicht in Frage gestellte Saysche Gesetz ablehnt. Ricardo war durch sein Festhalten am Sayschen Gesetz in die Lage versetzt worden, die kapitaltheoretische Dimension des Freisetzungsproblems in aller Reinheit zu demonstrieren. Gegenüber den rein unterkonsumtionstheoretischen Argumentationen eines Sismondi und Malthus stellt das ohne Frage einen theoretischen Fortschritt dar. Marx versucht, die kapitaltheoretische Dimension des Problems mit dem Problem der effektiven Nachfrage zu verbinden. Er ist z.B. in der Lage, einen negativen Beschäftigungsmultiplikator zu beschreiben: "Der Umstand, daß die Maschinerie sie (die entlassenen Arbeiter, d.V.) von Kaufmittel "freigesetzt" hat, verwandelt sie von Käufern in Nicht-Käufer... . Dauert dies länger und in größerem Umfange, so erfolgt ein Deplacement der in der Produktion jener Waren beschäftigten Arbeiter" (Marx 1968a, S. 463). Es zeigt sich also, "daß die Maschinerie nicht nur in dem Produktionszweig, worin sie eingeführt, sondern auch in den Produktionszweigen, worin sie nicht eingeführt wird, Arbeiter aufs Pflaster wirft" (Marx 1968a, S. 463 f.). Charakteristisch für Marx ist, daß er nicht zwischen den säkularen und zyklischen Aspekten trennt, sondern als erster die Einführung technologischer Innovationen in Verbindung mit der zyklischen Instabilität des Kapitalismus bringt. Wie Lowe (1968, S. 2o6) betont, konstruiert Marx "durch die Verklammerung aufeinanderfolgender Zyklen in einem umfassenden säkularen Prozeß einen langfristigen Rückkopplungsmechanismus". In diesem Marxschen "Allgemeinem Gesetz der kapitalistischen Akkumulation" sind die Gesetze der Bevölkerung und der Akkumulation letztlich nur sekundäre Konsequenzen des Gesetzes vom technischen Fortschritt. Glombowski entwickelt in seinem Beitrag ein makroökonomisches Modell, das Akkumulation, Beschäftigung, Verteilung und technischen Fortschritt in der Absicht verbindet, auf der Grundlage Marxscher Hypothesen (steigende organische Zusammensetzung des Kapitals, steigende Mehrwertrate, sinkende Profitrate, zunehmende Arbeitslosigkeit) langfristige Entwicklungsprozesse zu analysieren.

Abschließend sei darauf verwiesen, daß Marx das Maschinenherstellungsargument der Kompensationstheorie heftig kritisiert, da eine vollständige Absorption der freigesetzten Arbeiter mit der Nichtexistenz von technischem Fortschritt identisch sei. Die Einführung der neuen Maschinerie sei nur dann rentabel, wenn bei ihrer Anwendung mehr Arbeitskräfte eingespart als bei ihrer

Produktion gebraucht würden (1).

3. Von der Rationalisierungsdebatte der zwanziger und dreißiger Jahre zu neueren Analysen technologischer Arbeitslosigkeit

Der in den siebziger Jahren des vorigen Jahrhunderts einsetzende Siegeszug der marginalistischen Schule hatte zur Folge, daß bald nach Erscheinen des ersten Bandes des Marxschen Kapitals das Problem technologischer Arbeitslosigkeit aus dem Blickpunkt des Interesses verschwand. Dies änderte sich erst ein halbes Jahrhundert später, als mit der zunehmenden Massenarbeitslosigkeit der zwanziger und dreißiger Jahre vor allem in Deutschland eine Rationalisierungsdebatte sowie ein damit verbundenes Wiederaufflammen der Freisetzungs- und Kompensationsdebatte stattfand. Wesentliche Beiträge wurden dabei von Emil Lederer und Alfred Kähler geleistet.

Lederer, der seine Theorie der strukturellen Arbeitslosigkeit erstmals 1931 unter dem Titel "Technischer Fortschritt und Arbeitslosigkeit" vorstellte - eine wesentlich erweiterte und überarbeitete Neuausgabe erschien 1938 als Drucksache des Internationalen Arbeitsamtes in Genf -, greift zentrale Gedanken der Marxschen Akkumulationstheorie wieder auf und verbindet sie mit Schumpeters Vorstellungen von Innovationen und Kredit im langfristigen Wirtschaftsablauf. Wie sein Zeitgenosse Schumpeter betrachtete Lederer sowohl technische und organisatorische Innovationen als auch länger anhaltende Arbeitslosigkeit als wesentliche Elemente langfristiger Zyklen in kapitalistischen Volkswirtschaften, wie Schumpeter war Lederer der Ansicht, daß kapitalistische Ökonomien sich in der Regel im dynamischen Ungleichgewicht befinden. Bei Schumpeter verbindet sich diese Einsicht nicht mit einer Kritik an der neoklassischen Theorie, von deren Überlegenheit - insbesondere gegenüber dem surplustheoretischen Ansatz der klassischen Politischen Ökonomie - er unerschütterlich überzeugt war. Lederer dagegen war ein scharfer Kritiker der Neoklassik.

Lederer versucht nun zu zeigen, unter welchen Bedingungen das Tempo des technischen Fortschritts schneller ist als dasjenige, das mit Vollbeschäftigung verein-

---

(1) Zur Einschränkung der generellen Gültigkeit dieses von Marx (1968a, S. 466) entwickelten "absoluten Gesetzes" vgl. den Beitrag von Jeck und Kurz, die zurecht hervorheben, daß die vom Lohnsatz bzw. der Profitrate abhängige Wahl der kostenminimierenden Produktionstechnik keineswegs immer die Arbeitswerte minimiert.

bar ist. Nach Lederer schafft die branchenspezifisch beschleunigte Akkumulation die Reservearmee. Die Verwandtschaft des von Lederer entwickelten "Stagnationstheorems" mit dem von Marx entwickelten "allgemeinen Gesetz der kapitalistischen Akkumulation" ist dabei offenkundig: Mit der forcierten Einführung neuer Maschinerie in den "dynamischen", innovativen Betrieben und Branchen geht eine beschleunigte Akkumulation des konstanten Kapitals, d.h. eine steigende organische Kapitalzusammensetzung, einher. Die Rationalisierungsinvestitionen sind profitabel, da die neue Produktionstechnik stark arbeitsparender Natur ist. Auf der anderen Seite wächst das konstante Kapital der "statischen" Betriebe und Branchen langsamer als im Fall gleichgewichtigen Wachstums. Es findet eine Kapitalumlenkung in den dynamischen Bereich statt, so daß es auch im arbeitsintensiveren statischen Bereich zu einer relativen Stagnation der Beschäftigung kommt. Die Kompensationslast fällt auf die dynamischen Betriebe, "die aber ihrerseits meist selbst Arbeiter freigesetzt haben! Hier zeigt sich also besonders deutlich, daß die Kapitalbildung allein noch nicht Wachstum in der Zahl der Beschäftigten verbürgt. Wenn das Tempo in der Steigerung der organischen Zusammensetzung so rasch wird, daß trotz der Kapitalakkumulation die Nachfrage nach Arbeitskräften dauernd hinter dem Angebot an Arbeitskräften zurückbleibt, so wird die Arbeitslosigkeit strukturell" (Lederer 1931, S. 72). Lederers Theorie der strukturellen Arbeitslosigkeit wird in dem Beitrag von Dickler eingehender untersucht, der zugleich verdeutlicht, daß das Stagnationstheorem und Lederers Klassifikation technischer Veränderungen Elemente einer Analyse von innovationsbedingten langen Wellen der Konjunktur sind.

Angesichts eines durch die klassische Politische Ökonomie geprägten Problembewußtseins überrascht nicht, daß nicht nur bei Lederer sondern vor allem auch in den Arbeiten von Vertretern der "Kieler Schule der Wachstums- und Konjunkturtheorie" bei der Analyse der Freisetzungs- und Kompensationsprozesse die klassische Triade von Akkumulation, technischem Fortschritt und Beschäftigung erneut in den Vordergrund rückt. Neben den Arbeiten von Lowe und Neisser ragt dabei vor allem die unter der Betreuung von Lowe entstandene Dissertationsschrift von Kähler "Die Theorie der Arbeiterfreisetzung durch die Maschine" (1933) heraus, die - wie Mettelsiefen in seinem Beitrag verdeutlicht - bereits einen fortgeschrittenen Embryo von Input-Output-Analyse inkorporiert. Das Werk Kählers, der einen hervorragenden dogmengeschichtlichen Überblick über die Freisetzungstheorie bietet und zugleich eine bahnbrechende Pionierarbeit bei der Entwicklung eines multisektoralen Modells für die Freisetzungs- und Kompensationsanalyse leistet, erfährt durch Mettelsiefen seine verdiente Würdigung.

Im Blickpunkt der Auseinandersetzungen über die gesamtwirtschaftlichen Freisetzungs- und Kompensationsprozesse stehen die genauen Bedingungen der Kompensation. Hinsichtlich der Beschäftigungswirkungen des technischen Fortschritts ist daher eine sorgfältige Unterscheidung zwischen den kurzfristigen und den langfristigen Wirkungen erforderlich. Da die reale zeitliche Dimension eine erhebliche Bedeutung für den eigentlichen Kompensationsprozeß besitzt, ist weder die kurzfristige, statische Perspektive noch der Vergleich alternativer langfristiger Gleichgewichtssituationen - vor und nach Einführung des technischen Fortschritts - geeignet. Die für die Diskussion der Freisetzungs- und Kompensationsproblematik methodisch wohl angemessenste Perspektive stellt die Traversenanalyse dar, die den durch einen Wechsel der Produktionstechnik initiierten Übergangsprozeß von einem langfristigen Gleichgewichtspfad zu einem anderen thematisiert. Dabei wird die Kompensation begriffen als ein Zeit und Kosten erfordernder Übergangsprozeß (Traverse), bei dem in der Regel sowohl eine Umstrukturierung des Realkapitalbestandes einer Volkswirtschaft als auch ein Prozeß zusätzlicher Realkapitalbildung zur Absorption der freigesetzten Arbeiter notwendig ist. Die entscheidende Pionierarbeit dieser Analyse der zeitlichen Anpassungsprozesse der Beschäftigung und des Kapitalstocks haben Hicks (1973) und Lowe (1976) geleistet, deren Beiträge von Hagemann kritisch gewürdigt und miteinander verglichen werden.

Zwar liegt bereits bei Ricardo eine rudimentäre Form der Traversenanalyse vor, jedoch versäumt Ricardo es - im Gegensatz zu Hicks und Lowe -, die genauen technologisch-strukturellen und verhaltensmäßigen Bedingungen aufzuzeigen, die erfüllt sein müssen, um das ursprüngliche Beschäftigungsniveau wieder zu erreichen; noch diskutiert er die näheren Details des dynamischen Prozesses der Kapitalakkumulation und des strukturellen Wandels. Die Arbeiten von Hicks und Lowe verdeutlichen, daß sich die Beschäftigungswirkungen des technischen Wandels nicht generell voraussagen lassen, da selbst bei arbeitsparendem technischen Fortschritt die endgültigen Wirkungen vor allem vom Sekundäreffekt der Freisetzung auf neue Investitionen abhängen. Die Analyse des Spar- und Investitionsverhaltens spielt daher bei beiden Autoren eine zentrale Rolle. Dabei zeigt es sich, daß die Verwendung der aus den mit den Innovationen verbundenen Produktionskostensenkungen resultierenden Profite von entscheidender Bedeutung für den Abbau technologischer Arbeitslosigkeit ist.

Ebenso zeigt es sich aufs neue, daß eindeutige Aussagen über die Beschäftigungswirkungen eine genaue Spezifikation der produktionstechnischen Struktur der Ökonomie voraussetzen, der eine zentrale, vorentscheidende Rolle für die Kompensationsanalyse zukommt. So ist bei Existenz fixer Produktionskoeffizienten eine Ausdehnung der Beschäftigung untrennbar an eine zusätzliche Realkapitalbildung gebunden. Trotz ihres gänzlich unterschiedlichen Modellrahmens - neoösterreichisch bei Hicks, neuklassisch bei Lowe - weisen die beiden Pioniere der Traversenanalyse in dieser Hinsicht Gemeinsamkeiten auf. Der aus einer Erweiterung der Marxschen Reproduktionsschemata hervorgegangene Ansatz von Lowe verdeutlicht darüber hinaus die Schlüsselrolle, die der Basissektor gerade auch während der Traverse spielt. Lowe hat sich außer mit den strukturellen Hindernissen einer automatischen Kompensation auch mit den Verhaltensweisen und Motivationsstrukturen der Wirtschaftssubjekte, insbesondere den Erwartungen der Unternehmerinvestoren, auseinandergesetzt, die einer Kompensation im Wege stehen und dabei den wirtschaftspolitischen Handlungsbedarf aufgezeigt, der vor allem bei größeren Innovationsstößen zur Kompensation marktbedingter Fehlsteuerungen besteht.

Im Rahmen des neoösterreichischen Ansatzes von Hicks konzentriert sich die Kompensationsanalyse auf die Veränderungen der zeitlichen Arbeitseinsatzstruktur. Die konsequente Unterscheidung in eine Konstruktionsphase und eine Nutzungsphase der Maschinen erlaubt u.a. eine bessere Einschätzung des Maschinenherstellungsarguments. Zwar stellt sich im Gegensatz zum neoklassischen auch im neoösterreichischen Ansatz die Kompensationsfrage vor allem als ein kapitaltheoretisches Problem, jedoch wird dieses durch die Ausblendung der Fixkapitalgüter und die Annahme, daß Arbeit der einzige originäre Input sei, drastisch vereinfacht. So signalisiert in diesem Rahmen auch ein "kapitalsparender" technischer Fortschritt letztlich nichts anderes als eine Einsparung von Arbeitszeit.

Trotz der von Hicks und Lowe zur Reduktion der außerordentlichen Komplexität der untersuchten Fragestellungen vorgenommenen Vereinfachungen kann nicht übersehen werden, daß die Traversenanalyse einen deutlichen Fortschritt in der Analyse des Zusammenhangs zwischen dem technischen Wandel und der Beschäftigung darstellt und somit eine wesentliche Basis für künftige Forschungsperspektiven liefert.

4. Neue Technologien und Beschäftigung

Die theoretischen Ansätze zur Analyse technologischer Arbeitslosigkeit, die wir im vorangegangenen kurz Revue passieren ließen, haben die in den letzten Jahren durchgeführten empirischen Analysen nicht erkennbar angeleitet. Um überhaupt so etwas wie eine theoretische Fundierung zu erhalten, wurden statt dessen von einigen Ökonomen Wiederbelebungsversuche an der eigentlich für dahingeschieden gehaltenen Theorie der langen Wellen vorgenommen. Deren altes Problem, überzeugend zu begründen, weshalb ein endogener Mechanismus mit gewisser Regelmäßigkeit nach einer Phase der Stagnation zu "scharenweisem" (Schumpeter) Auftreten von Neuerungen und davon ausgelöster neuer Akkumulationsdynamik führen soll, besteht aber nach wie vor. Auch die neuen Vertreter einer "Theorie der langen Wellen" (etwa Mensch, 1975; Freeman/Clark/Soete, 1982) geben u.E. darauf keine befriedigende Antwort; Depression und Stagnation wird bei ihnen zum Vater aller (neuen) Dinge, ohne daß dafür wirklich überzeugende, d.h. aus den Funktionsbedingungen privatdezentral organisierter Wirtschaftsgesellschaften abgeleitete Begründungen beigebracht werden.

Nun sind allerdings die meisten empirischen Wirtschaftsforscher weniger an der Frage der Zwangsläufigkeit und Regelmäßigkeit der längerfristigen ökonomischen Entwicklung interessiert; sie sind mit dem mühsamen Geschäft hinreichend ausgelastet, über die Beschäftigungswirkungen des technologischen Wandels empirisch fundierte Aussagen zu machen. Dabei werden im Grundsatz zwei verschiedene Wege eingeschlagen. Der erste besteht darin, aus der Entwicklung gesamtwirtschaftlicher Kennziffern, vor allem der Produktions- und Produktivitätsentwicklung, Folgerungen für die Beschäftigung zu ziehen. Der zweite Weg liegt in dem Versuch, die Beschäftigungseffekte neuer Technologien abzuschätzen. Beiden Ansätzen haben wir uns kurz zuzuwenden.

Grundsätzlich ist es möglich, die durch technischen Fortschritt eintretende "Freisetzung" ohne Berücksichtigung der tatsächlichen Arbeitsmarktvorgänge zu ermitteln, also insbesondere auch für eine vollbeschäftigte Ökonomie eine fiktive Freisetzung von Arbeitskräften zu ermitteln. Dies ist das Vorgehen in den Freisetzungsrechnungen, die vom Ifo-Institut durchgeführt wurden (siehe dazu den Beitrag von Kalmbach). Bei diesen Rechnungen wird allein auf die Entwicklung der Arbeitsproduktivität abgestellt: Ist diese gestiegen, so kann eine bestimmte Produktionsmenge mit weniger Arbeitsstunden erzeugt werden, was - auf Arbeitskräfte umgelegt - eine hypothetische Freisetzung bedeutet. Wenn die Produktion entsprechend wächst und/oder die Arbeitszeit sinkt, kann eine so berechnete "Freisetzung" durchaus mit Vollbeschäftigung einhergehen.

Das Zusammentreffen von Vollbeschäftigung mit erheblicher hypothetischer Freisetzung ist von Kompensationstheoretikern häufig als Beleg dafür angeführt worden, daß die von ihnen erwarteten kompensierenden Mechanismen wirksam waren. Eine solche Folgerung ist nicht zulässig, da zuvor gezeigt werden müßte, daß es tatsächlich endogene Kompensationsmechanismen waren, die die Vollbeschäftigung aufrechterhalten haben. Wenn die Aufrechterhaltung von Vollbeschäftigung nur infolge von als exogen einzustufenden Entwicklungen möglich war, kann sie nicht für die Wirksamkeit der Kompensationsmechanismen ins Feld geführt werden.

Umgekehrt kann nicht jede Arbeitslosigkeit von den Freisetzungstheoretikern als Beleg für technologische Arbeitslosigkeit angeführt werden. Da letztere eine überzyklische Form der Arbeitslosigkeit zu beschreiben versucht, wäre die konjunkturell bedingte Arbeitslosigkeit zunächst auszuschließen - mit all den bekannten Schwierigkeiten, zwischen konjunkturell und strukturell bedingt zu unterscheiden. Selbst wenn das befriedigend gelänge, bleibt die dornige Aufgabe, den Anteil technologischer Arbeitslosigkeit an der strukturellen zu bestimmen.

Zumindest einen ersten Indikator für Existenz oder Nicht-Existenz technologischer Arbeitslosigkeit scheint eine einfache tautologische Beziehung liefern zu können. Definiert man die Arbeitsproduktivität als das Verhältnis von Bruttoinlandsprodukt (BIP), gemessen in konstanten Preisen, zu den geleisteten Arbeitsstunden (Arbeitsvolumen), so gilt offenbar: BIP gleich Arbeitsproduktivität mal Arbeitsvolumen. Auf Wachstumsraten bezogen heißt das: Die Wachstumsrate des BIP ist gleich der Wachstumsrate der Arbeitsproduktivität plus der Wachstumsrate des Arbeitsvolumens.

Nun kann man seit Beginn der sechziger Jahre feststellen, daß das Produktivitätswachstum das Produktionswachstum übersteigt. Dieser Sachverhalt ist als Produktivitätsschere (Scholz 1982) oder auch als Produktions-Produktivitäts-Schere (Welsch, 1983) bezeichnet worden. Wie der erwähnte tautologische Zusammenhang klar macht, ist das mit einer Reduktion des Arbeitsvolumens verbunden.

Nicht jede Verringerung des Arbeitsvolumens bedeutet einen Anstieg der Arbeitslosigkeit. Eine entsprechende Verringerung der Erwerbspersonenzahl und/oder Verkürzung der Arbeitszeit können bewirken, daß auch bei sinkendem Arbeitsvolumen keine Erhöhung der Arbeitslosenquote eintritt. Diese Entwicklung ist in der Bundesrepublik kennzeichnend für die Phase vom Beginn der sechziger Jahre bis 1973: Bei sinkendem Arbeitsvolumen kam es, vor allem wegen der eingetretenen Arbeitszeitverkürzung, zu keinem Anstieg überzyklischer Arbeitslosigkeit.

In der darauf folgenden Phase ist die Reduktion des Arbeitsvolumens mit einem Anstieg der Arbeitslosigkeit einhergegangen. Die tautologische Formel legt die Frage nahe: Ist das im wesentlichen Folge eines Rückgangs des Produktionswachstums oder einer Erhöhung des Produktivitätswachstums?

Da sich das Produktionswachstum deutlich reduziert hat, das Produktivitätswachstum aber ebenfalls, wenngleich geringfügiger abnahm, ist die Antwort auf eine so gestellte Frage klar: Das Entstehen der Arbeitslosigkeit ist Folge der Wachstumsschwäche, nicht aber der Erhöhung des Produktivitätswachstums. Technologische Arbeitslosigkeit hätte demnach in der Bundesrepublik bisher noch keine Rolle gespielt.

Nun ist es aber äußerst unbefriedigend, von technologischer Arbeitslosigkeit nur dann zu sprechen, wenn ein Anstieg der Arbeitslosigkeit mit einem Anstieg des Produktivitätswachstums einhergeht. In der statistischen Kenngröße "gesamtwirtschaftliche Arbeitsproduktivität" schlagen sich so verschiedene und in unterschiedliche Richtungen wirkende Einflüsse nieder, daß man nicht hoffen kann, aus ihrer Entwicklung wirklich auf das Ausmaß des technologischen Wandels schließen zu können. Wie fragwürdig das Wachstum der gesamtwirtschaftlichen Arbeitsproduktivität als Maßgröße für die Intensität des technischen Wandels ist, erhellt die Entwicklung in den USA. Dort ist es in den siebziger Jahren nahezu zu einer Stagnation der Arbeitsproduktivität gekommen - und das, obwohl die USA in der Herstellung und Einführung der als "Schlüsseltechnologie" geltenden Mikroprozessoren einen deutlichen Vorsprung gegenüber europäischen Ländern haben. In der amerikanischen Literatur sind deshalb der "productivity slow-down" und dessen Ursachen zu einem beherrschenden Thema geworden. Den hierzulande gehegten Befürchtungen vor einem unmittelbar bevorstehenden Produktivitätsschub steht dort die Sorge vor einer stagnierenden Produktivitätsentwicklung gegenüber.

Die Schwierigkeit bis Unmöglichkeit, aus der Entwicklung makroökonomischer Größen auf Existenz und Umfang technologischer Arbeitslosigkeit zu schließen, hat die als erfolgversprechender eingestuften Versuche befruchtet, die Beschäftigungseffekte einzelner neuer Technologien abzuschätzen. Dabei ist es vor allem die Mikroelektronik, die als spektakulärste und vermutlich folgenreichste der neuen Technologien breiteste Aufmerksamkeit gefunden hat.

Wie ist die exponierte Rolle der Mikroelektronik bei der Diskussion der wirtschaftlichen Auswirkungen neuer Technologien zu erklären, weshalb werden von ihr besonders nachhaltige Beschäftigungseffekte erwartet?

Zu tun hat das einmal damit, daß sich der technische Fortschritt hier besonders auffällig vollzieht. Die Mikroelektronik ermöglicht die Herstellung integrierter elektronischer Schaltungen auf einem winzigen Plättchen aus Silizium, einem sogenannten Halbleiter. Ersetzt wird damit die aufwendige Verdrahtung verschiedener Bauelemente (wie Widerstände, Kondensatoren, Spulen, Transistoren). Die Integrationsdichte, die dabei möglich ist und die in Transistorfunktionen ausgedrückt wird, hat sich laufend erhöht, d.h. auf einem Chip werden immer mehr Transistorfunktionen untergebracht.

Mit diesem technischen Fortschritt ist eine geradezu rasante Reduktion der Kosten pro Transistorfunktion einhergegangen. Miniaturisierung und Verbilligung zusammen haben bewirkt, daß die Voraussetzungen für einen breiten Einsatz dieser Technologie entstanden sind.

Diesen Voraussetzungen für eine Diffusion der neuen Technologie korrespondieren weite, nach Meinung verschiedener Experten geradezu universale Anwendungsmöglichkeiten. Ihnen zufolge gibt es kaum einen Bereich, der durch die Mikroelektronik nicht tangiert ist, zahlreiche Bereiche werden geradezu revolutioniert.

Der Mikroelektronik und insbesondere ihrem spektakulärsten Produkt, dem Mikroprozessor - bei dem die Zentraleinheit eines Rechners, bestehend aus Rechen- und Steuerwerk, in einem einzigen Schaltkreis integriert ist - scheint somit durchaus die Qualität einer Basisinnovation zuzukommen. Den Theoretikern der langen Wellen zufolge wäre damit die entscheidende Voraussetzung für eine neue lange Aufschwungsphase gegeben. Tatsächlich überwiegen jedoch eher die Befürchtungen, jedenfalls was die Beschäftigungseffekte der neuen Technologie anbelangt. Feser und Lärm geben in ihrem Beitrag der inzwischen durchaus verbreiteten Vorstellung Ausdruck, daß es sich bei der Basisinnovation Mikroelektronik um eine überwiegend der Prozeßinnovation dienende Rationalisierungstechnologie handelt, deren Auswirkungen dann anders zu beurteilen wären als die Produktinnovationen, die Schumpeter als historisches Anschauungsmaterial dienten. Gerybadze vertritt eine insgesamt optimistischere Perspektive, wobei sein Optimismus allerdings nicht so weit geht, daß er einen Abbau der Arbeitslosigkeit durch forcierten Einsatz der Mikroelektronik für möglich hält.

Daß im Fall der Mikroelektronik eine Basisinnovation bezüglich der Beschäftigung eher Befürchtungen auslöst als Hoffnungen weckt, wird erst verständlich, wenn man sich die neue Qualität der Automatisierung vor Augen führt, die mit dieser Technologie möglich wird. Im klassischen Bereich der Mechanisierung und Automatisierung, der industriellen Fertigung, besteht die neue Qualität darin, daß erstmals die Möglichkeit einer flexiblen Automatisierung sich abzeichnet. Zuvor war die Automation mit dem Nachteil verknüpft, daß mit ihr erhebliche betriebliche Starrheiten in Kauf genommen werden mußten. Automation war im wesentlichen auf standardisierte Massenproduktion beschränkt, Variantenvielfalt und rascher Typenwechsel waren ausgeschlossen oder nur erreichbar, wenn dafür ein beträchtliches Maß an Kapitalentwertung in Kauf genommen wurden. Betriebliche Flexibilität und Automatisierung schlossen sich also weitgehend aus, erstere schien im wesentlichen an den Einsatz menschlicher Arbeitskraft gebunden.

Dieser "trade-off" zwischen Flexibilitäts- und Automatisierungsgrad wird durch die Mikroelektronik, aber auch durch andere neue Technologien, tendenziell aufgelöst. Automatisierung bedeutet nicht mehr notwendigerweise die Aufgabe betrieblicher Flexibilität und sie ist nicht mehr notwendigerweise mit standardisierter Massenproduktion verknüpft, sondern kann zunehmend auch in dem Bereich mittlerer Seriengrößen eingeführt werden. Damit reduziert sich die Attraktivität des Arbeitskräfteeinsatzes - Automatisierung und Erhaltung betrieblicher Flexibilität sind durch die neue Technologien miteinander vereinbar geworden.

Die beschäftigungsbedrohende Tendenz im Fertigungsbereich wird dadurch akzentuiert, daß durch die Mikroelektronik und durch deren Kombination mit anderen neuen Technologien zunehmend Bereiche der Rationalisierung zugänglich werden, die lange Zeit als weitgehend rationalisierungsresistent galten. In erster Linie gilt das für den tertiären Sektor. Er galt lange als <u>der</u> Kompensationssektor: Fourastiés "große Hoffnung des 20. Jahrhunderts" (Fourastié, 1954) bestand bekanntlich darin, daß der tertiäre Sektor - bei ihm freilich anders gefaßt als in der üblichen Abgrenzung der Wirtschaftsstatistik - die erforderlichen Kompensationsleistungen für die im primären und sekundären Sektor der Ökonomie Freigesetzten erbringen würden.

Die durch den privaten tertiären Sektor erfolgende Kompensation ist bereits in den fünfziger und sechziger Jahren überschätzt worden, denn wie ein Blick auf die faktische Entwicklung recht deutlich macht, war es vor allem der Staatssektor, der mit seiner erheblichen Beschäftigungsausweitung kompensierend wirkte. Mit dem Vordringen neuer Informations- und Kommunikationstechniken, die auf der mikroelektronischen Entwicklung basieren, muß damit gerechnet werden, daß der tertiäre

Sektor seine Rolle als Kompensationssektor noch weniger zu spielen genötigt ist. Diese Technologien erlauben eine zuvor nicht für möglich gehaltene Rationalisierung im Dienstleistungsbereich, einschließlich des Staats. Im Handel ist das schon deutlich geworden, im Bankenbereich steht ein Automatisierungsschub erst noch bevor.

Die Aussage, daß mit den neuen Technologien Automatisierung zuvor als weniger zugänglich erachteter Bereiche erreicht wird, gilt nicht nur für den tertiären Bereich im Sinne der Industriestatistik, sondern für Dienstleistungsfunktionen generell, d.h. vor allem für größere Bereiche der Bürotätigkeiten, ob diese nun im sekundären oder tertiären Sektor erbracht werden. Dieser bislang beschäftigungsabsorbierende Bereich ist noch in erheblichem Umfang der Standardisierung und - unter Einsatz der neuen Technologie - auch der Automatisierung zugänglich. Mit einer Realisierung dieser Potentiale muß bei zahlreichen Bürotätigkeiten mit Beschäftigungsstagnation und sogar -rückgang gerechnet werden, d.h. ein traditionell freisetzungskompensierender Bereich entfiele und würde damit die Beschäftigungsprobleme erheblich verstärken.

Die hier angesprochenen Entwicklungstrends sind nicht eindeutig, verschiedene empirische Studien kommen zu voneinander abweichenden Einschätzungen (siehe z.B. BMFT 198o, 1981, IFO 198o). Teilweise werden damit eher die in der technischen Entwicklung liegenden Möglichkeiten benannt als die wahrscheinliche mittelfristige Entwicklung, bezüglich der sehr große Unsicherheit herrscht, nicht zuletzt weil über die Diffusionsgeschwindigkeit sehr unterschiedliche Vorstellungen bestehen. Hier zeigen sich deutlich Grenzen der Versuche, die Beschäftigungseffekte einer neuen Technologie zu quantifizieren, wobei als ein weiteres ungelöstes Problem das Zurechnungsproblem zu nennen ist. Daß dieses kaum befriedigend gelöst werden kann, ergibt sich schon daraus, daß sich aus der Kombination verschiedener technischer Entwicklungslinien - Beispiele: die Verbindung von Roboter- und Sensorentechnik oder von Textverarbeitungssystemen und EDV - Beschäftigungswirkungen von einer ganz anderen Dimension ergeben, als sie durch die Einführung einer einzelnen Technologie möglich wären. Das verweist darauf, daß zwar die an gesamtwirtschaftlichen Größen ausgerichtete Analyse zu global und undifferenziert ist, die Versuche, Beschäftigungseffekte einer bestimmten Technologie zu ermitteln, dagegen zu partiell sind.

5. Neue Technologien, Wirtschafts- und Tarifpolitik

Die von den neuen Technologien erwarteten Automatisierungsmöglichkeiten und die damit einhergehenden strukturellen Wandlungen haben naturgemäß die Frage nach einer angemessenen beschäftigungspolitischen Strategie in den Vordergrund treten lassen. Nahezu einstimmig wird von Wirtschaftswissenschaft und Politik dabei betont, daß eine auf die Begrenzung des Produktivitätswachstums zielende Strategie nicht in Frage kommen könne, da insbesondere wegen der starken außenwirtschaftlichen Abhängigkeit der Bundesrepublik ein solcher Versuch, nachteilige Beschäftigungseffekte zu vermeiden, nur kontraintentionale Folgen zeitigen könne.

Dieses - offenkundig von Ricardo entlehnte - Argument (siehe Beitrag von Jeck und Kurz) hat sicher einiges für sich. Es ist jedoch reichlich gewagt, daraus den Umkehrschluß zu ziehen, daß - insbesondere im Hinblick auf außenwirtschaftliche Zusammenhänge - eine konsequent auf Produktivitäts- und Innovationsforderung gerichtete Politik am ehesten in der Lage ist, die Arbeitslosigkeit zu überwinden. Gerade darin bestehen aber die vom Sachverständigenrat empfohlene "offensive außenwirtschaftliche Anpassung" und das Konzept einer "Modernisierung der Wirtschaft" (Hauff und Scharpf, 1975).

Für eine solche Politik der Flucht nach vorn lassen sich Argumente ins Feld führen. So zeigt sich etwa am Beispiel der Mikroelektronik, daß Beschäftigungsverluste nicht allein infolge des arbeitsparenden Charakters diese Technologie eintreten, sondern auch durch die geringe internationale Wettbewerbsfähigkeit der deutschen Industrie bei der Herstellung mikroelektronischer Bauelemente. Es ist feststellbar, daß mit dem Vordringen der Mikroelektronik gleichzeitig eine Vorwärtsintegration erfolgt, d.h. die Geräte- und Maschinenhersteller müssen Wertschöpfungsanteile an die Hersteller mikroelektronischer Bauelemente abgeben, die in zunehmendem Maße ganze Baugruppen fertigen und z.T. sogar Endprodukte (Uhren, Taschenrechner) selbst herstellen. Geringe Wettbewerbsfähigkeit inländischer Bauelementehersteller bedeutet, daß aus einer solchen Tendenz zur Vorwärtsintegration sich negative Beschäftigungseffekte dadurch ergeben, daß Wertschöpfung auf ausländische Firmen übertragen wird. Eine stärkere Marktstellung der Bauelementehersteller würde dazu beitragen, daß dieser zusätzliche Beschäftigungsverlust vermieden werden könnte.

Dennoch müssen die mit einer forcierten "Modernisierung der Wirtschaft" verbundenen beschäftigungspolitischen Erwartungen insgesamt äußerst skeptisch beurteilt werden. Darauf wird von Wagner in seinem Beitrag nachdrücklich hingewiesen. Da die "Stärkung der internationalen Wettbewerbsfähigkeit" vielfach auf eine Intensivierung der Rationalisierungsanstrengungen hinausläuft, ist die mit der "Modernisierung der Wirtschaft" beabsichtigte Flucht nach vorn letztlich auf einem Prinzip

Hoffnung aufgebaut, nämlich der Hoffnung, daß über weitere Exportausdehnung positive Beschäftigungseffekte zu erzielen sind. Die in die gleiche Richtung zielenden Anstrengungen anderer Länder, sowie die Auswirkungen einer Exportoffensive auf diese Länder und das Weltwährungssystem im Erfolgsfalle, lassen den Erfolg äußerst fragwürdig erscheinen.

Wenn von einer technologiepolitischen Offensive die Lösung der Beschäftigungsprobleme nicht erwartet werden kann, müssen andere Strategien in Betracht gezogen werden. Wie nicht anders zu erwarten, bringt es die Auffassung der herrschenden Wirtschaftstheorie von technologischer Arbeitslosigkeit mit sich, daß "Lohnzurückhaltung" - womit de facto oft Reallohnsenkung gemeint ist - als das probate Mittel zu ihrer Bekämpfung empfohlen wird. Kennzeichnend für die im vorangegangenen referierten Ansätze ist, daß sie Lohnsenkungen reserviert gegenüberstehen, da sie technologische Arbeitslosigkeit nicht als das Ergebnis eines verzerrten Faktorpreisverhältnisses sehen. Die Entwicklung der letzten Jahre deutet darauf hin, daß "Lohnzurückhaltung" in der Tat kein taugliches Mittel zur Beseitigung der Arbeitslosigkeit darstellt. Gegenwärtig ist es deshalb vor allem die Arbeitszeitverkürzung, von der ein wirksamer Beitrag zur Bekämpfung der Arbeitslosigkeit erwartet wird. Mit ihr kann zwar einem weiteren Anstieg der Arbeitslosigkeit begegnet werden, aber es wird darüber hinaus darauf ankommen, durch unterschiedliche Maßnahmen eine gesellschaftliche Steuerung des technologischen Wandels zu erreichen. Die von Widmaier behandelten Technologieverträge können dabei eine wichtige Rolle spielen. Von entscheidender Bedeutung wird aber eine Verbreitung der Einsicht sein, daß die anstehenden Probleme verstärkte Anforderungen an eine bewußte und gezielte Steuerung der Ökonomie stellen und nicht durch eine Delegation an die anonymen Kräfte des Marktes gelöst werden können.

Die Aufsätze dieses Bandes sind überarbeitete Fassungen der Beiträge zur Frühjahrstagung "Technischer Wandel und Beschäftigung", die der "Arbeitskreis Politische Ökonomie" im Mai 1982 in Wremen veranstaltete. Unser Dank gilt Frau Christa Pohlmann von der Universität Kiel für ihre Sorgfalt und großen Einsatz beim Schreiben des Manuskripts.

Literaturverzeichnis

BLAUG, M. (1968), Economic Theory in Retrospect, 2. Aufl., London.

Der Bundesminister für Forschung und Technologie (Hrsg.) (198o), Informationstechnologie und Beschäftigung, Eine Übersicht über internationale Studien, Schriftenreihe Technologie und Beschäftigung, 3, Düsseldorf und Wien.

- (1981), Technischer Fortschritt. Auswirkungen auf Wirtschaft und Arbeitsmarkt, 2. Aufl., Schriftenreihe Technologie und Beschäftigung, 2, Düsseldorf und Wien.

FOURASTIE, J. (1954), Die große Hoffnung des 2o. Jahrhunderts, Köln.

HAUFF, V. und SCHARPF, F.W. (1975), Modernisierung der Volkswirtschaft. Technologiepolitik als Strukturpolitik, Frankfurt/M. und Köln.

HICKS, J.R. (1939), Value and Capital, Oxford.

- (1973), Capital and Time, A neo-Austrian Theory, Oxford.

FREEMAN, C., CLARK, J., SOETE, L. (1982), Unemployment and Technical Innovation. A Study of Long Waves and Economic Development, London.

IFO (198o), Technischer Fortschritt. Auswirkungen auf Wirtschaft und Arbeitsmarkt, Berlin.

KÄHLER, A. (1933), Die Theorie der Arbeiterfreisetzung durch die Maschine, Greifswald.

KALDOR, N. (1957), A Model of Economic Growth, Economic Journal, 67, S. 591-624.

- (1961), Capital Accumulation and Economic Growth, in: F.A. LUTZ und D.C. HAGUE (Hrsg.), The Theory of Capital, London.

- und MIRRLEES, J.A. (1962), A New Model of Economic Growth, Review of Economic Studies, 29, S. 171-192.

KEYNES, J.M. (1936), The General Theory of Employment, Interest an Money, London.

LEDERER, E. (1931), Technischer Fortschritt und Arbeitslosigkeit, Tübingen.

- (1938), Technischer Fortschritt und Arbeitslosigkeit. Eine Untersuchung der Hindernisse des ökonomischen Wachstums, Genf.

LOWE, A. (1955), Technological Unemployment Reexamined, in: G. EISERMANN (Hrsg.), Wirtschaft und Kultursystem, Stuttgart und Zürich, S. 229-254.

- (1968), Politische Ökonomik, Frankfurt und Wien.

- (1976), The Path of Economic Growth, Cambridge.

MAITAL, S. und HASWELL, P. (1977), Why Did Ricardo (Not) Change His Mind? On Money and Machinery, Economica, 44, S. 359-368.

MARX, K. (1968a), Das Kapital, Bd. I, Frankfurt.

- (1968b), Das Kapital, Bd. III, Frankfurt.

- (1968c), Theorien über den Mehrwert, Bd. II, MEW 26.2, Berlin.

MEADE, J.E. (1964), Efficiency, Equality and the Ownership of Property, London.

MENSCH, G. (1975), Das technologische Patt, Frankfurt.

MILL, J. St. (1976), Principles of Political Economy. With Some of Their Applications to Social Philosophy, Reprint, Fairfield.

NEISSER, H. (1942), "Permanent" Technological Unemployment, American Economic Review, 32, S. 5o-71.

PASINETTI, L.L. (1981), Structural Change and Economic Growth, Cambridge.

RICARDO, D. (1951), On the Principles of Political Economy and Taxation, Hrsg. P. SRAFFA, Cambridge.

SAMUELSON, P.A. (1964), A Brief Survey of Post-Keynesian Developments, in: R. LEKACHMAN (Hrsg.), Keynes' General Theory: Reports of Three Decades, New York.

SCHOLZ, L. (1982), Gefahr einer technologischen Arbeitslosigkeit?, Ifo-Schnelldienst, Heft 17-18, S. 6o-69.

SOLOW, R.M. (1956), A Contribution to the Theory of Economic Growth, Quarterly Journal of Economics, 7o, S. 65-94.

THOMPSON, J.H. (1975), Mill's fourth fundamental proposition : a paradox revisited, History of Political Economy, 7, S. 174-192.

WELSCH, J. (1983), Die "Produktions-Produktivitäts-Schere" - Argumente und Fakten für die Bundesrepublik Deutschland, WSI-Mitteilungen, Heft 6, S. 347-361.

WICKSELL, K. (1913), Vorlesungen über Nationalökonomie auf Grundlage des Marginalprinzipes, 1. Band, Jena.

Albert Jeck und Heinz D. Kurz

DAVID RICARDO (1772-1823): ANSICHTEN ZUR MASCHINERIE

Das klassischste aller klassischen Systeme der Politischen Ökonomie entstand von 1813 bis 1816 und entstammt der Feder eines Autors, dem insgesamt nicht mehr als zehn Jahre blieben, "to think and write on my favorite subject" (VI/263): "the most difficult, and perhaps the most important topic of Political Economy, namely the progress of a country in wealth and the laws by which the increasing produce is distributed (1)" (VII/24).

Die Frage der "improvements" im allgemeinen und der "improved machinery" im besonderen war - explizit oder implizit - naturgemäß stets im Spiel. Ins Rampenlicht geriet sie allerdings nur selten: in zwei Reden (1819, 1823) vor dem House of Commons, dem Ricardo in den letzten viereinhalb Jahren seines Lebens angehörte, und in dem 1821 in der 3. Auflage der PRINCIPLES OF POLITICAL ECONOMY AND TAXATION überraschenderweise neu eingefügten Kapitel 31 "On Machinery". Letzteres findet seit mehr als eineinhalb Jahrhunderten zuweilen verwirrte Leser (2) und unterliegt nach wie vor recht kontroverser Interpretation. Unser Beitrag versteht sich als Versuch, dies zu ändern, indem wir - so unvoreingenommen wie möglich - den Texten selbst vertrauen.

Gestützt auf die Bände I-XI der Sraffa-Edition THE WORKS AND CORRESPONDENCE OF DAVID RICARDO von 1951-1973 - und orientiert an einem Leser, der die PRINCIPLES zur Hand hat - werden wir in der ersten Hälfte (Teil I) ein

(1) Hervorhebungen stammen von uns, wenn nichts anderes angegeben wird.

(2) In Frankreich stand Ricardo bis 1933 eher als Prophet für jene Orthodoxie, zu der er durch sein neues Kapitel von 1821 in Widerspruch geraten war, weil frühere Übersetzungen ins Französische - im Bann der herrschenden Lehre - sein zentrales Argument letztlich ins Gegenteil verkehrt hatten. Vgl. XI/XXX. Nebenbei: Auch die gute Ostberliner PRINCIPLES-Übersetzung von Gerhard Bondi - Ricardo als "der Ökonom des Maschinenzeitalters" - vergißt im Kapitel "On Foreign Trade" den wichtigsten Satz.

ricardianisches Szenario entwerfen, um auf dieser Basis in der zweiten Hälfte (Teile II und III) Ricardos Grundansichten zur Maschinerie und ihre Modifikation durch das neue Kapitel herausarbeiten und untersuchen zu können. Die kritische Auseinandersetzung mit einigen neueren Arbeiten zum gleichen Thema, ursprünglich als Teil IV geplant, mußte vertagt werden.
Zur raschen Orientierung diene folgende Grobdisposition:

I RICARDOS SZENARIO: Genesis und Konturen 1814 - 1817

1. Kurzgefaßte Chronik relevanter Ereignisse
2. Ricardianische "principles" vor den PRINCIPLES
3. Zwischen ESSAY ON PROFITS und PRINCIPLES
4. PRINCIPLES OF POLITICAL EXONOMY AND TAXATION
5. Anmerkungen zum Lauf der Dinge

II RICARDO ZUR MASCHINERIE: (K)eine Regel ohne Ausnahme

1. Vor der 3. Auflage der PRINCIPLES
2. On Machinery: die Ausnahme und die Regel
3. Nach der 3. Auflage der PRINCIPLES

III IN THE CASE ON MACHINERY THE INTERESTS OF MASTER AND WORKMEN ARE FREQUENTLY OPPOSED

1. Technischer Fortschritt: Arbeitsersparnis und Arbeitsfreisetzung
2. Verdrängung von Arbeitskraft durch Maschinerie
3. Verdrängung von Arbeitskraft durch Pferdekraft
4. Säkular steigende Maschinenintensität der Produktion

In Teil I werden wir zunächst versuchen, Ricardos System in seiner Entstehung und Fortentwicklung so zu skizzieren, daß gleichzeitig die sukzessive herausgebildeten Ansichten des Autors zu den verschiedenen Aspekten der Maschinerie möglichst deutlich und vollständig zutagetreten. Dies erfordert neben dem Rückgriff auf den ESSAY ON PROFITS (Februar 1815) - eine Art Rohentwurf des ricardianischen Systems - und die 1. Auflage der PRINCIPLES (April 1817) vor allem eine durchgängige Bearbeitung von Ricardos wissenschaftlicher Korrespondenz seit Herbst 1813. Einerseits erfährt man dabei mehr über seine ursprünglichen Ansichten zur Maschinerie als später von ihm selbst im gleichnamigen 31. Kapitel der 3. Auflage. Letzteres läßt sich andererseits auf dieser Grundlage doch wesentlich zuverlässiger interpretieren. Teil II dient der Gegenüberstellung von alter und neuer Sicht sowie der Darstellung von Ursache, Richtung und Ausmaß des vielzitierten Sinneswandels. In Teil III werden wir schließlich Ricardos Beweisführung hinsichtlich der möglicherweise beschäftigungsmindernden Effekte der Maschinerie diskutieren.

I RICARDOS SZENARIO: Genesis und Konturen

1. Kurzgefaßte Chronik relevanter Ereignisse

Ricardo, erfolgreicher Börsianer mit diversen Nebeninteressen und seit der Lektüre (1799) von Adam Smith' "WEALTH OF NATIONS" vor allem für die Politische Ökonomie begeistert, publizierte ab 18o9 über Geld- und Währungsfragen (Bullion Kontroverse). 1811 begann seine primär von wissenschaftlichen Kontroversen geprägte und deshalb für die jeweiligen Anhänger gelegentlich schwer zu begreifende Freundschaft mit Malthus; befreundete Anführer rivalisierender Teams, deren ungezählte Besuche und Debatten am Ende ihren Niederschlag fanden in 167 überkommenen Briefen sowie der Tatsache, daß fortan durch jedes Werk des einen stets unübersehbar als Antipode der andere geisterte. Just in dieser Korrespondenz fanden sich im August 1813 - Ricardo bereitete gleichzeitig seinen Rückzug aus dem Geschäftsleben vor - erstmals ganz neue Töne: material growth of prosperity, new markets, accumulation, profits, improvements.

Zweifellos seien "wealth and prosperity" seit Kriegsbeginn beträchtlich gestiegen, die Profitrate indessen nicht, schrieb Ricardo am 17. August. Und wenn die Profitrate in früheren Zeiten trotz rascher Akkumulation gestiegen sei, dann nur wegen "decided improvements of agriculture both here and abroad, new facilities in the production of food" (VI/94-5). Eine Folgerung, von der Ricardo nie wieder abrücken wird; ihre im Brief nicht weiter ausgeführte Basis nannte er bereits "my theory". Auffallend ist von vornherein die herausragende Position des Profits bzw. der Profitrate. Manuskripte "on the profits of capital", die Ricardo anschließend schrieb, sind verschollen; ihr zentrales, gegen Malthus gerichtetes Argument kennt man indessen aus einem Brief an Trower vom 8. März 1814 (VI/1o2-5). In der zweiten Jahreshälfte stritten Ricardo und Malthus - "a repetition...of the old story" - über den Zusammenhang zwischen Importrestriktionen für Getreide und Profitrate, aber alle anderen großen Themen einschließlich "improvements in machinery" bevölkern die einschlägige Korrespondenz (VI/1o8 ff.)

Als Malthus am 3. und 1o. Februar 1815 mit zwei Pamphleten (1) in die Kampagne im Vorfeld der parlamentarischen Kornzolldebatten eingriff, konterte Ricardo bereits am 24. Februar mit seinem 32-seitigen ESSAY ON PROFITS, dessen erste Hälfte möglicherweise schon früher geschrieben worden war. Der ESSAY ist zum einen ein bedingungs-

(1) "Inquiry into Rent" und "Grounds for an Opinion..."

loser Appell zugunsten von Freihandel und "improved machinery", deren segensreiche Wirkungen - sinkende Preise und steigende Warenquanta - Ricardo immer weitgehend identifiziert; zum anderen handelt es sich um nicht weniger als die Nullauflage seines nachmaligen Hauptwerkes, der PRINCIPLES. Malthus war unbeeindruckt geblieben und Ricardo selbst recht unzufrieden. Am 18. August schrieb er an Say:

"Mr. Mill wishes me to write it over again more at large. I fear the undertaking exceeds my powers" (VI/249),

und am 3o. August an Mill:

"The experiment shall however be tried, -...- I will give myself a chance for success and at any rate the employment itself will, if nothing else comes of it, have afforded me instruction and amusement" (VI/263).

Am 21. September wurde er von Trower darin bestärkt:

"it would be unpardonable ... not to collect, condense, combine, and embody the substance of your former meditations" (VI/279).

Ricardos Antwort vom 29. Oktober nimmt Teile der späteren Einleitung und Disposition der PRINCIPLES vorweg:

"Mr. Malthus and I continue to differ in our views of the principles of Rent, Profit and Wages. These principles are so linked and connected with every thing belonging to the science of Political Economy that I consider the just view of them as of the first importance. It is on this subject, where my opinions differ from the great authority of Adam Smith, Malthus, &c. that I should wish to concentrate all the talent I possess, not only for the purpose of establishing what I think correct principles but of drawing important deductions from them" (VI/315-6).

Den drängenden Mill (VI/321) - Ricardo solle übungshalber jetzt endlich "on rent" zu schreiben beginnen - überraschte am 3o. Dezember 1815 allerdings die Mitteilung:

"I know I shall be soon stopped by the word price ... Bevore my readers can understand the proof I mean to offer, they must understand the theory of currency and of price. ...invariability of the value of the precious metals,..., is the sheet anchor on which all my propositions are built" (VI/348).

Der erste Hinweis auf die Wert- und Preistheorie mit ihren beiden Aspekten (1), deren Entwicklung den Autor bis zum Herbst 1816 aufhalten sollte. Ende Oktober war das Kernstück des Buches, die ersten sieben Kapitel, weitgehend fertig; Ricardo machte sich an die Steuerkapitel, am Ende schrieb er den Kontroversenteil. Am 19. April 1817 erschienen seine PRINCIPLES OF POLITICAL ECONOMY AND TAXATION.

---

(1) Auch Ricardos letzter Brief ging später übrigens an Mill, und er galt den gleichen Themen.

Orientiert man sich an der Korrespondenz der noch folgenden Jahre, dann war es - abgesehen von der permanenten Fundamentalkontroverse mit Malthus - just die neue Wert- und Preistheorie des Einleitungskapitels, die selbst im engeren Freundeskreis immer wieder mißverstanden wurde und deshalb zu fortwährenden Diskussionen Anlaß gab. Aus unserer Sicht sind zwei andere Folgeerscheinungen wichtiger.

Da ist einmal Bartons (verschollene) briefliche Kritik an Ricardos Profittheorie, die letzterer in einem Brief vom 2o. Mai 1817 beantwortete, wobei die Maschineriefrage ganz im Vorgergrund stand (VII/155-9). Da Barton später auch in "On Machinery" erwähnt wurde (I/395-6), spekulieren seither alle Interpretationsversuche über seinen Einfluß in dieser Frage und den tieferen Sinn der beiden Einlassungen Ricardos - gelegentlich mit groteskem Erfolg.

Da ist zweitens im Sommer 1818 McCullochs enthusiastische Rezension der PRINCIPLES im Edinburgh Review, die mit den Verkaufziffern auch die sich bereits seit 1816 hinschleppende Korrespondenz mit Ricardo merklich stimulierte. McCulloch wurde - zumindest für einige Jahre - zum eifrigsten Ricardianer (und ebenso leidenschaftlichen Gegner Malthus'), bis Ricardos Sinneswandel in der Maschineriefrage nebst einigen Begleitumständen (1) wieder zu einer gewissen Distanzierung führte.

Im Februar 1819 wurde Ricardo Abgeordneter im House of Commons; gleichzeitig erschien - wenig verändert - die 2. Auflage seiner PRINCIPLES. Im Herbst 1819 schrieb er den Artikel FUNDING SYSTEM für den Supplement-Band der Encyclopaedia Britannica (2). Malthus schrieb im gleichen Jahr - in gewisser Weise die dritte Folgewirkung der ricardianischen PRINCIPLES - in ständiger Diskussion mit Ricardo seine eigenen "PRINCIPLES OF POLITICAL ECONOMY"; im April 182o sind sie erschienen. Von Anfang August bis Mitte November 182o schrieb wiederum Ricardo seine 315 NOTES on Malthus' Principles (3) und bereitete die 3. Auflage seiner PRINCIPLES vor. Letztere erschien (der Freundeskreis hatte Ende April/Anfang Mai "advanced copies" erhalten) am 18. Mai 1821 und enthielt - Malthus dürfte der einzige gewesen sein, der Anfang März vorgewarnt worden war - das Kapitel "On Machinery":

"That the opinion entertained by the labouring class, that the employment of machinery is frequently detrimental to their interests, is not founded on prejudice and error, but is conformable to the correct principles of political economy" (I/392).

---

(1) Vgl. unten, Abschnitt II.1.3 und 1.4.
(2) Erschienen im September 182o.
(3) Vgl. unten, Abschnitt II.1.4.

Ricardo hatte einen schwerwiegenden Sinneswandel vollzogen, und seine neue Ansicht lag quer zur herrschenden Lehre.

Eine Häresie, von der man vermuten möchte, sie wäre zum Streitobjekt schlechthin avanciert. Doch abgesehen vom kurzfristigen Theaterdonner, den McCulloch verständlicherweise (1) veranstaltete, vermitteln die überkommenen Dokumente eher den Eindruck, als sei Ricardos Theorie zu Lebzeiten des Autors niemals wirklich ausgiebig und ernsthaft diskutiert worden. Und auch als er seine neue und irritierende Sicht der Dinge am 3o. Mai 1823 im House of Commons in einer großen Rede erneut öffentlich bekannte, blieb das im Kreis der Politischen Ökonomen wieder ohne überlieferte Resonanz, obwohl man sich gerade in diesen Wochen fast täglich in London versammelte. Diskutiert wurde allerdings das "measure of value". Angeregt durch Malthus' zum Frühjahr erschienene gleichnamige Schrift über das zwischen ihm und Ricardo seit Jahren kontrovers behandelte Thema, fand der ganze Zirkel - außer den beiden vor allem McCulloch, Mill, Torrens und Trower - bis zu Ricardos völlig überraschendem Tod am 11. September 1823 infolge einer Ohrenentzündung überhaupt kein anderes Thema mehr. Und während Ricardos Nachlaß zwei Manuskripte zum "measure of value" enthielt (2), läßt sich umgekehrt nur konstatieren, daß seine Freunde und Zeitgenossen mit dem neuen Kapitel "On Machinery" in diesen Jahren ganz offensichtlich nichts Rechtes anzufangen wußten. Ein merkwürdiger Verlauf der Dinge, der noch merkwürdiger anmutet angesichts der Tatsache, daß Ricardo nicht nur ein heißes, sondern auch ein aktuelles Eisen angefaßt hatte - ein Thema der "Straße" sozusagen. Armut, Arbeitslosigkeit und brutal unterdrückte Demonstrationen gegen das Maschinenwesen gehörten auch zu den konkreten Erfahrungen Englands in der fraglichen Dekade 1813-1823.

2. Ricardianische "principles" v o r den PRINCIPLES

2.1 Wert und Preis 1814-1817

Ricardo wurde, trotz Smith und Marx, zum eigentlichen Genius der objektivistischen Wert- und Preistheorie klassischer Provenienz - aber doch eher zu einem solchen wider Willen. Zu den großen Problemen der Politischen Ökonomie zählte er diesen Fragenkomplex in der Tat nie. Der Roh-

(1) Vgl. Teil II und III.
(2) ABSOLUTE VALUE AND EXCHANGEABLE VALUE und NOTES ON MALTHUS's MEASURE OF VALUE.

entwurf seines Gesamtsystems enthalte - so wird behauptet (1) - überhaupt keine systematische Theorie der relativen Preise. Bevor er am 3o. Dezember 1815 sein berühmt gewordenes "I shall be soon stopped by the word price" an Mill schrieb, behalf sich Ricardo - das ist nicht zu bestreiten - mit einfachen smithianischen Regeln, die rascher Modifikation unterlagen (2):

"the prices of all commodities must increase if the price of corn be increased" (VI/114) und

"If we double the quantity, or rather double the facility of making, stockings, we diminish their value one half, as compared with all (3) other commodities. If we do the same with regard to hats and shoes, we restore the accustomed relations between stockings, hats, and shoes, but not with respect to other things" (VI/163).

Bereits im ESSAY ON PROFITS vom Februar 1815 leugnet er die Preisführereigenschaft von "corn/raw produce":

"It (4) has been thought that the price of corn regulates the prices of all other things. This appears to me to be a mistake" (IV/21).

Nunmehr konstatierte er umgekehrt, daß die Preise aller anderen Waren konstant bleiben, wenn der Preis von corn/raw produce (independently of all improvements, either in agriculture or manufactures) steigt, oder wenn er (in consequence of improvements in agriculture or of importation) sinkt (IV/2o,35). Er bemerkte jedoch schnell, daß er zu weit gegangen war. Am 9. März 1815 schrieb er an Malthus, die Preise der anderen Waren müßten variieren, insofern als raw produce in unterschiedlichem Ausmaß in ihre Komposition eingehe (VI/179). Zu einer einfachen Faustregel (5) kehrte er bezeichnenderweise in diesem Kontext nicht zurück.

Über diesen Punkt hinaus läßt sich im ESSAY ON PROFITS bei genauer Inspektion doch etwas mehr von der späteren Preistheorie Ricardos entdecken, als oft geglaubt worden ist (IV/19-2o):

"Wherever competition can have its full effect, and the production of the commodity be not limited by nature, ..., the difficulty or facility of their production will

---

(1) Z.B. K. Bharadwaj (1982), S. 2o-34 und P. Garegnani (1982), S. 73-77 in Anlehnung an P. Sraffa und gegen S. Hollander.
(2) Briefe an Malthus vom 25. Juli und 18. Dezember 1814.
(3) Ricardos Hervorhebung.
(4) Ricardo nennt Smith, Malthus und Say in einem Brief an McCulloch vom 4. Dezember 1816 (VII/1o5).
(5) In der Tat hat er diesen Effekt immer noch für vernachlässigbar klein gehalten; vgl. VI/21o, 213, 221, 269.

ultimately regulate their exchangeable value. ...
The exchangeable value of all commodities, rises (falls) as the difficulties (facilities) of their production increase. ...
Though the price of all commodities is ultimately regulated by, and is always tending to, the cost of their production, including the general profits of stocks, they are all subject, and perhaps corn more than most others, to an accidental price, proceeding from temporary causes".

Zu beachten ist, daß es hier eindeutig nicht darum geht, die aktuellen Relationen zwischen den (natürlichen) Preisen in einem bestimmten Zeitpunkt zu erklären, sondern Veränderungen dieser Relationen in der Zeit! Und das Interessanteste dabei dürfte sein, daß der Autor die zugehörigen Illustrationsbeispiele - kommentarlos - strikt arbeitswerttheoretisch (1) konzipiert:

"If then new difficulties occur in the production of corn, from more labour being necessary, whilst no more labour is required to produce gold, silver, cloth, linen, &c. the exchangeable value of corn will necessarily rise, as compared with those things. On the contrary, facilities in the production of corn, or of any other commodity of whatever kind, which shall afford the same produce with less labour, will lower its exchangeable value".

Ricardo befand sich zu dieser Zeit durchaus schon auf Tuchfühlung mit der Theorie, die er später - außerhalb des spezifischen Kapitels "On Value" - immer dort anwenden wird, wo es um Veränderungen in der Zeit geht, obwohl er dann - genauer als jeder andere - erkannt hat, daß und vor allem warum sie nicht exakt und universell zutrifft. Der Autor selbst hat den Blick auf diese frühe Version eher verstellt durch die geheimnisvolle, Aufmerksamkeit attrahierende Art und Weise, in der er seine preistheoretischen Neuentdeckungen des Jahres 1816 angekündigt hatte:

"If I could overcome the obstacles in the way of giving a clear insight into the origin and law of relative or exchangeable value I should have gained half the battle" (VII/2o) und

"I have been very much impeded by the question of price and value, my former ideas on those points not being correct. My present view may be equally faulty, for it leads to conclusions at variance with all my preconceived opinions" (VII/71-2).

---

(1) Auch Malthus opponierte im Brief vom 28. April 1816 - also über ein Jahr später - gegen eine ricardianische Arbeitswerttheorie (VII/3o).

schrieb er - etwas übertreibend - in Briefen vom 7. Februar bzw. 5. Oktober an Malthus. Mill wurde, bevor das Manuskript Ende Oktober an ihn ging, folgendermaßen vorgewarnt:

"You will see the curious effect which the rise of wages produces on the prices of those commodities which are chiefly obtained by the aid of machinery and fixed capital. ...I have been beyond measure puzzled to find out the law of price. I found on a reference to figures that my former opinion could not be correct and I was full a fortnight pondering on my difficulty before I knew how to solve it. During that time I could not proceed..." (VII/82-4);

dazu ein späterer Nachtrag (1):

"In reading Adam Smith, again, I find many opinions to question, all I believe founded on his original error respecting value" (VII/1oo).

Die Abkehr von Smith vollzog sich in Etappen und hat insgesamt etwa zwei Jahre beansprucht, doch war nach unserem Eindruck ein nicht unwesentlicher Teil des Wegs im Frühjahr 1815 bereits zurückgelegt.

2.2 Kapitalakkumulation und Profit 1813-1815

Im Brennpunkt des ricardianischen Systems steht immer der Profit bzw. die Profitrate. Die Profittheorie ist Ricardos ureigenste "Erfindung", und sie ist älter als die Preistheorie des ESSAY ON PROFITS. Sie läßt sich bis zum Herbst 1813 zurückverfolgen; allerdings nur als prinzipielle Fragestellung, während die Details der damaligen Beweisführung verschollen sind (2):

Wenn in einem Land die <u>Relation</u> zwischen "Capital" einerseits und "the means of employing Capital, the arena for the employment of Capital" andererseits steigt/konstant bleibt/sinkt, dann werden Profitrate und Zinssatz sinken/konstant bleiben/steigen:

"On these points I believe we are all agreed" (VI/1o3-5).

Ricardo unterscheidet sich jedoch von Malthus und anderen eindeutig darin, daß er unter präzis angegebenen Voraussetzungen, nämlich

"unless Capital be withdrawn from the land, unless there be improvements in <u>husbandry</u>,- or new facilities be offered for the introduction of <u>food</u> from foreign countries",

allein die <u>erste</u> der drei denkbaren Konstellationen für relevant hielt, diejenige mit <u>sinkender</u> Tendenz der allgemeinen Profitrate.

---

(1) Briefe vom 14. Oktober und 2. Dezember 1816

(2) Brief an Trower vom 8. März 1814.

Begründet liegt diese Auswahl offenbar in den spezifischen Bedingungen der Beschaffung zusätzlicher Nahrungsmittel. Deren Produktion unterliegt - das war zu dieser Zeit schon weit verbreitete Ansicht - dem "principle of diminishing returns on land" und kann nur mit steigendem Aufwand an Arbeit und sonstigen Inputs je Produkteinheit ausgedehnt werden, weil man dazu auf entfernter gelegene bzw. unfruchtbarere Böden zurückgreifen oder die bereits bebauten intensiver bebauen muß. Dies bewirkt - unter obigen Voraussetzungen - unmittelbar ein Sinken der einschlägigen Profitrate im Ackerbau und mittelbar ein solches aller anderen Profitraten:

"as the profits of the farmer must necessarily decrease with every augmentation of Capital employed on the land, ..., all other profits must diminish and therefore the rate of interest must fall. ...it is the profits of the farmer which regulate the profits of all other trades, ... Nothing, I say, can increase the profits permanently on trade, with the same or an increased Capital, but a really cheaper mode of obtaining food" (VI/104).

Schon im August 1813 hatte Ricardo Ähnliches angedeutet. Die nachfolgenden Briefe an Malthus vom 26. Juni und vom 25. Juli 1814 füllen Lücken und offenbaren weitere Zusammenhänge:

"The rate of profits and of interest must depend on the proportion of production to the consumption necessary to such production, - this again essentially depends upon the cheapness of provisions, which is after all, whatever intervals we may be willing to allow, the great regulator of the wages of labour (1)" (VI/108) und

"restrictions on importation of corn in an importing country have a tendency to lower profits" (VI/109).

Wenig später etwas genauer:

"Restrictions on the trade of corn, if capital suffers no diminution, will occasion a fall in the rate of profits and interest. A reduction of capital independently of restrictions on importation of corn will have a tendency to raise profits and interest, - but there is no necessary connection between these two operating causes, as they may at the same time be acting together or entirely in opposite directions" (VI/114).

Ricardo dringt häufiger gegenüber Malthus auf saubere Partialanalyse komplexer Effekte.

Besonders aufschlußreich ist sein langer Brief vom 23. Oktober 1814 (VI/144-9) über "the effects of the facility, or difficulty, of procuring food, on the profits of Stock":

"You (Malthus) infer that my doctrine is not correct be-

(1) Geldlohn je Arbeiter

cause improvements may take place in agriculture or manufactures (or in machinery), ...- and because the price of labour (1) may not rise without delay in the same proportion ... as the price of produce" (VI/145).

An irrelevante Malthus-Einwände dieser Art hatte sich Ricardo im Verlauf ihrer zwölfjährigen Korrespondenz zu gewöhnen. In diesem Fall entgegnete er völlig zu recht:

"These points then are expressly allowed for in my proposition and are by no means at variance with it".

Die Profite würden in diesen Fällen natürlich steigen. Gleichzeitig gelte indessen:

"But even during these temporary variations, the great cause namely the accumulation of capital may be paving the way for permanently diminished profits" (VI/145-6).

Es seien die Ursachen der Preissteigerung (bei raw produce), die über deren Wirkung auf die Profite entscheiden, "the effects ... may be diametrically opposite". Bei einer Serie von Mißernten oder sinkendem Geldwert steigen die Profite, aber "these ... are temporary causes, no way affecting the principles itself, but merely disturbing it in its progress". Ähnlich bei Importrestriktionen: "In the first instance profits will be raised, but they will ultimately fall below their former level".

Ricardos große und permanent wirkende Ursache für die tendenziell steigenden Agrarpreise war eine andere:

"a gradual accumulation of capital which by creating new demands for labour may give a stimulus to population and consequently promote the cultivation or improvement of inferior lands, - but this will not cause profits to rise but to fall, because not only will the rate of wages (1) rise, but more labourers will be employed without affording a proportional return of raw produce. The whole value of the wages paid (2) will be greater compared with the whole value of the raw produce obtained".

Er schließt diesen Punkt mit folgendem Statement:

"a permanent rise in the rate of profits on land is never preceded by a rise but by a fall in the price of raw produce, and tho' profits may be raised by a rise of the price of produce they will generally ultimately settle at a rate lower than that from which they started. The converse of this as it regards low prices of produce I hold to be equally true" (VI/146-7).

Anschließend tritt ein weiteres wichtiges Element seines Denkens in diesem Brief erstmals deutlich hervor:

"the wants and tastes of mankind, - I believe them to be unlimited. Give men but the means of purchasing and their

---

(1) Geldlohn je Arbeiter.

(2) Geldlohnsumme aller Arbeiter; sie wächst überproportional mit dem Geldlohn je Arbeiter.

wants are insatiable",
schreibt er ausgehend von Smith:
"The very term accumulation of capital supposes a power somewhere to employ more labour, - it supposes the total income of the society to be increased and therefore to create a demand for more food and more commodities. ... and instead of anticipating a fall in the price of commodities we should expect a rise, because the fall of profits which generally follows accumulation is in consequence of the increase in the price of production, compared with the price of produce; although they would both undoubtedly rise" (VI/148-9).

Letzteres basiert auf der (bald darauf verworfenen) Idee von der gleichgerichteten Variation aller Preise unter der (über den Lohn vermittelten) Preisführerschaft von "food/raw produce". Steigende Agrarpreise bedeuten steigende Geldlöhne. Die Preise der Manufakturwaren (commodities, produce) steigen dann auch, weil die Produktionskosten (price of production) steigen; aber die ersteren steigen unterproportional - deshalb sinken (auch) die Profite der Manufakturbranchen.

Komplettieren läßt sich der Eindruck von der Bewegungsmechanik des frühen ricardianischen Systems, wenn man schließlich auch noch den Brief vom 18. Dezember 1814 heranzieht (VI/162-3). Erneut geht es um den Zusammenhang zwischen Kapitalakkumulation und (allgemeiner) Profitrate, der - je nach den Rahmenbedingungen - sehr verschieden ausfallen kann:
"profits on stock employed in Manufactures and commerce are seldom permanently lowered or raised by any other cause than by the cheapness or dearness of necessaries, or of those objects on which wages of labour are expended".

Diese Arbeiterkonsumgüter (necessaries) sind teils agrarischen (food), teils manufakturiellen (commodities) Ursprungs. In Ricardos Text, der auf Anhieb etwas verworren wirkt, lassen sich nach gewissen Umstellungen drei unterschiedliche Linien fixieren.

Die erste Linie (no increased difficulty) steht für ein Märchen (1):
"If with every accumulation of capital we could tack a piece of fresh fertile land to our Island, ... If there were no increased difficulty in obtaining food, profits would never fall, because there are no other limits to the profitable production of manufactures but the rise of wages".

(1) Möglicherweise in Realität zu verwandeln mittels freiem Import.

Ohne Steigen der Nahrungsmittelpreise kein Steigen der Geldlöhne, folglich kein Sinken des Profits - weder in der Agrikultur noch sonstwo.
Die zweite Linie (increased difficulty without improvements) beschwört den ganz "natürlichen" ricardianischen Alptraum:

"Accumulation of capital has a tendency to lower profits. Why? because every accumulation is attended with increased difficulty in obtaining food";

mit einer "diminution of the proportion of produce", die sich Kapitalisten und Arbeiter teilen. Auch die Verringerung geht nicht nur zu Lasten der ersteren, sondern teilweise auch zu Lasten der Arbeiter:

"The whole amount of wages paid will be greater, but the portion paid to each man, will in all probability be somewhat diminished".

Der Geldlohn je Arbeiter steigt wegen der steigenden Nahrungsmittelpreise, und die Geldlohnsumme aller Arbeiter steigt überproportional wegen der zunehmenden Arbeiterzahl. Unter den diese Linie charakterisierenden Bedingungen vermutet Ricardo gleichzeitig beim Reallohn je Arbeiter eine leicht sinkende Tendenz, so daß sich auf dieser Basis über die zeitliche Entwicklung der realen Lohnsumme aller Arbeiter nichts sagen läßt.
Die dritte Linie zeichnet schließlich ein Ideal von Realität:

"accompanied with improvements in agriculture; ... it (accumulation) has no tendency to diminish profits". Und

"I admit at the same time that commerce, or machinery, may produce an abundance and cheapness of commodities, and if they affect the prices of those commodities on which the wages of labour are expended they will so far raise profits; - but then it will be true that less capital will be employed on the land, for the wages paid for labour (1) form a part of that capital" (2).

Fazit: Der Prozeß kontinuierlicher Kapitalakkumulation, der - via Arbeitsnachfrage, Bevölkerungswachstum, Nahrungsmittelnachfrage - auch zu einer kontinuierlichen Expansion der Nahrungsmittelproduktion führen muß, ist mit einer Profitsteigerung (gemeint ist wohl stets die Profitrate) nur dann verbunden, wenn die Geldlöhne tendenziell sinken, also wenn die Preise der Arbeiterkonsumgüter tendenziell sinken. Letzteres wiederum steht unter einer doppelten Voraussetzung: Einerseits müssen die Preise der manufakturiellen Komponenten (commodities) sinken, wobei an "improved machinery" zu denken wäre.

(1) Geldlohnsumme aller Arbeiter
(2) Tendenzielle Freisetzung von Geldkapital im Ackerbau wegen sinkender Geldlöhne.

Andererseits dürfen gleichzeitig die Preise der agrarischen Komponenten (food) zumindest nicht prinzipiell steigen, was nur dann möglich ist, wenn - sieht man von der Utopie einer ständig um fruchtbares Land sich erweiternden Insel ab - "improvements in agriculture" die anderenfalls zum Zuge kommenden "increased difficulties" permanent in Schach halten.

2.3 Erste Spuren zur Grundrente

Auffallenderweise ist bei diesen Entwürfen im Vorfeld des ESSAY ON PROFITS von der Rente nie die Rede; dennoch hat man das Gefühl, sie werde ständig mitgedacht. Daß Ricardo - nicht selten fälschlicherweise als Erfinder der Rententheorie gepriesen - sich zu dieser Zeit auf diesem Terrain auskannte, wurde rasch offenbar, als Malthus am 3. Februar 1815 sein "Inquiry into Rent" veröffentlichte. Bereits drei Tage später schrieb Ricardo, grundsätzlich zustimmend:

"There are some parts of the essay with which I cannot agree. One of these is the effects of improvements, whether in the practice of Agriculture, or in the implements of husbandry, on rent. They appear to me in their immediate effects to be beneficial to the farmer only, and not to the landlord. All the augmented produce obtained, or the saving in obtaining the same quantity of produce, is I think wholly to the advantage of the farmer, and that the landlord only benefits remotely from it, as it may encourage accumulation, and the cultivation of poorer lands" (VI/172).

gleichzeitig werden Malthus' Bedenken in einer gleich in den Vordergrund rückenden Angelegenheit beiseitegeschoben:

"The arguments then of those who contend for a free trade in corn remain in their original full force" (VI/173).

Auch der Brief vom 13. Februar, der letzte vor dem Erscheinen des ESSAY ON PROFITS, enthielt die erste Formulierung eines wichtigen Elements ricardianischer Theorie:

"You (Malthus) have yourself said, and I very much admire the passage, that the last portion of capital employed on the land yields only the common profits of stock, and does not afford any rent. If so corn like every thing else is regulated in its price by the cost of production, and every other portion of capital employed on the land is reduced to the same level of profits only because no more capital can be employed with more advantage, and all which it any where yields more is rent and not profit" (VI/177).

Ricardos System stand um diese Zeit - noch im Verborgenen - in allen seinen Grundzügen. Im ESSAY ON PROFITS erlebte es dann seine Premiere; sofort in Dienst genommen (I was too much in a hurry) zur Deduktion eines Plädoyers für Freihandel - und für Maschinerie. Der Autor nahm seine um den Profit herum entwickelte allgemeine Theorie, verband sie nahtlos mit der gängigen, stark von Malthus inspirierten Theorie der Grundrente - jetzt explizit unter Einbeziehung des "principle of diminishing returns on land" sowie der Intensitätsrente - und focht - wiederum in erster Linie auf Malthus fixiert - gegen den Protektionismus, soweit dessen Begründung auf ökonomischen Argumenten basierte.

2.4 ESSAY ON PROFITS: Kornprofitrate, allgemeine Profitrate, Profitratenstruktur

Farmkapitalisten, die auf gepachtetem Boden Korn anbauen, sehen sich aus natürlichen Gründen zwangsläufig mehr oder weniger ungleichen Produktionsbedingungen konfrontiert. Der Kornpreis, der Geldlohn und die Preise der sachlichen Produktionsmittel sind für alle gleich, aber die Anbauflächen differieren hinsichtlich Fertilität und Lage. Die Farmer an der jeweiligen Kultivationsgrenze, d.h. auf dem marginalen no-rent-Land, haben die größten Inputquanta je Produkteinheit aufzuwenden und deshalb die kleinste "proportion of production to the consumption necessary to such production" (VI/1o8), die kleinste Spanne (surplus produce) zwischen "value of the produce" und "cost of production" (IV/1o, 15, 18). Diese Spanne ist der Profit der marginalen Farmkapitalisten im Kornsektor, sie determiniert zunächst einmal deren Profitrate. Die intramarginalen Kornfarmer auf den günstigeren Böden erzielen nun aufgrund niedrigerer Inputquanta zwar größere Spannen - aber ausschließlich zugunsten ihrer Landlords. Die Konkurrenz aller Farmer um die Anbauflächen verwandelt die intramarginalen Kostendifferenzen der Kornproduktion in Grundrenten der Grundbesitzer und uniformiert alle im Kornanbau erzielbaren Profitraten auf dem Niveau der Profitrate, die von den jeweils marginalen Kornfarmern erzielt wird.

Letztere repräsentiert für Ricardo darüberhinaus zu diesem Zeitpunkt die Profitleitlinie der gesamten Ökonomie. Ein Jahr zuvor hatte er nur angedeutet:

"it is the profits of the farmer which regulates the profits of all other trades".

Jetzt formuliert er deutlicher:

"The general profits of stock depend wholly on the profits of the last portion of capital employed on the land; ... being regulated by the profits made on the least profitable employment of capital on agriculture, ... Profits of stock fall because land equally fertile cannot be obtained, and through the whole progress of society, profits are regulated by the difficulty or facility of procuring food. This is a principle of great importance, and has been almost overlooked in the writings of Political Economists" (IV/21, 13).

Ricardo wußte, daß dieses "principle" nicht nur übersehen, sondern sogar bestritten wurde (IV/23). Es wurde und wird allerdings meist mißverstanden. Stets mit dem Konzept einer allgemeinen Profitrate und in seinen Zahlenbeispielen mit uniformen Profitraten operierend, hat Ricardo in der Tat doch nicht daran gedacht, die Möglichkeit intersektoralen Kapitaltransfers könne die sektoralen Profitraten wirklich gleich machen; sie stabilisiert lediglich die Proportionen. Schon Smith war der Meinung gewesen, daß sektorale Eigenarten dauerhafte Profitratenunterschiede begründen und daß eine "normale" Profitratenstruktur Kapitaltransfers verhindert. Hier knüpfte Ricardo an:

"It is not meant, that strictly the rate of profits on agriculture and manufactures will be the same, but that they will bear some proportion to each other. ... What the proportion may be is of no importance to my argument, as I am only desirous of proving that the profits on agricultural capital cannot materially vary, without occasioning a similar variation in the profits on capital, employed on manufactures and commerce" (IV/12), und

"that the profits on commercial capital will rise considerably, whilst the profits on agricultural capital suffer no alteration, ... is at variance with all the principles of political economy" (IV/24).

Immer geht es um Variationen der Profitraten in der Zeit; sie erfolgen gleichgerichtet, in (ungefähr) gleichem Ausmaß, und unter "Führung" der (marginalen) Agrarprofitrate. Was die Konkurrenz der Kapitalien via Kapitaltransfer beseitigt, sind gegenläufige Entwicklungstendenzen und drastische Veränderungen in den etablierten Proportionen. Ricardos "general, natural, ordinary, common rate of profits" hat also eher Indexcharakter; hinter diesem Konzept verbirgt sich - wie bei Smith - in der Tat eine ausgewogene und in der Zeit stabile Profitratenstruktur.

2.5 ESSAY ON PROFITS: Kapitalakkumulation und Einkommensverteilung - ein Modell

Im Entwicklungsprozeß einer Volkswirtschaft finden sich zahlreiche Faktoren komplex verknüpft. Ricardo unterscheidet (IV/11) zwischen "natural effects of the progress of a country in wealth and population" einerseits und "circumstances which are more or less at all times in operation - they may retard or accelerate the natural effects..." andererseits. Für die zweite Kategorie stehen tendenziell profitsteigernde Verbesserungen der inländischen Agrikulturtechnik und/oder Importe billigerer Nahrungsmittel aus dem Ausland sowie Disproportionalitäten im Verlauf von Kapitalakkumulation und Bevölkerungswachstum, die die Löhne steigen (sinken) und die Profite sinken (steigen) lassen. Ricardo eliminierte solcherart Umstände vorläufig durch entsprechende Annahmen, um sich in erster Instanz ganz auf die erste Kategorie konzentrieren zu können.

Er operierte mit dem (gewissermaßen kontrafaktischen) Grundmodell (IV/12-22) einer geschlossenen Volkswirtschaft ohne technischen Fortschritt, wo

"capital and population advance in the proper proportion, so that the real wages of labour (1), continue uniformly the same" (IV/12).

Die Begründung seiner Abstraktionen:

"that we may know what peculiar effects are to be ascribed to the growth of capital, the increase of population, and the extension of cultivation, to the more remote, and less fertile land" (IV/12).

Die resultierenden Konklusionen können nicht mehr überraschen (2); es handelt sich um die detailierte Ausschmükkung dessen, was oben (3) als ricardianischer Alptraum bezeichnet wurde. Der an der jeweiligen Kultivationsgrenze erforderliche Realinput (Arbeit, Pferde, Produktionsmittel) je Produkteinheit an Nahrungsmitteln und Rohstoffen wird im zeitlichen Verlauf der Expansion immer größer; die Profitrate der marginalen Produzenten sinkt und die der intramarginalen auch, weil sich deren Kostendifferentiale die Grundbesitzer in Form von Grundrenten (Erhöhung der Pacht) aneignen; alle Profitraten müssen sinken, ohne daß an dieser Stelle schon gezeigt würde, wie das geschieht:

"It will be seen that during the progress of a country the whole produce raised on its land will increase,... but ... every accumulation of capital will be attended with ... a proportionate diminution of profits, - though rents will uniformly increase. ... This would be the

(1) Es muß derjenige Reallohn je Arbeiter sein, der entsprechend der "nature of man" (IV/15) Bevölkerung und Kapital gerade "in the proper proportion" wachsen läßt.
(2) Vgl. Abschnitt 2.4
(3) Allerdings mit dem Unterschied, daß nunmehr die reale Lohnsumme im Zuge des "natural progress" proportional zur Beschäftigung steigen muß, weil der Reallohn je Arbeiter als konstant unterstellt ist.

effect of a constantly accumulating capital, in a country which refused to import foreign and cheaper corn. ... This is a view of the effects of accumulation which is exceedingly curious, and has, I believe, never before (1) been noticed. ... (IV/15-16) Profits of stock fall only, because land equally well adapted to produce food cannot be procured; and the degree of the fall of profits, and the rise of rents, depends wholly on the increased expense of production" (IV/18).

Die Reallöhne je Arbeiter bleiben im Zuge dieser Entwicklung annahmegemäß konstant. Die Geldlöhne kamen indessen ins Bild, als Ricardo anschließend skizzierte, wie sich der Profitratenfall der einschlägigen Agrarsektoren nach seiner (damaligen) Vorstellung auf die anderen Sektoren der Volkswirtschaft überträgt, nämlich mittels steigender Preise dieser agrarischen Produkte und steigender Geldlöhne bei Konstanz aller anderen Produktpreise:

"the price of corn, and of all other raw produce, has been invariably observed to rise as a nation became wealthy, and was obliged to have recourse to poorer lands for the production of part of its food; and very little consideration will convince us, that such is the effect which would naturally be expected to take place under such circumstances.

The exchangeable value of all commodities, rises as the difficulties of their production increase' (IV/19).

Diese Schwierigkeiten nehmen bei besagten Agrarprodukten zu, bei den anderen Waren indessen nicht. Die arbeitswerttheoretisch konzipierte Preistheorie des ESSAY braucht hier nicht wiederholt zu werden. Ricardos Fazit rundet seine auf "natural effects" konzentrierte, von retardierenden oder akzelerierenden "circumstances" bislang bewußt abstrahierende Modelluntersuchung ab:

"The sole effect then of the progress of wealth on prices, independently of all improvements, either in agriculture or manufactures, appears to be to raise the price of raw produce and of labour (2), leaving all other commodities at their original prices, and to lower general profits in consequence of the general rise of wages" (IV/2o).

Damit ist klar, daß Ricardo bereits seit Herbst 1813 mit der Frage ringt, die er vom Herbst 1815 an stets explicite als d i e Frage der Politischen Ökonomie bezeichnen wird:

"the progress of a country in wealth and the laws by which the increasing produce is distributed".

Der ESSAY OF PROFITS vom Februar 1815 war sein erster

---

(1) Malthus wird diesen Anspruch später bestätigen; Brief vom 1. Oktober 1815 (VI/289).

(2) Geldlohn je Arbeiter

grundlegender Versuch, sie zusammenfassend und systematisch zu beantworten. Zwei Drittel des Raumes nahm das kontrafaktische Grundmodell ein, und dieses bedarf noch einiger präzisierender Anmerkungen.

Die erste betrifft den Profit. Während die allgemeine Profitrate von Anfang an sinkt, läßt der Autor die Profitsumme in seinem Zahlenbeispiel in den ersten Perioden noch beträchtlich zu- und in der Folgezeit kontinuierlich abnehmen. Genau so wird es später im Zahlenbeispiel des Kapitels "On Profits" der PRINCIPLES sein. Ricardo merkt an, daß eine solche Entwicklung gegebenenfalls nicht beliebig lange andauern könnte, sondern zur Einstellung der (vorausgesetzten) Kapitalakkumulation und/oder zu fluchtartigem Kapitalexport führen müßte (IV/16).

Die zweite betrifft die Lohnentwicklung. Was sich hierüber sagen läßt, folgt einfach automatisch aus den expliziten Prämissen. Wenn der Reallohn je Arbeiter in der Zeit annahmegemäß konstant bleiben soll, dann impliziert das zunächst eine Entwicklung des Geldlohnsatzes, die den Preisanstieg der Nahrungsmittel (alle anderen Preise bleiben - Ricardo zufolge - konstant) exakt kompensiert; im Zahlenbeispiel des Kapitels "On Wages" der PRINCIPLES wird es ebenso sein. Es impliziert gleichzeitig eine bestimmte Zunahme der realen und (überproportional) monetären Lohnsumme. Hinter dieser Annahme steht allerdings des Autors Grundsatz, daß der Preis des Korns (IV/36-7) bzw. der Arbeiterkonsumgüter (IV/26) den Geldlohnsatz reguliert. Mit keiner Stelle des ESSAY läßt sich indessen beweisen, daß dies deshalb so sei, weil Ricardos konstant angenommener Reallohnsatz dem Existenzminimum entsprechen würde. Der Augenschein spricht vielmehr dafür, daß es nicht so ist.

2.6. ESSAY ON PROFITS: Tatsächliche und vermeintliche Gegenkräfte - jenseits des Modells

Das im vorigen Abschnitt Skizzierte ist einer Match-box-Version von Ricardo-Modell nicht unähnlich, auf die sich Darstellungen häufig beschränken, womit sie nicht einmal dem Autor des ESSAY, geschweige denn demjenigen der PRINCIPLES gerecht werden. Der faktische Entwicklungsprozeß ricardianischen Formats wäre damit höchst unzureichend beschrieben, denn er basiert auf "natural effects" u n d "circumstances". Letztere stehen in diesem Abschnitt zur Diskussion.

Wenig beachtet scheint Ricardos lohntheoretischer Ansatz zu werden, bei dem es eindeutig um den Reallohnsatz je Arbeiter geht:

"The rise or fall of wages is common to all states of society".

Grundsätzlich ist alles immer möglich, und eine klare Schlußfolgerung unmöglich:

Im "advancing state" steigt (sinkt) der Reallohn, wenn die Bevölkerung langsamer (rascher) wächst als das Kapital. Im "stationary state" steigt (sinkt) der Reallohn, wenn die Bevölkerung schrumpft (wächst). Im "retrograde state" steigt (sinkt) der Reallohn, wenn die Bevölkerung rascher (langsamer) schrumpft als das Kapital.

"As experience demonstrates that capital and population alternately take the lead, and wages in consequence are liberal or scanty, nothing can be positively laid down, respecting profits, as far as wages are concerned" (IV/23).

Was Ricardo wirklich interessierte, war allerdings - hier wie stets - der "advancing state of society", und unter diesen Umständen könnte es sein, daß die in 2.5 behandelten profitratensenkenden Grundtendenzen des Grundmodells, hergeleitet unter der Annahme eines konstanten Reallohns, durch steigende Reallöhne noch verstärkt würden. Umgekehrt würden sinkende Reallöhne - für sich genommen profitratenerhöhend - den Grundtendenzen (natural effects) entgegenwirken. Letzteres wäre allerdings nicht unbegrenzt möglich, sondern abhängig vom Reallohnniveau im Ausgangspunkt und vom Existenzminimum:

"The fall of the real wages of labour, which shall enable the farmer to bring a greater excess of produce to the market ... is more or less permanent, according as the price from which wages fall, is more or less near that remuneration for labour, which is necessary to the actual subsistence of the labourer" (IV/22).

Ricardo glaubte am Ende nicht, daß sinkende Reallöhne (1) allein den tendenziellen Fall der allgemeinen Profitrate würden aufhalten können:

"I think it may be most satisfactorily proved, that in every society advancing in wealth and population, independently of the effect produced by liberal or scanty wages, general profits must fall, unless there be improvements in agriculture, or corn can be imported at a cheaper price" (IV/23).

Damit sind, neben der Reallohnsenkung, bereits die beiden anderen Einflußfaktoren genannt, denen der Autor - isoliert betrachtet - mehr oder weniger dauerhaft profitratensteigernde Wirkung zuerkannte (1):

"If then, the principles here stated as governing rent and profit be correct, general profits on capital, can only be raised by a fall in the exchangeable value of food, and which fall can only arise from three causes:

(1) Vgl. Abschnitt 2.2

1. The fall of the real wages of labour...
2. Improvements in agriculture, or in the implements of husbandry, which shall also increase the excess of produce.
3. The discovery of new markets, from whence corn may be imported at a cheaper price than it can be grown for at home" (IV/22).

Die Wirkungen des zweiten und dritten Faktors stimmen überein (1), aber auch sie induzieren bereits wieder Gegentendenzen zur Gegentendenz:

"A fall in the price of corn, in consequence of improvements in agriculture or of importation, will lower the exchangeable value of corn only, - the price of no other commodity will be affected. If, then, the price of labour (2) falls, which it must do when the price of corn is lowered, the real profits of all descriptions must rise; and no person will be so materially benefited as the manufacturing and commercial part of society" (IV/35-6).

Doch dabei bleibt es nicht. Letzteres stimuliert nämlich seinerseits die Kapitalakkumulation und damit auf längere Sicht das Bevölkerungswachstum:

"which would again raise the price of corn and lower profits" (IV/19).

Kurz - in erster Instanz Gegenkräfte, verleihen die beiden Faktoren in zweiter Instanz gerade jenen "natural effects" zusätzlichen Auftrieb, die ohnehin ständig am Werk sind und denen sie zunächst entgegenzuwirken vermögen:

"The causes, which render the acquisition of an additional quantity of corn more difficult are, in progressive countries, in constant operation, whilst marked improvements in agriculture, or in the implements of husbandry are of less frequent occurence. If these opposite causes acted with equal effect..." (IV/19).

Ricardo schloß nicht aus, daß sich "natural effects" und "agricultural improvements" in ihrem Einfluß auf den Preis für Inlandsgetreide in etwa kompensieren können, aber letztlich blieb er doch skeptisch (3) und setzte - dem aktuellen Anlaß des ESSAY gemäß - eher auf "unrestricted importation".

In der Diskussion befanden sich zu dieser Zeit ferner zwei weitere Faktoren:

"the extension of commerce, and discovery of new markets, where our commodities can be sold dearer, and

(1) Vgl. auch den Schlußabschnitt des ESSAY, IV/41.
(2) Geldlohn je Arbeiter
(3) Vgl. auch IV/32.

foreign commodities can be bought cheaper" (IV/23);
"the use of improved machinery at home" (IV/25).
In diesen beiden Fällen bestritt Ricardo kategorisch, daß sie überhaupt imstande sein würden, die allgemeine Profitrate unmittelbar zu erhöhen:

"because they do not augment the produce compared with the cost of production on the land, and it is impossible that all other profits should rise whilst the profits on land are either stationary, or retrograde" (IV/26).

Sein nachfolgendes Fazit gilt für die bereits im vorigen Abschnitt dargestellte profitratensenkende Grundtendenz (natural effects) sowie die drei akzeptierten und die zwei "verworfenen" Gegenkräfte (circumstances); es gilt allgemein und basiert auf einer Trennung zwischen "food" einer- und "commodities, all other things" andererseits:

"Profits then depend on the price, or rather on the value of food. Every thing which gives facility to the production of food, however scarce or however abundant commodities may become, will raise the rate of profits, whilst on the contrary, every thing which shall augment the cost of production without augmenting the quantity of food, will, under every circumstance, lower the general rate of profits. The facility of obtaining food is beneficial in two ways to the owners of capital, it at the same time raises profits and increases the amount of consumable commodities. The facility in obtaining all other things, only increases the amount of commodities" (IV/26).

Auffallend ist, wie strikt Ricardo im ESSAY auf "food", d.h. nur eine Komponente der Arbeiterkonsumtionsmittel, abzustellen scheint, wenn es um Wirkungen auf die allgemeine Profitrate geht. Dies hatte er zwar bis zum Oktober 1814 immer getan, doch war am 18. Dezember 1814 der allgemeinere Begriff der "necessaries" oder "those objects/commodities on which the wages of labour are expended" an die Stelle von "food/raw produce" getreten, der eindeutig Produkte nichtagrarischen Ursprungs mitumfaßte. Der ESSAY brachte - bei Lichte besehen - dennoch keinen vollständigen Rückfall. In einem Pamphlet gegen die Kornzölle, und ein solches ist er auch, wandern Aspekte, die nicht direkt gegen Kornzölle sprechen, leicht in die kleingedruckten Fußnoten:

"when the extension of commerce enables us to obtain food at really cheaper prices ... increase of the general rate of profits ... can ... take place" (IV/25);
"If by foreign commerce, or the discovery of machinery, the commodities consumed by the labourer should become

much cheaper, wages (1) would fall; and this, as we have before observed, would raise the profits of the farmer, and therefore, all other profits" (2).

Während die drei Gegenkräfte, deren unmittelbar profitratensteigernde Tendenz der Autor akzeptierte und deutlich unterstrich, auf lange Sicht gleichzeitig wieder - auch in einer Fußnote erwähnt - die profitratensenkende Grundtendenz stimulieren, kamen die beiden Faktoren, deren direkte Einflußnahme auf die allgemeine Profitrate er bestritt, wenigstens unter dem Strich und unter gewissen Bedingungen dann doch noch zu ihrem Recht. Die Unterschiede in der Wirkung aller fünf Faktoren, die in diesem Abschnitt zu behandeln waren, sind letztlich nicht so unüberbrückbar, wie sie auf Anhieb zu sein schienen, und sie sind eher gradueller Natur. Während "extension of commerce" und "discovery of machinery" nur zu sinkenden Geldlöhnen und demzufolge steigenden Profiten führen, wenn sie eine starke Preissenkung der "commodities" bewirken, findet sich im ESSAY zweimal die Aussage, daß jede Senkung des Kornpreises die Geldlöhne senken und die Profite erhöhen müsse. Diese Optik mag etwas verzerrt erscheinen, aber sie basiert vermutlich auf Ricardos impliziter und für 1815 nicht unplausibler Annahme, daß der Vektor der Arbeiterkonsumgüter zwar keinesfalls ausschließlich, aber jedenfalls überwiegend mit "corn, food, raw produce" bestückt sei (3).

Letzteres hat Konsequenzen, denn gerade beim Ackerbau bestehen nämlich außer den Konsumtionsmitteln der Arbeitskräfte auch die sonstigen laufenden Inputs in den Produktionsprozeß (wiederum nicht ausschließlich, aber doch) überwiegend aus Ackerbauprodukten: Saatgut, Futtermittel für die Arbeitstiere - Korninputs dominieren in der Kornproduktion. Wenn dann die Korninputs insgesamt je Korneinheit, die Kornkosten der Kornproduktion, im Zeitverlauf steigen (natural effects of the progress, difficulty of production) oder sinken (improvements in agriculture, facility of production), dann impliziert das umgekehrt eine Senkung bzw. Steigerung des "surplus produce", des "excess of produce", der "proportion of production to the consumption necessary to such production" - in Korn (4).

---

(1) Geldlohn je Arbeiter
(2) IV/26. Sehr ähnlich schon im Brief vom 18. Dezember 1814.
(3) Die Preise der pflanzlichen Produkte weisen übrigens - zumindest im Fall von Importrestriktionen - eher steigende als sinkende Grundtendenz auf.
(4) Vgl. oben. S. 52, 57. Die direkte Senkung (Steigerung) des relativen Kornüberschusses könnte auch infolge steigenden (sinkenden) Reallohns auftreten, solange Korn in ihm stark vertreten ist.

Dies dürfte - da Ricardo im ESSAY bekanntlich davon ausging, daß die Preise aller anderen Waren durch die Entwicklung im Kornsektor nicht affiziert würden - für eine Senkung der Profitrate der Kornfarmer im ersten und eine Steigerung im zweiten Fall in der Regel auch dann ausreichen, wenn man nicht der Interpretation Sraffas (1) folgt, Ricardo operiere im ESSAY ON PROFITS bezüglich der Profitrate der Kornfarmer mit einem reinen Mengenverhältnis "Korn zu Korn" (2). Manufakturielle Arbeiterkonsumgüter einer- und Fixkapitalgüter (buildings, implements) andererseits waren bereits überall mit im Spiel. Umgekehrt geistern Existenzminimumlohn und stationärer Endzustand, das wird gleich noch deutlicher, nicht einmal als Schattenwesen durch den Entwurf des ricardianischen Systems.

2.7 ESSAY ON PROFITS: Explizite Ansichten zum Maschinenwesen

Ricardos erste und bislang - soweit überliefert - einzige Äußerungen zum Maschinenwesen stammen vom Herbst 1814:

"improvements in agriculture, or in machinery, which shall facilitate or augment production, will, according to my proposition, increase profits" (VI/145);

mit der nachfolgenden Präzisierung:

"commerce, or machinery, may produce an abundance and cheapness of commodities, and if they affect the prices of those commodities on which the wages of labour are expended they will so far raise profits; - but then it will be true that less capital will be employed on the land, for the wages paid for labour (3) form a part of that capital" (VI/162).

Profitsteigernd also, wenn - weil Arbeiterkonsumtionsmittel verbilligend - lohnsenkend; in diesem Fall möglicherweise mit Freisetzung von Geldkapital aus der Landwirtschaft verknüpft.

Im ESSAY schien Ricardo von dieser Position zunächst wieder abzurücken; "improvements in machinery" und solche "in agriculture" hätten - zumindest in erster Instanz - unterschiedliche Wirkungen im Hinblick auf den Profit. Das mag damit zusammenhängen, daß der Autor dort, wie im vorigen Abschnitt gezeigt, den "food"-Aspekt möglichst zu akzentuieren trachtete, während er gleichzeitig das Maschinenwesen implicite immer mehr den Manufakturbranchen zuordnete. Nur was die Profitrate auf das Kapital

---

(1) Einleitung zur Gesamtausgabe, Band I, S. XXXI.
(2) Vgl. auch Brief an Malthus vom 8. Mai 1815, VI/226.
(3) Geldlohnsumme der Landarbeiter

der marginalen Kornfarmer erhöht, sollte die allgemeine Profitrate erhöhen können. Für die Maschinerie trifft diese Möglichkeit nicht in jedem Fall zu, aber ihrer generell segensreichen Wirkung tut diese Einschränkung keinen Abbruch:

"a country may be benefited by trade ... by the abundance of commodities, and by a fall in their exchangeable value, in which the whole community participate. ...the same revenue becomes efficient in procuring a greater amount of the necessaries and luxuries of life.
It is in this...mode only that nations are benefited by...the discovery of machinery, - (it) augment(s) the amount of commodities, and contribute(s) very much to the ease and happiness of mankind; but, (it has) no effect on the rate of profits" (IV/25-6).

Eine oben bereits zitierte Fußnote führt schließlich das Argument des ESSAY doch wieder auf den Stand vom 18. Dezember 1814 zurück:

"If by...the discovery of machinery, the commodities consumed by the labourer should become much cheaper, wages (1) would fall; and this, as we have before observed, would raise the profits of the farmer, and therefore, all other profits" (IV/26).

Ein größeres Quantum billigerer Manufakturprodukte - das war zu dieser Zeit Ricardos primäre Optik hinsichtlich der Wirkungen von Maschinerie. Von Einflüssen auf die Einkommensverteilung wird er zumeist abstrahieren, ohne sie ganz auszuschließen. Wenn die Einführung der Maschinen die allgemeine Profitrate erhöhen sollte, müßte sie das gegebenenfalls über eine allgemeine Senkung der Geldlöhne zustandebringen, weil das dann auch die Profitrate der marginalen Kornfarmer tangiert. Wie sich Ricardo das konkret vorstellte, war der nachfolgenden Korrespondenz mit Malthus zu entnehmen. Der Lohngüterkorb der Farmarbeiter enthält Korn und Manufakturwaren. Letztere werden durch die Maschinerie verbilligt, während der Kornpreis unverändert bleibt. Deshalb reicht ein kleineres Kornquantum (der Kornfarmer) für einen unveränderten Lohngüterkorb der Farmarbeiter.

Obwohl Ricardo diesen potentiellen, aber sekundären Effekt auf die allgemeine Profitrate im ESSAY (und auch später) eher ausklammerte, hob er andererseits hervor, daß neuentdeckte, verbesserte Maschinerie überhaupt nur dann in den Produktionsprozeß eingeführt wird, wenn das in der Tat profitabel erscheint. Der Widerspruch ist nur scheinbar, denn dieser Prozeß siedelt auf Firmen- und Branchenebene:

(1) Geldlohn je Arbeiter

"Whilst the use of the machine is confined to one, or a very few manufacturers, they may obtain unusual profits, because they are enabled to sell their commodities at a price much above the cost of production - but as soon as the machine becomes general to the whole trade, the price of the commodities will sink to the actual cost of production, leaving only the usual and ordinary profits" (IV/25);

"But it is of the general rate of profit that we are speaking, and not of the profits of a few individuals" (IV/24).

Niedrigere Produktionskosten bei zunächst noch unverändertem Produktpreis bescheren dem Pionier temporäre Extraprofite, aber die allgemeine Profitrate bleibt davon unberührt. Maschinerie führt lediglich zu einem vergrößerten Angebot billigerer Manufakturwaren, und insoweit profitieren alle in ihrer Eigenschaft als Konsumenten - auch die Kapitalisten. Und die Verdrängung schlechterer Maschinen durch bessere schädigt zwar die Besitzer der ersteren, "but the public would gain many times the amount of their losses" (IV/33). Soweit Ricardos explizite Ansichten.

2.8 ESSAY ON PROFITS: Implizite Ansichten zum Maschinenwesen

Im ESSAY findet sich schließlich noch eine stets für Ricardos ursprüngliche Ansicht über die Maschinerie zitierte Belegstelle:

"improved machinery...has a decided tendency to raise the real wages of labour" (IV/35).

Diese Passage - ein unvermittelt eingestreuter Analogieschluß, ohne nähere Erklärung - hat allerdings ihre Tükken. Richtig zu verstehen ist sie nur im Kontext, und der ist ein ganz anderer; er zielte wieder auf die Kornzolldebatte. Es geht um die Inlandswirkungen eines niedrigeren Getreidepreises, herbeigeführt durch freien Import billigeren Auslandsgetreides nach England. Ricardo plädierte bekanntlich für eine solche Maßnahme. Sie würde die Geldlöhne (1) senken, so daß das gleiche Kapital mehr Arbeiter beschäftigen könnte; sie würde die allgemeine Profitrate erhöhen und die Grundrenten senken. Von diesen unmittelbaren Effekten war im Abschnitt 2.6 die Rede. Sie sind weitgehend die gleichen wie im Fall von "agricultural improvements", aber möglicherweise ganz andere als im Fall von "improved machinery".

Was Ricardo nunmehr in den Vordergrund schob, war eine Fernwirkung, die er bislang nur gelegentlich angedeu-

(1) je Arbeiter

tet hatte (1), und die dann ihrerseits wieder Folgen haben wird - gemeint ist eine Reallokation des inländischen Kapitals:

"we should...at every period of our improvement...make the very best disposition of our capital, so as to ensure the most abundant return" (IV/34),

lautete sein Grundsatz:

"If we were left to ourselves, unfettered by legislative enactments, we should gradually withdraw our capital from the cultivation of such (poor) lands, and import the produce which is at present raised upon them. The capital withdrawn would be employed in the manufacture of such commodities as would be exported in return for the corn. Such a distribution of part of the capital of the country, would be more advantageous, or it would not be adopted. This principle is one of the best established in the science of political economy, and by no one is more readily admitted than by Mr. Malthus" (IV/32).

Just gegen dieses Prinzip habe Malthus indessen in seinem neuesten Essay "Grounds for an Opinion..." verstossen (2):

"Mr. Malthus thinks that a low money price of corn would not be favourable to the lower classes of society, because the real exchangeable value of labour; that is, its power of commanding the necessaries, conveniences, and luxuries of life (3), would not be augmented, but diminished by a low money price" (IV/35).

---

(1) Vgl. oben Abschnitte 2.2. und 2.7

(2) Von nun an Gegenstand einer weiteren Dauerkontroverse.

(3) Dieser Begriff meint "Reallohn je Arbeiter" und entstammte dem Vokabular von Malthus. Ricardo schätzte ihn nicht (VII/81) und benutzte ihn fast nur in Auseinandersetzungen mit Malthus; und um eine solche handelt es sich hier. Seine Aussage ist so zu verstehen, daß der Reallohn je Arbeiter, die Beschäftigung und damit von beiden Seiten her die Reallohnsumme der Arbeiterklasse zunehmen infolge der Einführung besserer Maschinen. Dies schien auch Malthus (no longer questioned) akzeptiert zu haben, während er von einer Senkung des englischen Kornpreises durch ungehinderten Import billigeren Auslandsgetreides gleichzeitig genau die gegenteilige Wirkung erwartete. Dies ist der Punkt, in dem Ricardo ihn bekämpfte, doch blieb die Nebenbemerkung zur Maschinerie für sich genommen eher irreführend. Noch weniger als im Fall des Kornimports ist es nämlich am Ende die Maschinerie selbst, die die Bedingungen der Arbeiter derart verbessern würde, sondern eine von ihrer Anwendung gegebenenfalls ausgelöste Beschleunigung der Kapitalakkumulation. Das wird zu zeigen sein.

Während Malthus depressive Effekte eines niedrigen Kornpreises auf Gesamtwirtschaft und Reallohnniveau fürchtete, verwahrte sich Ricardo gegen diese Kombination und prognostizierte steigende Reallöhne, wobei offen bleibt, ob Lohnsatz oder Lohnsumme oder beides gemeint war:

"he (Malthus) does not sufficiently allow for the effects of a better distribution of the national capital on the situation of the lower classes. It would be beneficial to them, because the same capital would employ more hands; besides, that the greater profits would lead to further accumulation; and thus would a stimulus be given to population by really high wages, which could not fail for a long time to ameliorate the condition of the labouring classes.

The effects on the interests of this class, would be nearly the same as the effects of improved machinery, which it is now no longer questioned, has a decided tendency to raise the real wages (1) of labour" (IV/35).

Bei alledem ging es - das darf man nicht aus dem Auge verlieren - um die Senkung des Kornpreises mittels Import von billigem Korn:

"if the effect of importing corn is to lower rent, ... all capitalists whatever, whether they be farmers, manufacturers, or merchants, will have a great augmentation of profits" (IV/35).

Andere Güterpreise wären nach Ricardos damaliger Ansicht nicht affiziert, wohl aber die Geldlöhne:

"every thing that the manufacturer would have to sell, would be as dear as ever: it is only what he would buy that would be cheap, namely, corn and labour by which his gains would be increased. I must again observe, that ... a fall in the price of corn, only lowers the wages of labour (2), and therefore raises profits.

If then the prosperity of the commercial classes, will most certainly lead to accumulation of capital, and the encouragement of productive industry (Arbeit); these can by no means be so surely obtained as by a fall in the price of corn" (IV/37).

Auf dieser Basis focht Ricardo für einen - allerdings schrittweisen - Abbau des englischen Getreideanbaus:

"If we import (corn) the portion of capital last employed on the land, and which yielded no rent, will be withdrawn; rent will fall and profits rise, and another portion of capital employed on the land will come under the same description of only yielding the usual profits of stock.

---

(1) Siehe Fußnote (3) auf der vorigen Seite.

(2) Geldlohn je Arbeiter

If corn can be imported cheaper than it can be grown on this rather better land, rent will again fall and profits rise, ... In every step of our progress profits of stock increase and rents fall, and more land is abandoned ... The wealth of England would, I am persuaded, be considerably augmented by a great reduction in the price of corn, but the whole money value of that wealth would be diminished. ... But, though it is true, that the money value of the mass of our commodities would be diminished, it by no means follows, that our annual revenue (Profit und Rente vor allem) would fall in the same degree. The advocates for importation ground their opinion of the advantages of it on the conviction that the revenue would not so fall" (IV/38-9).

Ricardos implizite Ansichten über Wirkungen der Maschinierie würden zweifellos weit verfehlt, wollte man in diesen Texten jetzt einfach "importation of cheaper corn" ersetzen durch "improved machinery"; das haben die beiden vorangehenden Abschnitte schon gezeigt. Importe billigeren Korns führen bei Konstanz der anderen Güterpreise unmittelbar via Geldlohnsenkung zu einer allgemeinen Erhöhung des Profits, das ist bekannt.

Darüberhinaus führen sie gleichzeitig zum Abzug von Kapital und Arbeit aus der pflanzlichen Agrarproduktion und zu deren Umlenkung in die nichtagrarischen, vor allem die manufakturiellen Produktionszweige. Der profitable Wiedereinsatz zunächst freigesetzter Ressourcen steht für Ricardo allezeit außer Frage, solange Kapital und Arbeit simultan verfügbar sind; Malthus' Nachfragemangelidee hat der Autor immer abgelehnt. Mit der effektiveren Ressourcenallokation verbindet sich ein vergrößertes Angebot an Manufakturwaren, was - im Verein mit den gestiegenen Profiten - die Kapitalakkumulation stimuliert. Letztlich ist es dann die beschleunigte Kapitalakkumulation, die über die wachsende Arbeitsnachfrage eine Periode hoher und steigender Reallöhne und Beschäftigung herbeiführt, bis das seinerseits stimulierte Bevölkerungswachstum dem wieder entgegenwirkt.

Was Ricardo mit "would be nearly the same" weitgehend identifiziert, sind die Effekte von "improved machinery" einerseits und "a better distribution of the national capital" andererseits! Das eine wie das andere stimuliert die Kapitalakkumulation; letztere ist dann Ursache der Folgen, die daraus für die Arbeiterklasse resultieren. Seine hier implizierte Ansicht zum Maschinenwesen läßt sich am Ende explizit machen, wenn man die dem ESSAY folgende, vor allem mit Malthus besonders intensive Korrespondenz heranzieht.

2.9 Ricardo 1815: Explizite Ansichten zum Maschinenwesen

Um Malthus' Kritik zu begegnen, modifizierte Ricardo unmittelbar nach dem Erscheinen des ESSAY seine Konzeption bezüglich der Interdependenz der Produktpreise erneut. Bei Preisvariationen der Bodenprodukte bleiben die Preise der anderen Produkte ceteris paribus nicht völlig konstant, sondern variieren (nicht proportional) in die gleiche Richtung, insoweit als die ersteren Rohmaterialien für die letzteren sind (VI/179).

Malthus Haupteinwand ging in eine andere Richtung (1):

"Nor can I yet satisfy myself either from theory or experience that profits depend solely on the price of corn" (VI/182-3).

In diesem zentralen Punkt wich Ricardo nicht zurück:

"It is by the rise of the price of corn that all other profits are regulated to agricultural profits. If the price of corn remained low money wages (2) would not rise and general profits could not fall" (VI/194).

Merkwürdigerweise folgte gleich anschließend eine Passage, wo er die Preise der Manufakturwaren stärker als bisher in Betracht zieht,; es sei möglich

"that wages (2) have been kept moderate by the improvements in those manufactures which supply the poor with the necessaries on which a part of their wages are expended" (VI/194).

In den folgenden Wochen wechselten beide - trotz mehrerer Besuche - nahezu täglich Briefe, in denen es vorwiegend um das Zahlenbeispiel des ESSAY ging. Am 5. Mai schrieb Malthus dann:

"indeed I cannot help thinking that you are fundamentally wrong in measuring the rate of profits by the facility of production. ...Facility of production... mainly affects the real wages of labour (3), and not the rate of profits, ... The rate of profits depends upon the scanty or abundant supply of capital compared with the means of employing it profitably" (VI/224-5).

Ricardos Erwiderung vom 8. Mai enthielt wichtige Informationen zum Zusammenhang zwischen Kapitalakkumulation auf der einen, Lohn- und Profitentwicklung auf der anderen Seite; sie führt unmittelbar zu der am Ende des vorigen Abschnitts offengebliebenen Frage zurück. "Facility of production" ist keine hinreichende Bedingung für steigenden Reallohn:

---

(1) Brief vom 1o. März 1815. Ricardo antwortete am 17. März. Malthus war übrigens nicht weniger hartnäckig und beendete am 26. August einen Brief mit der Frage: "In a country without land what determines the profits of stock?"

(2) Geldlohn je Arbeiter

(3) Reallohn je Arbeiter

"Wages do not depend upon the quantity of a commodity which a day's labour will produce" (VI/226).
Wenn die Produktivkraft der Arbeit irgendwo auf das Doppelte ansteigt, verdoppelt sich nicht automatisch der Reallohn des Arbeiters oder die Reallohnsumme, sondern das Produktquantum des Kapitalisten:
"no rise would take place in wages, no greater portion of corn, cloth or cotton would be given to the labourer unless a portion of the increased produce were employed as capital, and then the rise in wages (1) would be in proportion to the new demand for labour, and not at all in proportion to the increase in the quantity of commodities produced" (VI/227).
"Facility of production" ist allerdings auch keine notwendige Bedingung für steigenden Reallohn:
"The effect of high or low wages on profits has always distinctly recognized by me; - till the population increases to the proportion which the increased capital can employ, wages (2) will rise, and may absorb a larger portion of the whole produce. But this effect will only take place with an increase of capital, and has nothing to do with new facilities of production" (VI/226).
Ein großes Kapital - und Produktquantum ist ebenfalls keine hinreichende Bedingung für steigende Löhne und sinkende Profite:
"I consider the rise of wages (3) as by no means a necessary effect of an abundant capital and produce, for it may be accompanied with new facilities in procuring corn, and then wages (2) even if they should rise would not lessen profits, they will only keep them lower than they otherwise would be" (VI/227);
die Löhne können auch steigen, ohne daß gleichzeitig der Profit sinkt.
Die tatsächliche Entwicklung der Einkommensverteilung in der Zeit resultiert aus dem komplexen Zusammenwirken mehrerer Einflußfaktoren. Dennoch war Ricardo nach Möglichkeit um eine exaktere Zurechnung bemüht:
"There is a great difference between the common effects of an accumulation of capital, and the employing the same capital more productively. The first is generally attended with a rise of wages (1) and a fall of profits for a time at least, - but the second may exist for an indefinite length of time without producing any such effects" (VI/228).
Und als Beispiel einer derart effizienzsteigernden Real-

---
(1) Reallohnsumme bei konstantem oder steigendem Reallohn je Arbeiter
(2) Reallohn je Arbeiter
(3) Geldlohn

lokation, die - für sich betrachtet! - Lohn und Profit unverändert lassen kann, fungiert die Maschinerie:

"In the case of great improvements in machinery; - capital is liberated for other employments and at the same time the labour necessary for those employments is also liberated; - so that no demand for additional labour will take place unless the increased production in consequence of the improvement should lead to further accumulation of capital, and then the effect on wages is to be ascribed to the accumulation of capital and not to the better employment of the same capital" (VI/228).

Wie die vielzitierte, etwas rätselhafte, bezüglich der Wirkungen der Maschinerie eigentlich irreführende Analogie-Passage (1) im ESSAY ON PROFITS zu interpretieren ist, dürfte damit geklärt sein. Was Ricardo in der Tat weitgehend identifizierte, waren die Effekte von "improved machinery" und "a better distribution/employment of capital"; und er tat es deshalb, weil er der Einführung der Maschinen - von Ausnahmen abgesehen - einen Reallokationsprozeß von Kapital und Arbeit nachfolgen sah.

Verbesserte Maschinerie und effizientere Allokation vergrößern an sich jedoch weder die Arbeitsnachfrage noch verändern sie die Verteilung des Einkommens auf Lohn und Profit - sie vergrößern lediglich das Quantum der produzierten (manufakturiellen) Waren und stimulieren möglicherweise die Kapitalakkumulation. Letztere wäre dann gegebenenfalls die ricardianische Ursache der prophezeihten beschäftigungs- und reallohnerhöhenden Tendenzen zugunsten der "labouring classes". Die Einführung verbesserter Maschinerie o h n e gleichzeitige Kapitalakkumulation hat demgegenüber - wie sich zeigen wird - andere Effekte.

Malthus nahm am 1. Oktober 1815 - Ricardos Entschluß, die PRINCIPLES zu schreiben, war einen Monat zuvor gefaßt worden - den Faden wieder auf:

"The more I consider our old subject, the less I find I can agree with you in the new view which you have taken of capital as depending with respect to profits, on facility of production rather than as was formerly supposed on quantity and competition" (VI/289); und

"Your doctrine that high profits depend upon the low money price of corn appears to me still more objectionable and still more uniformly contradicted by experience, than the dependance of profits upon facility of production" (VI/291).

Beiden Versionen (der gleichen Doktrin) begegnet er mit empirischen Einwänden. Kornpreis und Profit seien in Eng-

(1) IV/35, Vgl. Abschnitt 2.8

lands Vergangenheit hundert Jahre gemeinsam gefallen. In Otaheite zerfalle das Produkt in ein wenig Profit, außerordentlich viel Grundrente und etwas Lohn, obwohl die "facility of production" dort trotz äußerst spärlichem Kapitaleinsatz unübertroffen groß sei. Im übrigen drang Malthus auf eine Begriffsklärung:

"Your appear to me to overlook a most important distinction between productiveness of industry (labour) and productiveness of capital. ...When you speak of difficulty or facility of production, do you mean to refer to industry or capital. ...Pray give me a definition of productiveness in your next" (VI/29o-1).

Falls Ricardo mit "difficulty" niedrige und mit "facility" hohe Kapitalproduktivität meine, gehe der Streit zwischen ihnen nur um Worte, denn niedrige (hohe) Kapitalproduktivität und niedriger (hoher) Profit seien Synonyma! Anderenfalls jedoch:

"If you refer to industry or labour, the difference is real, and I am not I fear likely to see the subject in the same light with you" (VI/291).

Ricardos Antwort vom 7. Oktober (1) ist amüsant und aufschlußreich. Vertraut mit Malthus' diesbezüglichen Neigungen, warnte er vor monokausaler Interpretation empirischer Befunde:

"I should be more pleased that we did not so materially differ. If I am too theoretical which I really believe is the case, - you I think are too practical. There are so many combinations, - so many operating causes in Political Economy, that there is great danger in appealing to experience in favor of a particular doctrine, unless we are sure that all the causes of variation are seen and their effects duly estimated" (VI/295).

Ricardo konnte Malthus den Gefallen nicht tun, es ging um mehr als Worte. Er lieferte die gewünschten Definitionen und vereinnahmte das Wunderland zugunsten seiner eigenen - stets multikausalen - Theorie. Die natürliche Bodenfruchtbarkeit mag in Otaheite größer sein als in England, aber das ließe sich nur unter sonst vollkommen gleichen Umständen vergleichen - und die Umstände sind alles andere als gleich:

"By facility of production I do not mean to consider the productiveness of the soil only, but the skill, machinery, and labour joined to the natural fertility of the earth. It does not therefore follow that because Otaheite has an abundance of fertile land that profits should be there at the highest rate, because the skill, and the

(1) Beachtung verdient, daß es in diesem Brief nunmehr um Maschinen geht, die nicht in Manufakturen, sondern im Ackerbau (husbandry) zum Einsatz kommen.

means of abridging labour may in Europe more than compensate this natural advantage of Otaheite" (VI/292). Die vergleichende Analyse alternativ-hypothetischer Zustände und die Verlaufsanalyse von Prozessen in der Zeit gehen in diesem Brief - ungebrochene Tradition (fast) aller Ökonomen seit Smith - etwas durcheinander; am Beginn steht ein Alternativen-Vergleich. Wenn die natürliche Fertilität des Ackerbodens in Otaheite tatsächlich über derjenigen in England liegt, dann würde ein- und derselbe Kapitalbetrag einem englischen Farmer mit englischen Arbeitsmethoden und Maschinen in Otaheite notwendigerweise ein größeres Kornquantum und wahrscheinlich größere Profite einbringen als beim Einsatz in England.

Die prozeßanalytische Version ist ähnlich. Hundert europäische Einwanderer "with our improved machinery, and perfectly skilled in husbandry" in Otaheite würden dort die Nahrungsmittel der gegenwärtigen einheimischen Bevölkerung auf einem Viertel der bisherigen Nutzfläche produzieren, so daß große Teile des Landes mangels Nachfrage der Natur zurückgegeben werden könnten, mit der sicheren Folge sinkender Grundrenten:

"Now every improvement in machinery (in husbandry) is precisely, on a small scale, what I have been here supposing on a large scale, ... every improvement which shall enable you to raise the same quantity of produce on a less quantity of land, or which is the same thing, a larger quantity of produce on the same quantity of land can not increase the demand for land, and therefore can not raise rents" (VI/293-4).

Ricardo ließ sich erwartungsgemäß nicht darauf ein, die Arbeitsproduktivität oder die Kapitalproduktivität als Indikator für "difficulty/facility of production" zu akzeptieren; er meinte eine Art "totaler" Produktivität (1):

"I do not clearly see the distinction which you think important between productiveness of industry (labour) and productiveness of capital. Every machine which abridges labour adds to the productiveness of industry, but adds also to the productiveness of capital. ... Industry is more productive, so is Capital. It appears to me that one is a necessary consequence of the other" (VI/294).

Arbeitsproduktivität und Kapitalproduktivität sind gemeinsam hoch (England) oder niedrig (Otaheite), und sie nehmen gemeinsam zu (improvements) oder ab (natural effects).

---

(1) Productiveness of the soil, skill, machinery, and labour.

Als prozeßanalytisches Exempel diente die "kontrafaktische" Entwicklungsskizze des Abschnitts 2.5 mit dem "natürlichen" Verlauf der Dinge, innerhalb dessen beide Produktivitäten abnehmen (würden):

"the opinion which I have advanced and which you (Malthus) are combating is that in the progress of society independently of all improvements in skill and machinery, the produce of industry (labour) constantly diminishes as far as the land is concerned, and consequently capital becomes less productive. That this diminution of produce is beneficial to all owners of land, but that it is so at the expense of manufacturers, amongst which I include farmers, first by rendering the commodities which they manufacture of less exchangeable value than they before were for corn, and secondly by raising the cost of production by raising the price of labour (1)" (VI/294).

Und als Beweisobjekte beim Zustandsvergleich fungierten nochmals England und Otaheite; Arbeit und Kapital wären beide in England - ob im Ackerbau oder in Manufakturen - produktiver:

"England with machinery and with a given capital will obtain a greater real net produce, whether it be in manufactures or in the produce of the soil. It will do so because it employs much fewer hands to obtain the same produce. Industry (labour) is more productive, so is Capital" (VI/294).

Wir stellen die Interpretation dieser Passagen einstweilen zurück, doch sei ihre Pointe gleich angemerkt. Ricardos Umgang mit Otaheite erwies sich - wenigstens das mußte er zugeben (VI/3o1) - als deplaciert. Malthus (VI/296) hatte nämlich in der Tat an ein Paradies gedacht, dessen glückliche Bewohner nichts weiter zu tun brauchten, als "the spontaneous fruits of the earth" zu sammeln - ohne viel Aufwand an "skill, capital, industry", und ohne Maschinerie.

3. Zwischen ESSAY ON PROFITS und PRINCIPLES

Vom Autor durch mitunter undeutlichen, eigenwilligen, ambivalenten Sprachgebrauch (2) nicht gerade davor geschützt, besitzt der partielle oder/und flüchtige Ricardo-Leser alle Chancen, Irrlehren zu kreieren, sofern er "capital, labour, profits, wages & all that" unbedenklich auf ge-

(1) Geldlohn je Arbeiter

(2) Deshalb im Vorangegangenen der Versuch, wenigstens beim Lohn hinzuzufügen, was sich da bewegte, soweit das im jeweiligen Kontext eindeutig feststellbar zu sein schien.

wohnte Inhalte fixiert. Mit Malthus, der wieder von Ricardo abwich, wäre das nicht anders. Die beiden wechselten - einander häufig, auch für längere Zeit, besuchend - zwischen Februar 1815 und April 1817 nicht weniger als 32+34=66 vielseitige Briefe: liebenswürdig im Ton, unbeirrbar in der Sache, durchzogen von Mißverständnissen; die Distanz blieb unverändert. Auch die Sache blieb stets die gleiche: "our old subject", Ricardos neue "theory of a diminishing rate of profit in consequence of being obliged to cultivate poorer lands" (VI/2o9).

Am 3. Januar 1817, als sein neues Manuskript vor dem Abschluß stand, schrieb Ricardo an Malthus:

"I have been...employed...in putting my thoughts on paper, on the subjects which have often passed under our discussion. ...There are _few_ points on which there is a shadow of difference between my present and my past opinion, but they are _not_ those on which we could _not_ agree" (VII/115).

Der Rohentwurf des ricardianischen Systems überstand - von der Entwicklung einer neuen Wert- und Preistheorie sowie Modifikationen im Detail abgesehen - den Disput weitgehend unverändert. Dennoch ist das Studium des letzteren von erheblichem Nutzen für das richtige Verständnis des ersteren. Wir müssen uns auf Begriffklärungen sowie einige für unser zweites Thema relevante Aspekte beschränken.

3.1 Arbeit, Kapital und Korn; Lohn, Preis, Profit und Grundrente

"Capital" verstand Ricardo meist einfach als _Geld_kapital oder als in Edelmetallgeld bewertetes _Real_kapital(güteraggregat), erforderlichenfalls mit der üblichen Unterscheidung zwischen "fixed capital" (Gebäude, Maschinen, Werkzeuge ect.) und "circulating capital' (Rohstoffe, Unterhaltsmittel für Arbeiter und Arbeitstiere, ect.); die explizite und strikte Trennung zwischen Strom- und Bestandsgrößen ließ mitunter zu wünschen übrig. Von größter Bedeutung ist die Tatsache, daß die Geld_löhne_ durchwegs als Bestandteil des Geldkapitals, die Konsumtionsmittel der Arbeiter als Bestandteil des (zirkulierenden) Realkapitals betrachtet wurden und somit die Nenner der Profit_rate_ enthalten sind. Dies impliziert nämlich eine - ceteris paribus! - _inverse_ Beziehung zwischen Profitrate einer- und Geldlohnsatz je Arbeiter andererseits, wenn Profit und Kapital in Geld ausgedrückt werden und alle anderen Umstände wirklich gleich sind (bleiben):

Die Profitrate ist hoch (niedrig), wenn der Geldlohn je Arbeiter niedrig (hoch) ist; sie steigt (sinkt), wenn der Geldlohn sinkt (steigt)!

Das erklärt Ricardos unbeirrbare Versuche, Malthus davon

zu überzeugen, daß die Profitrate im Gefolge von Lohnvariationen variiert, und nicht umgekehrt. Der Profit ist Residuum, Reflex von Lohnbewegungen. Wie aber bewegt sich seinerseits der Lohn, was bewegt ihn? Die ricardianische Antwort auf diese Frage besitzt, wie sich gezeigt hat, von Anfang an viele Dimensionen. Des Autor's Interesse galt stets dem "advancing, progressive state of society" mit Kapitalakkumulation und Bevölkerungswachstum. Seine "theory of a diminishing rate of profit, in consequence of being obliged to cultivate poorer lands" (VI/2o9) basierte auf dem speziellen Grundmodell des "natural progress", wo bewußt von durchaus wichtigen Dimensionen abstrahiert und explizit unterstellt worden war, Kapital und Bevölkerung würden "in the proper proportion" wachsen, so daß der Reallohn je Arbeiter in der Zeit konstant bleibt (1). Die Profitrate sinkt, weil der Geldlohn steigt; der sog. Kornlohn sinkt sogar. Dies gilt für das Grundmodell des ESSAY ON PROFITS. Ricardos Konzept eines konstanten Reallohns ist immer das (2), daß der aus Korn und vielen anderen Produkten zusammengesetzte Warenkorb des einzelnen Arbeiters im Zeitverlauf nach Komposition und Größe unverändert erhalten bleibt. "Natural Progress" bedeutet nun Ausdehnung der Kultivation bei zunehmendem Arbeitsinput je Korneinheit und steigendem Kornpreis, während die Preise aller anderen Waren - gemäß seiner derzeitigen, erst später modifizierten Preistheorie - trotz steigenden Geldlöhnen - (fast) konstant bleiben. Der steigende Kornpreis führt im Modell zu einer gerade rellohnstabilisierenden Erhöhung des Geldlohns je Arbeiter:

"Observe that I do not question that each individual labourer may receive a less corn price of labour because I believe that would be the case, but I question whether the whole corn amount of wages &c. paid for the cultivation of the land can be diminished with an increase of the exchangeable value of corn. ...A rise of the price of corn and a fall in the corn price of labour is in my opinion incompatible, unless it be owing to something in the currency" (VI/189).

"Corn amount of wages &c." meint nicht, daß dies alles Korn sei, sondern daß es in Korn gemessen, bewertet wird! Der konstante Reallohn je Arbeiter besteht permanent aus den gleichen Quanta der gleichen Ware (auch Korn), während er gleichzeitig (bewertet in Geld) steigt und (bewertet in Korn) sinkt. Letzteres wird nach Ricardos Ansicht mehr als wettgemacht durch die steigende Zahl der erforderlichen Landarbeiter und die steigenden Quanta der ansonsten

(1) Vgl. Abschnitte 2.5 und 2.6.
(2) Vgl. Abschnitt 2.5 sowie VI/193.

erforderlichen Inputs. Die in Korn bewerteten Kosten der Kornproduktion steigen überproportional im Vergleich zur Kornproduktion selbst (1):

"a rise in the price of corn is always in my opinion accompanied by a less material surplus produce, but it may be of equal value as compared with other things. Of this produce the landlord gets so large a share that in spite of the rise of produce the situation ot the farmer is constantly getting worse" (VI/189-9o).

"I think you err in supposing it possible that the proportion of the whole corn expenditure, to the produce obtained, can fall, with an increase of the price of corn. The two are incompatible" (VI/192).

"If you meant only that the surplus produce (after paying the labourers) would increase with every accumulation of capital on the land, though in a diminishing ratio to the capital employed on the land, that is... the groundwork of my theory" (VI/197).

Bei alledem ändern sich im "natural progress" die technischen Bedingungen der Produktion weder für die Farmkapitalisten auf den bislang schon kultivierten (weil günstigeren) Teilen des Landes noch für die Manufakturkapitalisten; deren Profitraten werden durch einen Wandel in den sozialen Bedingungen geschmälert: erstere zahlen bei steigendem Produktpreis steigende Geldlöhne und steigende Grundrenten (Pacht), letztere bei (fast) unveränderten Produktpreisen steigende Geldlöhne. Vermittelt wird die Änderung der Einkommensverteilung durch ein sich änderndes System relativer Preise. An Malthus am 27. März 1815:

"I agree with you that a rise in the price of corn occasions a different distribution of the produce from the old land. It does this by lowering profits. Instead of a manufacturer having it in his power... that power will be transferred to the landlord and this will arise from the lower corn value of manufactured goods. Indeed I see no limit to the fall of the corn value of goods but the impossibility of manufacturing them with any the least return of profit, and this will not happen till the landlord has appropriated to himself in the form of rent nearly the whole surplus produce of the land. It appears to me that the progress of wealth, whilst it encourages accumulation, has a natural tendency to produce this effect and is as certain as the principle of gravitation" (VI/2o3-4).

Konsequent zuendegedacht, nähert sich das kontrafaktisch konzipierte Entwicklungsmodell des "natural progress" irgendwann einem "stationary state" ohne weitere Kapitalakkumulation.

Bleiben wir zunächst noch beim überaus wichtigen Bindeglied, dem System relativer Preise. Malthus opponierte

(1) Briefe an Malthus vom 14., 17. und 21. März 1815.

in regelmäßigen Abständen(1):

"Surely you don't seem to be sufficiently aware of the necessary limits to the separation in price of manufactured commodities and raw produce" (VI/2o8).

"By the by surely we have been both wrong in thinking that in the progressive cultivation of poor land, the price of corn compared with manufactures would very greatly rise. ...Surely with regard to money prices, we have attributed too much to difficulty of production" (VI/291).

"I am now convinced that the rise (des Kornpreises) must be very small, and as the real price of labour must fall, I see no reason why the nominal price of labour should rise. How can such a country purchase the precious metals so as to occasion a general rise in the price of labour" (VI/342).

"In the progress of cultivation, independently of any causes but such progress, it appears to me that the money price of corn will rise, but not much, the money price of labour remain stationary nearly, and the money price of manufactured good fall from the fall of profits" (VII/9).

"I want also to ask you what are the causes which occasion an increase of demand without a diminution of price" (VII/53).

Festzustehen schien für Malthus allein, daß der Reallohn sinken muß; und gerade das folgt nicht zwingend aus leicht ansteigenden Agrarpreisen, ziemlich konstanten Geldlöhnen und sinkenden Manufakturpreisen. Ricardo akzeptierte sein Tableau ohnehin nicht. Die nachfolgend zusammengestellten Passagen aus Briefen an Malthus ergeben - etwas aus der zeitlichen Abfolge gebracht (2) - ein kompaktes Bild:

"It appears to me that there are two causes which may cause a rise of prices, - one the depreciation of money, the other the difficulty of producing. The latter can in no case be advantageous to a society. - It is always a sign of prosperity but never the cause of it" (VI/233).

"I think that corn and labour are the variable commodities, and that other things neither rise nor fall but from difficulty or facility of production, or from some cause particularly affecting the value of money, - and that no alteration of price proceeding from these causes affect general profits; - allowing always some effect for cheapness of the raw material" (VII/3).

"I agree with you that when the exchangeable value of corn rises, ...there will be both the power and will to pur-

(1) Briefe vom 2. April, 1. Oktober, 22. Dezember 1815 sowie vom 8. Januar und 6. August 1816.

(2) Vom 27. Juni 1815, 2. Januar 1816, 2. April 1815 und 9. August 1816.

chase with the raw produce of the country, a greater quantity of manufactured and foreign commodities. In a progressive country I can easily conceive this power and will to be doubled or trebled, as well as the commodities on which they are exercised; but this admission does not affect the question of profits. There may be a great demand for home and foreign commodities without their price being permanently raised, as no new difficulties may attend their production" (VI/2o9-1o).

"Whether that demand can be general which increases price must I apprehend depend on whether the precious metals can be furnished as rapidly as other commodities. If the savings or acquisitions of labour are exchanged for all commodities in the same proportion and the demand should increase in that proportion also, I can see no reason why any commodity should rise; but if the demand for cloth or gold be either great or less than the supply they may rise or fall in their exchangeable value. That is to say their market value might rise or fall but their natural value would probably undergo little variation, and therefore after a time they would exchange at their usual rates" (VII/58).

Dem Ergebnis dieser Montage ist wenig hinzuzufügen; sie liefert unmittelbar eine explizite Kurzfassung der arbeitsmengentheoretischen Erklärung für zeitliche Veränderungen der "natürlichen" Austauschrelationen zwischen den verschiedenen Arbeitsprodukten, an der Ricardo zukünftig festhalten wird, obwohl er gerade in diesem Spätsommer herausfand, daß sie nicht exakt stimmt (1). Hervorzuheben bleibt die Einbeziehung des Wertes von Gold und Silber bzw. von Geld in diese Überlegungen. Der Autor war anerkannter Experte in Fragen von Geld und Währung. Sein Preisausdrucksmittel war "money", Gold- oder Silbergeld, in Naturalform ein (ausländisches) Manufakturprodukt und als solches Wertänderungen unterworfen wie ein anderes Arbeitsprodukt, wenn sich seine Produktionsbedingungen ändern:

"No doubt money varies more slowly than other commodities..; nevertheless its value like every other foreign commodity depends on the labour and expence of bringing it to market" (VI/21o-11).

Daß der Geldwert strikt konstant sei, hat Ricardo nicht unterstellt, aber er hat Variationen ausgeschlossen, die aus sich ändernden Bedingungen der Produktion der Edelmetalle selbst resultieren:

"This invariability of the value of the precious metals, but from particular causes relating to themselves only, such as supply and demand, is the sheet anchor on which all my propositions are built" (VI/348).

(1) Vgl. Abschnitt 2.1

schrieb er Ende Dezember 1815 an James Mill.
Kehren wir zur "großen" Frage zurück; der stationäre Endzustand des "natural progress" war keineswegs das letzte Wort des Autors. An Trower am 4. Dezember 1816:

"High rents are always a symptom of an approach to the stationary state - we are happily yet in the progressive state, and may look forward with confidence to a long course of prosperity. ...the fall of rents, unaccompanied by loss of capital and population, will essentially contribute to the general welfare" (VII/16-7).

Das ist jenseits des fiktiven Grundmodells der "natural effects". Ricardo hatte die Preise der Arbeiterkonsumgüter von Anfang an als den großen, wenn auch nicht den einzigen Regulator des Geldlohnsatzes betrachtet und vor dem ESSAY eher vermutet, daß der Reallohn je Arbeiter - trotz steigender Geldlöhne - im "natural progress" sogar leicht sinkende Tendenz haben könnte (1). Der zweite große Lohnregulatur, jenseits der "natural effects" gelegen und zu den abschwächenden oder verstärkenden "cirkumstances which are more or less at all times in operation" zählend, wurde dann im ESSAY ausdrücklich vorgeführt: das relative Wachstum von Bevölkerung (Arbeitsangebot) und Kapital (Arbeitsnachfrage) in der Zeit (2). Relativ zu langsame Kapitalakkumulation hätte einen (real) lohnsenkenden, relativ zu rasche Kapitalakkumulation hätte einen (real)lohnsteigernden Zusatzeffekt. Ersteres schien Ricardo den aktuellen Zustand Englands im Jahre 1816 zu charakterisieren (VII/72), wobei er wiederholt auf vorübergehende Umstellungsschwierigkeiten der Nachkriegszeit (VII/66) oder wirtschaftspolitische Fehler verwies.
Das schon im ESSAY vorhandene Doppelkonzept hinsichtlich der faktischen Regulierung der Löhne bekam in der Folgezeit feste Konturen(3):

"Profits I think depend on wages, - wages depend on demand and supply of labour, <u>and</u> on the cost of the necessaries on which wages are expended. These two causes may be operating on profits at the same time, either in the same, or in an opposite direction" (VII/72).

"Now if labour rises, no matter from what cause, profits will fall; - but there are <u>two</u> causes which raise the wages of labour, <u>one</u> the demand for labourers being great in proportion to the supply - the <u>other</u> that the food and necessaries of the labourer are difficult of production, or require a great deal of labour to produce them. The more I reflect on the subject the more I am convinced

(1) Vgl. Abschnitt 2.2
(2) Vgl. Abschnitt 2.6
(3) Briefe an Malthus - erneut in geänderter Folge - vom 5. Oktober, 9. August und 1o. Januar 1816.

that the latter cause has an incessant operation" (VII/57) und ist "the most powerful in its effects. I must write a book to convince you" (VII/1o).

Ricardo hat seine PRINCIPLES geschrieben - aber von dem hier zur Debatte stehenden und für sein System fundamentalen "principle" konnte er Malthus nie überzeugen:

"Profits I think depend on wages,... if labour rises, no matter from what cause, profits will fall".

Möglicherweise hat Malthus gar nicht verstanden, warum das bei Ricardo so ist. Die Gegenbeispiele, die er im Laufe der Zeit ins Feld führte, fielen jedenfalls unmittelbar dem Zusammenspiel der beiden hauptsächlichen Lohnregulatoren zum Opfer.

März 1815: Allgemeiner Profit und Kornpreis könnten auch simultan steigen! Nur wenn gleichzeitig die Geldlöhne trotz steigendem Kornpreis sinken.

"and then they can be but of short duration. In the ordinary course of things as a high price of corn attends a state of progression, wages of labour will be really high, and profits cannot rise because of wages being low" (VI/2o5).

Oktober 1815: Die Agrarprofite könnten (independently of improvement &c.) steigen, wenn das Bevölkerungswachstum die Kapitalakkumulation übertrifft!

"I am not disposed to deny, but this will be a partial rise of profits on a particular trade, for a limited time, and is very different from a general rise of profits on trade in general. - This admission does not affect my principle" (VI/3o5).

August 1816: Die Agrarprofitrate könnte in Amerika und Polen auf Böden gleicher Qualität unterschiedlich sein, weil sie von der "proportion of capital to labour" abhängig sei!

"I have never denied it. The proportion between labour and capital will undoubtedly affect profits, because it will affect wages, but it is not the only element in the consideration of the subject of profits; - there are other causes which also affect wages" (VII/57-8).

Oktober 1816: Wenn das Bevölkerungswachstum (miraculously) plötzlich aufhörte bei fortdauernder Kapitalakkumulation und Vorhandensein unbebauten Landes bester Qualität, würde der Profit doch sinken!

"In the case you put wages would have a tendency to keep stationary as far as the supply of food was concerned, but they would have a tendency to rise in consequence of the demand for labour increasing, whilst the supply continued the same. Under such circumstances profits of course fall. You must however allow that this is an extraordinary case, and out of the common course of events" (VII/72).

Oktober 1816: Der Profit könnte trotz sinkender Lohngüterpreise (with facility of production) sinken! Nur wenn gleichzeitig die Geldlöhne trotz sinkender Lohngüterpreise steigen.

"Under these very peculiar circumstances of higher money wages with a lower price of necessaries, the wages of labour would be in an unusual state, and would slowly revert to the old standard, when profits would feel the benefit. All I mean to contend for is that profits depend on wages, wages under common circumstances, on the price of food, and necessaries, and the price of food and necessaries on the fertility of the last cultivated land" (VII/78).

Angesichts dieser Beispiele drängt sich schon die Vermutung auf, daß Malthus die Theorie seines Kontrahenten nicht wirklich verstanden hat.

3.2 Streit um Worte - Streit um Paradigmen?

Seine partiellen Attacken waren jedenfalls unschwer abzuwehren, seine paradigmatische Gegenposition hat Ricardo indessen weit überdauert. Gerade weil wir in diesem Zusammenhang Gewässer ansteuern, die einem vertraut vorkommen, soll auch Malthus etwas ausführlicher beim Wort genommen werden (1):

"Will it not be true in all cases that rent will depend upon the demand compared with the supply of good land, wages on the demand compared with the supply of labour, and profits on the demand compared with the supply of capital" (VII/77).

"I have always distinctly allowed, and ever shall allow in the future that any causes which tend to make land less in demand will lower rents. I only want to make you (Ricardo) allow, according to the same great principle of supply and demand, that any causes which tend to make capital (2) less in demand, will lower profits (2); but you appear to me to except profits from the laws which operate upon all other commodities, and will not allow that they will be low for the same reason that the rents of land and the wages of labour are low" (VI/296).

Eine Angebots/Nachfragetheorie für die "Preise" dreier isoliert betrachteter "Produktionsfaktoren" - einfach und (fast) modern. Ricardo sah demgegenüber von Anfang an Interdependenzen sowie eine Sonderstellung für Kapital und Profitrate. Am 11. Oktober 1816 erwiderte er knapp:

"In all cases it is perhaps true that rent will depend

---

(1) Briefe vom 9. Oktober 1816 und vom 11. Oktober 1815.
(2) Malthus' Hervorhebung.

upon the demand compared with the supply of good land, and wages on the demand compared with the supply of labour, if it be allowed that the price of necessaries influence the demand and supply of labour.
I do not quite understand the expression that profits depend on the demand compared with the supply of capital" (VII/78).

Am 17. Oktober 1815 hatte er zum strittigen Punkt der ganzen Angelegenheit noch ausführlicher geantwortet:

"I contend that there are no causes which will for any lenght of time make capital less in demand, however abundant it may become, but a comparatively high price of food and labour; ... I acknowledge the effects of the great principle of supply and demand in every instance, but in this (capital) it appears to me that the demand will enlarge at the same rate as the supply, if there be no difficulty on the score of food and raw produce" (VI/3o1).

Ohne Beschränkung durch steigende Nahrungsmittelpreise und Löhne wäre seiner Meinung nach die Kapitalnachfrage auch bei noch so großem Kapitalquantum unbegrenzt.
Malthus verfolgte in diesen Monaten - mit einer gewissen Überschneidung - noch eine zweite, etwas modifizierte Spur; er schrieb am 6. August 1816:

"By the by the more I think on the subject the more I feel convinced that the rate of the profits of stock depends mainly on the demand and supply of stock compared with the demand and supply of labour, and very little (directly) on facility or difficulty of production, properly so called" (VII/52).

Wieder war es der über den Lohnsatz auf den Profit wirkende Einfluß der Produktionsbedingungen, den Malthus eliminieren wollte. Im übrigen operierte er nunmehr mit der Proportion zwischen "stock" und Arbeit, wobei der Verzicht auf "capital" auffällt. Smith hatte zwischen beiden Begriffen strikt unterschieden und von "capital" - von allen Übersetzern unbemerkt - ausschließlich dann gesprochen, wenn es um den profitablen Einsatz von "stocks" zum Zwecke des Einkommenserwerbs ging. Dies ergäbe in obigem Zusammenhang keinen Sinn, doch dürfte Malthus bestimmt an Realkapitalquanta gedacht haben. Ricardos Antwort vom 9. August kann kaum mehr überraschen:

"I have no difficulty to agree with you 'that the rate ... of labour' if by those words you mean the rise or fall of wages. That is my identical proposition. Now if labour rises, no matter from what cause, profits will fall; - but there are two causes which raise the wages of labour...(1)" (VII/57).

---

(1) Vgl. oben S.78 hinsichtlich der Fortsetzung.

Malthus hatte es selbstverständlich so nicht gemeint. Ricardo blieb hart: Was die Profitrate verändern soll, muß zuerst die Geldlöhne verändern; und die Geldlöhne werden - unter anderem - verändert durch sich ändernde Bedingungen der Lohngüterproduktion. Der Einfluß der letzteren wurde von Malthus auch jetzt nicht akzeptiert, der seinerseits auf sein "demand compared with the supply of capital"-Konzept zur Bestimmung der Profitrate zurückkam, unter dem sich Ricardo nichts Konkretes vorzustellen vermochte. Er konfrontierte Malthus mit dem Beispiel zweier Länder mit gleicher Bevölkerung, gleichem Kapital und gleichem Lohnsatz:

"Would the demand compared with the supply of capital be the same in both? If you say they would I ask whether their rate of profits would be the same under any other supposition but that of their land being exactly of the same degree of fertility?" (VII/79).

Er selbst war der Meinung, daß die Profitraten - bei ungleicher Landausstattung - verschieden sein würden. Malthus' Antwort vom 13. Oktober 1816 ist ausweichend:

"In the case you have put to me, I conceive that the profits would be the same, if the proportion of capital to labour were the same" (VII/8o).

Ricardos Punkt vollkommen negierend, war Malthus wieder auf seine zweite Spur gewechselt: "what I mean by the demand for capital is a scarcity of capital compared with labour"; womit auch noch die "relativen Seltenheiten der Faktoren" im Bild wären.

Malthus Brief ist darüberhinaus wichtig, weil er das (vorläufige) Finale der langen Kontroverse einläutet:

"To say that profits depend upon wages appears to me I confess, a very vague proposition, as in fact they may be extremely different with either the same money wages of labour, or the same real wages of labour, although it is unquestionably true, or rather a mere truism, to say that given the production, and supposing it to consist of wages and profits, the higher is the amount of one, the lower must be the amount of the other.
The real question is, what is the main cause which determines the rate of profits under all the varying degrees of productiveness? and I have no hesitation in answering distinctly that it is the proportion which capital bears to labour" (VII/79-8o).

Ricardos Antwort ist - aus unserer Sicht - der Kulminationspunkt der ganzen Angelegenheit, doch bevor wir uns mit ihr auseinandersetzen, seien noch zwei Anmerkungen zu Malthus erlaubt. Die erste betrifft seine Vorliebe für allgemeine, abstrakte und dennoch unpräzise, letztlich schwer beim Wort zu nehmende Formulierungen; seine Ökonomie hat keine festen Konturen. Daß er in sich selbst

den Analytiker der konkreten Praxis (things as they are (VII/122)) sah, in Ricardo jedoch eher einen Jongleur mit unrealistischen Hypothesen, mutet etwas paradox an. Realkapital jedenfalls galt Malthus offensichtlich als etwas exakt Meßbares, ohne daß er sich in dieser Kontroverse je darauf eingelassen hätte zu sagen, was es ist. Die zweite betrifft seine unübersehbaren Anstrengungen, im Kontext mit der Profitrate gerade das aus dem Bild hinauszumanövrieren, um dessen Erforschung er sich außerordentlich verdient gemacht hatte - die Rente der Grundbesitzer und die Bedingungen der Bodenproduktion. Wie der Kontrahent mit seiner Rententheorie umging, schien Malthus Unbehagen verursacht zu haben.
Bei Ricardo sind es gerade die Grundbesitzer und nicht die Arbeiter, die im "natural progress" zu Lasten des Profits profitieren:
"the interest of the landlords is always opposed to the interest of every other class in the community" (IV/21).
schrieb er ungezählte Male. Auch sein Antwortbrief vom 14. Oktober 1816 (VII/8o-2) brachte alles wieder - verglichen mit Malthus - konkret ins Bild, das eigentlich ein Film war, weil es, wie meist, die "effects of the progress of a country" darzustellen versuchte. In beiden Teilen des Briefes ging es um "proportions", im ersten - wie bei Malthus - um die der Einkommenskategorien. Für die Aufteilung dessen, was nach Abzug der Grundrente verbleibt, auf Kapitalisten und Arbeiter galt zunächst folgendes "principle":
"I say, that with every facility or difficulty of production, of the quantity of necessaries, that is to be divided between profits and wages, different proportions will be given to each, and that money will accurately shew those proportions" (1).
Im "progressive state" einer Volkswirtschaft mit Bevölkerungswachstum, Kapitalakkumulation und zunehmender Gesamtproduktion führt die Veränderung der Produktionsbedingungen (facility=improvements, difficulty=natural progress) zu einer Veränderung der Relation - realiter wie monetär - Gesamtprofitsumme/Gesamtlohnsumme. Im Fall von "facilities" wird sie steigen, im Fall von "difficulties" wird sie sinken. Malthus' "given the production" war nicht Ricardos Problem, so daß er auf den Vorwurf des "truism" überhaupt nicht einging.
Andererseits hat seine interdependent konzipierte Theorie über die Entwicklung der Einkommensverteilung in einer wachsenden Volkswirtschaft bekanntlich eine zweite Kom-

(1) "You (Malthus) appear to me to think that profits do not depend on the division of the produce, and that money wages may as often rise with facility of production as fall".

ponente, denn der gemeinsame Produktanteil von Arbeitern und Kapitalisten variiert im Zuge der Entwicklung ebenfalls. Im "natural progress" (1) zugunsten von Grundrente und landlords, im Fall von agrikulturellen Verbesserungen und billigen Konsumgüterimporten zu deren Ungunsten (2).
Ricardo skizzierte hier ausnahmsweise einmal die zweite Linie, um beide Komponenten des Verteilungsproblems gemeinsam darzulegen:

"The money wages of labour (3) are I apprehend generally regulated by facility of production. With an abundant production too I think that a less proportion of the whole will be given to the landlords, and more will remain for the other two classes of capitalists and labourers, - but of this increased quantity a greater proportion will be given to Capitalists, and a less proportion to labourers. Now though what you call the real wages (4) of labour, (but which I think a wrong term) will increase the money wages (5) will fall. But this will not be the case with profits, what you would call real profits would increase but so would also money profits. Under the circumstances then that I have supposed the rate of profits would rise though money wages (5) would fall".

Seine Vorstellungen über die Bewegung der Einkommensgrössen lassen sich in einigen wesentlichen Aspekten doch eindeutig explizieren: "Facility of production" führt zu sinkender Rente, sinkendem Geldlohn je Arbeiter, steigender Profitrate und steigender Relation Profit/Lohn "in money". "Difficulty of production" - oft schon analysiert - führt zum Gegenteil. Unklar bleibt hier die Dimension der Rente sowie die quotale Verteilung des volkswirtschaftlichen Gesamtprodukts auf Lohn, Profit und Grundrente.

Im zweiten Teil des Briefes scheint es auf den ersten Blick nicht mehr um die Proportion "profits/wages", sondern dem Sprachgebrauch nach um die Proportion "capital/labour" gegangen zu sein. Bei Malthus war das so, und dort war offensichtlich eine Mengenrelation gemeint. Bei Ricardo gewinnt man demgegenüber eher den Eindruck, daß er - Malthus mißverstehend, und die schriftliche Kontroverse geht mit diesem Brief leider zuende - letztlich an die Relation Geldlohnsumme/Geldkapital gedacht haben muß bzw. an die Relation Lohnkapital/Gesamtkapital. Die Löhne sind - wie gesagt - Teil des Kapitals, letzteres bei

(1) Vgl. Abschnitt 2.5
(2) Vgl. Abschnitt 2.6
(3) Geldlohn je Arbeiter
(4) Reallohn je Arbeiter
(5) Geldlohn je Arbeiter

Ricardo meist Geldkapital, und "labour rises" steht für steigende Geldlöhne, nicht für zunehmendes Arbeitsquantum. Die fragliche Passage lautet:

"In a rich country where profits are low and where a great portion of produce is paid to the landlords for rent the proportion of labour to capital will be the greatest, and yet according to your the theory it should be the least".

Einen Sinn im Kontext des ricardianischen Gesamtsystems ergibt dies nur bei unserer Interpretation. Ein reiches Land mit hoher Grundrente und niedrigem Profit ist immer eines, in dem die Geldlöhne hoch sind und der Profit deshalb niedrig ist; Grundrente und Geldlohnsumme beanspruchen den größten Teil des Gesamteinkommens. Es ist für Ricardo stets (VII/16) ein Land, das in seiner Entwicklung zum stationären Endzustand, wo die Kapitalakkumulation eingestellt würde, relativ weit vorangeschritten ist, das auch an Kapital reich ist; kein Land, in dem die zu Produktionszwecken eingesetzten Produktbestände extrem klein <u>wären in Relation</u> zur Zahl der Arbeiter. Dazu kommt, daß der stationäre Endzustand des "natural progress" ja gerade mittels einer fiktiven Extrapolation abgeleitet worden war, wo Kapital und Bevölkerung permanent gleich schnell wachsen sollten und sich auch die Mengenrelation Realkapital/Arbeitsquantum nicht drastisch verändern konnte. Umgekehrt sind wiederum das reiche Land wie der stationäre Endzustand in der Tat exakt dadurch charakterisiert, daß die <u>monetären</u> Relationen Lohnsumme/Profitsumme und Lohnsumme/Kapital hoch sind. Aller Anschein spricht letztlich dafür, daß Ricardo im zweiten Teil seines Briefs zwar "labour" schrieb, aber - wie im ersten Teil - an "wages" dachte.

Folgt man unserer Interpretation, dann bekommen auch die Schlußpassagen, mit denen der Autor der Eingangsformulierung nach offenbar etwas ganz Simples und Unbestreitbares zum Ausdruck bringen wollte, einen wirklich einfachen Gehalt:

"You will not I think deny that in a country where <u>labour is high</u> (!) a manufacturer would employ more capital to produce the same commodities than what he would do in a country where wages were low, and there also would profits be low, - that is to say profits are high where capital bears a large proportion to labour and low where labour bears a large proportion to capital".

Der Manufakturkapitalist, der mit ein- und derselben Technik und damit gleichen Inputquanta das gleiche Quantum des gleichen Produkts herstellen möchte, muß dafür bei hohen Geldlöhnen mehr Geldkapital einsetzen als bei niedrigen. Er erhält je 1oo Pfund Sterling eingesetzten Geldkapitals bei hohen Geldlöhnen einen niedrigeren Profit. Von unterschiedlichen Arbeits<u>quanta</u> ist an keiner Stelle die Rede.

Folgt man unserer Interpretation nicht, sondern gibt Ricardos möglicherweise eigenwilligen Worten Malthus'schen Sinn, dann steht man - neoklassisch geschult - in den letzten drei Zeilen des Briefs vor Nonsens, und bekommt es in den vorangehenden mit einem Manufakturkapitalisten zu tun, der bei hohen Geldlöhnen "kapitalintensivere" und bei niedrigen Geldlöhnen "arbeitsintensivere" Produktionstechniken zum Einsatz bringt. Der Gedanke als solcher ist Ricardo - wie sich zeigen wird - keineswegs fremd, nur würde er bei seiner Formulierung kaum auf eine Relation "capital/labour", sondern auf konkretere Einheiten wie "fixed capital, machinery, labourer" zurückgreifen. Kapitalintensität ist jedenfalls im ricardianischen Kontext zu diesem Zweck kein besonders geeignetes Konzept, aus einem einfachen Grund - die Löhne sind dort Teil des Kapitals. Bezeichnet man mit Y das auf Lohn und Profit entfallende Produkt, mit P den Profit, mit w den Geldlohnsatz, mit L die Arbeiterzahl und mit X den Wert aller übrigen Kapitalbestandteile, dann gelten für die Profitrate, die Kapitalintensität und eine Art Produktivität folgende Definitionen:

$$\frac{Y-wL}{X+wL} = \frac{P}{X+wL} \; ; \quad \frac{X+wL}{L} \; ; \quad \frac{Y}{X+wL} = \frac{P+wL}{X+wL} \quad .$$

Die Lohnsumme steht auch im Nenner der Profitrate - davon war die Rede -, und sie steht im Zähler der Kapitalintensität. Letztere ist dann - ceteris paribus - umso größer, je höher der Lohnsatz ist; vice versa.

Ricardos Reaktion auf die ein Jahr zurückliegenden Malthusfragen nach den Unterschieden zwischen "productiveness of labour" und "productiveness of capital" fügt sich jetzt ebenfalls glatt ins Bild (1). Ricardo hatte geantwortet, beide seien stets gemeinsam hoch (niedrig) und nähmen gemeinsam zu (ab). Hier geht es wieder um den Nenner der Definition. Wenn der Arbeitsinput je Produkteinheit - wie im "natural progress" - zunimmt, steigt schon allein aus diesem Grund auch der je Produkteinheit aufzuwendende Geldkapitalbetrag.

Dies läßt uns zum Abschluß noch einmal nach Otaheite zurückkehren. Ricardos früheres Beispiel korrespondiert mit obigem Manufakturkapitalisten, nur daß der Autor seinerzeit explizit von Mengengrößen, Arbeitern und Maschinen, gesprochen hatte. England und Otaheite produzieren mit dem gleichen Kapitel das gleiche Produkt; England mit Maschinerie und wenig Arbeitern, Otaheite ohne Maschinerie mit vielen Arbeitern. "Gleiches Kapi-

(1) Vgl. oben S. 70-72.

tal" steht hier für unterschiedliche Produktbestände von gleichem Wert in Geld, wobei im englischen Bestand die dauerhaften, pro Periode nur teilweise zu ersetzenden Maschinen im Vordergrund stehen, wohingegen sich der Kapitalbestand von Otaheite vor allem aus kurzlebigen Arbeiterkonsumgütern zusammensetzt, die in jeder Periode zur Gänze reproduziert werden müssen. Ricardos Schlußfolgerung klang überaus lakonisch:

"England...will obtain a greater real net produce,... It will do so because it employs much fewer hands".

Aufgrund der maschinenintensiven Produktionstechnik ist der je Produkteinheit verbrauchte und zu ersetzende Kapitalbestand (in Geld und in Gütern) in England geringer und der Nettoproduktanteil entsprechend größer als in Otaheite.

4. PRINCIPLES OF POLITICAL EXONOMY AND TAXATION (1817)

In drei Teilen geschrieben, weist das Buch auch eine deutlich sichtbare Dreiteilung auf: Principles of Political Economy, Principles of Taxation, Kontroversen. Das explizite Auftreten der dritten Abteilung scheint gelegentlich eher zu verschleiern, daß die PRINCIPLES von der ersten Zeile an - wie zwei Jahre zuvor der ESSAY ON PROFITS - nicht als Kompendium, sondern als Streitschrift konzipiert waren, obwohl der Autor das in der Einleitung ausführlich zu Protokoll gab. Ricardo wußte, daß er in den meisten Punkten gegen die herrschende Lehre anschrieb. Bei unserer Interessenlage sind zunächst die Kapitel On Value, On Rent, On Natural and Market Price, On Wages, On Profits, On Foreign Trade und Effects of Accumulation on Profits and Interest (1) relevant. In jedem dieser Kapitel geht es allerdings immer um alles - und vor allem um den Profit.

Aus der Korrespondenz weiß man, daß Ricardo einfach durchgängig geschrieben und die Kapiteleinteilung erst nachträglich mithilfe von James Mill vorgenommen hat. Allein das sofort heftig diskutierte erste Kapitel erhielt in den späteren Auflagen (1819, 1821) noch durch Zwischenüberschriften markierte Sektionen; Aneinanderreihung ergibt eine Kurzfassung der ricardianischen Wert- und Preistheorie. Ricardos implizite Dispositionen lassen sich indessen ziemlich perfekt rekonstruieren, wenn man seinen Index nach der Seitenzahl zusammenstellt, weil es sich dabei mehr um einen Aussagenkatalog als um ein bloßes Stichwortverzeichnis handelt. Aussagen, die der Autor wohl für besonders wichtig hielt, tauchen dort gleich unter mehreren Stichworten auf. Wir orientieren uns an der Maschineriethematik und beginnen mit dem eigentlichen Ende.

(1) Kapitel 1, 2, 4, 5, 6, 7 und 21

4.1 On Foreign Trade

Die Einfuhr billigerer Auslandwaren und die Einführung von Maschinerie werden von Ricardo bekanntlich oft parallel behandelt, weil er ähnliche Wirkungen konstatiert. So auch hier, doch zunächst heißt es:

"It has been my endeavour to shew throughout this work, that the rate of profits can never be increased but by a fall in wages, and that there can be no permanent fall of wages but in consequence of a fall of the necessaries on which wages are expended" (I/132).

Auf diese Weise gelangt man sofort in inzwischen vertraute Gefilde. Zweifel daran, es hier in der Tat mit dem nervus rerum von Ricardos Denken zu tun zu haben, ließen sich möglicherweise durch die Lektüre der Eingangsseiten (I/289-96) seines gegen Smith gerichteten 21. Kapitels zerstreuen. Folgen wir lieber seinem Argument noch ein gutes Stück weiter; wir finden dann - gut versteckt und in unmittelbarer Tuchfühlung mit dem prominenten Prinzip der komparativen Kosten - ein holzschnittartiges Bild von der Anatomie des gesamten Systems:

"If, therefore, by the extension of foreign trade, or by improvements in machinery, the food and necessaries of the labourer can be brought to market at a reduced price,..., wages will fall and profits rise; but if the commodities obtained at a cheaper rate, by the extension of foreign commerce, or by the improvement of machinery, be exclusively the commodities consumed by the rich, no alteration will take place in the rate of profits. The rate of wages would not be affected,..., and consequently profits would continue unaltered.

Foreign trade, then, though highly beneficial to a country, as it increases the amount and variety of the objects on which revenue may be expended, and affords, by the abundance and cheapness of commodities, incentives to saving, and to the accumulation of capital, has no tendency to raise the profits of stock, unless the commodities imported be of that description on which the wages of labour are expended" (I/132-3).

Bevor Ricardo seinen außenhandelstheoretischen Faden fortführt, richtet er seinen Blick auf das Inland und komplettiert das Tableau:

"The remarks which have been made respecting foreign trade, apply equally to the home trade. The rate of profits is never increased by a better distribution of labour, by the invention of machinery, by the establishment of roads and canals, or by any means of abridging labour either in the manufacture or in the conveyance of goods. These are causes which operate on price and never fail to be highly beneficial to consumers; since they enable them with the same labour, or with the value of the produce of the same labour, to obtain in exchange a greater quantity of the commodity to which the improvement is applied; but they have no effect whatever on profit. On the other hand, every diminution in the wages of labour raises profits, but produces no effect on the price of commodities. One is advantageous to all classes, for all classes are consumers; the other is beneficial only to producers; they gain more, but every thing remains at its former price. In the first case they get the same as before; but every thing on which their gains are expended, is diminished in exchangeable value".

Produktion, Außenhandel, Maschinerie, Akkumulation, Lohn, Profit und Preissystem - fast alle großen Komplexe ricardianischer Theorie in ihrer Interdependenz. Ein letzter Punkt zur Abrundung des Bildes:

"The same rule which regulates the relative value of commodities in one country, does not regulate the relative value of the commodities exchanged between two or more countries. ... England would give the produce of the labour of 1oo men, for the produce of the labour of 8o (Portugiesen). Such an exchange could not take place between the individuals of the same country" (I/133, 135).

Die Begründung für die Nichtanwendbarkeit der intranationalen Preistheorie auf den internationalen Warenhandel steht zwischen den beiden Passagen:

"In one and the same country (under a system of perfectly free commerce), profits are, generally speaking, always on the same level; or differ only as the employment of capital may be more or less secure and agreeable. It is not so between different countries (1). ... if (in England) wages should rise, and profits fall, it would not follow that capital and population would necessarily move from England to Holland, or Spain, or Russia, where profits might be higher" (I/134).

Jeder Effekt auf den Profit läuft gegebenenfalls über den Lohn. Außenhandel, Maschinerie, effizientere Arbeitsallokation, arbeitsparende Praktiken, Verbesserung der Infrastruktur - alle diese Ursachen lassen für sich betrachtet die Geldeinkommen der Arbeiter und Kapitalisten unmittelbar unberührt, aber sie führen zu einem wachsenden Quantum billiger werdender Waren und stimulieren mit der Ersparnis die Kapitalakkumulation. Wenn sie allerdings die Arbeiterkonsumgüter verbilligen und wenn dies eine permanente Senkung der Geldlöhne nachsichziehen sollte, dann würden sie auf der anderen Seite auch zu einer permanenten Steigerung der allgemeinen Profitrate führen.

---

(1) Dieser Satz fehlt in der Übersetzung von Bondi.

Ricardos pointierte Gegenbehauptung, daß - wieder für sich betrachtet - jede Lohnsenkung eine Profitsteigerung bewirke, aber die Preise der Arbeitsprodukte nicht unmittelbar affiziere, könnte zu Mißverständnissen über seine "neue" Wert- und Preistheorie Anlaß geben; sie bedarf ebenfalls einer (hier fehlenden) Qualifikation. Wir kommen darauf zurück. Die zuletzt zitierten Passagen weisen bereits die Richtung. Ricardos Konzept des "natural price, exchangeable value" ist ein raumzeitspezifisches Konzept. Es sind diejenigen Preis- bzw. Austauschrelationen zwischen zwei oder vielen Arbeitsprodukten, die - auf der Basis der direkt und indirekt inkorporierten Arbeitsquanta - allenthalben die allgemeine Profitrate einschließen. Die begrenzte Mobilität von Mensch und Maschine verhindert jedoch die "weltweite" Uniformierung der "nationalen" Profitraten und ermöglicht - zu beider Vorteil - den Austausch von Produkten ungleicher Arbeitsquanta zwischen Engländern und Portugiesen. Wir haben uns oben erlaubt Zweifel anzumelden hinsichtlich Malthus' Verständnis für Ricardos Theorie. Zu den ersten und hartnäckigsten Kritikern der "neuen" Preistheorie zählend, schrieb er vier Monate nach dem Erscheinen der PRINCIPLES:

"I have read over your book again... Pray do you allow that in different countries, where profits are different, your theory of value does not hold good. I dont feel quite sure" (VII/176).

Ricardo bat daraufhin, doch etwas knapper als sonst, um die Lektüre der entsprechenden Seiten.

4.2 On Value

In der Auseinandersetzung mit Ricardo schieden und scheiden sich die Geister eigentlich meist schon beim ersten Kapitel. Es war nach April 1817 sofort der Gesprächsstoff, und es steht auch heute noch - vielleicht zu sehr - im Vordergrund, vor allem seit Sraffas großartiger Neuformulierung (1) im Jahre 196o. Für Ricardo selbst könnte es eher lästige Vorarbeit gewesen sein, und so oft er die großen Fragen der Politischen Ökonomie auch definierte, die Erklärung der Werte und Preise war nie darunter. Am 28. Dezember 1818 schrieb er an Mill:

"if I pretended to shew that cloth should be at such a price, - shoes at such another - muslins at such another and so on - this I have never attempted to do" (VII/377-8);

zu klären seien nicht die aktuellen Preise der einzelnen Waren, sondern die Ursachen, die die Veränderungen ihres "exchangeable value" im Zeitverlauf regulieren. Und am 13. Juni 182o an McCulloch:

---

(1) Production of Commodities by Means of Commodities.

"After all, the great questions of Rent, Wages, and Profits must be explained by the proportions in which the whole produce is divided between landlords, capitalists, and labourers, and which are not essentially connected with the doctrine of value" (VIII/194).

Wenige Monate später attackierte Malthus erneut:

"You assert that with few exceptions the quantity of labour employed on commodities determines the rate at which they will exchange for each other. This is a proposition (1); and one that is not well founded" (VIII/261).

Ricardo, der gerade die 3. Auflage der PRINCIPLES vorbereitete, wurde dadurch (9. Oktober 182o) zu einer sehr schönen Kurzfassung (2) seiner Theorie provoziert:

"I acknowledge that it is not rigidly true, but I say that it is the nearest approximation to truth, as a rule for measuring relative value, of any I have ever heard. You say demand and supply regulates value - this, I think, is saying nothing,... - it is supply which regulates value - and supply is itself controlled by comparative cost of production. Cost of production, in money, means the value of labour, as well as profits. Now if my commodity be of equal value with yours its cost of production must be the same. But cost of production is with some deviations in proportion to labour employed. My commodity and your commodity are both worth £ 1ooo - they will therefore probably have the same quantity of labour realized in each. But the doctrine is less liable to objections when employed not to measure the whole absolute value of the commodities compared, but the variations which from time to time take place in relative value. To what causes, - I mean permanent causes, can these variations be attributed? to two, and two only; one insignificant in its effects - a rise or fall of wages or what I think the same thing a fall or rise of profits - the other, of immense importance, the greater or less quantity of labour that may be required to produce the commodities. From the first cause no great effects can follow, because profits themselves constitute but a small portion of price, and no great addition, or deduction can be made on their account. To the other cause no very confined limit can be assigned, for the quantity of labour required to produce commodities may vary to double or treble" (VIII/279).

---

(1) Malthus' Hervorhebung.

(2) Die Korrespondenz 1817-1823 mit den drei Genannten sowie Say und Trower enthält viele davon. Vgl. VIII/149,178-81,229,191-95,2o7,229-3o,256,342-44,393-94 und IX/1-4,28-3o,38,68,83,127,178,28off.,385-87.

Dazu noch eine kleine, aber nicht unwesentliche Ergänzung vom 24. November 182o:

"I have never disputed...either the influence of *demand* on the price of corn and on the *price* of all other things, but supply follows close at its *heels*, and soon takes the power of regulating price in his own hands, and in regulating it he is determined by cost of production. I acknowledge the intervals on which you so exclusively dwell, but still they are only intervals" (VIII/3o2).

Gründliche Untersuchungen an Zahlenbeispielen hatten Ricardo bereits gegen Ende seines umstrittenen Einleitungskapitels zu einer ähnlichen Schlußfolgerung veranlaßt:

"In estimating, then, the causes of the *variations* in the value of commodities, although it would be wrong wholly to omit the consideration of the effect produced by a rise or fall of labour, it would be equally incorrect to attach much importance to it; and *consequently, in the subsequent part of this work*, though I shall occasionally refer to this cause of variation, *I shall consider* all the *great variations* which take place in the *relative* value of commodities to be produced by the greater or less *quantity of labour* which may be required from time to time to produce them (1)" (I/36-7).

Ricardo verfuhr wie angekündigt (und seitenlang begründet), das heißt pragmatisch; er war überhaupt pragmatischer als oft geglaubt wird. Vom Verteilungseinfluß, weil sekundär, bewußt abstrahierend, operierte er vom zweiten Kapitel an mit einer *arbeitsmengen*theoretischen Erklärung für Veränderungen in den normalen="natürlichen" Austauschrelationen zwischen den verschiedenen Arbeitsprodukten innerhalb eines Landes. Daß der Leser seines siebten Kapitels "On Foreign Trade" - vgl. die oben angesprochene Passage - inzwischen damit vertraut war, konnte der Autor erwarten. Nicht die ausgefeilte Theorie des Einleitungskapitels insgesamt, sondern die handfestere seiner ersten drei Sektionen und (in etwa) die des ESSAY ON PROFITS wurde in den PRINCIPLES im Fall von *Variationen* in der Tat *angewandt*. Sie schien ihm auszureichen. Demgegenüber ist die anscheinend nicht auszurottende Behauptung, Ricardo unterstelle durch das Buch hindurch uniforme Proportionen zwischen fixem und zirkulierendem Kapital sowie uniforme Lebensdauer des fixen und uniforme Umschlagszeit des zirkulierenden Kapitals ohne Zweifel falsch.

Durch das ganze Kapitel "On Value" zieht sich das knifflige Problem des "*standard measure* of value" (I/14). Ein perfektes Standardmaß müßte selbst unveränderlich sein in einem doppelten Sinn, was Ricardo für ausgeschlossen hält: "Of such a measure it is impossible to be

---

(1) Ähnliche, aber knappere Hinweise in I/42,44,45.

possessed" (I/43). Wie bei allen Waren fluktuiert auch der relative Wert von Gold und Silber mit den zu ihrer Produktion aufzuwendenden Arbeitsquanta <u>und</u> mit Veränderungen der Einkommensverteilung. Letztere haben Ricardo zufolge bekanntlich geringeren, erstere jedoch großen Einfluß:

"and therefore, if we <u>suppose</u> this <u>important</u> <u>cause</u> of variation <u>removed</u> from the production of <u>gold</u>, we shall probably possess as near an approximation to a standard measure of value as can be theoretically conceived" (I/45).

Die ganze Problematik ist relevant für die Ricardo so vorrangig wichtige Analyse von Veränderungen in der Zeit. Erneut verfuhr er pragmatisch und begnügte sich notgedrungen mit einer Approximation:

"To facilitate, then, the object of this enquiry, although I fully allow that <u>money</u> <u>made of gold</u> is subject to most of the variations of other things, I shall <u>suppose</u> it to be <u>invariable</u>, and therefore all alterations in price to be occasioned by some alteration in the value of the commodity of which I may be speaking" (I/46).

Am 5. September 1823, dem Tag seiner wenig später zum Tode führenden Erkrankung, endete sein letzter Brief (an James Mill) resignierend:

"I have been thinking a good deal on this subject lately but without much improvement - I see the same difficulties as before and am more confirmed than ever that strictly speaking there is not in nature any correct measure of value nor can any ingenuity suggest one, for what constitutes a correct measure for some things is a reason why it cannot be a correct one for others" (IX/387).

4.3 On Natural and Market Price

Für das richtige Verständnis der ricardianischen Theorie im allgemeinen und der Wert- und Preistheorie im besonderen ist ein <u>methodisches</u> Grundprinzip von größtem Gewicht, das Ricardo im Januar 1817, vor dem Erscheinen der PRINCIPLES, gegenüber Malthus erstmals deutlich formuliert hat:

"you have always in your mind the immediate and temporary effects of particular changes - whereas I put these immediate and temporary effects <u>quite aside</u>, and fix my whole attention on the <u>permanent</u> state of things which will result from them. Perhaps you estimate these temporary effects too highly, whilst I am too much disposed to undervalue them. To manage the subject quite right they should be carefully distinguished and mentioned, and the due effects ascribed to each" (VII/12o).

Auch in den PRINCIPLES war das Abstraktionsniveau stets recht präzis markiert, wenn auch gelegentlich an "schwer" zugänglichen Stellen. Die arbeitsmengentheoretische Bestimmung des "exchangeable value" der verschiedenen Waren gilt für einen abstrakten Normalzustand, den sog. "natural price", der überall die allgemeine Profitrate einschließt. Zufällig-zeitweilige Bewegungen von Angebot und Nachfrage determinieren andererseits den höheren/niedrigeren "market price" einer einzelnen Ware und bescheren partiell über- oder unterdurchschnittliche Profitraten. Letzteres setzt unter Konkurrenzbedingungen Egalisierungstendenzen in Bewegung:

"This restless desire on the part of all the employers of stock, to quit a less profitable for a more advantageous business, has a strong tendency to equalize the rate of profits of all, or to fix them in such proportions, as may in the estimation of the parties, compensate for any advantage which one may have, or may appear to have over the other... It is then the desire, which every capitalist has, of diverting his funds from a less to a more profitable employment, that prevents the market price of commodities from continuing for any length of time either much above, or much below their natural price. It is this competition which so adjusts the exchangeable value of commodities, that after paying the wages for the labour necessary to their production, and all other expenses required to put the capital employed in its original state of efficiency, the remaining value or overplus will in each trade be in proportion to the value of the capital employed" (I/88-9,91).

Kurzfristige Störungen, Friktionen, Übergangs- und Anpassungsprozesse, "temporary effects, by accidental causes" sind für Ricardo - das wird leicht übersehen - mit diesen wenigen expliziten Bemerkungen auch schon weitgehend abgetan:

"we will leave them entirely out of our consideration, whilst we are treating of the laws which regulate natural prices, natural wages and natural profits, effects totally independent of these accidental causes. In speaking then of the exchangeable value of commodities, or the power of purchasing possessed by any one commodity, I mean always that power which it would possess, if not disturbed by any temporary or accidental cause, and which is its natural price" (I/91-2).

4.4 On Rent, Wages, Profits

Die Kapiteleinteilung markiert, wie gesagt, nur Akzentverschiebungen - im Grunde geht es durchwegs um alle interdependenten Aspekte des großen Themas. Vieles wird ausführlicher, aber nur weniges wird neu oder anders behandelt, so daß wir uns hier kurz fassen können. Durch alle drei Kapitel ziehen sich Illustrationsbeispiele mit Zahlen. Zusammengefügt ergeben sie ein in sich konsistentes, sukzessive sich erweiterndes Gesamttableau für das Grundmodell (natural progress), anhand dessen sich der Autor der Richtigkeit seiner "propositions" vergewissert haben muß.

In der ersten Hälfte des Rentenkapitels wird die Theorie der Grundrente mit ihren drei Aspekten - Lage-, Qualitäts- und Intensitätsdifferentialrente - dargestellt und nachgewiesen, daß das Privateigentum an Grund und Boden, anders als Smith dachte, die arbeitsmengentheoretische Preiserklärung nicht tangiert, weil die Rente nicht Ursache, sondern Folge eines hohen (steigenden) Kornpreises ist. Dann geht es um die kornpreiserhöhenden Wirkungen von Kapitalakkumulation und Bevölkerungswachstum:

"Population regulates itself by the funds which are to employ it, and therefore always increases or diminishes with the increase or diminution of capital" (I/78).

Anschließend trüben kornpreissenkende "improvements in agriculture" wie stets das zunächst klare Bild, wobei Ricardo nunmehr zwei Arten unterscheidet:

"those which increase the productive powers of the land, and those which enable us, by improving our machinery, to obtain its produce with less labour. They both lead to a fall in the price of raw produce;... If they did not occasion a fall in the price of raw produce, they would not be improvements; for it is the essential quality of an improvement to diminish the quantity of labour before required to produce a commodity; and this diminution cannot take place without a fall of its price or relative value" (I/8o).

Im Lohnkapitel geht es zunächst um Begriffe. Die Gewohnheiten der Menschen fixieren ein von Land zu Land sehr verschiedenes und im Verlauf der Entwicklung innerhalb eines Landes keineswegs konstantes raumzeitspezifisches Quantum an "food, necessaries, and conveniences" als dasjenige, das das Bevölkerungswachstum mit der Kapitalakkumulation und somit das Arbeitsangebot mit der Arbeitsnachfrage Schritt halten läßt (vgl. II/227-8). Der "natural price of labour" ist dann der spezifische Geldlohn je Arbeiter, der dieses Konsumgüterquantum zu kaufen erlaubt; er hängt von den natürlichen Preisen der Arbeiterkonsumgüter ab. Bei einem darüber (darunter) liegenden "market price of labour" wächst die Bevölkerung zu rasch (zu langsam) im Vergleich zur Kapitalakkumulation, was lohnsenkende (erhöhende), aber möglicherweise nur sehr langsam wirkende Anpassungstendenzen zur Folge hat. Im übrigen begegnet man der bereits bekannten Interaktion der beiden großen Lohnregulatoren:

"Independently of the variations in the value of money, which necessarily affect money wages, but which we have here supposed to have no operation, as we have considered money to be uniformly of the same value, it appears then that wages are subject to a rise or fall from two causes: 1st. The supply and demand of labourers. 2dly. The price of the commodities on which the wages of labour are expended" (I/97).

Auf dem zweiten Terrain konstatierte Ricardo per Saldo - obwohl die natürlichen Preise der Manufakturprodukte "by the improvements in machinery, by the better division and distribution of labour, and by the increasing skill" gesenkt werden - Tendenzen zur Steigerung des natürlichen Geldlohns, weil die natürlichen Preise der Agrarprodukte "in the progress of wealth and population" trotz gelegentlicher Verbesserungen in der Agrikultur aus den üblichen Gründen steigen werden.

Auf dem ersten Terrain geht es um den tatsächlich gezahlten Marktlohn, und der kann im Fall kontinuierlicher und rascher Kapitalakkumulation lange Zeit beträchtlich über dem natürlichen Geldlohn liegen, bevor das dadurch stimulierte Bevölkerungswachstum wieder für Angleichung sorgt (I/94-5). Ricardo präsentierte in diesem Zusammenhang eine interessante Unterscheidung:

"Capital is that part of the wealth of a country which is employed in production, and consists of food, clothing, tools, raw materials, machinery, &c. necessary to give effect to labour.
Capital may increase in quantity at the same time that its value rises. ... The quantity of capital may increase, while neither the whole together, nor any part of it singly, will have a greater value than before, but may actually have a less" (I/95).

Hier ist explizit von einem zusätzlichen Kapitalquantum in der physischen Gestalt von "food and necessaries" die Rede. Beiden Fällen gemeinsam ist, daß der Marktlohnsatz - in Geld wie in Gütern - nachfragebedingt steigt, über dem natürlichen Lohnsatz zu liegen kommt, und daß beschleunigtes Bevölkerungswachstum über die Angebotsseite eine Gegentendenz einleitet:

"for in proportion to the increase of capital will be the increase in the demand for labour; in proportion to the work to be done will be the demand for those who are to do it" (I/95).

Dennoch existieren beträchtliche Unterschiede. Im ersten Fall werden die zusätzlichen "Kapitalgüter" mit steigendem Arbeitsaufwand je Produkteinheit produziert (natural progress), so daß ihre natürlichen Preise und deshalb der natürliche Geldlohnsatz steigen müssen mit der Folge, daß die auftretende Distanz zwischen Marktlohn und natürli-

chem Geldlohn bescheiden ausfallen und relativ rasch durch eine relativ kleine Zunahme des Arbeitsangebots via Bevölkerungswachstum wieder beseitigt sein wird:
"The situation of the labourer will be improved, but not much improved" (I/96).
Im zweiten Fall werden die zusätzlichen "Kapitalgüter" mit gleichbleibendem oder sinkendem Arbeitsaufwand je Produkteinheit produziert (by the aid of machinery), so daß ihre natürlichen Preise und damit der natürliche Geldlohnsatz konstant bleiben oder sinken. Die hier auftretende Distanz zwischen dem nachfragebedingt gestiegenen Marktgeldlohn und dem konstanten oder gesunkenen natürlichen Geldlohn wird groß sein, und es wird relativ lange dauern, bis der Marktlohn durch ein entsprechend großes Anwachsen des Arbeitsangebots via Bevölkerungswachstum wieder auf das unveränderte oder gefallene Niveau des natürlichen Geldlohnsatzes zurückgeführt sein wird:
"In the second case, the condition of the labourers will be very greatly improved; ... Thus, then, with every improvement of society, with every increase in its capital, the market wages of labour will rise; but the permanence of their rise will depend on the question, whether the natural price of labour has also risen; and this again will depend on the rise in the natural price of those necessaries on which the wages of labour are expended" (I/96).
Das ganze Kapitel ist schließlich von der Hoffnung des Autors durchzogen, die menschlichen Gewohnheiten könnten das den natürlichen Geldlohn je Arbeiter konstituierende Konsumgüterquantum recht hoch ansetzen:
"The friends of humanity cannot but wish that in all countries the labouring classes should have a taste for comforts and enjoyments" (I/1oo).
Im Profitkapitel liegt der Akzent erwartungsgemäß auf der Frage, die nach Ricardos eigener Aussage den Hauptteil seines Hauptwerks, nach unserem Augenschein seit Herbst 1813 fast alle seine Überlegungen zur Politischen Ökonomie als Leitmotiv durchzieht: "what is the cause of the permanent variations in the (general) rate of profits". Temporäre, zufällige und partielle Fluktuationen stehen nicht zur Debatte mit einer Ausnahme - auf den ersten Seiten geht es anhand einiger Beispiele um den Nachweis, daß die Profitrate der Farmkapitalisten und die der Manufakturkapitalisten gleichgerichtet variieren bzw. gleich sind:
"Thus in every case, agricultural, as well as manufacturing profits are lowered by a rise in the price of raw produce, if it be accompanied by a rise of wages.... The effects produced on profits would have been the same, or nearly the same, if there had been any rise in

the price of those other necessaries, besides food, on which the wages of labour are expended" (I/115,118).

Die gewohnte inverse Relation zwischen Profit und Lohn sowie die gleichgerichtete zwischen dem Geldlohn und den Preisen der Lohngüter. Unter den letzteren sind die Bodenprodukte, wegen ihrer von der "Natur" diktierten Produktionsbedingungen und auch wegen ihres Rohmaterialcharakters, nach wie vor von besonderem Einfluß:

"Profits depend on high or low wages, wages on the price of necessaries, and the price of necessaries chiefly on the price of food, because all other requisites may be increased almost without limit" (I/119).

Dies nannte Ricardo "the theory", und jene behielt ihre beiden Gesichter. Das pessimistische war fixiert auf die sich verschlechternden Expansionsmöglichkeiten der Agrarproduktion:

"The natural tendency of profits then is to fall; for, in the progress of society and wealth, the additional quantity of food required is obtained by the sacrifice of more and more labour. ... The rise in the price of necessaries and in the wages of labour is however limited; ... there must be an end of accumulation; for no capital can then yield any profit whatever, and no additional labour can be demanded, and consequently population will have reached its highest point. Long indeed before this period, the very low rate of profits will have arrested all accumulation..." (I/12o).

Die optimistische Blickrichtung setzte demgegenüber auf die Wirkung der Maschinerie:

"This tendency, this gravitation as it were of profits, is happily checked at repeated intervals by the improvements in machinery, connected with the production of necessaries, as well as by discoveries in the science of agriculture which enable us to relinquish a portion of labour before required, and therefore to lower the price of the prime necessary of the labourer" (I/12o).

Erst in der 3. Auflage der PRINCIPLES wird der Autor ihr ein eigenes Kapitel widmen, und erst dann fällt auch auf sie ein Schatten eines Makels.

4.5 Nochmals On Value - Präludium 1817 zu On Machinery

Die bislang zusammengetragenen Befunde haben gezeigt, daß zwischen Maschinerie und Einkommensverteilung Wechselwirkungen bestehen; sie haben gleichzeitig den Eindruck entstehen lassen, als würde Ricardo bezüglich der Verteilungswirkungen der Maschinerie nicht immer die gleichen Aussagen machen. Das Einleitungskapitel endet nun in allen drei Auflagen mit einem Abschnitt, in dem Ricardo - stets mit der Annahme eines konstanten Geldwertes operierend - zu beweisen versucht, daß Änderungen des Geldwerts gegebenenfalls Aussagen über Verteilungsänderungen nicht tangieren, wenn man für Änderungen der Verteilung den seiner Meinung nach richtigen Indikator benutzt:

"It is not by the absolute quantity of produce obtained by either class, that we can correctly judge of the rate of profit, rent, and wages, but by the quantity of labour required to obtain that produce. By improvements in machinery and agriculture, the whole produce may be doubled,..." (I/49, 64).

Ein unverändertes Arbeitsquantum produziere von allen Arbeitsprodukten das doppelte Quantum mit Ausnahme der Geldware Gold; bei dem als invariabel unterstellten Standardwertmaß bleiben die Produktionsbedingungen unverändert. Der Geldpreis aller Waren würde dann auf die Hälfte sinken - das steht prinzipiell fest. Hinsichtlich der resultierenden Änderung der Verteilung skizzierte Ricardo jedoch zwei Alternativen, die uns schon, allerdings an verschiedenen Stellen, begegnet sind.

Wenn Lohnsumme, Rentsumme und Profitsumme "in money" konstant bleiben, dann würden alle drei Aggregate "in hats, coats, corn" proportional wachsen, d.h. sich verdoppeln, und das reale Pro-Kopf-Einkommen auch. Die quotale Verteilung des gestiegenen Gesamtprodukts wäre - in Geld wie in Gütern - unverändert.

Wenn die Geldeinkommen der Arbeiter und landlords sinken und die der Kapitalisten steigen, dann werden die realen Aggregate und Pro-Kopf-Einkommen der ersten beiden Klassen zwar höchstwahrscheinlich auch steigen, aber nur unterproportional; die quotale Verteilung wäre zugunsten der Kapitalisten verändert:

"In that case I should say, that wages and rent had fallen, and profits risen; though in consequence of the abundance of commodities, the quantity paid to the labourer and landlord would habe increased ... Wages are to be estimated by their real value, viz. by the quantity of labour and capital employed in producing them, and not by their nominal value either in coats, hats, money, or corn" (I/5o, 65).

Der Nominallohn des Arbeiters mag - ob in Geld oder Korn oder Hüten ausgedrückt - sinken, aber:

"it will not the less be a real fall, because they might furnish him with a greater quantity of cheap commodities, than his former wages" (I/5o, 65).

Ricardo ging es hier, wie gesagt, um eine bestimmte Sprachregelung. Änderungen der Verteilung sollten an "proportions" zwischen in Geld bewerteten Aggregaten wie Profitrate, Einkommensquoten oder Relationen à la Lohnsumme/Profitsumme abgelesen werden, weil dann faktisch auftretende

Variationen des als invariabel unterstellten Geldwerts Zähler und Nenner in gleicher Weise berühren; Konzepte dieser Art wären robuster gegenüber dem Problem des Wertstandards (1). Dennoch dürfte das ausgewählte Demonstrationsduo nicht zufällig gerade die Verteilungswirkungen beschreiben, die er der Einführung von "improved machinery" an anderen Stellen wirklich zumaß. Sie mögen den Eindruck von Widersprüchlichkeit erwecken, wenn man im jeweiligen Kontext nicht genügend beachtet, welchen Zeithorizont das Argument erfaßt, ob es auf der Mikro- oder Makroebene siedelt und ob die Verbesserung die Lohngüter erfaßt oder nicht. Auch wenn der unmittelbare Effekt der Maschinerie die Geldeinkommen nicht tangiert (1. Fall), kann er Prozesse induzieren, die ihrerseits dann die Geldeinkommen und die Einkommensverteilung verändern (2. Fall). Ein schönes Beispiel liefert in allen drei Auflagen der PRINCIPLES gerade die Stelle, wo überhaupt erstmals von der Maschinerie die Rede ist:

"If the shoes and clothing of the labourer, could, by improvements in machinery, be produced by one fourth of the labour now necessary to their production, they would probably fall 75 per cent; but ...it is probable his wages would in no long time be adjusted by the effects of competition, and the stimulus to population, to the new value of necessaries on which they were expended. If these improvements extended to all the objects of the labourer's consumption, we should find him probably at the end of a very few years, in possession of only a small, if any, addition to his enjoyments, although the exchangeable value of those commodities, compared with any other commodity, in the manufacture of which no such improvement were made, had sustained a very considerable reduction; and though they were the produce of a very considerably diminished quantity of labour" (I/16).

Auch dies ist nicht der ganze Ricardo, denn wir wissen bereits, daß die gleiche Ursache gleichzeitig die Kapitalakkumulation und somit die Arbeitsnachfrage stimulieren dürfte, so daß die Rückkehr zum natürlichen Geldlohn möglicherweise ziemlich lange dauern könnte.

Ricardo behandelte hier und später "improvements in machinery" wie alle Arten von "improvements" (2) kommentarlos als "means of abridging labour". Die Anwendung von Maschinen reduziert das je Produkteinheit aufzuwen-

---

(1) Dies und der zweite der obigen Demonstrationsfälle waren Gegenstand des Briefs vom 14. Oktober 1816 an Malthus, der ausführlich behandelt wurde; vgl. S. 85-87 .

(2) Vgl. oben S. 98.

dende Arbeitsquantum und senkt den natürlichen Preis des betreffenden Produkts. Die Vorstellung, die Produktivität der direkten Arbeit sei mit der Maschine größer als ohne ein solches Hilfsmittel, dürfte naheliegen. Erst in der Mitte seines Einleitungskapitels begann der Autor darüber aufzuklären, daß das so trivial nicht gemeint war. Das totale Arbeitsquantum je Produkteinheit (1) muß reduziert werden, wenn es zur Einführung von Maschinerie kommen soll:

"Economy in the use of labour never fails to reduce the relative value of a commodity, whether the saving be in the labour necessary to the manufacture of the commodity itself, or in that necessary to the formation of the capital, by the aid of which it is produced" (I/26, 52).

Kapital ist einerseits Geld, andererseits realisiert es sich in heterogenen Beständen physischer Arbeitsprodukte, die zu Produktionszwecken eingesetzt werden. Letzteres steht hier ganz im Vordergrund. Die einzelnen Bestandteile des Kapitals unterscheiden sich nun je nach Produkttyp und Einsatzsektor erheblich hinsichtlich ihrer Nutzungsdauer im Produktionsprozeß und damit hinsichtlich der Intervalle, innerhalb derer sie reproduziert und ersetzt werden müssen. Ähnliches gilt für die zeitliche Bindung des beim Kauf in sie zu investierenden Geldbetrags; das Korn des Bäckers wird nach einer Woche, das Saatgut des Farmers erst nach einem Jahr wieder zu Geld. Ricardo beschrieb alle diese Aspekte sehr ausführlich und konkret, bevor er sich - ungern - auf die gebräuchliche, aber wenig trennscharfe Zweiteilung in "fixed capital" und "circulating capital" einließ:

"In every society the capital which is employed in production, is necessarily of limited durability. ... There is however a vast difference in the time for which these different capitals will endure ... According as capital is rapidly perishable, and requires to be frequently reproduced, or is of slow consumption, it is classed under the heads of circulating, or of fixed capital" (I/52).

Maschinen fungieren dann meist als Prototyp für Fixkapital, Arbeiterkonsumgüter (means of supporting labour) als solcher für zirkulierendes Kapital. Es fehlt darüberhinaus auch nicht der explizite Hinweis, daß die verschiedenen Produktionssektoren nicht nur durch eine unterschiedliche Aufteilung ihres Kapitals auf diese beiden Kategorien, sondern durch eine sektorenspezifische Zusam-

---

(1) Dafür existieren zwei Ansatzpunkte: Die Maschine inkorporiert selbst ein kleineres Arbeitsquantum oder/und ist im Produktionsprozeß von größerer Dauerhaftigkeit.

mensetzung ihrer gesamten Bestände an "Kapitalgütern" charakterisiert sind:

"Two trades then may employ the same amount of capital; but it may be very different divided with respect to the portion which is fixed, and that which is circulating. Again two manufacturers may employ the same amount of fixed, and the same amount of circulating capital; but the durability of their fixed capitals may be very unequal. One may have steam engines of the value of 1o,ooo*l*. the other, ships of the same value" (I/53; ausführlicher in der 3. Auflage, I/3o-2).

Wenn hier von "same amount of capital" die Rede ist, dann meint das immer physisch heterogen zusammengesetzte Produktaggregate von gleichem Wert in Geld (von annahmegemäß konstantem Wert), auf deren Produktion ungefähr gleiche Arbeitsquanta verwandt werden mußten. Die Elemente des zirkulierenden Kapitals sind generell relativ kurzlebig; sie müssen "jährlich" reproduziert und aus dem Periodenprodukt ersetzt werden. Die Elemente des Fixkapitals sind demgegenüber relativ dauerhafter Natur, so daß "jährlich" nur ein Teil zu reproduzieren und zu ersetzen ist.

Kapitale von gleicher Größe und ungleicher Zusammensetzung produzieren deshalb in gleicher Zeitperiode Produktquanta von ungleichem Wert - in Geld. Je größer der Fixkapitalanteil, umso geringer das im Periodenprodukt inkorporierte Gesamtquantum an direkter und indirekter Arbeit, umso niedriger der Preis des Periodenprodukts (I/56-8).

Kapitale von gleicher Größe, gleicher Zusammensetzung und ungleicher Dauerhaftigkeit des Fixkapitals produzieren in gleichen Zeiträumen ebenfalls Produktquanta von ungleichem Wert. Je dauerhafter das Fixkapital - Ricardo analysiert Fälle mit ein-, drei-, zehn- und hundertjähriger Maschinerie -, umso geringer das inkorporierte Gesamtarbeitsquantum und der Preis des Periodenprodukts (I/58-6o).

Alle diese Fallstudien unter Anwendung der Annuitätenmethode dienten dem Nachweis, daß und wie die relativen Werte der unter so verschiedenartigen Umständen produzierten Arbeitsprodukte sich bei Änderungen der Einkommensverteilung verändern:

"This difference in the degree of durability of fixed capital, and this variety in the proportions in which the two sorts of capital may be combined, introduce another cause, besides the greater or less quantity of labour necessary to produce commodities, for the variations in their relative value - this cause is the

rise or fall in the value (1) of labour" (I/3o).
Letzteres führt zum nächsten Punkt, einem präzis durchformulierten Beispiel (2), und gleichzeitig zum Ausgangsproblem zurück.

Ein Manufakturkapitalist beschäftigt 1oo Arbeiter à 5ol. pro Jahr zur Produktion eines Jahresprodukts an Hüten im Wert von 8oool.. Auf dem Markt befindet sich eine Maschine zum Preis von 5oool., mit der sich das gleiche Jahresquantum ohne Belegschaft produzieren ließe. Allerdings ist diese Maschine von nur einjähriger Nutzungsdauer, und sie muß - da ihr Verkaufspreis die allgemeine Profitrate einschließt - ihrerseits Produkt von merklich weniger als 1oo Mannjahren sein:

"It will be a matter of indifference to the manufacturer, whether he purchase the machine, or continue to employ the men" (I/61).

Die Maschine wäre zwar arbeitsparend, aber ihre Einführung wäre (noch) nicht lohnend. Ricardos "principle" lautet nicht, daß die Einführung von "improved machinery" - weil arbeitsparend - lohnend sein müsse, sondern daß sie nur kostensenkend, lohnend und damit im Einsatz sein kann, wenn sie arbeitsparend im Vergleich zur früheren Technik ist. Arbeitsersparnis ist notwendige aber nicht hinreichende Bedingung für (höhere) Profitabilität der Maschinerie; Maschineneinsatz ist hinreichende Bedingung für damit verbundene Arbeitsersparnis. Bei einer zweijährigen Nutzungsdauer wäre die Hutmaschine beispielsweise nicht nur arbeitsparend, sondern von vornherein auch die profitablere Technik. Ricardo verfolgte - der Thematik seines Kapitels gemäß - eine andere Spur:

"Now if the wages of labour rise 1o per cent. ..., whilst his commodities continue to sell for 8oool., he will no longer hesitate, but will at once purchase the machine, and will do the same annually, while wages continue above the original 5oool." (I/61).

Der Hutfabrikant produziert das gleiche Hutquantum nach Einführung der neuen Technik mit einem geringeren Quantum (jetzt indirekter) Arbeit als zuvor (damals direkte) mit der alten Technik. Der totale Arbeitsaufwand je Hut ist reduziert, so daß der Hutpreis sinken müßte - doch danach sieht es zunächst nicht aus:

"The manufacturer of hats, by the employment of the machine, if he sells his hats for 8oool., is precisely in the same situation as before; he employs no more capital, and obtains the same profits" (I/62).

In Wirklichkeit ist dies jedoch nur ein temporärer und

---

(1) Ein Grund, aber einer von geringerem Gewicht, weshalb Ricardo nachfolgend bekanntlich wieder von ihm abstrahierte.

(2) I/61-2; ähnlich in der 3. Auflage, I/4o-2.

partieller Ausnahmezustand der Hutbranche. Die Lohnerhöhung war allgemein und implizierte eine Senkung der allgemeinen Profitrate. Der Maschinenfabrikant und die Mehrzahl der anderen Kapitalisten, die nicht gerade vor der gleichen Ausweichmöglichkeit standen, müssen die höheren Löhne ja bezahlen. Die Produktion von Hüten ist zwar nicht profitabler als früher, aber momentan im intersektoralen Vergleich überdurchschnittlich profitabel:

"The competition of trade would not long allow this; for as capital would flow to the most profitable employment, he would be obliged to lower the price of hats, till his profits had sunk to the general level" (I/62).

Am Ende gingen dann Ricardos spezielles Interesse im Einleitungskapitel seiner PRINCIPLES und unser spezielles Interesse an Ricardo wieder Hand in Hand:

"Thus then is the public benefited by machinery: these mute agents are always the produce of much less labour than that which they displace, even when they are of the same value" (I/62).

Branchen, die sich in der Indifferenzsituation obiger Hutbranche oder zumindest in ihrer Nähe befinden, reagieren auf eine allgemeine Steigerung der Geldlöhne mit der Einführung von Maschinerie. Der Wechsel zur maschinenintensiveren Technik impliziert jedoch eine Arbeitsersparnis je Hut und führt - zur Freude aller - zu billigeren Hüten. Solange die freigesetzten Hutmacher - wenn die Hutnachfrage nicht entsprechend zunimmt - in anderen Branchen nicht nur willkommen wären (woran Ricardo niemals zweifelte), sondern dort auch prompt bezahlt und mit Produktionsmitteln ausgestattet werden könnten (woran Ricardo 1817 noch nicht zweifelte), würde eben die Produktion dieser anderen Branchen expandieren:

"I have been of opinion, that such an application of machinery to any branch of production, as should have the effect of saving labour, was a general good, accompanied only with that portion of inconvenience which in most cases attends the removal of capital and labour from one employment to another. ...
I thought that the labouring class would, equally with the other classes, partizipate in the advantage, from the general cheapness of commodities arising from the use of machinery" (I/386, 388)

wird Ricardo erst 1821 schreiben. Im dann hinzugefügten Kapitel On Machinery wird er an ähnlichen Beispielen seine Entdeckung zu demonstrieren versuchen, daß die zur Wiederbeschäftigung der freigesetzten Hutarbeiter erforderlichen "means of supporting labour" unter bestimmten Umständen auch fehlen können:

"I confess that these truths appear to me to be as demonstrable as any truths of geometry, and I am only astonished that I should so long have failed to see them" (VIII/39o).

4.6 Maschinerie und Arbeit in reichen und armen Ländern

In den PRINCIPLES fanden sich schließlich von Anfang an noch zwei wichtige Passagen zur Maschinerie, wenngleich in ganz anderen Zusammenhängen. Im ersten Fall ging es um die Behauptung, daß die im Gefolge von Verschiebungen in der Zusammensetzung der Nachfrage erforderliche intersektorale Reallokation des Kapitals in reichen Ländern mehr Schwierigkeiten aufwerfe als in armen (1). Im zweiten Fall setzte sich Ricardo mit Adam Smith' Argument auseinander, daß Kapitale gleicher Größe in der Landwirtschaft am meisten, in Manufakturen weniger, im Handel am wenigsten Arbeit in Bewegung bringen (2):

"In rich...countries...large capitals are invested in machinery, ...in poorer countries...there is proportionally a much smaller amount of fixed, and a much larger amount of circulating capital, and...consequently more work is done by the labour of men" (I/266);

"In the distribution of employments amongst all countries, the capital of poorer nations will be naturally employed in those pursuits, wherein a great quantity of labour is supported at home, because in such countries the food an necessaries for an increasing population can be most easily procured. In rich countries, on the contrary, where food is dear, capital will naturally flow, when trade is free, into those occupations wherein the least quantity of labour is required to be maintained at home" (I/349).

Der als Kapital zu Produktionszwecken eingesetzte Produktbestand weist in armen Ländern relativ viel zirkulierendes Kapital (v.a. Arbeiterkonsumgüter), in reichen Ländern relativ viel Fixkapital (v.a. Maschinen) auf. Das ist natürlich nicht zufälligerweise so. In armen Ländern sind Nahrungsmittel und menschliche Arbeit billig; deshalb wird das Kapital vorwiegend in arbeitsintensiv produzierenden Sektoren wie der Landwirtschaft eingesetzt. Wo Nahrungsmittel und menschliche Arbeit - wie in reichen Ländern - teuer sind, kommt ein Großteil des Gesamtkapitals in gewerblichen Branchen zum Einsatz, wo fixkapital- bzw. maschinenintensive Produktionstechniken angewandt werden. In reichen (armen) Ländern enthält der Inputvektor relativ viel (wenig) Maschinerie und der Outputvektor relativ viel (wenig) maschinenintensiv produzierte Produkte.

---

(1) Kap. 19: On Sudden Changes in the Channels of Trade.
(2) Kap. 26: On Gross and Net Revenue.

Aus dem Umfeld der beiden Passagen geht eindeutig hervor, daß sie so zu interpretieren sind. Der früher behandelte Vergleich zwischen England und Otaheite liesse sich als gewisses Indiz für die weitergehende Vorstellung ansehen, daß ein- und derselbe Produkttyp in reichen Ländern grundsätzlich maschinenintensiver produziert wird als in armen. Obwohl es in diesen drei Beispielen um Vergleiche zwischen Ländern ging, läßt sich aufgrund des insgesamt zusammengetragenen Materials doch ohne zu großes Risiko die Schlußfolgerung ziehen: Auch der "progress of a country in wealth" ist nach den damaligen Vorstellungen des Autors - wegen tendenziell steigender Nahrungsmittelpreise und Geldlöhne - verknüpft mit einem zunehmenden Anteil des Fixkapitals am Gesamtkapital, einer zunehmenden Mengenrelation zwischen Maschinerie und menschlicher Arbeit sowie einem allgemeinen Vordringen maschinenintensiverer Produktionstechniken. Ein explizites "principle" dieser Art hat Ricardo indessen erst nach der 1. Auflage der PRINCIPLES formuliert (1).

5. Anmerkungen zum Lauf der Dinge

Teil I galt dem Versuch, Entwicklungsgeschichte und Konturen von Ricardos System zu skizzieren und dabei die Optik so einzurichten, daß die Maschinerie nach Möglichkeit mit auf's Bild kam. Viele der dabei sichtbar gewordenen Aspekte werden uns wiederbegegnen bei der den Teilen II und III vorbehaltenen Auseinandersetzung mit dem neuen Kapitel 31 On Machinery von 1821, wo das Thema naturgemäß von vornherein in der Bildmitte placiert ist. Ursache, Richtung und Ausmaß des dort manifestierten Sinneswandels, der einen Aspekt der Maschineriefrage betrifft, sowie seine Relation zu Ricardos weitgehend unverändert beibehaltenen Ansichten bezüglich anderer Aspekte der gleichen Frage, lassen sich auf dieser Grundlage weit zuverlässiger markieren.

Nach unserem Eindruck hat der Autor zu einer ursprünglich makellosen Regel eine - für die Arbeiterklasse - unangenehme Ausnahme entdeckt; darum geht es in Teil II. Maschinerie kann, unter genau spezifizierten Umständen eingeführt, zumindest zeitweilig zu einem Rückgang der Beschäftigung führen.

Teil III gilt dann einer gründlichen Diskussion der Beweismittel, die Ricardo seinerzeit - ohne seine engeren Zeitgenossen damit überzeugen zu können - für seine neuentdeckte Ausnahme präsentierte.

---

(1) Vgl. dazu etwa I/41 und vor allem I/395 in der 3. Auflage.

II RICARDO ZUR MASCHINERIE: (K)EINE REGEL OHNE AUSNAHME

Das in der 3. Auflage der PRINCIPLES hinzugefügte Kapitel On Machinery ist allgemein als Dokument eines gravierenden Wandels der Ricardoschen Auffassung in der Maschineriefrage gedeutet worden. Mehr noch: In keiner anderen Frage sei der Unterschied zwischen der dritten und den früheren Auflagen größer. Für Sraffa (1951, S. lvii) handelt es sich um "the most revolutionary change", für Hollander (1979, S. 346) um "radical changes" in Ricardos Position.

Wie Ricardo in der einleitenden Passage des Kapitels selbst betont, ist er sich nicht bewußt, zur in Frage stehenden Thematik jemals etwas veröffentlicht zu haben, was er zurücknehmen müßte. Er fügt jedoch hinzu: "yet I have in other ways given my support to doctrines which I now think erroneous" (I/386). Da er infolgedessen davon ausgehen muß, daß die Mehrzahl seiner Leser seinen früheren Standpunkt nicht kennt, widmet er den ersten Abschnitt des Kapitels (I/386-8) dessen zusammenfassender Darstellung. Dieser lautet, kurz gesagt, daß technische Innovationen allen Klassen zum Vorteil gereichen, d.h. ein öffentliches Gut darstellen:

> "Ever since I first turned my attention to questions of political economy, I have been of opinion, that such an application of machinery to any branch of production, as should have the effect of saving labour, was a general good, accompanied only with that portion of inconvenience which in most cases attends the removal of capital and labour from one employment to another" (I/386).

Bevor wir uns jedoch der Ricardoschen Begründung hierfür zuwenden, werden einige Zeugnisse des früheren Standpunktes Ricardos aus der Zeit nach der Publikation der 1. Auflage der PRINCIPLES behandelt.

1. Vor der 3. Auflage der PRINCIPLES

1.1 Auseinandersetzung mit Barton

Ein aufschlußreiches Dokument ist Ricardos Briefwechsel mit Barton vor der Publikation von dessen "Observations on the Circumstances which Influence the Conditions of the Labouring Classes of Society" aus dem Jahr 1817. Ricardos Erwiderung auf die von Barton vorgebrachten Einwände gegen seine Profittheorie ist insofern beachtenswert, als darin u.a. einige jener Momente der Position Ricardos zur Sprache kommen, die den Übergang zur neuen Auffassung in der 3. Auflage der PRINCIPLES unverändert überstehen. Unter der von Ricardo geteilten Annahme, daß das Beschäftigungsvolumen in enger Beziehung zum zirkulierenden Kapital steht (zur Kritik hieran vgl. Abschnitt III. 2.1.4), gilt für eine gegebene (Wert-)Größe des Gesamtkapitals ex hypothesi:

"It is undoubtedly true that in proportion as the accumulations of capital are realized in fixed capital, such as machinery, buildings, &c. they will give less permanent employment to labour, and therefore there will be a less demand for men, ... than if the accumulated capital had been employed as circulating capital (1)" (VII/157).

Die Betonung liegt auf permanenter Beschäftigung: Während in der Produktions- bzw. Konstruktionsphase gleichgroßer zirkulierender bzw. fixer Kapitale nach streng arbeitswerttheoretischer Auffassung gleiche Beschäftigungsmengen erforderlich sind, ist die Nutzungsphase des Fixkapitals wegen des geringeren Reproduktionsbedarfs durch ein im Vergleich zum zirkulierenden Kapital niedrigeres dauerhaftes Beschäftigungsvolumen gekennzeichnet.

Indes — so Ricardo - sei die Bartonsche Annahme unzulässig, das zirkulierende Kapital könne vollständig durch fixes ersetzt werden bzw. Kapital könne in ausschließlich fixer Form akkumuliert werden. Barton vergesse schlicht die zur Anwendung und Instandhaltung des fixen Kapitals erforderlichen Belegschaften:

"[T]here is no new creation of machinery which entirely supersedes the use of the labour of man. A steam engine requires the constant labour of man - he must regulate its motion and velocity - he must procure coals for the fire necessary to work it - he must attend to its annual repairs, and by degrees in a rich country the employment of men for these purposes becomes on an average as nearly a fixed quantity, as the number of men devoted to any other occupation" (VII/158 f.).

Ebendiese Kritik wiederholt Ricardo in der Barton gewidmeten Fußnote im 31. Kapitel, die gelegentlich als Indiz einer weitgehenden Annäherung Ricardos an den Bartonschen Standpunkt mißverstanden worden ist (2). Dort heißt es:

"It is not easy, I think, to conceive that under any circumstances, an increase of capital should not be followed by an increased demand for labour; the most that can be said is, that the demand will be in a diminishing ratio" (I/396).

---

(1) Hollander (1979, S. 352) deutet diese tautologische Aussage unverständlicherweise dynamisch und gelangt zum überraschenden Schluß: "Ricardo clearly had in mind an infinitely elastic supply of labour".

(2) Vgl. z.B. Gourvitch, 194o, S. 59, sowie Clair, 1965, S. 24o.

Der zweite hier interessierende Aspekt der Ricardoschen Antikritik betrifft die in der Nutzungsphase gleichgroßer Kapitale unterschiedlicher (durchschnittlicher) Dauerhaftigkeit resultierenden Nettoprodukte. (Im folgenden wird der Einfachheit halber von der Rente abstrahiert, d.h. das Nettoeinkommen mit dem Profit gleichgesetzt.) Je größer der Fixkapitalanteil - so Ricardos Argument -, desto geringer die laufende Beschäftigung, desto geringer der in Form von Lohngütern aus dem Jahresprodukt abzuzweigende Teil, die sogenannte 'notwendige Konsumtion', desto größer ceteris paribus das Nettoprodukt:

"[T]he quantity of goods produced, over and above the necessary consumption, would be precisely the same in both cases, or rather the balance would be in favour of the fixed capital, and not of the circulating capital, as you suppose" (VII/157).

Diese Ansicht vertritt Ricardo bereits in einem Brief an Malthus aus dem Jahr 1815 (vgl. VI/294) und sie kehrt im 31. Kapitel in der Feststellung Ricardos wieder, der Unternehmer-Kapitalist sei ausschließlich am Nettoeinkommen, d.h. Profit, und nicht am Bruttoeinkommen, d.h. der Summe aus Profit und Löhnen und damit für gegebenen Reallohnsatz indirekt an der Beschäftigungsmenge, interessiert: "if the net income be not diminished, of what importance is it to the capitalist, whether the gross income be of the value of 3ooo*l*., or 1o,ooo*l*., or of 15,ooo*l*.?" (I/389); vgl. auch NOTES ON MALTHUS, Note 149, II/234-236.

1.2 Parlamentsrede im Dezember 1819

Ricardos ursprüngliche Position kommt gleichfalls in seiner Parlamentsrede im Dezember 1819 zum Audruck, in der er sich mit Owens Plan 'for ameliorating the conditions of the lower classes' auseinandersetzt. Owens Plan sei zwar gutgemeint, aber "inconsistent with the principles of political economy". Ricardo hebt insbesondere hervor: "It could not be denied, on the whole view of the subject, that machinery did not lessen the demand for labour" (V/3o). Und im Bericht der British Press heißt es hierzu: "He [Ricardo] never could think that machinery could do mischief to any country, either in its immediate or permanent effect" (V/31).

1.3 Ricardos "Bekehrung" von McCulloch

Des weiteren ist der erste und gelungene Versuch Ricardos, McCulloch zu einem Meinungswechsel in der Maschineriefrage zu bewegen, erwähnenswert. McCullcch hatte im Januar 182o im Edinburgh Review unter dem Titel

"Taxation and the Corn Laws" einen Besprechungsaufsatz von Bartons "Observations" veröffentlicht, den Ricardo insgesamt äußerst positiv aufnimmt. In 'some minor points' könne er McCulloch jedoch nicht folgen. Einer davon betrifft McCullochs Zustimmung zur These Bartons, daß Investitionen in Maschinen die Situation der Arbeiterklasse verschlechtern, indem sie über eine Verringerung der Arbeitsnachfrage Druck auf den Lohn ausüben. Ricardo wendet ein:

"The employment of machinery I think never diminishes the demand for labour - it is never a cause of a fall in the price of labour, but the effect of its rise. If one man erected a steam engine because it was just cheaper to employ the engine than human labour, and if this were followed by a fall in the price of labour it would be no other man's interest to prefer also the use of the machine" (VIII/171).

Auch dieses Argument besteht den Übergang zu Ricardos neuer Position im 31. Kapitel unbeschadet und findet sich dort in der berühmten, häufig mißverstandenen Formel: "Machinery and labour are in constant competition, and the former can frequently not be employed until labour rises" (I/395). Wir kommen hierauf ausführlich in Abschnitt III.4 zurück.

Offenbar beeindruckt von Ricardos Argumentation im Briefwechsel der beiden im Jahr 182o wechselt McCulloch die Fronten und entwickelt was Blaug (1958, S. 66) "the first satisfactory statement of the theory of 'automatic compensation'" genannt hat. Im Mai 1821 publiziert er wiederum im Edinburgh Review einen Aufsatz, in dem er die Doktrinen der Ricardo-Kritiker Say, Sismondi und Malthus zu widerlegen und Ricardos (wie sich kurz darauf herausstellen sollte: inzwischen bereits veraltete) Auffassung zur Maschinerie und Akkumulation zu verteidigen sucht (McCulloch, 1821). Seine Schlußfolgerung lautet:

"[N]o improvement of machinery can possibly diminish the demand for labour, or reduce the rate of wages. The introduction of machinery into one employment, necessarily occasions an equal or greater demand for the disengaged labourers in some other employment. The only hardship which it ever imposes on the labourer, is, that in some cases it forces him to change his business. This, however, is not a very material one" (1821, S. 115; Hervorhebung von McCulloch).

Die Absorption aller 'freigesetzten' Arbeiter - so McCullochs Begründung - folge aus der mit dem Einsatz arbeitsparender Maschinerie einhergehenden Erhöhung der effektiven Gesamtnachfrage ('total effective demand'). Zum einen ziehen Kostensenkungen in jenen Sektoren, in denen die neue Maschine angewandt wird, Preissenkungen nach sich, welche ihrerseits zu einem Anstieg der Nachfrage nach den sektoralen Produkten führen. Reicht letzterer auf Grund einer unzureichenden Preiselastizität der Nachfrage nicht aus, um alle vordem entlassenen Arbeiter im selben Beschäftigungszweig wieder einzustellen, so schlägt sich die gestiegene Kaufkraft des Geldes in einem Anstieg der Nachfrage nach den Produkten anderer Sektoren nieder: "The portion of revenue that had been set free by a fall in the price ... would not be permitted to lie idle. It would unquestionably be applied to purchase an additional quantity of something else" (McCulloch, 1821, S. 113). Schließlich sei zu berücksichtigen, daß die Betreibung, Wartung, Reparatur und Reproduktion der Maschine gleichfalls beschäftigungswirksam seien. Abgesehen vom Problem friktioneller Arbeitslosigkeit bringt die Einführung von Maschinerie in McCullochs Sicht daher eine Expansion des Outputs mit sich, so daß die Beschäftigungsmenge nicht nur nicht schrumpft, sondern eventuell sogar wächst.

1.4 Ricardos NOTES ON MALTHUS

McCullochs Konversion zu einer vermeintlich ricardianischen Position geschieht zur Unzeit, und am Ende erhält sie geradezu tragikomische Züge. Er selbst hatte nämlich Ricardo dazu animiert, Malthus' im April 182o erschienene "Principles of Political Economy" kritisch zu kommentieren. Von Anfang August bis Mitte November schreibt Ricardo seine 315 NOTES; parallel dazu arbeitet er an der 3. Auflage der eigenen PRINCIPLES. Mitte Dezember gehen die NOTES an McCulloch (VIII/318), der am 25. Dezember mitteilt, er beabsichtige

"to write an article an Accumulation ... where I shall endeavour to refute the absurd and prenicious maxims which Mr. Malthus has inculcated" (VIII/325).

Als er sie am 22. Januar 1821 zurückschickt, kennt seine Begeisterung vor allem in einem Punkt keine Grenzen:

"Nothing I apprehend can be more complete and satisfactory than your remarks on accumulation and on the improvement of machinery - Your argument is here quite unassailable - You have not in fact left a single loophole or cranny by which your adversary can escape - Nothing remains for him but to surrender unconditionally" (VIII/338-9).

Drei weitere Briefe von März/April zeigen, daß McCulloch sich immer noch ganz im Einklang glaubt mit seinem Mentor; am 13. März schreibt er:

"When you read over the article in question (on machinery and accumulation) you will be at no loss to discover the source from whence I have borrowed the greater part of my principles - ... The letters you have honoured me with, and the perusal of your notes on Mr. Malthus work have furnished me with a sufficient knowledge of the principles regulating the decision of this question, and it must be my own fault if I have not turned them to good account" (VIII/351-2).

Ricardos eigene Ansichten gehen indessen spätestens seit Anfang März 1821 - wie Malthus' Brief an Sismondi beweist (vgl. VIII/377) - wesentlich über jene "letters and notes" hinaus, doch hat er trotz obiger Vorwarnungen versäumt, seinen Schüler seinerseits vorzuwarnen. Deshalb erschienen im Mai nahezu zeitgleich Ricardos antiquierte Ansicht - im Artikel des ahnungslosen McCulloch, und seine neue in On Machinery! Mit spöttischen Untertönen erkundigen sich Malthus und Mill später nach McCullochs Reaktion. Ricardos Unterlassungssünde hat noch eine pikante Pointe, denn ausgerechnet an McCulloch schreibt er am 23. März, also Wochen nach seinem Sinneswandel in der beiden so wichtigen Maschinenfrage:

"If I should ever change my opinion I will manfully avow it, and trust I shall be able to give such reasons for the change as shall at least satisfy all candid men that I do so from a conviction of my error. In the present instance no such change has taken place" (VIII/356).

Ricardos "present instance" ist ein anderes, doch dürfte sein Bekenntnis in McCulloch nach der Überraschung vom Mai 1821 ganz generell gemischte Gefühle zurückgelassen haben. Letzterer hatte die NOTES dann Anfang 1822 nochmals für einige Wochen in seinem Besitz, und sein Schweigen kann als Beweis dafür gelten, daß sie zu diesem Zeitpunkt (noch) unverändert waren. McCulloch avanciert zum Kronzeugen für die Behauptung, die sich nach der Lektüre der NOTES ohnehin aufdrängt: Ricardo hatte seine neue Entdeckung noch nicht gemacht, als er die NOTES schrieb! Aber er muß sie bald danach gemacht haben.

Malthus besucht Ricardo in der zweiten Dezemberhälfte 182o, während die NOTES bei McCulloch in Edinburg sind, für mehrere Tage; Ricardo schreibt darüber:

"We spent many hours of each day in discussion, the result of which was only to understand more clearly the points of difference between us. He must be as well acquainted with my objections to his work as if he had read the notes themselves, for I believe there was not one which I forgot to urge" (VIII/334).

Und ein Augenzeuge berichtet:

"Mr. Malthus contending that the present distress arose from unemployed capital und Ricardo from misemployed capital, which would soon assume its proper channels" (VIII/334).

Dies sind alte Kontroversen. Von Ende Januar 1821 an sind die NOTES im Besitz von Malthus, der sie in der ersten Märzwoche zurückbringt und am 12. März Sismondi brieflich (VIII/377) von Ricardos Sinneswandel unterrichtet. Letzterer muß sich allem Anschein nach frühestens im Dezember 182o, eher aber im Januar oder Februar 1821 ereignet haben.

Von noch größerer Bedeutung wären Ricardos NOTES unter inhaltlichem Aspekt. Sie bilden schon allein deshalb naturgemäß eine wahre Fundgrube, weil der Autor nahezu unablässig gegen die bei Malthus allgegenwärtige Nachfragemangeltheorie (Überproduktion, Überakkumulation, Unterkonsumption) der Arbeitslosigkeit ankämpft. Obgleich sich dies hier nicht im Detail ausbreiten läßt, seien zwei Beobachtungen festgehalten. Ohne anderen Sinnes zu werden, akkumuliert Ricardo zum einen beim Verfassen der NOTES und verstreut über sie doch bereits sämtliche Bausteine, aus denen er wenig später für sein Kapitel 31 das Neue der "neuen" Sicht zusammenfügen wird. Zum anderen fällt auf, daß die Endfassung der NOTES nicht mehr ganz identisch ist mit der Erstfassung, die McCulloch, Malthus und Trower zwischen Dezember 182o und Januar 1822 zu lesen bekommen hatten. Bei näherem Zusehen offenbart sich, daß Ricardo bei einer nachträglichen Inspektion unter anderem gerade einige der Stellen eliminiert oder geändert haben dürfte, die allzu auffällig mit seiner modifizierten Ansicht über das Maschinenwesen kollidierten. Wir greifen ein einziges Beispiel heraus; in ihm werden beide Teilaspekte sichtbar.

Malthus präsentiert im 3. Abschnitt seines Kapitels Wages of Labour (II/235-6) das Beispiel eines Kapitalisten, der <u>seine Belegschaft</u> im Jahre t plötzlich eine Maschine bauen läßt, um sein Geschäft vom Jahre t+1 an in gleichem Umfang fortzuführen: <u>mit</u> der Maschine und <u>ohne</u> Belegschaft:

"it is obvious that, during the first year, the same value of the annual produce and the same demand for labour would exist; but in the <u>next</u> year ...slackness of the demand for labour under <u>such</u> circumstances" (II/236), lautete seine Schlußfolgerung.

Ricardo wird später in On Machinery ein außerordentlich ähnliches Beispiel, mit gleichen Zahlen, präsentieren (I/388-9o), um seinerseits - in einem derartigen <u>diverting</u>-capital-Fall! - Arbeitslosigkeit herzuleiten (vgl. Abschnitt III.2.1) Das Auffallendste an seinem Kommentar zu obiger Malthus-Passage besteht indessen gerade darin, daß er fehlt. Überkommen ist als Note 15o ein Fragment (II/236-7) von 7 Zeilen, beginnend mit "There appears to me to be a fallacy in the whole of this argument". Der Rest der ursprünglich mehr als sechsseitigen Note ist - aus naheliegenden Gründen - verschollen.

Das Ganze erfährt allerdings - für Malthus nicht untypisch - eine in dem für Ricardo ausschlaggebenden Punkt modifizierte Zweitauflage. Im 5. Abschnitt seines Kapitels Progress of Wealth (II/35o-1) macht Malthus ein weiteres Beispiel, wo viele Kapitalisten - nicht via Umwidmung bislang bereits anders genutzter Ressourcen! - arbeitsparende Maschinerie einführen und von da an ihre Produktion mit etwa halbierten Belegschaften bewerkstelligen:

"There would, in this case, be a certain number of ten thousand pounds, and the men employed by these capitals, thrown out of employment" (II/351).

Malthus sieht Probleme bezüglich des sofortigen und verlustfreien Wiedereinsatzes von Arbeit und Kapital an anderer Stelle:

"in withdrawing capital from one employment and placing it in another, there is almost always a considerable loss. ... Though it might yield a greater produce, it would not command the same quantity of labour as before" (II/351).

Für Malthus existiert kein wesentlicher Unterschied zwischen seinen beiden Beispielen, für Ricardo indessen - seit März 1821! - schon. Er kontert hier mit der in der Tat sechsseitigen Note 236:

"The power of employing labour ... depends specifically upon the annual quantity of produce which it (the capital) will yield. ...there is no occasion that any less shall be employed after the discovery of the improved machinery. ...

Mr. Malthus ... acknowledges that the whole capital would yield a greater produce. Now this is the point in which society is chiefly interested, it is desirable that the actual means of enjoyment should be increased, and that in the distribution of those enjoyments a smaller quantity should not fall to the share of the most numerous class of the people" (II/352-3).

Daß diese Note On Machinery unbeschadet übersteht, ist keineswegs ein Versehen, denn solange Arbeit und Kapital simultan vagabundieren, sieht Ricardo allemal kein Problem. Sein Sinneswandel gilt allein dem diverting-capital-Fall, wo Arbeit ohne Kapital freigesetzt wird und aus diesem Grund, zumindest temporär, unbeschäftigt bleiben muß. Das war die neuentdeckte Ausnahmesituation des Kapitel 31. Note 15o dürfte demgegenüber ursprünglich nicht viel anders gelautet haben als Note 236 - deshalb mußte sie nachträglich weichen.

2. On Machinery: die Ausnahme und die Regel

2.1 Das neue Kapitel und seine Resonanz

Ob des Freimuts, mit dem er die Irrigkeit seiner früheren Auffassung eingesteht, wird Ricardo von seinen Kritikern gelobt. Gemäß Marx zeugt das neue Kapitel von Ricardos "bonne foi, die ihn so wesentlich von den Vulgärökonomen unterscheidet" (1968, S. 557), von seiner "charakteristischen wissenschaftlichen Unbefangenheit und Wahrheitsliebe" (1967, S. 461); Lowe (1954, S. 142) deutet es als "a rare case of self-destructive intellectual honesty" und Hicks (1969, S. 151) rühmt Ricardos "candour and courage; he followed his reasoning where it led him, not just where he (or his friends) wanted it to go".

Wie jedoch steht es um die Vereinbarkeit der neuen Position Ricardos in der Maschineriefrage mit den übrigen "principles" der PRINCIPLES? Hätte nicht das gesamte Werk oder wenigstens größere Teile desselben im Licht der neuen Erkenntnis umgeschrieben werden müssen? Diese Sicht klingt bereits bei Malthus an, der an Ricardo schreibt: "... perhaps you have not fully considered all the bearings of your concession on the other parts of your work" (IX/18 f.). Sie kehrt wieder bei Blaug: "Ricardo never integrated his revised views on the machinery question with the rest of his analysis" (1958, S. 69 f.); und "this chapter seems glued on to the rest of the book as an afterthought" (1968, S. 138). Ähnlich Clair, der von " a last-minute addition" zur dritten Auflage spricht und hinzufügt: "When that chapter was written, the printing of the third edition had already gone so far that it was no longer possible to bring the old chapters into harmony with the new one' (1965, S. 251 und 254).

Während sich die Interpreten weitgehend darin einig sind, daß es sich bei Ricardos neuer Betrachtungsweise um eine gewichtige Änderung seiner früheren Auffassung handelt, sind sie uneinig darüber, ob sie richtig ist. McCulloch dem ansonsten getreuen Gefolgsmann Ricardos zufolge ruiniert das neue Kapitel das gesamte Buch. Schlimmer, es fügt der jungen Wissenschaft beträchtlichen Schaden ('a very serious injury') zu, da es der Meinung Vorschub leiste, "that Political Economy was a thing of fudge, a fabric without a foundation" (VIII/382). Er beklagt "the extreme erroneousness of the principles to which you have incautiously lent the sanction of your name" und prophezeit den Mißbrauch von Ricardos neuer Doktrin durch Maschinenstürmer:

"Your argument is to be sure hypothetical: but the hypothesis will be thrown aside, and all those who raise a yell against the extension of machinery, and ascribe to it that misery which is a mere necessary consequence of the oppressiveness of taxation, and of the restraints on commerce will fortify themselves by your authority! If your reasoning and that of Mr. Malthus be well founded, the laws against the Luddites are a disgrace to the Statute book" (VIII/384 f.).

McCulloch entscheidet sich: "I will take my stand with the Mr. Burke of the American war not with the Mr. Burke of the French revolution - with the Mr. Ricardo of the first not of the third edition" (VIII/385).

Malthus erblickt im neuen Kapitel zwar eine gewisse Modifikation der ursprünglichen Position Ricardos, jedoch keine Annäherung an seine eigene, und stellt resignierend fest: "With regard to our present subject it seems as if we should never thoroughly understand each other" (IX/19). Barton, der mit seinen "Observations" die Maschineriedebatte in theoretischer, weit stärker jedoch in politischer Hinsicht beeinflußt hatte, macht nach Ricardos Tod geltend: "The late Mr. Ricardo thought me wrong, and endeavoured to convince me so; but he subsequently assented in great measure to my view of the subject" (zitiert nach Hollander, 1979, S. 354). Ricardo wäre mit dieser Einschätzung wohl kaum einverstanden gewesen, denn zu Lebzeiten hatte er sich von Bartons Auffassung mehrfach deutlich distanziert (vgl. z.B. VII/157 und I/396).

Bei J.S. Mill klingt an, daß das neue Kapitel besser den Titel 'On the Demand for Labour' verdient hätte, da bezüglich der von Ricardo beschriebenen, für die Arbeiterklasse schädlichen Wirkungen gelte: "This is true, not of machinery alone, but of all improvements by which capital is sunk" (Mill, 1965, Bd. II, S. 94). Die Idee, wonach es im 31. Kapitel allgemein um eine Theorie der Arbeitsnachfrage gehe, findet sich bereits in Ricardos Stichwortverzeichnis zu den PRINCIPLES. Dort heißt es: "The increase of circulating not of fixed capital, regulates the demand for labour" (I/432). Im übrigen ist Mill optimistisch, daß es schnell zur 'Kompensation' der technologischen Arbeitslosigkeit komme: "I do not believe that as things are actually transacted, improvements in production are often, if ever, injurious, even temporarily, to the labouring classes in the aggregate" (Mill, S. 97).

Marxens Stellungsnahme zum Maschineriekapitel ist ambivalent. Einerseits begrüßt er Ricardos Angriff auf die naive Theorie automatischer 'Kompensation', andererseits wirft er Ricardo vor, dessen Analyse basiere auf einer Reihe 'falscher Voraussetzungen'. Er lobt, "daß die redundancy der Population oder overpopulation hier dargestellt ist als das Resultat des Bereicherungsprozesses selbst und der ihn bedingenden Entwicklung der Produktivkraft" (1968, S. 567). Er kritisiert, daß Ricardo von der mittelfristigen Wiederbeschäftigung der 'freigesetzten' Arbeiter infolge ausreichender Akkumulation ausgehe, und erwidert: "Die kapitalistische Akkumulation produziert vielmehr, und zwar im Verhältnis zu ihrer Energie und ihrem Umfang, beständig eine relative, d.h. für die mittleren Verwertungsbedürfnisse des Kapitals überschüssige, daher überflüssige oder Zuschuß-Arbeitsbevölkerung" (1967, S.658): eine 'industrielle Reservearmee'.

Wicksell betont in seinem 1923 beim Economic Journal eingereichten, jedoch erst 1981 publizierten Artikel über Ricardos Maschineriekapitel und die damalige Arbeitslosigkeit in Schweden (vgl. Jonung, 1981) die Bedeutung des Ricardoschen Beitrags, behauptet jedoch zugleich, daß dessen Schlußfolgerungen falsch seien. Interessanterweise sind sowohl Wicksell als auch Ricardo der Auffassung, daß Maßnahmen zur Geburtenkontrolle langfristig imstande seien, die Tendenz zum Angebotsüberschuß auf dem Arbeitsmarkt zu bekämpfen (vgl. Jonung, S. 195, sowie V/3o3).

Selbstverständlich endet die Diskussion von Ricardos neuem Kapitel nicht mit Wicksells Kritik daran. Vielmehr zeigt sich, daß keiner der renommierten Ökonomen an dem aufgeworfenen Problem vorbeikommt. Besonders intensiv beschäftigen sich mit ihm in der Folgezeit u.a. Lowe, Neisser, Kähler, Lederer, J. Robinson und Hicks (vgl. den Überblick bei Mettelsiefen, 1981). Und es bleibt dabei: Ricardos Ansatz unterliegt auch weiterhin recht kontroversen Einschätzungen.

Wir verlassen jedoch zunächst die Wirkungsgeschichte des Maschineriekapitels und wenden uns diesem selbst sowie sonstigen, im Zusammenhang damit stehenden Aussagen Ricardos zu. Die Untersuchung gibt - so hoffen wir - nicht nur Aufschluß über Konstanz und Wandel in Ricardos Position, sondern auch über die Stichhaltigkeit des von Keynes genannten Grundes, warum Wicksells Manuskript von den Herausgebern des Economic Journal abgelehnt wurde: "the editors feel that any treatment of this topic at the present day ought to bring in various modern conceptions for handling the problem and that the time has gone by for a criticism of Ricardo on purely Ricardian lines" (vgl. Jonung, 1981, S. 199).

Ein gründliches Studium des Ricardoschen Werks und Briefwechsels ergibt: Erstens, Ricardos eigenem Urteil zufolge ist das Ausmaß seines Sinneswandels in der Maschineriefrage weit weniger dramatisch als viele seiner Interpreten annehmen. Insbesondere erweist sich die Deutung, Ricardo sei vom 'Maschinenfreund' zum 'Maschinenfeind' konvertiert, als völlig haltlos. Zweitens wird von mehreren Kritikern die Richtung seines Sinneswandels mißverstanden. Drittens befallen Ricardo selbst offenbar keinerlei Zweifel, daß seine neuen Einsichten mit den übrigen von ihm entwickelten Grundsätzen der Politischen Ökonomie vereinbar sind. Die These vom Widerspruch zwischen dem 31. Kapitel und dem Rest der PRINCIPLES findet daher in Ricardos eigenem Schrifttum keinen Nährboden.

Ricardo ist an einigen dieser Fehldeutungen dennoch nicht schuldlos. Seine Analyse ist, wie sich zeigen wird, teilweise unklar, lückenhaft und inkonsistent. Darüber hinaus ist der zentrale zweite Abschnitt des Kapitels (I/388-392), in dem gezeigt wird, daß die Einführung von (neuer) Maschinerie den Interessen der Arbeiterklasse schädlich sein kann, durch eine den Leser alamierende und möglicherweise irreleitende Wortwahl gekennzeichnet. Ricardo gibt dies indirekt zu, wenn er in einem Brief an McCulloch schreibt: "I am not disposed to defend the manner in which I have acknowledged the change of my opinion, on the subject of machinery, in the third edition of my book" (VIII/386). Eine weitaus bedeutendere Ursache von Fehlinterpretationen ist allerdings die Neigung vieler Kritiker, Ricardo aus der andersartigen Perspektive der eigenen wirtschaftstheoretischen Konzeption heraus verstehen bzw. widerlegen zu wollen. Die nicht selten praktizierte Vorgehensweise kann auf den Nenner gebracht werden: Maximierung des Umfangs der im Sinne der eigenen Orientierung deutbaren Passagen Ricardos. Dieses Maximierungsprogramm unterliegt gelegentlich keinerlei erkennbaren Nebenbedingungen, d.h. es finden sich in der Literatur Beispiele dafür, daß Ricardo ziemlich genau das Gegenteil von dem unterstellt wird, was er im jeweiligen zur Diskussion stehenden Passus <u>expressis verbis</u> aussagt. Andernfalls - so die Begründung für derartige 'Berichtigungen' - ergebe Ricardos Argumentation (und es wird vergessen hinzuzufügen: vor dem Hintergrund des vom Kritiker präferierten Ansatzes) keinen Sinn. Es läßt sich allgemein feststellen, daß die Tendenz zu Fehldeutungen dieser Art besonders mit der Zurückdrängung des klassischen und dem Aufstieg des marginalistischen Ansatzes seit dem letzten Drittel des vorigen Jahrhunderts zugenommen hat.

Im Brennpunkt der Ricardoschen Überlegungen stehen die Auswirkungen der Einführung von Maschinerie - oder allgemeiner: des technischen Wandels - auf die Interessen der verschiedenen gesellschaftlichen <u>Klassen</u>: Arbeiter, Kapitalisten und Grundbesitzer. Es liegt auf der Hand, daß die Beschäftigung mit diesem Thema integraler Bestandteil einer Analyse sein <u>muß</u>, die - wie Ricardo im Vorwort zu den <u>Principles</u> (I, S. 5) schreibt - die Gesetze zu bestimmen sucht, welche auf lange Sicht die

Verteilung des Sozialprodukts auf die genannten Klassen regulieren. Eine Revision der Ricardoschen Auffassung in der Maschinenfrage ist daher gleichbedeutend mit einer Revision seiner Beurteilung des Einflusses der Anwendung verbesserter Maschinerie auf die jeweilige Lage der Klassen der Gesellschaft.

Ricardos eigenem Index zu den PRINCIPLES zufolge werden im 31. Kapitel (I/386-397) folgende fünf Themen behandelt:

1. The author's <u>former</u> mistaken views of <u>Machinery</u> 386 - 388
2. His present views substantiated by facts, that machinery is often injurious to the interests of labourers. Machinery in what cases injurious to the labourer 388 - 392
3. The labouring classes have in interest in the manner in which the net income of the country is expended (1) 392 - 394
4. The demand for labour regulated by the increase of circulating, not of fixed capital 395, Fn.
5. A <u>qualified</u> use of machinery vindicated 395 - 397

Hervorhebungen von Ricardo. Zwischen der Erörterung des zweiten und des dritten Themas befindet sich eine durch Querstrich gekennzeichnete Zäsur. Gemäß Clair (1965, S. 251) handelt es sich bei den folgenden sechs, dem dritten (1) Thema gewidmeten Absätzen um "a last-minute interpolation in the new chapter". Im sich unmittelbar anschließenden Absatz wird in der Tat zunächst - allerdings nur scheinbar - das zweite Thema wieder aufge-

---

(1) Das nationale Nettoeinkommen - vor allem Profit und Grundrente - generiert, je nach der <u>Art</u> seiner <u>Verausgabung</u> durch Kapitalisten und Grundbesitzer, unterschiedlich große Arbeitsnachfragemengen. Das Engagement von Dienstboten (menial servants) "verdoppelt" sozusagen Ricardo zufolge die einschlägige Arbeitsnachfrage im Vergleich zum Kauf von Luxusartikeln (luxuries), weil die Nachfrage nach produktiver Arbeit in beiden Fällen ungefähr die gleiche ist (food/necessaries der Dienstboten anstelle der luxuries des Dienstherrn) und die Nachfrage nach der <u>unproduktiven</u> Arbeit der Dienstboten im ersten Fall zusätzlich auftritt.
Die Arbeiterklasse hat stets ein Interesse an einer möglichst großen Arbeitsnachfrage und deshalb ganz allgemein auch eines daran, daß ein möglichst großer Teil der konsumierten Revenue in der Form von Dienstleistungen "konsumiert" wird. In Fällen, wo durch Einführung von Maschinerie die Nachfrage nach (produktiver) Arbeit zurückgeht, würde dies nur verstärkt gelten.

griffen (vgl. hierzu Abschnitt III.3), bevor sich Ricardo den beiden restlichen Themen zuwendet.

Wir behandeln im folgenden abweichend von Ricardos eigener Gliederung des Kapitels unmittelbar im Anschluß an die Darstellung seiner früheren Auffassung und die Skizze der Essenz seiner neuen seine am Ende des Kapitels befindlichen Argumente gegen administrative Versuche der Verhinderung oder Einschränkung des technologischen Wandels. Auf diese Weise tritt der Kern von Ricardos Positionswechsel in der Maschineriefrage deutlicher hervor und es zeigt sich, wie wenig hierdurch seine bisherige Sicht der Funktionsweise und Entwicklungsdynamik der kapitalistischen Ökonomie tangiert wird. In Teil III wird dann im einzelnen auf Ricardos Begründung seiner neuen Auffassung eingegangen.

2.2 Im Rückblick: Ricardo über seine frühere Auffassung

Ricardos frühere Sicht, wonach die Einführung von Maschinerie - bzw. allgemein: von technologischen Neuerungen - für alle Klassen von Vorteil ist, gründet sich im wesentlichen auf zwei Argumente. Das <u>erste</u> besagt, daß nur solche Neuerungen eine Chance haben, sich im Konkurrenzprozeß durchzusetzen, welche die zur Produktion der verschiedenen Waren direkt und indirekt notwendigen Arbeitsmengen senken. Technologischer Wandel hat daher den 'effect of saving labour' (I/386), d.h. verringert die zur Erzeugung eines gegebenen Produktquantums notwendigen 'sacrifices of labour' (IV/397). Das <u>zweite</u> Argument besagt, daß es infolge des technologischen Wandels nicht zur Einschränkung der (aggregierten) Nachfrage und damit der Beschäftigung kommt. Zur Begründung zitiert Ricardo Smith, demzufolge zwar einzelne Bedürfnisse und Wünsche des Menschen begrenzt seien, nicht jedoch die menschlichen Bedürfnisse und Wünsche insgesamt. An dieser Auffassung hält Ricardo fest: "I was, <u>and am</u>, deeply impressed with the truth of the observation of Adam Smith"(I/387). Zum besseren Verständnis des Arguments ist Ricardos in einer Fußnote gegebener Hinweis aufschlußreich, daß sich das Smith-Zitat bereits an früherer Stelle in den PRINCIPLES findet: in Kapitel 21, 'Effects of Accumulation on Profits and Interest'. In ihm vertritt Ricardo das 'Saysche Gesetz', demzufolge nicht die Nachfrage der Produktion, sondern umgekehrt die Produktion der Nachfrage eine Grenze setzt: "M. Say has ... most satisfactorily shewn, that there is no amount of capital which may not be employed in a country, because demand is only limited by production" (I/29o).

<u>Arbeitsparender technischer Fortschritt</u> und <u>Saysches Gesetz</u>: auf diese beiden Pfeiler glaubte Ricardo die

These vom allseits vorteilhaften Charakter technologischer Innovationen stützen zu können. Sinkende Warenpreise, "which ... could not fail to be the consequence of the employment of machinery" (I/386), würden grundsätzlich allen drei Klassen zugute kommen. Denn die Kaufkraft gegebener Geldrenten, -profite und -löhne würde im Ausmaß der Verringerung der Preisindices der klassenspezifischen Warenkörbe steigen (1); die Mobilität von Kapital und Arbeit zwischen den Sektoren würde für die notwendige Anpassung der Produktions- an die Nachfragestruktur sorgen; die Wirksamkeit des Sayschen Gesetzes für den Volleinsatz des verfügbaren Kapitals. Der 'Pionierunternehmer' würde überdies eine Zeitlang in den Genuß von Extraprofiten gelangen:

"He, indeed, who made the discovery of the machine, or who first usefully applied it, would enjoy an additional advantage, by making great profits for a time" (I/387).

Diese Extraprofite würden jedoch im Zuge der allgemeinen Einführung der Maschine und der damit verbundenen Herausbildung des neuen Systems 'natürlicher Preise' hinwegkonkurriert, so daß letztlich nur der 'allgemeine Vorteil' niedriger Produktpreise bliebe (2).

Hinsichtlich der Arbeiterklasse faßt Ricardo seine frühere Auffassung wie folgt zusammen:"I thought that no reduction of wages [gemeint sind Geldlöhne] would take place, because the capitalist would have the power of demanding and employing the same quantity of labour as before". Er fährt fort:

"As, then, it appeared to me that there would be the same demand for labour as before, and that wages would be no lower, I thought that the labouring class would, equally with the other classes, participate in the ad-

---

(1) Wie mittels Sraffas Unterscheidung zwischen Basis- und Nichtbasisprodukten (Sraffa, 196o, S. 7 f.) gezeigt werden kann, ist es durchaus möglich, daß eine bestimmte technologische Innovation nur einer Klasse zugute kommt. Alles hängt davon ab, in der Erzeugung welcher Produkte sich die verbilligende Wirkung der Innovation (direkt oder indirekt) bemerkbar macht und in den Warenkorb welcher Klasse(n) diese Produkte eingehen.

(2) Ricardo vergißt hinzuzufügen, daß dem Pionierunternehmer der kapitalistische Nachzügler gegenübersteht, der nur unternormale Profite oder gar Verluste erzielt und in Gefahr gerät, gänzlich aus dem Markt geworfen zu werden. Des weiteren wird die spätere Diskussion zeigen, daß die Einführung von Maschinerie unter der Annahme eines konstanten Reallohnes mit einem Anstieg der allgemeinen Profitrate verbunden ist (vgl. auch VIII/389).

vantage, from the general cheapness of commodities arising from the use of machinery" (I/387 f.).

2.3 Im Brennpunkt: Ricardos neue Auffassung

Während sich an Ricardos Überzeugung von der segensreichen Wirkung des Maschinerieeinsatzes für jene Klassen, welche sich das gesellschaftliche Mehrprodukt teilen (Grundbesitzer und Kapitalisten), nichts ändert, ist er neuerdings der Auffassung, "that the substitution of machinery for human labour, is often very injurious to the interests of the class of labourers" (I/388). Dieser entschiedenen, seine Zeitgenossen aufrührenden Behauptung folgt eine Begründung, die ersterer viel von ihrer Dramatik nimmt:

"My mistake arose from the supposition, that whenever the net income of a society increased, its gross income would also increase; I now, however, see reason to be satisfied that the one fund, from which landlords and capitalists derive their revenue, may increase, while the other, that upon which the labouring class mainly depend, may diminish, and therefore it follows, if I am right, that the same cause which may increase the net revenue of the country, may at the same time render the population redundant, and deteriorate the condition of the labourer" (I/388).

Etwas später heißt es "All I wish to prove, is, that the discovery and use of machinery may be attended with a diminution of gross produce" (I/39o). Kurz darauf faßt Ricardo das Ergebnis seiner Untersuchung in vier Schlußfolgerungen zusammen. Interessant sind zunächst die zweite und dritte. Er schreibt: "If these views be correct, it follows"

"2dly. That an increase of the net produce of a country is compatible with a diminution of the gross produce, and that the motives for employing machinery are always sufficient to insure its employment, if it will increase the net produce, although it may, and frequently must, diminish both the quantity of the gross produce, and its value.

3dly. That the opinion entertained by the labouring class, that the employment of machinery is frequently detrimental to their interests, is not founded on prejudice and error, but is conformable to the correct principles of political economy" (I/391 f.).

Ricardo konstatiert daher zwar die Möglichkeit nachteiliger Effekte für die Arbeiterklasse, nicht jedoch deren Notwendigkeit. Mit anderen Worten: Während Ricardo ursprünglich der Ansicht war, daß mit der angenommenen arbeitsparenden Wirkung des technischen Fortschritts und der unterstellten Gültigkeit des Sayschen Gesetzes hinreichende Gründe für die These vom allseits vorteilhaften Charakter des Maschineneinsatzes gegeben seien, läßt er jetzt eine Ausnahme zu: technologische Innovationen, welche - in seiner Terminologie - das Nettoeinkommen (Profite und Renten) erhöhen, jedoch das Bruttoeinkommen (Profite, Renten und Löhne) senken. Nur in diesem Fall könne sich der technische Wandel schädlich auf die Arbeiterklasse auswirken. Sollte hingegen - wie Ricardo in der vierten Schlußfolgerung betont - das Nettoprodukt derart steigen, "as not to diminish the gross produce, (I mean always quantity of commodities and not value,) then the situation of all classes will be improved" (I/392).

Aber selbst wenn dieser für die Arbeiterklasse prinzipiell ungünstige Innovationstyp vorliegen sollte, folgt nicht zwingend, daß die Gesamtbeschäftigung auch tatsächlich (und dauerhaft) sinken muß: Die mit dem technologischen Wandel verbundenen negativen Beschäftigungseffekte können unmittelbar oder mittelbar durch ausreichende Nettoakkumulation kompensiert werden. Eine unmittelbare, d.h. in derselben Periode stattfindende Kompensation ergibt sich, wenn die mit dem technologischen Wandel einhergehende Umstrukturierung des Kapitalstocks im Rahmen eines bereits in Gang befindlichen Akkumulations- und Wachstumsprozesses erfolgt. Zu einer mittelbaren, d.h. sich über mehrere Perioden erstreckenden Kompensation kommt es, sofern - ausgehend von einer stationären Ökonomie - über den mit dem Maschinerieeinsatz verknüpften Anstieg der Nettoeinkommen (insbesondere der Profite) erst ein Akkumulationsprozeß in Gang gesetzt wird. Im ersten Fall käme es zu keinerlei, im zweiten Fall lediglich zu einem temporären Beschäftigungsrückgang.

Im 31. Kapitel werden beide Fälle erörtert. Wie wir in Teil III sehen werden, diskutiert Ricardo die beschäftigungsmindernde Wirkung bestimmter Innovationen u.a. am Beispiel eines vertikal vollständig integrierten Sektors, in dem es durch bloße sektorinterne Ressourcenumlenkung zur Konstruktion einer Maschine kommt. Dies hat bei annahmegemäß konstantem Wert des Gesamtkapitals zur Folge, daß sich von einer Periode zur anderen die Proportion zwischen zirkulierenden und fixen Teilen dieses Kapitels zuungunsten des (mit dem Beschäftigungsvolumen korrelierten) zirkulierenden Teils ändert. Ricardo abstrahiert somit vollständig von der Kapitalakkumulation und konzentriert sich ausschließlich auf den mit der Einschleusung technologischer Neuerungen in der Produktionsapparat verbundenen strukturellen Wandel des Kapitalstocks. Er greift damit - wie auch in anderem Zusammenhang - zur Methode isolierender Abstraktion, mittels derer er den Einfluß einer Variablen auf den interessierenden Sachverhalt vom Einfluß aller übrigen für bedeutend erachteten Variablen zu separieren versucht:

"To elucidate the principle, I have been supposing, that improved machinery is suddenly discovered, and extensively used; but the truth is, that these discoveries are gradual, and rather operate in determining the employment of the capital which is saved and accumulated, than in diverting capital from its actual employment" (I/395; zweite Hervorhebung von Ricardo) (1).

Das von Ricardo entwickelte Beispiel - "the most simple that I could select" (I/39o) - dient also nicht der Stilisierung des normalen Gangs der Dinge in der kapitalistischen Wirtschaft, sondern der 'Erhellung eines Prinzips': der Beschäftigungsreduktion durch Kapitalumlenkung.

Bevor wir uns dem zweiten Fall zuwenden, müssen wir uns kurz mit der gelegentlich vertretenen Ansicht auseinandersetzen, Ricardo habe seiner Analyse nur geringe 'empirische Bedeutung' beigemessen. So schreibt Hollander: "He himself insisted that his object was largely theoretical - ... the phenomenon being of little practical significance" (1979, S. 343). Und "Ricardo gave no further justification and sought to provide no real-world illustration" (ibid., S. 345). (Einen ähnlichen Einwand hatte bereits Malthus gegen Ricardo vorgebracht, vgl. IX/18). Hierbei handelt es sich jedoch um ein Mißverständnis. Nicht das Phänomen als solches ist von geringer empirischer Bedeutung, sondern sein isoliertes Auftreten. Wenn es 'in der Realität' nicht oder nur selten zu beobachten

---

(1) Interessanterweise findet sich beinahe die gleiche Formulierung ('suddenly discovered and extensively used'), die Ricardo benutzt, bereits im 1767, d.h. zehn Jahre vor Smiths Wealth of Nations, veröffentlichten Werk James Steuarts, An Inquiry into the Principles of Political Oeconomy. Dort heißt es in Kapitel XIX, 'Is the Introduction of Machines into Manufactures prejudicial to the Interest of a State, or hurtful to Population?': "It is hardly possible suddenly to introduce the smallest innovation into the political oeconomy of a state, let it be ever so reasonable, nay ever so profitable, without incurring some inconveniences. ... neither can a machine, which abridges the labour of men, be introduced all at once into an extensive manufacture, without throwing many people into idleness" (Steuart, 1966, S. 121 f.; Hervorhebung von Steuart). Auf Steuarts Maschinerie-Diskussion kommt Ricardo allerdings an keiner Stelle seines Werks zu sprechen.

ist, so deshalb, weil es vom beschäftigungsvermehrenden Effekt der Kapitalakkumulation überlagert wird. Ricardos Sichtweise wird vermutlich am besten von Neissers Charakterisierung der Marxschen Auffassung getroffen, wonach es sich beim kapitalistischen Produktionsprozeß um "a race between displacement of labor through technological progress and reabsorption of labor through accumulation" (1942, S. 7o) handele. Während jedoch Marx die Kompensationschancen pessimistisch beurteilte, war Ricardo im wesentlichen optimistisch.

Dies kommt deutlich in seiner Diskussion des zweiten Falles zum Ausdruck, in dem von einer stationären Ökonomie ausgegangen wird. Steigen infolge der Anwendung von Maschinerie die (realen) Profite, so können unter der Voraussetzung eines unveränderten Konsumniveaus der Kapitalisten Teile davon gespart und akkumuliert werden:

"As ... the power of saving from revenue to add to capital, must depend on the efficiency of the net revenue, to satisfy the wants of the capitalist, it could not fail to follow from the reduction in the price of commodities consequent on the introduction of machinery, that with the same wants he would have increased means of saving, - increased facility of transferring revenue into capital" (I/39o).

Ricardo fährt fort:

"But with every increase of capital he would employ more labourers; and, therefore, a portion of the people thrown out of work in the first instance, would be subsequently employed".

2.4 Ricardo - Verbündeter der Ludditen?

Aus alledem folgt, daß Ricardo kein Gegner der Einführung von Maschinerie war. Zwar finden sich einzelne Äußerungen im neuen Kapitel, welche - isoliert betrachtet - das Gegenteil nahezulegen scheinen, insgesamt werden sie vom Text indes nicht gestützt. Tatsächlich betont Ricardo gegen Ende des Kapitels ausdrücklich: "The statements which I have made will not, I hope, lead to the inference that machinery should not be encouraged" (I/395). Vorwürfe wie diejenigen McCullochs, Ricardos Ausführungen könnten als Unterstützung der Maschinenstürmer gedeutet werden, oder Careys, die PRINCIPLES seien "the true manual of the demagogue" (Carey, 184o; zitiert nach Bharadwaj, 1976, S. 25), sind folglich unhaltbar.

Um jedoch auch nicht im Ansatz Zweifel über seine Haltung aufkommen zu lassen, verwendet Ricardo den letzten Abschnitt des 31. Kapitels darauf, weitere Gründe anzugeben, warum der technischer Fortschritt auf keinen Fall eingeschränkt werden dürfte. Wie sich bei näherem Hinsehen zeigt, begegnen uns in den von Ricardo genannten Gründen alte, von ihm unverändert beibehaltene 'principles', die dem neu entdeckten 'principle' gewissermaßen als entgegenwirkende Ursachen entgegentreten und es in Schach halten.

Der erste Grund, den Ricardo nennt, rekurriert auf eines der Kardinalthemen der PRINCIPLES: den 'Geiz der Natur' und die sich daraus ergebenden Konsequenzen für die säkulare Entwicklung der kapitalistischen Ökonomie. Ricardo zufolge sind und bleiben technologische Innovationen das Mittel, um entwicklungshemmenden Tendenzen, verursacht durch die Knappheit natürlicher Ressourcen, entgegenzuwirken:

"With every increase of capital and population, food will generally rise, on account of its being more difficult to produce. The consequence of a rise of food will be a rise of [money] wages, and every rise of wages will have a tendency to determine the saved capital in a greater proportion than before to the employment of machinery"(I/395).

Denn - so der in der zitierten Passage nicht enthaltene Zwischenschritt des Ricardoschen Arguments - steigende Löhne führen zum Fall der Profitrate, den die Kapitalisten nur duch die Einführung immer stärker mechanisierter Verfahren und sonstiger Innovationen aufhalten können. Dies kommt deutlich im VI. Kapitel, 'On Profits', zum Ausdruck, wo es heißt:

"The natural tendency of profits then is to fall; for, in the progress of society and wealth, the additional quantity of food required is obtained by the sacrifice of more and more labour. This tendency, this gravitation as it were of profits, is happily checked at repeated intervals by the improvements in machinery, connected with the production of necessaries, as well as by discoveries in the science of agriculture which enable us to relinquish a portion of labour before required, and therefore to lower the price of the prime necessary of the labourer" (I/12o; eine ähnliche Sicht findet sich bereits in einem Brief Ricardos an Malthus aus dem Jahr 1814, vgl. VI/162, sowie im ESSAY ON PROFITS).

Mit dem zweiten Grund greift Ricardo zurück auf sein zuvor referiertes Argument, demzufolge Innovationen die Akkumulationstätigkeit stimulieren: "I have before observed, ... that the increase of net incomes, estimated in commodities, ... will lead to new savings and accumulations" (I/396). Allerdings, so betont er jetzt, gehe es nicht um die Wirkung eines einmaligen Spar- und Akkumulationsaktes, sondern um die kumulativen Effekte anhaltender Spar- und Akkumulationstätigkeit, d.h. um den sich beschleunigenden Prozeß der (Netto-)Einkommensschöpfung und des Kapitalwachstums:

"These savings, it must be remembered are annual, and must soon create a fund, much greater than the gross revenue, originally lost by the discovery of the machine, when the demand for labour will be as great as before, and the situation of the people will be still further improved by the increased savings which the increased net revenue will still enable them to make" (I/396).

Darin kommt neuerlich zum Ausdruck, daß sich Ricardo technologische Arbeitslosigkeit nur als temporäres Phänomen vorstellen kann.

Schließlich der dritte Grund: Er betrifft die außenwirtschaftliche Seite des Problems. Würde in einem Land durch administrative Eingriffe die Einführung technologischer Innovationen erschwert oder gar unterbunden, so wäre die unmittelbare Folge Kapitalflucht, die mittelbare eine Verschlechterung der Wettbewerbsposition des betreffenden Landes, welche sich in verschlechterten terms of trade niederschlagen würde. Beide Konsequenzen wären für die Arbeiterklasse des Inlands von Nachteil. Zum ersten Aspekt führt Ricardo aus:

"The employment of machinery could never be safely discouraged in a State, for if a capital is not allowed to get the greatest net revenue that the use of machinery will afford here, it will be carried abroad, and this must be a much more serious discouragement to the demand for labour, than the most extensive employment of machinery; for, while a capital is employed in this country, it must create a demand for some labour ... By investing part of a capital in improved machinery, there will be a diminution in the progressive demand for labour; by exporting it to another country, the demand will be wholly annihilated" (I/396 f.)

Während die Einführung verbesserter Maschinerie lediglich retardierendes Moment im mit der Kapitalakkumulation einhergehenden Wachstum der Arbeitsnachfrage ('progressive demand for labour') darstellt, wird durch die Unterbindung technologischer Innovationen zunächst jeglicher Zuwachs der Arbeitsnachfrage verhindert und schließlich die Arbeitsnachfrage durch den einsetzenden Prozeß inländischer Kapitaldekumulation reduziert.

Hinsichtlich des zweiten Aspekts greift Ricardo auf seine im Kapitel On Foreigen Trade entwickelten Ansichten zurück. Er schreibt:

"By employing improved machinery, the cost of production of commodities is reduced, and, consequently, you can afford to sell them in foreign markets at a cheaper price. If, however, you were to reject the use of machinery, while all other countries encouraged it, you would be obliged to export your money, in exchange for foreign goods, till you sunk the natural prices of your goods to the prices of other countries. In making your exchanges with those countries, you might give a commodity which cost two days labour, here, for a commodity which cost one, abroad, and this disadvantageous exchange would be the consequence of your own act, for the commodity which you export, and which cost you two days labour, would have cost you only one if you had not rejected the use of machinery, the service of which your neighbours had more wisely appropriated to themselves" (I/397).

Es bleibt dabei: Ricardo befürwortet den Einsatz neuer Technologien, da sie kostenreduzierend wirken und damit permanenten Vorteil mit sich bringen. Sein neuer Fund, daß eine gewisse Sorte von technischem Fortschritt unter gewissen Bedingungen für eine gewisse Zeit den Interessen der Arbeiterklasse abträglich sein könne, führt zu keiner grundsätzlichen Änderung seiner (alten) Position. Vielmehr handelt es sich bei dieser Möglichkeit seiner Überzeugung nach in jedem Fall um das kleinere Übel, welches hingenommen werden müsse, um das größere, welches sich bei Behinderung des technologischen Wandels ergebe, zu vermeiden. Mit anderen Worten: Maßnahmen zur Beschränkung des technischen Fortschritts wirken kontraintentional, denn sie verschlimmern das Beschäftigungsproblem anstatt es zu lindern. Angesichts dieser Sachlage ist es völlig unverständlich, wie McCulloch über das 31. Kapitel sagen konnte: "If it is good for any thing at all it is conclusive against all employment of machinery" (VIII/382 f.).

3. Nach der 3. Auflage der PRINCIPLES

Daß Ricardo seine Ansichten zur Maschinerie mit dem neuen Kapitel modifiziert, wird im Freundeskreis zwar gebührend, teilweise auch mit Bestürzung registriert; eine inhaltliche Diskussion seines Arguments findet indessen bis zu seinem Tod im September 1823 kaum statt. Ricardo war in die Minderheit geraten, bleibt jedoch seiner neuen Auffassung treu. Dies belegen insbesondere zwei Zeugnisse, das eine unmittelbar nach Veröffentlichung der 3. Auflage der PRINCIPLES, das andere dreieinhalb Monate vor seinem Tod. Die Rede ist von seinem Briefwechsel mit McCulloch im Juni 1821 und seiner Stellungnahme zur von Attwood im Parlament eingebrachten Petition der Handweber von Stockport Ende Mai 1823.

Ricardo läßt die im ersten Abschnitt dieses Teils referierten Einwände gegen das 31. Kapitel des vom Positionswechsel seines Lehrers völlig überraschten McCulloch nicht gelten: "I cannot agree with you that it will arm those, who have contended that Political Economy is a fabric without a foundation" (VIII/387). Er präzisiert das letztlich geringe Ausmaß seines Sinneswandels und betont die unvermindert große Distanz zu Malthus:

"The whole change of my opinion is simply this, I formerly thought that machinery enabled a country to add annually to the gross produce of its commodities, and I now think that the use of it rather tends to the diminution of the gross produce" (I/387).

Und weiter:

"You surely must forget that Mr. Malthus' objection to machinery is that is adds so much to the gross produce of the country that the commodities produced cannot be consumed - that there is no demand for them; mine, on the contrary, is that the use of machinery often diminishes the quantity of gross produce, and although the inclination to consume is unlimited, the demand will be diminished, by the want of means of purchasing. Can any two doctrines be more different?"

Im übrigen geht Ricardo auf McCullochs Kritik an seinem Zahlenbeispiel ein und modifiziert es in entsprechender Richtung, ohne von seiner Hauptthese abzurücken. In seiner Antwort schwächt McCulloch zwar den Vorwurf der Annäherung an Malthus ab, bleibt ansonsten aber unnachgiebig (vgl. VIII/391-393). Er konstruiert seinerseits ein Zahlenbeispiel mit sinkendem Bruttoprodukt, womit er nach Ricardos Ansicht bereits in der Falle sitzt (vgl. IX/14), und blendet das Thema aus: "It was not, however, my object in writing you this letter to enter at large on this question" (VIII/392). Ricardo diskutiert (1) in seiner Erwiderung McCullochs Beispiel und formuliert neuerlich den Zusammenhang zwischen kleinerem Bruttoprodukt und geringerer Beschäftigung. Jener indessen reagiert nicht mehr - er konvertiert kein zweites Mal.

Erwähnenswert ist schließlich, daß Ricardo im Mai 1822 Vorlesungsmanuskripte McCullochs 'on the accumulation and employment of capital' kommentiert und ganz im Sinne seiner neuen Doktrin feststellt: "I have looked for faults, ... and where do I find them, they are chiefly on points, on which a little difference of opinion exists between us" (IX/193). Ricardo präzisiert: "In the case of machinery the interests of master and workmen are frequently opposed"; und: "I deny that we should be able to employ the workmen displaced by the employment of machinery" (I/194). McCulloch antwortet nicht.

Im Juli 1821 kommt es darüber hinaus zu einem kurzen Briefwechsel mit Malthus über die Maschineriefrage. Allerdings geht es darin weniger um das Thema selbst als

(1) Wir kommen hierauf in Abschnitt III.2.3 zurück.

um die Reaktionen Dritter, insbesondere McCullochs, zu Ricardos Positionswechsel. Malthus' nicht näher begründetem Einwurf, es sei fraglich, ob die neue Position mit dem Rest der PRINCIPLES vereinbar sei, begegnet Ricardo wie folgt:

"I think that the concession which I have made will not bear the construction you have put upon it. ... my sole complaint against it [machinery] is that it sometimes actually diminishes the gross produce" (IX/23).

Fortan kreist die Diskussion zwischen beiden hauptsächlich um die Themen 'Wert' und 'Wertmaß'; von den Beschäftigungseffekten technologischer Innovationen ist keine Rede mehr.

Zu einer Bestätigung seiner neuen Auffassung kommt es Ende Mai 1823 anläßlich einer von Attwood im Parlament eingebrachten Petition der Handweber von Stockport. Das Protokoll notiert folgende Stellungnahme Ricardos: Es sei offensichtlich,

"that the extensive use of machinery, by throwing a large portion of labour into the market, while, on the other hand, there might not be a corresponding increase of demand for it, must, in some degree, operate prejudically to the working classes."

An seiner kompromißlosen Befürwortung technologischer Neuerungen ändert dies nichts: "But still he would not tolerate any law to prevent the use of machinery." Zur Begründung greift Ricardo auf das gegen Ende des 31. Kapitels ins Feld geführte außenhandelstheoretische 'principle' zurück:

"The question was, - if they gave up a system which enabled them to undersell in the foreign market, would other nations refrain from pursuing it? Certainly not. They were therefore bound, for their own interest, to continue it" (V/3o3).

Wer daher die Not der arbeitenden Klassen durch politische Maßnahmen gelindert sehen möchte, dürfe nicht auf das untaugliche Mittel der Innovationsbeschränkung verfallen. Vielmehr seien die Arbeiter darüber aufzuklären, daß der Grund ihrer Misere ihr generatives Verhalten sei und nur eine Änderung desselben zu einer Besserung ihrer Lage führe:

"Gentlemen ought ... to inculcate this truth on the minds of the working classes - that the value of labour, like the value of other things, depended on the relative proportion of supply and demand. If the supply of labour were greater than could be employed, then the people must be miserable. But the people had the remedy in their own hands. A little forethought, a little prudence (which probably they would exert, if they were not made such machines of by the poor-laws), a little of that caution which the better educated felt it necessary to use, <u>would enable them to improve their situation</u> (1)" (V/3o3).

Der gleiche Rat und die gleiche Polemik gegen die Armengesetzgebung finden sich im Kapitel On Wages der 1. Auflage der PRINCIPLES (vgl. insbesondere I/1o6 f.) (2). Seine neue Sicht der Maschineriefrage beeinträchtigt daher Ricardos eigener Auffassung nach die Gültigkeit der von ihm früher entwickelten Grundsätze der Politischen Ökonomie in keiner Weise. Zwar war es notwendig, ein Detail der Analyse zu korrigieren, die Analyse insgesamt indessen hat Bestand.

---

(1) Eine Verknappung des Arbeitsangebots bzw. eine Verringerung seines Zuwachses verbessert jedoch nicht nur die Lage der arbeitenden Klassen, sondern beschleunigt gleichfalls die 'Maschinisierung' der Ökonomie. Dies ist jedenfalls die Schlußfolgerung aus Ricardos weiter oben zitierter Aussage, wonach verbesserte Maschinerie "can frequently not be employed until labour rises" (I/395). Die indirekte Folge wiederum besteht in einer Verbesserung der Wettbewerbsposition des Inlandes auf dem Weltmarkt.

(2) Clairs Ansicht (1965, S. 251 und 258), Ricardo gebe mit dem 31. Kapitel die Auffassung auf, die Arbeiter hätten das Mittel selbst in der Hand, um ihre Überzähligkeit zu vermeiden, ist daher unhaltbar. Ebensowenig stimmt die von Marx (1968, S. 581) vertretene These, Ricardo habe mit dem neuen Kapitel seine, von Marx als "abgeschmackt" bezeichnete, "Populationstheorie über den Haufen geworfen".

III IN THE CASE OF MACHINERY THE INTERESTS OF MASTER AND WORKMEN ARE FREQUENTLY OPPOSED

Wie begründet Ricardo im einzelnen seine (neue) Doktrin, daß es zur Regel der allgemeinen Vorteilhaftigkeit technologischer Innovationen bezüglich der Arbeiterklasse eine Ausnahme gebe? Bei welcher Art von technischem Fortschritt und unter welchen sonstigen Bedingungen tritt dieser Fall ein?

1. Technischer Fortschritt: Arbeitsersparnis und Arbeitsfreisetzung

Von technologischen Verbesserungen spricht Ricardo dann, wenn es zu einer Reduktion der zur Erzeugung einer Ware insgesamt, d.h. direkt und indirekt notwendigen Arbeitsmenge kommt. Arbeitsersparnis bedeutet Kostensenkung und führt letztlich zu Preissenkung:

"Economy in the use of labour never fails to reduce the relative value of a commodity, whether the saving be in the labour necessary to the manufacture of the commodity itself, or in that necessary to the formation of the capital, by the aid of which it is produced" (I/26).

Wie aus Ricardos Erläuterung deutlich wird, ermittelt er die mit einer Innovation verbundene Arbeitsersparnis auf folgende Weise: Er bildet die zur Nettoproduktion einer gegebenen Menge der betreffenden Ware, in der Regel eine physische Einheit, vor bzw. nach der Innovation gehörigen vertikal integrierten Produktionssysteme und vergleicht anschließend die entsprechenden Gesamtmengen an Arbeit.

Ricardos Konzept läßt sich mit Hilfe der Input-Output-Analyse präzisieren. Wir bezeichnen mit $(\underline{A}_o, \underline{B}_o, \underline{l}_o)$ und $(\underline{A}_1, \underline{B}_1, \underline{l}_1)$ die vor bzw. nach der Innovation angewandten (dominanten) Techniken. $\underline{A}_i$ (i=0,1) ist die quadratische Inputmatrix; $\underline{B}_i$ ist die quadratische Outputmatrix, wobei dauerhafte Produktionsmittel dem Vorschlag Sraffas folgend im Rahmen eines Systems von Kuppelproduktion erfaßt werden (vgl. Sraffa, 196o, Kap. X) (1); $\underline{l}_i$ ist der Vektor direkter Inputs an homogener Arbeit (Qualitätsunterschiede der Arbeit werden mittels gegebener Lohnsätze auf Quantitätsunterschiede reduziert; vgl. I/2o-2). Die Beschäftigungsmengen, die mit den beiden Techniken unter der Annahme eines gegebenen Nettooutputs der Ware j, welcher gleich sei dem Nettooutput dieser Ware in der Ausgangssituation 0, verknüpft sind, ergeben sich nun wie folgt. Es sei $\underline{y}_o^j$ der betreffende Nettooutputvektor (seine j-te Komponente ist gleich der Zahl y_o^j, während alle

(1) Es sei erwähnt, daß Ricardo dieser auf Torrens zurückgehende Ansatz der Fixkapitalbehandlung bekannt war (vgl. I/33, sowie Kurz, 1977, S. 2o8).

übrigen Komponenten gleich Null sind). Wird Technik 0 angewandt, so sind zur Erzeugung von $\underline{y}_o^j$ direkt und indirekt

$$L_o = \underline{l}_o(\underline{B}_o-\underline{A}_o)^{-1}\underline{y}_o^j = \underline{\Lambda}_o\underline{y}_o^j = \Lambda_o^j y_o^j \qquad (1)$$

Einheiten an Arbeit erforderlich, bei Anwendung von Technik 1 indessen

$$L_1 = \underline{l}_1(\underline{B}_1-\underline{A}_1)^{-1}\underline{y}_o^j = \underline{\Lambda}_1\underline{y}_o^j = \Lambda_1^j y_o^j \qquad (2)$$

Einheiten an Arbeit. $\underline{\Lambda}_i$ (i=0,1) ist der Vektor der vertikal integrierten Arbeitskoeffizienten, d.h. der in den verschiedenen Waren 'inkorporierten' Arbeitsquanta (labour embodied), wenn Technik i angewandt wird. Die Arbeitsersparnis infolge des technischen Wandels beträgt nun

$$\Delta L = L_o-L_1 = (\Lambda_o^j - \Lambda_1^j)y_o^j = \Delta\Lambda^j y_o^j \qquad (3)$$

bei der Erzeugung von y_o^j Einheiten der j-ten Ware bzw. $\Delta\Lambda^j$ bei der Erzeugung von nur einer Einheit.

Arbeitsersparnis ist die eine Seite der Medaille, Arbeitsfreisetzung die andere. In einem Brief an Malthus aus dem Jahre 1815 schreibt Ricardo:

"Every machine which abridges labour adds to the productiveness of industry, but it adds also to the productiveness of capital. England with machinery and with a given capital will obtain a greater real net produce than Otaheite with the same capital, without machinery, whether it be in manufactures or in the produce of the soil. It will do so because it employs much fever hands to obtain the same produce" (VI/294).

Diese klassische Sicht, wonach technischer Fortschritt immer mit einer Arbeitsersparnis bzw. -freisetzung verbunden ist, findet sich gleichfalls bei Marx, der zum hier interessierenden Sachverhalt prägnant formuliert: "Obwohl die Maschinerie notwendig Arbeiter verdrängt in den Arbeitszweigen, wo sie eingeführt wird, so kann sie dennoch eine Zunahme von Beschäftigung in anderen Arbeitszweigen hervorrufen. Diese Wirkung hat aber nichts gemein mit der sogenannten Kompensationstheorie. Da jedes Maschinenprodukt ... wohlfeiler ist als das von ihm verdrängte gleichartige Handprodukt, folgt als absolutes Gesetz: Bleibt das Gesamtquantum des maschinenmäßig produzierten Artikels gleich dem Gesamtquantum des von ihm ersetzten handwerks- oder manufakturmäßig produzierten Artikels, so vermindert sich die Gesamtsumme der angewandten Arbeit" (1967, S. 466).

Zur Berechnung des mit einer technologischen Innovation verbundenen theoretischen Freisetzungseffektes bieten sich daher zwei Verfahren an: Gemäß dem einen, welches von Marx vorgeschlagen und von Ricardo im Schlußsatz des obigen Zitats angedeutet wird, wird die Freisetzung auf der Grundlage eines unveränderten (Netto-) Produktquantums jener Ware ermittelt, in deren Erzeugung die Innovation stattgefunden hat. Gemäß dem anderen, welches Ricardo in seinem Vergleich zweier Ökonomien anspricht, wird die Freisetzung auf der Grundlage eines gleichen Kapitalwerts bei ungleicher physischer Zusammensetzung des Kapitals ermittelt. Im ersten Fall interessiert daher die 'Beschäftigungskapazität' eines physisch gegebenen Nettoprodukts, im zweiten Fall diejenige eines wertmäßig gegebenen Kapitalstocks. Während hinsichtlich des Nettoproduktverfahrens die Angelegenheit nach klassischer Auffassung klar ist: die 'Beschäftigungskapazität' eines gegebenen Nettoprodukts muß infolge technologischen Wandels sinken, ist hinsichtlich des Kapitalwertverfahrens a priori nichts entschieden: die 'Beschäftigungskapazität' eines wertmäßig gegebenen Kapitals kann steigen, konstant bleiben oder sinken. Jenen Fall herauszuarbeiten, in dem sie sinkt, ist Ricardos zentrales Anliegen im 31. Kapitel.

Bevor wir uns Ricardos Demonstration zuwenden, ist jedoch kurz darauf aufmerksam zu machen, daß die klassische Idee, wonach Kostenminimierung immer gleichbedeutend ist mit einer Minimierung der in den Waren inkorporierten Arbeitsmengen, nicht allgemein zutrifft, d.h. das 'absolute Gesetz', von dem Marx spricht, nicht existiert. Dies ist das Ergebnis der im Rahmen der kapitaltheoretischen Debatte der sechziger und siebziger Jahre erfolgten Diskussion des Problems der Technikenwahl in linearen Produktionsmodellen (1). Darin wurde gezeigt, daß die Wahl der kostenminimierenden Technik nicht nur von den verfügbaren technischen Alternativen, sondern auch von der Einkommensverteilung, d.h. vom Lohnsatz bzw. der Profitrate abhängt. Insbesondere impliziert die Minimierung der Produktionskosten für gegebenen Reallohnsatz (gegebene positive Profitrate) entgegen der Annahme von Ricardo und Marx nicht notwendig die Minimierung der vertikal integrierten Arbeitskoeffizienten bzw. 'Arbeitswerte' (2).

Im 31. Kapitel erörtert Ricardo drei Fälle, in denen technischer Wandel (kurzfristig) mit einer Verringerung der Arbeitsnachfrage, d.h. dem Auftreten 'technologischer Arbeitslosigkeit' verbunden ist. Das erste Beispiel be-

---

(1) Zur Übersicht vgl. Pasinetti, 1977, Kap. 7 und Pasinetti, 198o

(2) Ein Beispiel hierzu findet sich bei Kurz, 1979.

handelt die Einführung von Maschinerie in einer vertikal integrierten Produktionseinheit, die ihrem Nettooutput nach der Primärproduktion zuzurechnen ist: Erzeugt werden Nahrungs- und sonstige notwendige Unterhaltsmittel, d.h. Waren, die den Lohnfonds konstituieren. Das zweite Beispiel diskutiert das gleiche Problem für das verarbeitende Gewerbe, die Sekundärproduktion. Das dritte Beispiel schließlich befaßt sich mit der bereits von den Physiokraten untersuchten und den sonstigen Kontext der Ricardoschen Analyse sprengenden Substitution von Pferdekraft für Arbeitskraft. Wir wenden uns diesen drei Fällen nacheinander zu, wobei das Schwergewicht aus im folgenden verdeutlichten Gründen auf dem ersten Fall liegt.

2. Verdrängung von Arbeitskraft durch Maschinerie: der Fall eines sinkenden "gross produce"

2.1 Ricardos erstes Beispiel: Vertikal integrierte Subsistenzmittelproduktion

Ricardos erstes Demonstrationsobjekt, mittels dessen er seine These von der möglicherweise schädlichen Wirkung der Einführung von Maschinerie auf die Arbeiterklasse zu belegen versucht, ist in mehrfacher Hinsicht äußerst aufschlußreich. Insbesondere vermittelt es eine präzise Vorstellung darüber, was Ricardo zufolge der Springpunkt des Problems ist; darüber hinaus bezeugt es auf eindrucksvolle Weise die wissenschaftliche Methode Ricardos: die apriorisch-exemplarische Beweisführung.

Das von Ricardo entwickelte numerische Beispiel beschreibt in Form einer Sequenzanalyse den Übergang in einem Teilbereich der Gesamtwirtschaft von einem Zustand, in dem ohne Maschinerie produziert wird, zu einem solchen, in dem mit Maschinerie produziert wird. Die Maschine selbst wird zu Beginn des Übergangsprozesses durch bloße *Umlenkung* ('diversion') von Ressourcen in die einmalige Maschinenherstellung erzeugt; sie wird anschließend in der Produktion der in diesem Teilbereich der Gesamtwirtschaft üblicherweise hergestellten Waren eingesetzt. Ricardo liefert damit - in moderner Terminologie - eine *Traversenanalyse* spezieller Art, insofern er zunächst vollständig von der *Kapitalakkumulation* abstrahiert. Die sich dennoch ergebenden Veränderungen in Beschäftigung und Produktion sind ausschließlich Folgen der *physischen* Veränderung eines *wertmäßig gegebenen* Kapitalstocks; er knüpft somit an sein oben erwähntes Freisetzungskonzept aus dem Jahr 1815 an. Ricardo ist m.a.W. daran interessiert, den - wie er gegen Ende von Kapitel 31 schreibt - mit jedem Prozeß der Kapitalakkumulation einhergehenden *strukturellen Wandel des*

Kapitalstocks samt seinen Auswirkungen auf Beschäftigung, Produktion, Distribution, Sparvermögen usw. 'wie im Vakuum' (Sraffa) zu studieren.

Ricardo betrachtet insgesamt vier Perioden, im folgenden die Perioden t-1, t, t+1 und t+2: In Periode t-1 befindet sich der betrachtete Ausschnitt aus der Gesamtökonomie im Zustand einfacher Reproduktion; in Periode t wird die Maschine konstruiert; Periode t+1 bringt die erstmalige Anwendung der neuen Maschine; in Periode t+2 stellt sich das Problem der Allokation des infolge der gestiegenen Arbeitsproduktivität größeren Outputs zu Konsumtion- bzw. Akkumulationszwecken.

2.1.1 Die Periode t-1

Ricardo unterstellt folgende Ausgangssituation:

"A capitalist we will suppose employs a capital of the value of 2o,ooo*l*. and that he carries on the joint business of a farmer, and a manufacturer of necessaries. We will further suppose, that 7ooo*l*. of his capital is invested in fixed capital, viz. in buildings, implements, &c.&c. and that the remaining 13,ooo*l*. is employed as circulating capital in the support of labour. Let us suppose, too, that profits are 1o per cent., and consequently that the capitalist's capital is every year put into its original state of efficiency, and yields a profit of 2ooo*l*." (I/388).

Folgende Aspekte sind hervorhebenswert: Erstens, Ricardo geht von einer Art vertikal vollständig integrierten Unternehmung aus, d.h. einem System von ökonomischen Aktivitäten ('joint business'), das in der Lage ist, sich selbst zu reproduzieren (1). In ihm können alle Waren, die das Produktionsergebnis eines Jahres bilden, eindeutig danach unterschieden werden, ob sie als Ersatz des zu Beginn der vergangenen Periode eingesetzten und im Zuge des Produktionsprozesses verbrauchten (physischen) Kapitals (einschließlich des 'Lohnkapitals') dienen oder ob sie Bestandteil des Nettoprodukts sind. Zweitens, Ricardo nimmt an, daß sowohl zirkulierendes als auch fixes Kapital angewandt werden. Das zirkulierende Kapital identifiziert er zwar nicht unmittelbar mit dem Lohnfonds, wie verschiedene seiner Interpreten unterstellen (vgl. z.B. Blaug, 1958, S. 66), allerdings nimmt er an, daß letzterer dem zirkulierenden Kapital proportional ist (vgl. hierzu Hicks, 1969, S. 151, Fn.). Zwei Gründe sprechen hierfür: zum einen seine Formulierung 'circulating capital in the support of labour', zum anderen die Tatsache, daß er zur Instandhaltung des fixen Kapitals kei-

---

(1) Clair (1965, S. 238) spricht von "a self-contained community, a microcosm, capable of supplying all its own wants".

nerlei Aufwand an zirkulierendem Kapital, d.h. insbesondere Roh- und Hilfsstoffe, unterstellt (1). Das fixe Kapital besteht (zunächst) aus Gebäuden, Werkzeugen ect., auf deren physischen Verschleiß und wertmäßigen Verzehr Ricardo zwar beiläufig hinweist, ohne diese indes in den Mengen- und Preisrechnungen gesondert auszuweisen. Streng genommen ist Ricardos Behandlung des Fixkapitals nur mit der Annahme ewigwährenden, d.h. nicht verschleißenden Kapitals (perennial capital), vereinbar (2). Andernfalls wäre es unabdingbar, die bezüglich der verschiedenen Elemente des dauerhaften Kapitals anfallenden jährlichen Aufwendungen für Abschreibungen und Zinsen zu ermitteln und in den aufgestellten Rechnungen zu berücksichtigen (3). Drittens, Ricardo geht von einem stationären, sich selbst reproduzierenden System aus, in dem eine positive Profitrate auf den Wert des vorgeschossenen Kapitals erzielt wird. Das gesamte in Form von Profit anfallende Surplusprodukt (von der Rente wird abstrahiert) wird folglich konsumiert. Hinsichtlich des Konsums stehen den Profitbeziehern drei Alternativen offen: (i) direkter Konsum der in der vertikal integrierten Produktionseinheit selbst hergestellten Nahrungsmittel und Manufakturwaren; (ii) Verkauf des Überschußprodukts bzw. Teile desselben an

---

(1) Im Grunde berücksichtigt Ricardo - in Marxscher Terminologie - lediglich den zirkulierenden Teil des variablen Kapitals. Ricardos auch in anderem Zusammenhang anzutreffende Neigung, das Sozialkapital mit den jährlich vorgeschossenen Löhnen in Beziehung zu bringen, leitet sich von der von Smith übernommenen Idee ab, alle Teile des Kapitals könnten 'letztlich' in Löhne 'aufgelöst' werden.

(2) Vgl. auch McCullochs Beispiel in seinem Brief an Ricardo vom 21. Juni 1821 (VIII/391), wo angenommen wird, die Maschine "will last for ever".

(3) Ricardo verzichtet anscheinend der Einfachheit halber darauf. Tatsächlich ist er u.W. der erste Ökonom, der die Annuitätenformel

$$p_{f0} \frac{r(1+r)^T}{(1+r)^T - 1}$$

in seiner preistheoretischen Behandlung des Fixkapitals anwendet (vgl. z.B. I/54 f.). Die Formel gibt bekanntlich die korrekte Jahresbelastung für ein Fixkapitalgut an, das über seine Lebenszeit von T Perioden hinweg konstante Effizienz aufweist und einen Neupreis von p_{f0} hat, wobei r der Zinssatz ist.

Dritte und Kauf von 'Luxusprodukten' ect. von anderen Unternehmungen; (iii) Verwendung von Teilen des Profits zur Beschäftigung einer Dienerschaft; in diesem Fall kommt der Kapitalist direkt in den Genuß von Dienstleistungen und konsumiert somit auf indirekte Weise über den Konsum der Dienerschaft Teile des Nettoprodukts. (Die mit der dritten Alternative verbundenen zusätzlichen Beschäftigungswirkungen sind das dritte der von Ricardo im 31. Kapitel behandelten fünf Themen und ergänzen Ricardos sonstige Ausführungen zu einer Theorie der Gesamtbeschäftigung; vgl. hierzu Abschnitt II.2.2).

Der sich Jahr für Jahr wiederholende Prozeß der Produktion, Distribution und Konsumtion hat daher folgendes Aussehen:

"Each year the capitalist begins his operations, by having food and necessaries in his possession of the value of 13,000*l*., all of which he sells in the course of the year to his own workmen for that sum of money, and, during the same period, he pays them the like amount of money for wages: at the end of the year they replace in his possession food and necessaries of the value of 15,000*l*., 2000*l*. of which he consumes himself, or disposes of as may best suit his pleasure and gratification. As far as these products are concerned, the gross produce for that year is 15,000*l*., and the net produce 2000*l*." (I/388 f.).

2.1.2 Die Periode t

Zu Beginn von Periode t setzt der Kapitalist sein in der vergangenen Periode reproduziertes Kapital anders als bisher ein. Die Hälfte der von ihm jährlich beschäftigten Arbeitskräfte, welche bisher mit der Herstellung von Nahrungs- und sonstigen Unterhaltsmitteln befaßt war, wird jetzt zur Konstruktion einer Maschine verwendet. Der am Ende der Periode resultierende Output weist daher eine andere Zusammensetzung als die gewohnte auf:

"While the machine was being made, only one-half of the usual quantity of food and necessaries would be obtained, and they would be only one-half the value of the quantity which was produced before. The machine would be worth 7500*l*., and the food and necessaries 7500*l*., and, therefore, the capital of the capitalist would be as great as before; for he would have besides these two values, his fixed capital worth 7000*l*., making in the whole 20,000*l*., and 2000*l*. profit" (I/389).

Betrachten wir die Prämissen des Ricardoschen Beispiels erneut etwas näher. Über die Erzeugung der Nahrungs- und Unterhaltsmittel sagt Ricardo, sie erfolge 'as usual'. Dies kann gelesen werden, als benötigten halb so viele Arbeitskräfte wie ehedem auch nur die halbe Kapazität des bestehenden Fixkapitals, d.h. der Gebäude, Werkzeuge ect. (sowie nur die Hälfte des bisher kultivierten Bodens, von dem jedoch abstrahiert wird). Unter der Prämisse konstanter Skalenerträge wäre folglich die andere Hälfte des Fixkapitals entweder für andere Zwecke verfügbar oder müßte in der betreffenden Periode brachliegen. Ricardo äußert sich hierzu nicht explizit. Wir erfahren zwar, "that... the capitalist employs half his men in constructing a machine", nicht aber, ob die verbleibende Hälfte der dauerhaften Produktionsmittel gleichfalls dabei Verwendung findet. Lediglich seine Annahmen, daß der Outputwert beider Aktivitäten gleich sei und das alte Fixkapital wie bisher instandgehalten werde, könnten als Indizien gedeutet werden, daß die restliche Hälfte des alten Fixkapitals zur Erzeugung der Maschine eingesetzt wird. (Wir kommen auf die Bedeutung dieser Unklarheit in Ricardos Argumentation später zurück.) Sicher ist nur folgendes: Erstens, die Maschine - ein neues Produkt - kann mittels bereits bekannter alter Produkte hergestellt werden, d.h. die Unternehmung ist auf keinerlei Vorleistungen anderer Unternehmungen angewiesen. Bei der Maschine handelt es sich folglich um eine selbsterstellte Anlage im strengen Sinn des Wortes; die technologische Innovation ist eine rein unternehmensinterne Angelegenheit. Zweitens, die Konstruktionsperiode der Maschine und die Produktionsperiode der Nahrungs- und Unterhaltsmittel sind gleich lang. Drittens, Ricardo unterscheidet nicht zwischen der Wertschöpfungspotenz der Arbeit in der traditionellen unternehmensspezifischen Produktionsrichtung und derjenigen der qualitativ andersartigen Arbeit in der Maschinenherstellung. Da beide Arten von Arbeit annahmegemäß in gleicher Höhe entlohnt werden, schaffen sie in Übereinstimmung mit Ricardo werttheoretischem Ansatz ein gleich großes Wertprodukt (75ooḻ.). In Marxscher Terminologie: 13.oooḻ. variables Kapital (v) führen unverändert zu 2oooḻ. Mehrwert (m); das totale Wertprodukt (v+m) bleibt entsprechend konstant auf 15.oooḻ.

Unter der Annahme, daß der Kapitalist wiederum seinen gesamten Profit konsumtiv verausgabt, d.h. 'after deducting this latter sum for his own expenses' (I/389), besitzt er zum Ende dieser bzw. zum Beginn der folgenden Periode ein dem Wert nach unverändertes Gesamtkapital in Höhe von 2o.oooḻ. Allerdings hat sich dessen stoffliche Zusammensetzung grundlegend gewandelt. Das Verhältnis von fixem zu zirkulierendem Kapital (1) hat sich fast

(1) Da das Ricardosche zirkulierende Kapital sowohl in Proportion zum Marxschen variablen Kapital als auch zur Menge der (produktiv) Beschäftigten steht, läßt sich die Ricardosche Fixkapitalintensität ohne Schwierigkeiten in die organische Kapitalzusammensetzung Marx' oder die neuerdings gebräuchlichere Kapitalintensität übersetzen.

verfünffacht: von ursprünglich 7ooo/13.ooo oder 77/143 auf 14.5oo/55oo oder 377/143. Dies hat drastische Konsequenzen für die Beschäftigungssituation in der folgenden Periode.

2.1.3 Die Periode t+1

Zu Beginn dieser Periode besitzt der Kapitalist

"a no greater circulating capital than 55ool. with which to carry on his subsequent operations; and, therefore, his means of employing labour, would be reduced in the proportion of 13,oool. to 55ool., and, consequently, all the labour which was before employed by 75ool., would become redundant" (I/389).

Der zu Beginn von Periode t+1 verfügbare Subsistenzmittelfonds zur Alimentierung der im Verlauf der Periode eingesetzten Arbeiter beträgt daher nur noch 55oo/13.ooo bzw. 11/26 seines ursprünglichen Umfangs, so daß bei annahmegemäß unverändertem Reallohn auch die Zahl der produktiv beschäftigten Arbeiter auf 11/26 ihrer ursprünglichen Größe zurückgehen muß. Die Umstrukturierung des Kapitals, die 'Substitution' von Teilen des zirkulierenden durch fixes Kapital neuen Typs (Maschine), hat in Proportion zum gesunkenen zirkulierenden Kapital Arbeitslosigkeit zur Folge. Letztere - so Ricardo - sei die unausweichliche Konsequenz jener Konstellation, in der "improved machinery is suddenly discovered, and extensively used" (I/389; erste Hervorhebung von Ricardo).

Die Geschichte geht freilich weiter:

"The reduced quantity of labour which the capitalist can employ, must, indeed, with the assistance of the machine, and after deductions for its repairs, produce a value equal to 75ool., it must replace the circulating capital with a profit of 2oool., on the whole capital" (I/389).

Obgleich Ricardo neuerlich die Details seines Beispiels ausspart, steht anscheinend folgendes fest: Die geringere Zahl von Arbeitskräften erzeugt in der laufenden Periode mit der Maschine und offenbar auch dem Fixkapital alter Art wiederum ausschließlich Nahrungs- und Unterhaltsmittel, d.h. jene Produkte, deren Nettoerzeugung von Beginn an als Definitionsmerkmal der betrachteten vertikal integrierten Unternehmung fungierte. Die Tatsache, daß der Profit ausdrücklich auf das Gesamtkapital bezogen wird, kann als Indiz dafür gedeutet werden, daß auch das alte Fixkapital im neu etablierten Produktionsverfahren Verwendung findet. Ungewiß ist allerdings, ob die geringere Belegschaft ausreicht, um bei annähernd gleichbleibender Intensität der Arbeit beide Arten von dauerhaftem Kapital voll (bzw. normal) auszulasten. Es ist m.a.W. nicht klar, ob die zum herrschenden Rellohnsatz von 55ool. kommandierbare Arbeitskraft in techno-ökonomisch angemessener Proportion sowohl zum alten als auch zum neuen dauerhaften Kapital steht, d.h. es ist nicht ausgeschlossen, daß sich für beide Arten von Kapital in der laufenden Periode möglicherweise unterschiedliche große Spannen ungenutzter Kapazitäten ergeben. Liegen jedoch größere Teile des existierenden Kapitalstocks aus technologisch-strukturellen Gründen brach, so fragt sich, wie die Unternehmer-Investoren hierauf reagieren: Es stellt sich - zumindest gesamtwirtschaftlich - das Problem der effektiven Nachfrage. Das 'Saysche Gesetz', das in der Ricardoschen Fassung lautet: "There cannot ... be accumulated in a country any amount of capital which cannot be employed productively" (I/29o), gerät ins Wanken.

Problematisch ist des weiteren Ricardos Behandlung der Wert- und der Mengenproduktivität der Arbeit in der neuen Situation. Hinsichtlich der letzteren erfahren wir lediglich, daß sie steigt, da das erzeugte Quantum an Nahrungs- und Unterhaltsmitteln wegen des vergrößerten Nettoprodukts in geringerem Umfang als die Beschäftigung sinkt (möglicherweise jedoch sogar absolut steigt): "the increase of net incomes, estimated in commodities, ... is always the consequence of improved machinery" (I/396). McCulloch gegenüber räumt Ricardo indes ein: "I have not been so explicit as I ought to have been" (VIII/388).

Trotz der mangelden Spezifikation der Mengenproduktivität glaubt Ricardo hinsichtlich der Wertproduktivität der Arbeit Definitives aussagen zu können: Die geringere Arbeitsmenge 'must, indeed, ... produce a value equal to 75oo*l*.'. Wieso 75oo*l*.? Gemessen in Einheiten der Geldware, Gold, deren Produktionsbedingungen der Einfachheit halber als unverändert angenommen worden sind (vgl. VI/348 und I/46), erzeugt jede Einheit an Arbeit nach wie vor einen gleich großen Wert. Dies bedeutet: So wie die mittels eines Lohnkapitals von 13.ooo*l*. beschäftigten Arbeiter ein Wertprodukt von 15.ooo*l*. produziert haben, produzieren die bei unverändertem Reallohn von 55oo*l*. beschäftigten Arbeiter ein Wertprodukt von wenig mehr als 6346*l*. und nicht - wie Ricardo unterstellt - von 75oo*l*. (1). Dies folgt zwingend, wenn man die Logik von Ricardos werttheoretischen Ausführungen im Kapitel On Value auf das Maschinerie-Beispiel enwendet. Geht man jedoch hinsichtlich des Wertprodukts (bzw. Bruttoprodukts) werttheoretisch korrekt vor, so ergibt sich scheinbar folgendes Dilemma: Der Nettoproduktwert bzw. Profit beträgt unter sonst gleichen Annahmen nicht länger 2ooo*l*., sondern nur

(1) Es ist bemerkenswert, daß der arbeitswerttheoretische Purist Marx den Fehler Ricardos nicht entdeckt hat (vgl. Marx, 1968, S. 57o).

noch wenig mehr als 846l., d.h. es hat den Anschein, als würde die Profitrate von zehn auf unter fünf Prozent sinken. Kein Kapitalist würde jedoch freiwillig eine Produktionsmethode einführen, welche ihm die erzielte Profitrate mehr als halbieren würde. Kurz gesagt, die Korrektur des Ricardoschen Zahlenbeispiels scheint dasselbe in Widerspruch zur Ausgangsthese Ricardos zu setzen, wonach die Einführung von Maschinerie gerade ein Mittel ist, um der Tendenz zum Fall der Profitrate entgegenzuwirken.

Bei dem von Ricardo willkürlich als unverändert angenommenen Nettoproduktwert von 2oool. wird dieser letztere Widerspruch zwar vermieden - die Profitrate verharrt scheinbar auf ihrem alten Niveau von zehn Prozent (1), allerdings auf Kosten des beschriebenen und nicht weniger gravierenden werttheoretischen Widerspruchs. Im übrigen ließe sich gegen Ricardos Annahme eines konstanten Profits (bei konstantem Kapitalwert) einwenden, daß die Einführung von Maschinerie nur dann riskiert würde, wenn der sie betreibende Unternehmer gute Aussichten darauf hätte, daß die von ihm erzielbare Profitrate steigt. Anders ausgedrückt:Ricardo wäre im Sinne der Konsistenz seiner sonstigen Argumentation gut beraten gewesen, von einem Nettoproduktwert größer als 2oool. auszugehen.

Gibt es einen Ausweg aus dem skizzierten Dilemma? Offenbar ist es die unmittelbare Folge des *hybriden* Bewertungsansatzes Ricardos. Tatsächlich geht dieser wie folgt vor: Er bewertet das zu Beginn der Periode t+1 vorgeschossene Kapital, und zwar zirkulierendes wie fixes, zu Preisen der vergangenen Periode, den am Ende der Periode anfallenden Nettooutput indes zu Preisen, welche bereits die gestiegene Mengenproduktivität der Arbeit reflektieren. Letzteres kommt deutlich zum Ausdruck, wenn Ricardo schreibt, die Kaufkraft der unverändert 2oool. Profit "may be greatly increased" (I/39o). Er geht daher davon aus, daß sich unmittelbar am Ende des ersten Produktionszyklusses, während dessen mittels der neuen Maschine produziert wurde, ein neues System von Preisen etabliert; letzteres ist gleich dem System der 'natürlichen Preise', welches der neuen Technik bei konstantem Reallohn zugeordnet ist.

Ricardos Vorgehensweise ist offensichtlich inakzeptabel. Zwei Alternativen bieten sich unmittelbar an: Man bewertet sowohl das zu Beginn der Periode vorgeschossene Kapital als auch das Produktionsergebnis an deren Ende *einheitlich* entweder mit den *alten* oder mit den *neuen* Preisen. Das erste Verfahren ist dem Fall einer einzelnen Unternehmung angemessen, die als erste einen neuen Produktionsprozeß anwendet, ohne (zumindest kurzfristig) das herrschen-

(1) Von einer konstanten Profitrate gehen (wie sich zeigen wird: fälschlich) auch Blaug (1958, S. 67) und Hollander (1979, S. 357) aus.

de Preissystem zu beeinflussen. Die resultierende Profitrate ist unternehmensspezifisch und liegt wegen der erzielten Extraprofite, von denen Ricardo eingangs des 31. Kapitels spricht, über dem Durchschnitt. Mittels des zweiten Verfahrens wird die der neuen Technik unter der Annahme eines unveränderten Reallohns entsprechende neue 'natürliche' oder normale Profitrate ermittelt, der ein neues System von 'natürlichen' oder Produktionspreisen als Gravitationszentrum der Marktpreise zugeordnet ist.

Im Sinne seiner grundsätzlich langfristigen Betrachtungsweise ist Ricardo vor allem an den letzteren Größen interessiert. Wie an anderer Stelle deutlich wird, ist sich Ricardo auch völlig über die Notwendigkeit im klaren, daß der existierende Kapitalstock infolge sinkender Preise auf Grund von technologischen Innovationen neu zu bewerten ist (vgl. II/352). Allerdings stoßen wir bei dem Versuch, das zweite Verfahren auf Ricardos Beispiel anzuwenden, sofort auf die bereits vorhin angesprochene Schwierigkeit, die sich aus dessen mangelhafter Spezifikation ergibt. Dies betrifft sowohl die Mengenproduktivität der Arbeit in der neuen Situation als auch die genauen Produktionsbedingungen des Fixkapitals alter Art sowie die Dauerhaftigkeit der verschiedenen Elemente des alten und neuen Fixkapitals. Zur Veranschaulichung des Arguments schließen wir die von Ricardo offengelassene Seite seines Beispiels und nehmen der Einfachheit halber an, (i) das Fixkapital alten Typs werde ausschließlich durch direkte Arbeit (Ricardos 'unassistend labour'), d.h. Anwendung von zirkulierendem Kapital erzeugt, (ii) es weise gleich der Maschine eine unendlich lange Lebensdauer auf sowie (iii) die Mengenproduktivität der Arbeit in der Herstellung von Nahrungs- und sonstigen Unterhaltsmitteln verdoppele sich infolge des Maschineneinsatzes. Des weiteren abstrahieren wir vom Problem der Auslastung des dauerhaften Kapitals sowie vom Einfluß der Profitrate auf das System der Produktionspreise. Wir erhalten folgendes Bild: Die Preise der Subsistenzmittel halbieren sich, was bei konstantem Reallohn zu einer Halbierung des zirkulierenden Kapitals von 55ool. auf 275ol. führt. Die mit dieser Summe zu beschäftigenden Arbeitskräfte erzeugen - wie oben erläutert - einen Wert von etwas mehr als 6346l., so daß die Profitsumme 3596l. beträgt. Mit den Reproduktionskosten des zirkulierenden halbieren sich indes auch diejenigen des Fixkapitals, weshalb der Wert des Gesamtkapitals in der neuen Situation nur noch 1o.oool. beträgt. Die normale Profitrate steigt folglich unter den genannten

Voraussetzungen von vormals 1o auf ca. 36 Prozent (1). Aber selbst wenn man mit Ricardo im vorliegenden Fall an der Annahme einer unveränderten Geldprofitsumme in Höhe von 2ooo<u>l</u>. festhält, was einem Anstieg des Reallohns von ca. 58% gleichkommt (2), ergibt sich - wie eine kleine Rechnung zeigt - ein (geringfügiger) Anstieg der Profitrate. Der Vorteil, den die Unternehmer-Kapitalisten aus der Einführung verbesserter Maschinerie unter sonst gleichen Umständen ziehen, zeigt sich daher, worauf bereits J.S. Mill (1965, S. 94) hinweist, nicht so sehr in der gestiegenen Kaufkraft gegebener Geldprofite als in einem <u>Anstieg der Profitrate</u>. Bei dem Dilemma, von dem vorher die Rede war, handelt es sich daher um ein Scheindilemma, d.h. der werttheoretisch korrekte Ansatz kollidiert nicht mit der klassischen These, wonach technologische Innovationen für gegebenen Reallohnsatz die allgemeine Profitabilität des Kapitaleinsatzes erhöhen.

Wir sind jetzt imstande, auf Ricardos bereits im Jahre 1815 geäußerten Vorschlag zurückzukommen, den <u>rechnerischen</u> Freisetzungseffekt auf der Grundlage eines wertmäßig gegebenen Kapitalstocks zu ermitteln, Da sich die zu vergleichenden Situationen einer Ökonomie <u>ohne</u> bzw. <u>mit</u> Maschine nicht nur im Mengen-, sondern notwendig auch im Preissystem unterscheiden, stellt sich die Frage, wie dieser Vergleich durchzuführen ist, d.h. zu welchen Preisen die qualitativ und quantitativ verschiedenen Kapitale zu bewerten sind. Ricardo macht in der betreffenden Passage seines Briefes an Malthus (vgl. VI/294) keine Angabe; im 31. Kapitel entscheidet er sich jedoch für das der <u>alten</u> Technik zugeordnete Produktionspreissystem.

Ricardos Freisetzungsrechnung auf der Basis eines gegebenen Kapitalwerts läßt sich allgemein wie folgt formulieren: Es wird ausgegangen vom Wert des Kapitalstocks vor Einführung der Maschine, K_o,

$$K_o = \underline{p}_o\underline{A}_o\underline{x}_o = \underline{p}_o\underline{A}_o(\underline{B}_o-\underline{A}_o)^{-1}\underline{y}_o = \underline{p}_o\underline{H}_o\underline{y}_o, \qquad (4)$$

---

(1) Setzen wir das Ricardosche zirkulierende dem Marxschen variablen Kapital gleich, so lassen sich gleichfalls der Anstieg der Mehrwertrate und der organischen Kapitalzusammensetzung ermitteln. Erstere steigt von 2ooo/13.ooo (15,38%) auf 3596/275o (13o,76%), letztere von 7ooo/13.ooo (53,84%) auf 725o/275o (263,63%), d.h. die Mehrwertrate steigt auf das Achteinhalbfache und die organische Zusammensetzung fast auf das Fünffache ihres Ausgangswertes.

(2) Es ist freilich höchst unwahrscheinlich, daß der Reallohn in einer Situation steigt, die durch umfangreiche Entlassungen gekennzeichnet ist.

mit $\underline{p}_o$ als Lösung der Produktionspreisgleichung

$$\underline{p}_o\underline{B}_o = (1+r_o)(\underline{p}_o\underline{A}_o + w\underline{l}_o) \quad , \tag{5}$$

d.h.

$$\underline{p}_o = (1+r_o)w\underline{l}_o \left[\underline{B}_o - (1+r_o)\underline{A}_o\right]^{-1} \tag{6}$$

(r_o ist die Profitrate in der Ausgangssituation, w der Lohnsatz). Zu bestimmen sind nun die Aktivierungsniveaus $\underline{x}_1^*$ der Prozesse der neuen Technik nach Einführung der Maschine, derart daß zu alten Preisen $\underline{p}_o$ ein gleich großer Kapitalwert resultiert, d.h.

$$K_o = K_1^* = \underline{p}_o\underline{A}_1\underline{x}_1^* = \underline{p}_o\underline{A}_1(\underline{B}_1-\underline{A}_1)^{-1}\underline{y}_1^* = \underline{p}_o\underline{H}_1\underline{y}_1^*. \tag{7}$$

Die rechnerische Freisetzung ergibt sich dann durch einen Vergleich der diesen Aktivierungsniveaus bzw. den zugehörigen Kapitalstöcken zugeordneten Beschäftigungsvolumina:

$$\Delta L^* = \underline{l}_o\underline{x}_o - \underline{l}_1\underline{x}_1^* = \underline{\Lambda}_o\underline{y}_o - \underline{\Lambda}_1\underline{y}_1^*. \tag{8}$$

Es ist allerdings darauf hinzuweisen, daß diese Art der Freisetzungsrechnung im allgemeinen, d.h. bei Abweichung der relativen Preise von den relativen Mengen der zur Produktion der verschiedenen Waren nötigen Arbeit, nicht eindeutig ist. Der Grund hierfür liegt darin, daß Gleichung (7) von einer Vielzahl von nichtnegativen Vektoren $\underline{y}_1^*$ erfüllt wird, denen im allgemeinen unterschiedliche Beschäftigungsniveaus zugeordnet sind, so daß in Abhängigkeit vom gewählten $\underline{y}_1^*$ verschieden große Freisetzungseffekte resultieren (1).

Abschließend sind zwei Anmerkungen angebracht. Zum einen ist darauf hinzuweisen, daß Ricardo sein numerisches Beispiel offenbar mit Bedacht so konstruiert hat, daß es in der laufenden Periode notwendigerweise selbst dann zu einer <u>faktischen</u> Freisetzung kommen müßte, wenn die Kapitalisten - anders als angenommen - nicht ihren gesamten aus der vergangenen Periode stammenden Profit konsumtiv verausgaben würden: Die zu Akkumulationszwecken maximal verfügbaren und stofflich in Form von Subsistenzmitteln

(1) Auf dieses Problem sowie auf alternative Möglichkeiten der Freisetzungsrechnung unter der Annahme eines konstanten Kapitalwerts kann aus Platzgründen nicht eingegangen werden.

vorliegenden 2000l. Profit reichen nicht hin, um die durch Reduktion des zirkulierenden Kapitals von 13.000l. auf 5500l. entstehende Beschäftigungslücke zu schließen. Eine unmittelbare Kompensation durch Akkumulation ist folglich ex hypothesi ausgeschlossen. (Die interessante Frage, ob für die Beschäftigung zusätzlicher Arbeitskräfte in der laufenden und in den folgenden Perioden überhaupt die erforderlichen freien Kapazitäten der komplementären Fixkapitalgüter verfügbar sind, wird hiervon selbstverständlich nicht berührt.)

Die andere Anmerkung betrifft das Verhältnis des Ricardoschen Beispiels zur Kapital- und Profittheorie der Österreicher. Begreift man die Einführung von Maschinerie als eine Form des 'Einschlagens längerer Produktionsumwege', so lehrt die Ricardosche Analyse, daß dieses nicht notwendig den vorherigen freiwilligen 'Konsumverzicht' auf der Seite der Kapitalisten voraussetzt, sondern vielmehr einen unfreiwilligen, erzwungenen Konsumverzicht auf der Seite der Arbeiter nach sich ziehen kann. Der Sachverhalt wird am besten durch den Begriff der 'unfreiwilligen Ersparnis' im Sinne von Lowe beschrieben, denn "it is workers' consumption that is actually reduced in comparison with their level of consumption in the initial state of stationary equilibrium. This reduction in consumption is produced by the operation of forces over which they have no control"(Lowe, 1976, S. 75; Lowe selbst verwendet den Begriff in anderem Kontext). Tatsächlich steigert der Unternehmer in Ricardos Beispiel während der Konstruktionsphase der Maschine nicht seine konsumtive Enthaltsamkeit, sondern verfügt lediglich die Reallokation gegebener Ressourcen. Die österreichische Sicht des Innovationsprozesses wird daher in doppelter Hinsicht ins Gegenteil gewendet: Das beim Beschreiten 'längerer Produktionsumwege' in Kauf zu nehmende 'Leid' trifft die Arbeiter und nicht die Kapitalisten und es fällt post factum und nicht ante factum an. Blaugs Charakterisierung, Ricardo sei "the father of the Austrian theory of capital" (1968, S. 99), ist folglich mit Blick auf das 31. Kapitel schwerlich aufrechtzuerhalten.

2.1.4 Danach

Bezüglich des weiteren Gangs der Dinge in den Perioden t+2, t+3 usw. begnügt sich Ricardo mit spärlichen Andeutungen. Er verweist darauf, daß wegen der steigenden Kaufkraft der Profiteinkommen bei unverändertem realen

Konsum ('with the same wants') der Kapitalisten (1) deren Sparfähigkeit zunehme und über den einsetzenden bzw. sich beschleunigenden Akkumulationsprozeß "a portion of the people thown out of work in the first instance, would be subsequently employed" (I/39o). Es könne sogar in der laufenden Periode zu einer vollständigen Wiederbeschäftigung aller entlassenen Arbeitskräfte kommen, wenn die Mengenproduktivität der Arbeit infolge des Maschineneinsatzes derart steige, daß das neue Nettoprodukt an Subsistenzmitteln mindestens ebenso groß sei wie das alte Bruttoprodukt. In diesem Fall "there would be the same ability to employ the whole population, and therefore, there would not necessarily be any redundancy of people" (I/39o). Wie Ricardo kurz darauf hinzufügt, würde sich unter diesen Umständen die Lage aller Klassen verbessern, die der Arbeiterklasse sogar in dreifacher Hinsicht:

"1st, from the increased demand for menial servants; 2dly, from the stimulus to savings from revenue, which such an abundant net produce will afford; and 3dly, from the low price of all articles of consumption on which their wages will be expended" (I/392).

Ricardos Sicht des Freisetzungs- und Kompensationsproblems kann daher auf folgenden Nenner gebracht werden: Technologische Innovationen führen zwar der Tendenz nach unmittelbar zu einem Beschäftigungsrückgang, schaffen jedoch uno actu die Grundlage für dessen mittelbar erfolgreiche Kompensation, indem sie die Spar- und Akkumulationstätigkeit stimulieren. Innovation und Akkumulation sind demnach keine isoliert nebeneinander, sondern in enger Wechselbeziehung miteinander stehenden Phänomene. Innovationen beleben die Akkumulation, welche ihrerseits über die Diffusionsgeschwindigkeit der technologischen Neuerungen entscheidet (2). Die Vorstellung einer kritischen Innovationsrate, bei deren Über- oder Unterschreiten die zugehörige Akkumulationsrate ihrer Kompensationsfunktion nicht mehr gerecht werden kann, findet sich nicht bei Ricardo. Dieser bleibt selbst nach seiner Entdeckung der Ausnahme zur Regel seiner alten optimistischen Sichtweise treu: Er bleibt ein Anhänger der Doktrin automatischer Kompensation. Von McCulloch u.a. trennt ihn ledig-

(1) Der faustische Konflikt zwischen Genuß- und Akkumulationstrieb, von dem Marx spricht, entscheidet sich in der Brust des Ricardoschen Kapitalisten daher beispielhalber zugunsten des letzteren. Wie wir indes gleich sehen werden, ist sich Ricardo durchaus darüber im klaren, daß der Luxuskonsum, die Nachfrage nach Dienerschaft etc. steigen werden.

(2) Daß vom Akkumulationsprozeß selbst wiederum neue Innovationen induziert werden, spielt in Ricardos Argumentation jedoch anscheinend keine Rolle.

lich seine Überzeugung, daß die Kompensation in gewissen Fällen längere Zeit in Anspruch nimmt, d.h. nicht - um mit Lowe (1976, S. 25o) zu sprechen - innerhalb der Marshallschen kurzen Periode gelingt (1).

Kehren wir jedoch zu Ricardos in großzügiger Manier hingeworfenen Skizze über den Fortgang der Dinge in der Periode t+2 sowie den folgenden Perioden zurück. Der Teufel liegt wieder im Detail, das uns Ricardo vorenthält. Tragen wir es also wenigstens skizzenhaft nach.

Bekanntlich war der Grund für den Rückgang der Beschäftigung in der Periode t+1 die Reduktion des 'gross produce' in Gestalt von Subsistenzmitteln in Periode t, der Konstruktionsperiode der Maschine. In Periode t+1 steigt indes das 'gross produce' dank der produktivitätssteigernden Wirkung der Maschine wieder an, so daß zu Beginn der Periode t+2 die Aussichten einer Verbesserung der Beschäftigungssituation von daher günstig sind: Die vormalige Beschränkung der Beschäftigungsmenge durch das zirkulierende Kapital lockert sich oder verschwindet ganz. Wie jedoch steht es mit dem komplementären Fixkapital? Inwieweit zusätzliche Belegschaften angestellt werden können, um das existierende Fixkapital zu bedienen, hängt offenbar vom Grad der Kapazitätsauslastung in Periode t+1 ab. Reichen die nach Ricardoscher Rechnung von 55oo$\underline{l}$. kommandierten Arbeitskräfte hin, um das dauerhafte Kapital voll (bzw. normal) zu nutzen, so scheidet die Beschäftigung zusätzlicher Arbeitskräfte an der Maschine usw. (zumindest in größerem Umfang) aus. Wegen eines Mangels an ausreichenden freien Kapazitäten in der Subsistenzmittelproduktion kämen für eine Erhöhung der Beschäftigung nur andere Wirtschaftszweige in Frage. Dies wiederum setzt voraus, daß nicht nur die entsprechende Nachfragesteigerung nach deren Produkten eintritt, sondern in den betreffenden Wirtschaftszweigen zugleich entweder bislang brachliegendes oder frisch akkumuliertes und der Nutzung harrendes Kapital in Form von Anlagen, Rohstoffen etc. verfügbar ist, um zusätzliche Arbeitskräfte anzustellen. Da es sich bei der Innovation in einem Sektor und der Akkumulation in anderen Sektoren jedoch um vorweg nicht koordinierte Prozesse handelt, sind Disproportionalitäten wahrscheinlich.

---

(1) Wie Blaug angesichts des auch an dieser Stelle zum Ausdruck kommenden Erkenntnisinteresses Ricardos behaupten kann, "that the Ricardian system is not, in essence, concerned with the secular aspects of economic growth" (1958, S. 71) und Ricardos Maschineriediskussion sei "severely short run" (1968, S. 137) bleibt sein Geheimnis.

Es ist somit a priori nicht auszuschließen, daß die Beschäftigung, nach anfänglicher Rationierung von der Seite des zirkulierenden Kapitals her, jetzt von der Seite des fixen Kapitals her rationiert wird. Der Akkumulationsprozeß, auf den Ricardo mit seiner These von der mittelfristigen Kompensation setzt, kann daher durch auftretende Engpässe und intersektorale Unstimmigkeiten merklich gestört werden.

Beachtung verdient des weiteren ein Marxscher Einwand gegen die Ricardosche Argumentation. Im Zuge der Einschleusung technologischer Neuerungen verlieren nicht nur bestimmte Arbeiter (und Arbeitsqualitäten) ihre Beschäftigung, sondern in gewissen Fällen tritt parallel hierzu die "ganze oder völlige Entwertung des alten Kapitals ein " (Marx, 1968, S. 558). Marx behandelt dieses Phänomen andernorts unter dem Stichwort 'moralischer Verschleiß' von Elementen des dauerbaren Kapitals. Der hinsichtlich der Beschäftigungskapazität des existierenden Kapitalstocks interessante Aspekt betrifft die Tatsache, daß "der Konkurrenzkampf, namentlich bei entscheidenden Umwälzungen, die alten Arbeitsmittel vor ihrem natürlichen Lebensende durch die neuen zu ersetzen [zwingt]" (Marx, 1969, S. 171). Es kommt m.a.W. zu einer "Depretiation des Gebrauchswerts" (ibid.) des betreffenden Produktionsmittels (1). Verbunden hiermit ist, wie angedeutet, die 'Depretiation' der zur Herstellung, Anwendung und Instandhaltung des ausgemusterten Fixkapitals notwendigen spezifischen Arbeitsarten. Deshalb ist es auch höchst zweifelhaft, daß - sofern Kompensation eintritt - dieselben identischen Arbeiter, die vordem verdrängt worden sind, wiederbeschäftigt werden: "Eine neue Arbeiterart springt mit der Maschine ins Leben" (Marx, 1967, S. 467); es wächst "die Mannigfaltigkeit der gesellschaftlichen Produktionszweige" (ibid., S. 468).

Sollte jedoch - was Ricardo in seinem Beispiel anscheinend annimmt, zumindest jedoch nicht ausschließt - die Kompensation direkt im subsistenzmittelerzeugenden Sektor stattfinden, so ist dies offenbar technisch nur dann möglich, wenn die Maschine (samt dem sonstigen dortigen Fixkapital) in ihrem ersten Nutzungsjahr, der Periode t+1, mangels ausreichenden zirkulierenden Kapitals und damit mangels ausreichender Belegschaften nicht bis zur Kapazitätsgrenze hin genutzt werden konnte. Vorauszusetzen ist also ein Erscheinungsbild der Ökonomie in Periode t+1, das äußerlich gewisse keynesianische Züge aufweist: Arbeitslosigkeit, unterausgelastete Kapazitäten sowie

(1) Wie Sraffa (1960, S. 78) zeigt, ist obsoletes Fixkapital dann zu verschrotten, wenn die darauf anfallende Quasirente negativ wird.

- worauf Marx (1968, S. 562) hinweist - wegen des niedrigeren Transaktionsvolumens infolge des verringerten Bruttoprodukts: brachliegendes Geldkapital. Hier deutet sich neuerlich an, daß eine Behandlung der Kompensationsfrage ohne Berücksichtigung des Problems der effektiven Nachfrage nicht möglich ist. Ricardos oben referierte Auffassung, seine neue Optik der Maschinenfrage beeinträchtige in keiner Weise die Gültigkeit (seiner Fassung) des 'Sayschen Gesetzes', ist trügerisch. In der Tat versetzt Ricardo der Doktrin automatischer Kompensation einen heftigeren Schlag als ihm selbst bewußt wird. Nur so erklärt sich seine Überzeugung vom relativ geringen Ausmaß seines Sinneswandels. Seine zeitgenössischen Kritiker, die ihm - wenngleich aus anderen Gründen - vorhalten, das 31. Kapitel markiere einen Bruch mit anderen "principles" der PRINCIPLES, haben daher so unrecht nicht.

Bevor wir uns im einzelnen Ricardos zweitem Demonstrationsobjekt zuwenden, sind einige allgemeine Anmerkungen am Platz. Die erste betrifft Ricardos vierte Schlußfolgerung (vgl. I/392) und knüpft am letzten Gedanken an. In ihr behauptet Ricardo u.a., daß im günstigsten aller denkbaren Fälle, in dem das neue Nettoprodukt größer ist als das alte Bruttoprodukt, als Ergebnis konstanter Geldrenten und -löhne bei sinkenden Warenpreisen sowohl die realen Renten als auch die Reallöhne steigen müßten. Gegen die These eines Anstiegs der realen Renteinkommen wendet Marx (1968, S. 573) zurecht ein, dieser Satz widerspreche "der ganzen Doktrin Ricardos". Letztere lehrt in der Tat, daß infolge der produktivitätssteigernden Wirkung des Maschinerieeinsatzes ein gegebenes Produktquantum mit weniger Boden erzeugt werden könne, d.h. weniger 'fruchtbare' Böden 'freigesetzt' werden. Folglich sinke das Ertragsdifferential zwischen bestem und schlechtestem der kultivierten Böden und mit ihm die Rente. Gegen die These steigender Reallöhne läßt sich z.B. eine Passage des vorausgehenden Kapitels 3o, On the Influence of Demand and Supply on Prices, zitieren:

"Diminish the cost of subsistence of men, by diminishing the natural price of the food and clothing, by which life is sustained, and wages will ultimately fall, notwithstanding that the demand for labourers may very greatly increase" (I/382).

Beim Reallohnanstieg, von dem in der vierten Schlußfolgerung die Rede ist, kann es sich daher im wesentlichen nur um ein vorübergehendes Phänomen handeln (1).

(1) Dies bedeutet selbstverständlich nicht, daß der 'natürliche' Lohn ein für allemal fix und konstant ist: "It varies at different times in the same country, and very materially differs in different countries. It essentially depends on the habits and customs of the people" (I/96 f.; vgl. auch I/94

Die zweite Anmerkung betrifft die Charakterisierung des von Ricardo beschriebenen technischen Wandels. Blaug vertritt die bizarre Auffassung, Ricardo analysiere "not the effect of innovations but the substitution of capital for labor along given production functions" (1968, S. 137; ähnlich McKinley, 1966, S. 572) (1). Diese Interpretation ist umso erstaunlicher, als Blaug vorwegschickt, daß im neuen Kapitel die "two-factor assumption maintained elsewhere in the book" aufgegeben werde. Was immer Blaug damit aussagen will, es besteht kein Zweifel, daß es Ricardo um die Untersuchung eines Technikenwechsels (einschließlich einer Produktinnovation: der Maschine) geht. Thema des Beispiels ist die plötzliche Entdeckung und extensive Anwendung verbesserter Maschinerie und nicht die Bewegung auf einer gegebenen Produktionsfunktion mit variablem Einsatzverhältnis gegebener Faktoren. Die Idee kontinuierlich substituierbarer Faktoren ist der Ricardoschen Vorstellungswelt, sieht man von der Theorie der Intensitätsrente ab, fremd.

Die dritte Anmerkung betrifft Ricardos These einer steigenden Fixkapitalintensität der Produktion. Wir haben gesehen, daß Ricardo das zirkulierende Kapital weitgehend mit dem Lohnfonds gleichsetzt, d.h. von Roh- und Hilfsstoffen, Zwischenprodukten etc. - dem zirkulierenden Teil des Marxschen konstanten Kapitals - abstrahiert. Damit verstellt er sich die im Grunde selbstverständliche Einsicht, daß ein durch den Einsatz von (verbesserter) Maschinerie hervorgerufener Anstieg der Arbeitsproduktivität bedeutet, daß je Arbeiter mehr Waren produziert, also auch mehr Rohmaterialien usw. gebraucht, verarbeitet werden. J.S. Mill bezweifelt aus diesem Grund die Richtigkeit der Ricardoschen These: "there is probably no country whose fixed capital increases in a ratio more than proportional to its circulating" (1965, S. 97; ähnlich Marx, 1968, S. 559). Doch selbst das Verhältnis, das sich ergibt, wenn man das fixe mit dem in Rohmaterial etc. ausgelegten zirkulierenden Kapital zusammenzieht (K) und auf die Löhne (W) bezieht, weist empirisch keinen eindeutig steigenden Trend auf. Im Fall eines tendenziell konstanten Kapitalkoeffizienten (v) und einer steigenden Lohnquote (Θ) sinkt K/W, wie aus der tautologischen Umformung

$$\frac{K}{W} = \frac{K}{Y}\,\frac{Y}{W} = v\Theta^{-1}$$

(1) Neben der neoklassischen Variante marginalistischer Deutung der Ricardoschen Analyse findet sich auch die österreichische (vgl. z.B. Edelberg, 1933, S. 69), derzufolge Ricardo den Fall einer Verlängerung der Produktionsperiode behandelt.

ersichtlich ist. Empirisch unstrittig ist indes der säkulare Anstieg der Kapitalintensität.

Wir kommen nun zu Ricardos zweitem Demonstrationsobjekt. Nach Marx (1968, S. 572) handelt es sich um ein "abgeschmacktes Beispiel", auf das einzugehen "überflüssig" sei. McCulloch war anderer Auffassung: In seiner Korrespondenz mit Ricardo, welche Marx nicht kennen konnte, spielt es eine bedeutende Rolle und trägt nicht unerheblich zur Präzisierung der Ricardoschen Position bei (1).

2.2 Ricardos zweites Beispiel: Manufakturproduktion

Das zirkulierende Kapital oder der Lohnfonds ist Ricardos Auffassung zufolge die Schlüsselgröße des Beschäftigungsproblems. Das Beispiel der den Lohnfonds alimentierenden Subsistenzmittelproduktion bringt dies auf direkte Weise zum Ausdruck. Ricardo betont jedoch: "it would make no difference in the result, if we supposed that the machinery was applied to the trade of any manufacturer, - that of a clothier, for example, or of a cotton manufacturer" (I/39o f.). Zu zeigen ist folglich, daß die Einführung von outputreduzierender Maschinerie im verarbeitenden Gewerbe letztlich, d.h. auf indirekte Weise, gleichfalls zu einer Verringerung der Subsistenzmittelproduktion und damit der Beschäftigung führt.

Analog zum ersten Beispiel nimmt Ricardo an, daß in der Tuchfabrikation die Einführung einer Maschine begleitet wird von einer Verringerung der Belegschaft und einer solchen des 'gross produce' an Tuch. Nun ließe sich einwenden, daß die Nachfrage nach Tuch unverändert die gleiche bliebe und sich deshalb das Problem des sie bedienenden Angebots stellte. Von wem indes sollte das Tuch nachgefragt werden? Vielleicht wie bisher von den Produzenten der Lebens- und sonstigen notwendigen Unterhaltsmittel, "who employed their capitals in producing these necessaries as a means of obtainig cloth" (I/391)? Bislang fanden in der sich selbst reproduzierenden (stationären) Ökonomie in der Tat folgende Transaktionen statt: Die Subsistenzmittelerzeuger "gave corn and necessaries to the clothier for cloth, and he bestowed them on his workmen for the cloth which their work afforded him (I/391) (2).

Durch die Innovation wird jedoch der stationäre Zustand des Systems gestört. Das Ergebnis der Störung faßt Ricardo wie folgt zusammen: "This trade would now cease; the

(1) Hollander (1979, S. 368) urteilt: "The discussion of machinery in this amplification is far more revealing than that in the better known example."

(2) Ricardos Beschreibung des stationären Zustands einer Ökonomie läßt sich ohne Schwierigkeit in das Marxsche Schema der einfachen Reproduktion übersetzen.

clothier would not want the food and clothing, having fewer men to employ and having less cloth to dispose of" (I/391). Die Subsistenzmittelhersteller könnten ihrerseits nicht mehr im alten Umfang Tuch vom Tuchfabrikanten beziehen und müßten folglich bei unveränderter eigener Nachfrage Teile ihres Kapitals der Produktion von Subsistenzmitteln entziehen und der Produktion von Tuch zuführen. Ricardo schließt:

"This, then, leads us to the same result; the demand for labour would diminish, and the commodities necessary to the support of labour would not be produced in the same abundance" (I/391).

2.3 Kritik und Antikritik: Korrespondenz mit McCulloch

Im Briefwechsel zwischen Ricardo und McCulloch im Juni 1821 kommt es zu einer intensiven und aufschlußreichen Diskussion über die Ricardosche Analyse der Maschineriefrage im allgemeinen und seines Tuchfabrikanten-Beispiels im besonderen. McCulloch formuliert im wesentlichen vier Einwände, die Ricardo zu entkräften versucht.

Der erste Einwand lautet: Die Frage nach der Größe des Netto- bzw. Bruttoprodukts sei völlig unerheblich, es interessiere allein, ob die Maschine die betreffende Produkte billiger herzustellen erlaube: "If it does not produce them cheaper it will not be erected, and if it does produce them cheaper its erection must be profitable to every class of persons" (VIII/383; erste Hervorhebung von McCulloch). Flugs ist das Thema verfaselt von einem Streit über die Beschäftigungswirkungen technologischen Wandels zu einem angeblichen Streit über die Vorteilhaftigkeit von Preissenkungen schlechthin. McCulloch zieht alle Register des gesunden Menschenverstands:

"To maintain that a reduction of the price of commodities can in any circumstances be disadvantageous, appears to me to contradict every idea of the nature of wealth, and to be in fact absurd - Such opinions are besides in complete contradiction to the universal consent of mankind - It is the object of every individual - a law implanted in him by Providence which compells him to endeavour to produce with the least possible expence" (VIII/385).

In seiner Erwiderung lenkt Ricardo die Diskussion auf das eigentliche Thema zurück. Selbstverständlich werde die Maschine nur errichtet, wenn sie zu einer Verbilligung der Produkte führe. Daraus zu folgern, ihre Einführung müsse deshalb allen Klassen Vorteile bringen, sei jedoch ein non sequitur:

"Its erection must be profitable to every class of buyers as buyers, but the question between us, is whether it will or not diminish the number of the class of buyers.

I say it will, because it will diminish the quantity of gross produce" (VIII/388).

Ob das Bruttoprodukt falle, sei deshalb doch von entscheidender Bedeutung, "for the whole question rests on the truth of this proposition." Zur Untermauerung seiner These konstruiert Ricardo neuerlich ein Beispiel, in dem infolge des Maschineneinsatzes sowohl der Produktpreis als auch die erzeugte Produktmenge fallen. (Wir kommen hierauf zurück.)

Mit seinem zweiten Einwand bestreitet McCulloch, daß das Bruttoprodukt überhaupt sinken könne. Zu Beginn der Juni-Korrespondenz heißt es mit Bezug auf das Tuchfabrikanten-Exempel:

"I deny that less cloth would be produced by this machine... Such a supposition is totally out of question. ... Before you began to describe to your readers the disadvantages attending the diminution of gross produce by the introduction of machinery, it would have been well had you inquired whether in point of fact such diminution ever did actually take place, or whether it was at all likely that it could take place" (VIII/383 f.).

In seiner Antwort auf Ricardos erste Replik wird er dieser Überzeugung jedoch untreu und konstruiert selbst ein Beispiel eines Baumwollproduzenten mit sinkendem Bruttoprodukt (vgl. VIII/391), worauf ihn Ricardo lobt: "You state a very fair case". Allerdings müsse McCulloch auch die Konsequenzen hieraus ziehen: "you give up the argument, for the gross annual produce cannot be diminished in any other way but by a diminished employment of the industrious classes" (VIII/398 f.).

Der vorgestellte Fall dient McCulloch indes nur dazu, um einen dritten Einwand vorzubereiten, nachdem die ersten beiden sich als wenig schlagkräftig erwiesen haben. Er fragt, "is it possible that such a diminution of gross produce could take place without the price of cottons rising?", und antwortet:

"I think it is not - The reasoning in your book ... on this subject does not satisfy me - You have fallen into an error of the same kind that a mechanician would fall into who should neglect to make any allowance for friction - Men do not change employments with the same ease that they walk from a drawing into a dining room - The farmers would unquestionably offer a higher price for their cottons rather than produce them themselves - It does not therefore appear to me to be possible to diminish gross produce without raising prices, without doing that which you admit a machine never does; and consequently it must result that the hypothesis on which your reasoning is founded can never really occur" (VIII/392).

Ricardo gibt McCulloch in einer Hinsicht recht: "Cottons may rise a little" - wenigstens kurzfristig, denn mittelfristig werde durch die höhere sektorale Profitrate zusätzliches Kapital angelockt, weshalb der Baumwollpreis schließlich doch sinke. Dieser Aspekt sei für die Beschäftigungsproblematik jedoch gänzlich irrelevant:

"Whatever may be the price of the cottons there will be a diminution in the quantity produced, and no more of any other commodity will be produced in its stead."

Und in Anspielung auf McCullochs Anfangsfrage fährt er fort:

"Is it possible to conceive so great a diminution of production without suffering to some of the classes of society. The effective demand for cottons cannot be so great as before, because that demand depended on the demand for corn and cloth, the commodities consumed by the labourers, whose wages were really paid in cottons. Labour will fall because there will be a diminished demand for it - Corn and cloth will fall because the demand for them depended on the demand for labour. ... I ask for no greater concession than this" (VIII/399).

Zur Verdeutlichung seiner Position entwirft Ricardo abschließend das utopische Bild einer durch Maschinerie arbeitslos gewordenen Gesellschaft:

"If machinery could do all the work that labour now does, there would be no demend for labour. Nobody would be entitled to consume any thing who was not a capitalist, and who could not buy or hire a machine" (VIII/399 f.).

Es verbleibt ein mehr technokratischer vierter Einwand des hartgeprüften McCulloch: "You have not said whether the machine is to last one, ten, or one hundered years" (VIII/383). Ricardo akzeptiert diesen Vorwurf (vgl. VIII/388). Er stimmt McCulloch auch darin zu, daß es bei einer Lebensdauer von nur einem Jahr, d.h. bei jährlich erforderlicher Reproduktion der Maschine, zu keiner Verringerung der Beschäftigung ('demand for labour') kommen könne. Dies sei in der Tat - wie McCulloch formuliere - "as plain as any proposition in geometry". Hier endet jedoch die Gemeinsamkeit. Eine Übertragung dieses Resultats auf den Fall einer mehrere Perioden überdauernden Maschine ist nach Ricardos Auffassung nicht möglich. McCulloch versucht sie wie folgt zu begründen: Zwar sei in diesem Fall bei gegebenem Gesamtkapital des Maschineneigners nur ein geringeres Lohnkapital verfügbar; allein, "its deficiency will be fully compensated by the increased revenues, or capitals of the purchasers of his goods" (VIII/383). Ricardo erwidert:

"If the machine was to last one year only, the cloth produced must be of as great a value at least as before, but if it were to last 1o years, a value much less than that, would affort the ordinary profits of stock, because although the same amount of capital would be employed, less of that capital would be employed in the maintenance of labour, and consequently a less deduction would be annually made from the gross value of the commodity produced. It is what remains after this deduction that invariably constitutes profits" (VIII/388 f.).

Ricardo demonstriert seine alte These an einem neuen Beispiel, das in mehrfacher Hinsicht Klarheit schafft, bis auf jene, die die unterstellte Dauerbarkeit der Maschine betrifft, - bekanntlich das Thema des McCullochschen Einwands. Angenommen:

"A manufacturer of cloth produces 1o,ooo yards of cloth, at £ 2 pr. yard, or £ 2o,ooo, of which he pays 9ooo yards, or £ 18,ooo, for labour. By the assistance of machinery, and with the same amount of capital, he can produce only 3ooo yards annually, but of these 3ooo he is able to retain 15oo yards for his share as profit, and by the economy in the means of production, cloth we will suppose falls to £ 1.1o-pr. yard (1), does not the manufacturer get £ 225o - on the same amount of capital, instead of £ 2ooo, which he got before? Are there not motives enough for him to substitute the fixed for the circulating capital, and can he do so without displacing labour? Here then we have a case of a commodity becoming cheaper, because its cost of production is reduced, although its aggregate quantity is diminished" (VIII/389).

Während Ricardo in seinen bisherigen Beispielen ausnahmslos mit Wertgrößen argumentiert hat, ohne sich im einzelnen um deren genaue Zerlegung in eine Preis- und eine Mengenkomponente zu kümmern, unterscheidet er jetzt zwischen beiden. Dies ist zweifellos ein der McCullochschen Intervention zu verdankender analytischer Fortschritt. Allerdings bleibt Ricardo auf halbem Wege stehen, da er nur (gewisse) Strömungsgrößen, nicht jedoch auch die entsprechenden Bestandsgrößen nach beiden Seiten hin spezifiziert. Die Notwendigkeit, den Kapitalstock nach eingetretener Preisreduktion neu zu bewerten, übersieht er erneut; wie bisher basiert sein Vergleich auf der Annahme eines gegebenen und konstanten Kapitalwerts. Der interessanteste Aspekt des neuen Beispiels ist jedoch ohne Zweifel der Anstieg der Profitrate infolge einer Erhöhung der Profitsumme, des 'net value', von 2ooo auf 225o £. (Würde zusätzlich die 'Depretiation' des Kapitals berücksichtigt, so fiele der Profitratenanstieg größer aus.) Da Ricardo von einem wegen der gesunkenen Produktionskosten niedrigeren Tuchpreis ausgeht, handelt es sich offenbar um die neue nor-

---

(1) Gemeint sind ein Pfund und zehn Schillinge, das Pfund zu 2o Schillingen, d.h. 1,5 Pfund.

male oder allgemeine Profitrate und nicht um die (temporär) übernormale Profitrate des Pioniers, der zu alten (oder nur wenig gesunkenen) Preisen Extraprofite erzielt. Bezeichnen wir mit $\bar{K}$ den konstanten Kapitalwert, mit Y_o und Y_1 den Wert des Bruttoprodukts vor bzw. nach Einführung der Maschine und mit W_o und W_1 die entsprechenden Lohnsummen (oder zirkulierenden Kapitale), so läßt sich Ricardos Kernthese wie folgt zusammenfassen: Die Maschine wird eingeführt, wenn sie die Profitrate erhöht bzw. sie zumindest nicht senkt, d.h. wenn

$$r_1 = \frac{K_1 - W_1}{\bar{K}} \geq \frac{Y_o - W_o}{\bar{K}} = r_o.$$

Ein sinkender Wert des Bruttoprodukts ($Y_1 < Y_o$) ist deshalb <u>kein</u> hinreichender Grund <u>gegen</u> die Einführung der <u>Maschine</u>, da zugleich die Lohnsumme sinkt ($W_1 < W_o$). Sinkt letztere schneller oder gleich schnell wie der 'gross value', d.h. gilt

$$W_o - W_1 \geqq Y_o - Y_1,$$

so gibt es 'motives enough to substitute the fixed for the circulating capital'. Wie Ricardo im 31. Kapitel und davor wiederholt betont hatte, sind Unternehmer-Kapitalisten an der Maximierung des 'net income' oder Profits interessiert; die Größe des 'gross income' und damit der Beschäftigung kümmert sie indessen nicht (vgl. I/389).

Der im 31. Kapitel im Zentrum des Interesses stehende Typ von technologischem Wandel läßt sich im Verteilungsdiagramm darstellen (vgl. Abb. 1), in dem auf der Abszisse die Profitrate r und auf der Ordinate der Reallohnsatz ω

<u>Abb. 1</u>

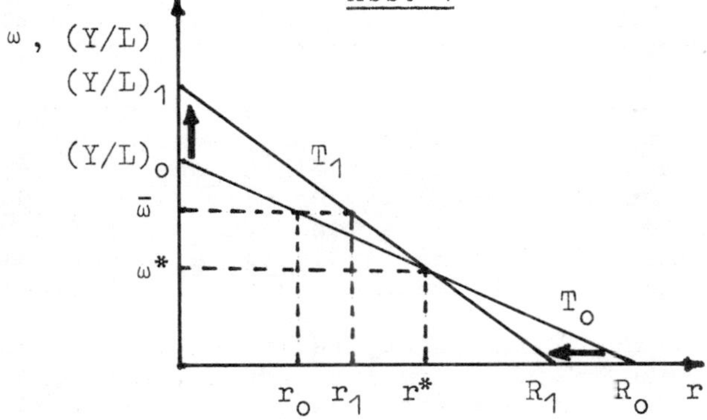

sowie die Arbeitsproduktivität Y/L abgetragen werden (vgl. auch Montani, 1975, S. 181). Vor Einführung der Maschine gelte die mit T_0 bezeichnete ω-r-Beziehung, danach die mit T_1 bezeichnete. Charakteristisch für den von Ricardo diskutierten Innovationstyp ist einerseits die Erhöhung der Arbeitsproduktivität von $(Y/L)_0$ auf $(Y/L)_1$, andererseits die Verringerung der maximal möglichen, einem (hypothetischen) Lohnsatz von Null entsprechenden Profitrate von R_0 auf R_1. Ob die Maschine eingeführt wird, hängt - wie Ricardo mehrmals betont - von der Höhe des Lohnsatzes ab. Ist ω kleiner als der sogenannte Switchpunkt-Lohnsatz ω^*, so ist die alte Technik T_0 der neuen T_1 vorzuziehen, da sie die höhere Profitrate abwirft. Liegt der geltende Lohnsatz $\bar{\omega}$ jedoch über ω^* - wie im Diagramm abgebildet, so empfiehlt sich die Einführung der neuen Technik, da sie eine Steigerung der Profitrate von r_0 auf r_1 mit sich bringt. (1)

Im Anschluß an die Präsentation seines neuen numerischen Beispiels geht Ricardo kurz auf ein von McCulloch angeschnittenes Thema ein, das den Zusammenhang zwischen Effizienz und Dauerhaftigkeit der Maschine zum Inhalt hat. McCulloch schreibt:

"I admit that if machinery were to become less productive according to the increase of its durability, there might be some force in your reasoning - But here you are completely silent. You have neglected to establish this fundamental position; and you have not advanced a single word to shew why that should be the case of which the reverse appears obvious" (VIII/384).

Um seine These, daß es einen derartigen inversen Zusammenhang nicht gebe, zu belegen, führt McCulloch einige Beispiele an - so den Eisen- im Unterschied zum Holzpflug sowie ein aus Granit- im Unterschied zu einem aus Backsteinen gebautes Dock - und schließt:

"Nor would the productiveness of the steam engine be at all impaired though the fiat of almighty power were to confer indestructibility on the materials of which it is composed" (VIII/384).

Selbstverständlich vertritt Ricardo nicht die ihm von McCulloch quasi unterschobene Auffassung, wonach zwischen Effizienz und Dauerhaftigkeit ein trade-off existiert. Da seine Aufmerksamkeit dem Problem der Wahl der Technik gilt, interessiert ihn am von McCulloch aufgebrachten Thema lediglich der folgende analytische Aspekt: Wie groß muß die Effizienz (die Dauerhaftigkeit) der Maschine

(1) Wie im Rahmen der jüngsten kapitaltheoretischen Kontroverse nachgewiesen worden ist, können zwei Techniken durchaus mehrere Switchpunkte aufweisen (vgl. z.B. Bharadwaj, 197o).

jeweils sein, um für alternativ-hypothetisch gegebene Dauerhaftigkeit (Effizienz) ceteris paribus gleiche Profitabilität zu ergeben. Dies kommt deutlich in folgender Stellungnahme Ricardos zum Ausdruck:

"Give to the machine greater durability, and a less return than 3000 yards will be sufficient to compensate the manufacturer, because he must sacrifice fewer yards for the purpose of keeping his fixed capital in its original efficient state" (VIII/389).

McCullochs Beispiel der nicht vergänglichen Dampfmaschine kommentiert Ricardo wie folgt:

"You say the productiveness of the steam engine would not be impaired though the fiat of almighty power were to confer indestructibility on the materials of which it is composed. True, but then the steam engine would be of less value, because nature would do more for it, and labour less" (VIII/389).

Zum Abschluß wiederholt Ricardo nochmals seine Auffassung von der arbeiterfreisetzenden Wirkung des Maschinerieeinsatzes:

"I have said that when a manufacturer is in possession of a circulating capital he can employ with it a greater number of men, and if it should suit his purposes to substitute a fixed capital of an equal value for this circulating capital, it will be inevitably followed by a necessity for dismissing a part to his workmen, for a fixed capital cannot employ all the labour which it is calculated to supersende"

Und er fügte hinzu:

"I confess that these truths appear to me to be as demonstrable as any of the truths of geometry, and I am only astonished that I should so long have failed to see them" (VIII/390).

3. Verdrängung von Arbeitskraft durch Pferdekraft: der Fall eines steigenden "gross produce"

In seinem dritten Beispiel diskutiert Ricardo kurz den insbesondere im physiokratischen Schrifttum eingehend erörteren Fall der Substitution von Pferdekraft für (Ochsen- bzw.) Arbeitskraft in der Landwirtschaft (vgl. Eltis, 1975, S. 170-174). Dieser Fall liegt insofern außerhalb des Kontextes der bisherigen Analyse Ricardos, als die Freisetzung von Arbeitern hier nicht die Folge eines Rückgangs des Bruttoprodukts ist. Vielmehr resultiert Arbeitslosigkeit trotz eines Anstiegs sowohl des

Netto- als auch des Bruttoprodukts (1):

"If I employed one hundred men on my farm, and if I found that the food bestowed on fifty of those men, could be diverted to the support of horses, and afford me a greater return of raw produce, after allowing for the interest of the capital which the purchase of the horses would absorb, it would be advantageous to me to substitute the horses for the men, and I should accordingly do so; but this would not be for the interest of the men, and ...it is evident that the population would become redundant, and the labourers' condition would sink in the general scale" (I/394).

Wie früher liegt der Trost, den Ricardo spendet, wiederum in der Verheißung zusätzlicher Arbeitsplätze andernorts:

"It is evident he (the displaced labourer) could not, under any circumstances, be employed in agriculture; but if the produce of the land were increased by the substitution of horses for men, he might be employed in manufactures, or as a menial servant" (I/394).

4. Ricardos These einer säkular steigenden Maschinenintensität der Produktion

In allen drei Beispielen, die Ricardo im 31. Kapitel zur Veranschaulichung der (temporär) arbeiterfreisetzenden Wirkung technologischer Innovationen entwickelt, werden - von einem gegebenen Kapitalwert ausgehend - die neuen Maschinen bzw. Pferde zu Lasten des Lohnkapitals eingeführt. Der Normalfall ist jedoch Ricardos Auffassung zufolge die mittels Kapitalakkumulation expandierende Ökonomie. Auf ihn kommt Ricardo unter Berücksichtigung seiner neu gewonnenen Einsicht gegen Schluß des Kapitels zurück:

"With every increase of capital and population, food will generally rise, on account of its being more difficult to produce. The consequence of a rise of food will be a rise of wages (gemeint sind Geldlöhne), and every rise of wages will have a tendency to determine the saved capital in a greater proportion than before

(1) Kurioserweise begrenzt Marx die Gültigkeit des mit sinkendem Bruttoprodukt operierenden Arguments Ricardos gerade auf jenen Fall - die Einführung von Pferden -, in dem das Bruttoprodukt Ricardo (und den Physiokraten) zufolge steigt (vgl. Marx, 1968, S. 563). Auch an der Stelle, wo Marx explizit auf Ricardos Beispiel eingeht (ibid., S. 575), begründet er seine abweichende Auffassung nicht.

to the employment of machinery. Machinery and labour are in constant competition, and the former can frequently not be employed until labour rises" (I/395).

Diese Passage ist u.a. deshalb von größter Bedeutung, weil sie von neoklassischen Autoren gelegentlich als eine der Hauptbelegstellen dafür angeführt worden ist, daß es sich bei Ricardo um einen frühen (wenngleich noch unbeholfenen und häufig in die Irre laufenden) Vertreter des der eigenen Doktrin zugrundeliegenden Ansatzes handelt. Ihm zufolge ändern sich die Einsatzverhältnisse der Produktionsfaktoren in Abhängigkeit vom sogenannten 'Faktorpreisverhältnis': Steigt die Relation von Reallohn zu Profitrate, so findet ein Übergang zu kapitalintensiveren Produktionsverfahren statt, d.h. der relativ teurer gewordene Faktor Arbeit wird gegen den relativ billiger gewordenen Faktor 'Kapital' substituiert. In diesem Sinne schreibt Ferguson: "In this passage one must interpret 'labour rises' as meaning an increase in the real wage rate" (1973, S. 6; zweite Hervorhebung von Ferguson). Nun ist Ricardo zwar der Auffassung, daß unter bestimmten Bedingungen - rapide Kapitalakkumulation mit einer Tendenz zur Übernachfrage nach Arbeit - der Reallohn zu steigen tendiert, und dies selbst über längere Zeit hinweg. Ein steigender Reallohn ist allerdings für sein obiges Argument keine notwendige Voraussetzung; es genügt, wenn der Geldlohn steigt. Im übrigen weist Ricardos Formulierung 'The consequence of a rise of food ...' unmißverständlich darauf hin, daß auch tatsächlich letzterer gemeint ist.

Wenn Ricardos Aussage also nicht neoklassisch zu deuten ist, wie dann? Nach dem bisher Ausgeführten dürfte die Antwort nicht schwerfallen. Im Zuge des Kapital- und Bevölkerungswachstums muß zum Zwecke der Nahrungsmittelversorgung auf immer schlechtere Böden ausgegriffen bzw. bereits kultivierter Boden intensiver bewirtschaftet werden. Es steigen die zur Erzeugung von 'food and necessaries' direkt und indirekt notwendigen Arbeitsmengen und damit die Preise der betreffenden Produkte. Dies wiederum ist die Ursache für einen gerade das Realeinkommen je Beschäftigten stabilisierenden Anstieg der Geldlöhne. Anders in der industriellen Produktion: Dort herrschen nach Ricardos Auffassung tendenziell konstante Skalenerträge und somit konstante Produktionskosten im Sinne direkt und indirekt notwendiger Arbeitsmengen je erzeugter Einheit.(1)

---

(1) Daß die mit immer größerem Arbeitsaufwand erzeugten Rohstoffe als Inputs in den industriellen Sektor eingehen und auf diese Weise dessen Produkte indirekt verteuern, wird von Ricardo, wenn überhaupt, nur mangelhaft berücksichtigt.

Folglich gilt:

"The same cause that raises labour (gemeint ist der Geldlohn), does not raise the value of machines, and, therefore, with every augmentation of capital, a greater proportion of it is employed on machinery" (I/395). (1)

Ricardos Überlegungen können wiederum mittels des Instruments der Reallohn-Profitraten-Beziehung verdeutlicht werden (vgl. Abb. 2). Würde der Akkumulationsprozeß ohne die Einführung von Maschinerie und verbesserter Maschinerie vonstatten gehen - ein rein hypothetischer Verlauf der Entwicklung, von Ricardo als 'natural progress' bezeichnet -, so käme es wegen der abnehmenden Ertragszuwächse in der Landwirtschaft zu einer kontinuierlichen Verschiebung der ω-r-Beziehung zum Ursprung hin. In Abb. 2 bezeichnen T_0 und T_1 entsprechend die einem frühen und einem späteren Stadium der Kapitalakkumulation und des Bevölkerungswachstums zugeordneten Verteilungskurven unter der (kontrafaktischen) Annahme, daß es im Verlauf des Prozesses zu keiner Anwendung von Maschinerie kommt. Offenbar würde unter diesen Bedingungen die Profitrate bei unterstellter Konstanz des Reallohnes in Höhe von ω^* von r_0^T auf r_1^T fallen. Nehmen wir nun mit Ricardo an, daß bereits in Periode 0 ein Verfahren zur Herstellung und solche zur Anwendung einer Maschine bekannt sind, d.h. als Inventionen in einer Art 'book of blue-prints' existieren. Es stellt sich die Frage, ob und wann aus diesen Inventionen Innovationen werden. Um sie zu beantworten, müssen wir untersuchen, welche Konsequenzen die Einführung der Maschine in den Perioden 0 bzw. 1 haben würde. Wir gehen in Übereinstimmung mit Ricardo davon aus, daß die Maschine vom outputreduzierenden Typ ist, und erhalten somit für die betrachteten Perioden die zuvor behandelte charakteristische (und hier als proportional angenommene) Verschiebung und Drehung der jeweiligen ω-r-Beziehung von T_0 zu M_0 und von T_1 zu M_1. Im dargestellten Fall zeigt sich nun das von Ricardo beschriebene Resultat: In Periode 0, welche durch einen (relativ) niedrigen Geldlohnsatz gekennzeichnet ist, ist die Einführung der Maschine (noch) nicht profitabel; die mit ihr zu erzielende allgemeine Profitrate r_0^M ist kleiner als die ohne sie zu

---

(1) Für den Fall, daß die Proportion zwischen (direkter) Arbeit und Produktionsmitteln in der Maschinenerzeugung kleiner ist als in der Subsistenzmittelerzeugung, kommt es zu einer zusätzlichen (relativen) Verbilligung der Maschine infolge des von der (sinkenden) Profitrate auf die Preise ausgehenden Einflusses.

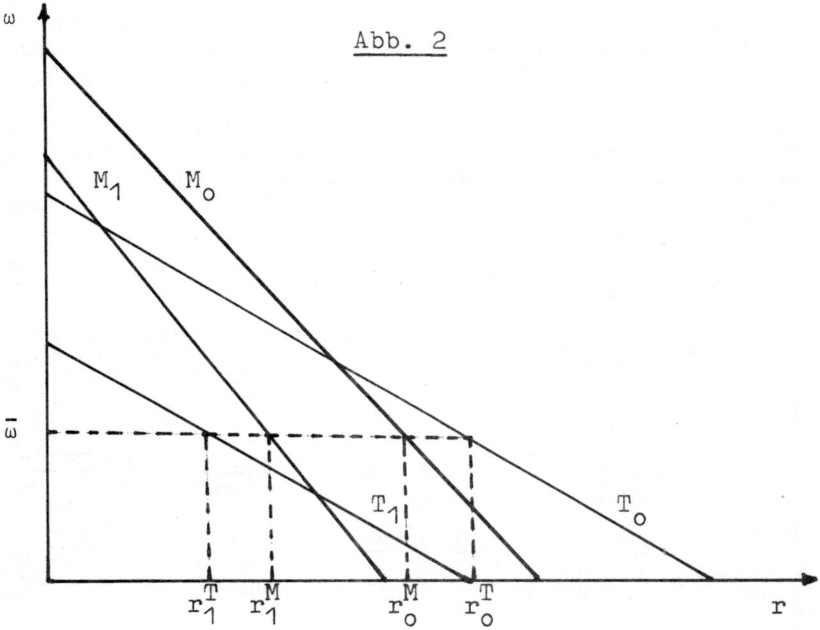

erzielende r_o^T.(1) In Periode 1 indes, welche bei Konstanz des Reallohns durch einen höheren Geldlohn gekennzeichnet ist, erweist sich die mit Maschine produzierende Technik als superior: Die mit ihrer Hilfe zu erzielende Profitrate r_1^M ist größer als die ohne sie zu erzielende r_1^T.(2)

---

(1) Wie im Rahmen der kapitaltheoretischen Debatte gezeigt worden ist, ist zumindest im Fall von Systemen mit Einproduktzweigen die profitratenmaximierende zugleich die kostenminimierende Technik (vgl. z.B. Pasinetti, 1977, S. 158 f.).

(2) Schumpeter bestreitet ausgerechnet im Kontext einer Diskussion des Ricardoschen Maschineriekapitels, daß den klassischen Autoren - ausgenommen Barton - bewußt war, daß auch Maschinen eingeführt werden können, "that are no novelties to producers and, sofar as technological knowledge is concerned, could have been introduced but were not introduced before, because it would not have been profitable to do so" (1954, S. 679, Fn. 94). Im Anschluß hieran bezeichnet er diese Art technologischen Wandels als "a change in the combination of factors within unchanging production functions" (ibid., S. 679 f.).

Ricardo schließt seine Analyse des Zusammenhangs von technologischem Wandel, Akkumulation, Einkommensverteilung und Beschäftigung im 31. Kapitel mit der resümierenden Aussage:

"The demand for labour will continue to increase with an increase of capital, but not in proportion to its increase; the ratio will necessarily be a diminishing ratio" (I/395).

Literaturverzeichnis

BHARADWAJ, K. (197o), On the Maximum Number of Switches between Two Production Systems, Schweizerische Zeitschrift für Volkswirtschaft und Statistik, Bd.1o6, S. 4o9-429.

- (1978), Classical Political Economy and Rise to Dominance of Supply and Demand Theories, Calcutta.

- (1982), Samuel Hollander on Ricardo's Theory of Distribution, Diskussionsbeitrag Nr. 2 zur gesamtwirtschaftlichen Theorie und Politik, Bremen.

BLAUG, M. (1958), Ricardian Economics, New Haven.

- (1968), Economic Theory in Retrospect, 2. Auflage, Homewood.

CLAIR, O.St. (1965), A Key to Ricardo, New York.

EDELBERG, V. (1933), The Ricardian Theory of Profits, Economica, Bd. 13, S. 51-74.

ELTIS, W.A. (1975), Francois Quesnay: A Reinterpretation. 1. The Tableau Economique, Oxford Economic Papers, Bd. 27, S. 167-2oo.

FERGUSON, C.E. (1973), The Specialization Gap: Barton, Ricardo, and Hollander, History of Political Economy, Bd. 5, S. 1-13.

GAREGNANI, P. (1982), On Hollander's Interpretation of Ricardo's early Theory of Profits, Cambridge Journal of Economics, Bd. 6, S. 65-77.

GOURVITCH, A. (194o), Survey of Economic Theory on Technological Change and Unemployment, Philadelphia.

HICKS, J. (1969), A Theory of Economic History, Oxford.

HOLLANDER, S. (1971), The Development of Ricardo's Position on Machinery, History of Political Economy, Bd. 3, S. 1o5-135.

- (1979), The Economics of David Ricardo, Toronto.

JECK, A. (1982), Ricardo on Machinery - Chronik der laufenden Ereignisse, Manuskript, Kiel.

- (1983), Zur Aktualität von Ricardos Diskussion des Maschinenwesens, Beitrag zum Symposium "Arbeit und Technik", Bremen.

JONUNG, L. (1981), Ricardo on Machinery and the Present Unemployment: An Unpublished Manuskript by Knut Wicksell, Economic Journal, Bd. 91, S. 195-2o5.

KURZ, H.D. (1977), Zur neoricardianischen Theorie des Allgemeinen Gleichgewichts der Produktion und Zirkulation, Berlin.

- (1979), Wahl der Technik und Arbeitswertlehre in einem einfachen Modell mit zwei originären 'Faktoren', Jahrbuch für Sozialwissenschaft, Bd. 3c, S. 27-51.

LOWE, A. (1954), The Classical Theory of Economic Growth, Social Research, Bd. 21, S. 127-158.

- (1976), The Path of Economic Growth, Cambridge.

MALTHUS, T.R. (1815), An Inquiry into the Nature and Progress of Rent, London.

- (1815), The Grounds of an Opinion on the Policy of restricting the Importation of Foreign Corn, London.

- (182o), Principles of Political Economy considered with a View to their practical Application, London.

- (1823), The Measure of Value Stated and Illustrated London.

MARX, K. (1967), Das Kapital, Bd. I, MEW 23.

- (1969), Das Kapital, Bd. II, MEW 24.

- (1968), Theorien über den Mehrwert, Bd. II, MEW 26.2.

McCULLOCH, J.R. (1821), The Opinions of Messrs Say, Sismondi, and Malthus, on the Effects of Machinery and Accumulation, Stated and Examined, Edinburgh Review, März, S. 1o2-123.

McKINLEY, E. (1966), Ricardo sulle macchine, Rivista Internazionale di Scienze Economiche e Commerciali, Bd. 13, S. 57o-576.

METTELSIEFEN, B. (1981), Technischer Wandel und Beschäftigung, Frankfurt am Main.

MILL, J.S. (1965), Principles of Political Economy, Bd. II der Collected Works of John Stuart Mill, hrsg. von J.M. ROBSON et al., Toronto.

MONTANI, G. (1975), La teoria della compensazione, Giornale degli Economisti e Annali di Economia, Bd. 34, S. 159-192.

NEISSER, H. (1942), 'Permanent' Technological Unemployment, American Economic Review, Bd. 32, S. 5o-71.

PASINETTI, L.L. (1977), Lectures on the Theory of Production, London und Basingstoke.

- (ed., 198o), Essays on the Theory of Joint Production, London und Basingstoke.

RICARDO, D. (1951-1973), The Works and Correspondence of David Ricardo, 11 Bände, hrsg. von P. SRAFFA unter Mitarbeit von M.H. DOBB, Cambridge.

- (1823), Notes on Malthus's "Measure of Value", Ricardo's unpublished last Words on the Subject of Value; hrsg. von P.L. PORTA (1979), Rivista Internazionale di Scienze Economiche e Commerciali, Bd. 26, S. 7-35.

SCHUMPETER, J.A. (1954), History of Economic Analysis, London.

SRAFFA, P. (196o), Production of Commodities by Means of Commodities, Cambridge.

STEUART, J. (1966), An Inquiry into the Principles of Political Oeconomy (1767), hrsg. von A.S. SKINNER, Chicago.

Jörg Glombowski

TECHNISCHER FORTSCHRITT, REALLOHN UND BESCHÄFTIGUNG IN EINEM MARXSCHEN MODELL LANGFRISTIGEN WACHSTUMS

"Aber mit der wachsenden Produktivität der Arbeit geht, wie man gesehn, die Verwohlfeilerung des Arbeiters, also wachsende Rate des Mehrwerts, Hand in Hand, selbst wenn der reelle Arbeitslohn steigt. Er steigt nie verhältnismäßig mit der Produktivität der Arbeit."

Karl Marx, Das Kapital
Bd. 1, MEW 23, S. 631

"Die verhältnismäßige Größe der industriellen Reservearmee wächst also mit den Potenzen des Reichtums."

Karl Marx, Das Kapital
Bd. 1, MEW 23, S. 673

"Das Gesetz von der fallenden Rate des Profits, worin dieselbe oder selbst eine steigende Rate des Mehrwerts sich ausdrückt, heißt in andern Worten: Irgendein bestimmtes Quantum des gesellschaftlichen Durchschnittskapitals, z.B. ein Kapital von 1oo genommen, stellt sich ein stets größrer Teil desselben in Arbeitsmitteln und ein stets geringrer Teil desselben in lebendiger Arbeit dar. Da also die Gesamtmasse der den Produktionsmitteln zugesetzten lebendigen Arbeit fällt im Verhältnis zum Wert dieser Produktionsmittel, so fällt auch die unbezahlte Arbeit und der Wertteil, worin sie sich darstellt, im Verhältnis zum Wert des vorgeschoßnen Gesamtkapitals."

Karl Marx, Das Kapital
Bd. 3, MEW 25, S. 225 f

1. Einleitung (1)

In der Marxschen Akkumulationstheorie werden die Zusammenhänge zwischen Akkumulation, Beschäftigung, Einkommensverteilung, technischem Fortschritt und der Produktionsstruktur untersucht. Diese Zusammenhänge können unter durchaus verschiedenartigen Aspekten analysiert werden, z.B.

- unter kurzfristigen, konjunktur- bzw. krisentheoretischen Gesichtspunkten,
- unter langfristigem, stagnations- oder zusammenbruchstheoretischem Blickwinkel,
- aus der Perspektive struktureller Veränderungen der Arbeitsprozesse, der Branchenstruktur und der internationalen Arbeitsteilung.

Der vorliegende Artikel ist eindeutig langfristig und makroökonomisch orientiert. Im wesentlichen geht es um die Frage, inwieweit typische langfristige Tendenzaussagen aus der marxistischen Theorie sich im Rahmen eines auf Marxschen Annahmen beruhenden Modells als gültig und kompatibel nachweisen lassen. Gemeint sind im einzelnen die Thesen

- einer steigenden Mehrwertrate ("relative Verelendung")
- zunehmender Arbeitslosigkeit ("progressive Produktion einer industriellen Reservearmee")
- einer steigenden organischen Zusammensetzung des Kapitals und
- einer sinkenden Profitrate ("Gesetz vom tendenziellen Fall der Profitrate").

Viele Modelle, die sich auf die genannten Entwicklungshypothesen beziehen, tragen lediglich partiellen Charakter. So wird z.B. die Entwicklung der Profitrate durch profitorientierte Technikwahl auf der Basis eines <u>exogen</u> bestimmten Lohnsatzes erklärt. Derartige Analysen abstrahieren von den Verteilungswirkungen der Kapitalakkumulation, die über Schwankungen des Beschäftigungsgrades vermittelt sind und durch Veränderungen der Profitrate ausgelöst werden. Andererseits finden sich Modelle des Akkumulationsprozesses, in denen von technischen Veränderungen abstrahiert wird oder aber ad hoc-Hypothesen über die Ver-

---

(1) Der hier vorliegende Artikel unterscheidet sich von dem für die Frühjahrstagung 1982 des Arbeitskreises Politische Ökonomie vorbereiteten Referat in drei Punkten: Anstelle makroökonomischer Wertaggregate dienen "technische" Koeffizienten als Modellbausteine; der thematische Umfang ist reduziert, z.B. wird auf eine zweisektorale Erweiterung des Modells verzichtet; schließlich werden auch andere Beweisverfahren verwendet.

änderungen makroökonomischer Wertaggregate zugrundegelegt werden, ohne deren notwendigen Zusammenhang zu problematisieren.(1)

Im nachfolgenden Modell wird der Versuch unternommen, die oben genannten Tendenzen simultan zu beschreiben. Als Bindeglied zwischen der sich lediglich auf den technischen Fortschritt orientierenden Analyse einerseits und der beschäftigungs- bzw. verteilungsgerichteten Akkumulationsbetrachtung andererseits fungiert der Reallohn. Es wird angenommen, daß er sowohl vom Produktivitätsfortschritt als auch von der Beschäftigungsentwicklung abhängt.

Daß das präsentierte Modell selbst nicht ohne erhebliche Vereinfachung auskommt, wird anhand seiner Darstellung in Abschnitt 2 deutlich werden. In Abschnitt 3 wird gezeigt, daß es sich auf eine einzige nicht-autonome Differentialgleichung für den Reallohn reduzieren läßt. Damit die oben erwähnten typisch Marxschen Entwicklungstendenzen resultieren, muß die Entwicklung des Reallohns gewissen Beschränkungen genügen, die in Abschnitt 4 formuliert werden. In Abschnitt 5 wird gezeigt, daß ökonomisch sinnvolle Parameterkonstellationen und Anfangsbedingungen existieren, die die genannten Marxschen Entwicklungstendenzen erzeugen. Abschließend wird kurz diskutiert, wie sich die Modellergebnisse zum sogenannten "Kostenkriterium", d.h. zu der Prämisse, daß lediglich kostensenkende technische Neuerungen realisiert werden, verhalten.

2. Das Modell

Wir beginnen die Darstellung des Modells mit einer Reihe von Definitionen. Dabei werden auch die Symbole eingeführt. Anschließend erläutern wir die getroffenen Annahmen.

In unserem Ein-Produkt-Modell mit ausschließlich zirkulierendem Kapital und ohne Realisierungsprobleme machen wir von drei "technischen" Koeffizienten Gebrauch: a bezeichnet den direkten Produktverbrauch pro Produkteinheit, a_o steht für den Verbrauch an Arbeitszeit pro Produktein-

(1) Man denke in diesem Zusammenhang etwa an Diskussionen über die Frage, um wieviel die Mehrwertrate steigen darf, ohne eine vorausgesetzte Zunahme der organischen Zusammensetzung in ihrer Wirkung auf die Profitrate überzukompensieren.

heit und a^o ist der Reallohn pro Arbeitszeiteinheit.(1) Alle drei werden als nicht-negativ vorausgesetzt.

Der Wert (w) einer Produkteinheit ist dann gegeben durch

(1) $w = wa + a_o = a_o/(1-a)$.

Der Wert der Ware Arbeitskraft pro Einheit reproduzierter und gelieferter Arbeitszeit (w_o) ist definiert als

(2) $w_o = wa^o = a^o a_o/(1-a)$.

In Anlehnung an Marx können drei Variablen unterschieden werden, die das Verhältnis zwischen Arbeits- und Produktionsmitteleinsatz charakterisieren: die technische Zusammensetzung des Kapitals (ϑ), das Verhältnis zwischen toter und lebendiger Arbeit (τ) und die organische Zusammensetzung des Kapitals (ω). Im einzelnen definieren wir sie wie folgt:

(3) $\vartheta = a/a_o$,

(4) $\tau = wa/a_o = a/(1-a)$ und

(5) $\omega = wa/(w_o a_o) = a/(a_o a^o)$.

Die Mehrwertrate (σ) kann als Quotient aus Mehrarbeitszeit und notwendiger Arbeitszeit pro Zeiteinheit berechnet werden:

(6) $\sigma = (1-w_o)/w_o = (1-a-a_o a^o)/(a_o a^o)$.

Als Profitrate (ρ) bezeichnen wir

(7) $\rho = \sigma/(\omega+1) = (1-a-a_o a^o)/(a+a_o a^o)$.

Von Interesse sind ferner die Stückkosten, wobei wir reale Stückkosten (r), definiert als Summe von direktem und indirektem (via Arbeiterkonsum) Produktverbrauch pro Produkt-

(1) "Technisch" ist in Anführungsstriche gesetzt, weil diese Parameter in Wirklichkeit nicht, oder jedenfalls nicht vollständig, technisch determiniert sind. Hinsichtlich des Reallohns ist das sowieso klar, sobald man nicht schlicht von existenzminimaler Entlohnung ausgeht. Höhe und Veränderung der anderen Parameter sind (a)nicht unabhängig von der Einkommensverteilung, wenngleich hier von diesen Zusammenhängen abstrahiert wird, und unterliegen (b) innerbetrieblichen Einflußmomenten, z.B. Auseinandersetzungen um die Arbeitsintensität, Materialverbrauchsnormen, den Krankenstand usw.

einheit, und bewertete Kosten pro Produkteinheit (k), definiert als Summe von direktem und indirektem Arbeitsaufwand, unterscheiden können. Die entsprechenden Definitionen lauten:

(8) $r = a + a_o a^o$ bzw.

(9) $k = wr = a_o(a+a_o a^o)/(1-a)$.

Für die Definition der bisher eingeführten Variablen genügte der Rekurs auf die "technischen" Parameter. Für die Definition makroökonomischer Variablen ist darüberhinaus das absolute Produktionsniveau (X) erforderlich, das wir selbstverständlich als positiv unterstellen. Damit erhalten wir als konstantes Kapital (C), variables Kapital (V) und Mehrwert (M) auf makroökonomischer Ebene

(10) $C = waX$,

(11) $V = wa_o a^o X$ bzw.

(12) $M = (1-wa^o)a_o X$.

Natürlich stimmen die daraus zu bildenden Ausdrücke C/V (organische Zusammensetzung des Kapitals), C/(V+M) (Verhältnis von toter zu lebendiger Arbeit) und M/(C+V) (Profitrate) mit den oben definierten Variablen ω, τ und ρ überein.

Schließlich definieren wir noch das Wertprodukt (V+M), den Produktenwert (W) und das Kapital, gemessen in Wertgrößen (K):

(13) $V + M = a_o X$,

(14) $W = C + V + M = wX$ und

(15) $K = C + V = w(a+a_o a^o)X$.

Damit ist die Reihe der Definitionen (vorerst) abgeschlossen. Wir können uns nunmehr den Annahmen zuwenden. Wie schon in der Einleitung ausgeführt, wollen wir die Reallohnentwicklung nicht exogen festlegen (wodurch dann eine Reihe von Variablen ohne Rekurs auf makroökonomische Umstände zu bestimmen wäre). Vielmehr soll die Profitrate über die Akkumulation auf die Beschäftigung (und den Beschäftigungsgrad) wirken, sowie umgekehrt der Einfluß von Beschäftigungsgradänderungen auf die Reallohnentwicklung und die Profitrate berücksichtigt werden. Durch diese Rückkopplung beeinflussen makroökonomische Beziehungen die Entwicklung von Variablen wie der Mehrwertrate, der organischen Zusammensetzung des Kapitals und der Profitrate.

Die Kapitalakkumulation soll einem konstanten Bruchteil (α) des Mehrwerts gleichkommen: (1)

(16) $\dot{K} = \alpha M \quad , \qquad 0 < \alpha < 1 \quad .$

Das Arbeitsangebot (A) wachse mit der konstanten Rate n:

(17) $\hat{A} = n \qquad n > 0 \quad .$

Der Beschäftigungsgrad (β) wird als Verhältnis von Beschäftigten (B) zum Arbeitsangebot, beide gemessen in der Anzahl Personen, definiert:

(18) $\beta = B/A \quad .$

Die Beschäftigung erhalten wir unter der Voraussetzung einer konstanten Arbeitszeit pro Person pro Zeiteinheit (h) als Quotient aus dem Wertprodukt und dieser Arbeitszeit:

(19) $B = (V+M)/h = a_o X/h \qquad \text{mit } h = \text{const.} > 0 \quad .$

Hinsichtlich der Reallohnbewegung unterstellen wir zwei Einflußfaktoren: die Produktivitätsentwicklung, repräsentiert durch die Schrumpfungsrate des Werts pro Produkteinheit (2), und die Entwicklung des Beschäftigungsgrades. Der konkrete Zusammenhang sei durch die Funktion

(2o) $\hat{a}^o = - b_1 \hat{w} + b_2 \hat{\beta} \qquad \text{mit } 0 < b_1 = \text{const.} < 1$
$\text{und } 0 < b_2 = \text{const.}$

beschrieben. Der Reallohn steigt also mit fallendem Wert, wenn auch wegen $b_1 < 1$ unterproportional. Bei unverändertem Beschäftigungsgrad ($\hat{\beta} = 0$) implizierte das einen sinkenden Wert der Arbeitskraft bzw. eine steigende Mehrwertrate. Dieser Teil der Funktion beschreibt in gewisser Weise die Verteilungswirkung des technischen Fortschritts, die Marx mit dem Begriff "Produktion des relativen Mehrwerts" bezeichnet. Je größer b_1, desto kleiner ist der "relative Mehrwert"-Effekt. Es schien uns angemessen, mit einem positiven b_1 zu operieren, um den positiven Effekt von Produktivitätssteigerungen auf die Reallohnentwick-

---

(1) Bezüglich der Notation gelten $\dot{x} = dx/dt$ und $\hat{x} = \dot{x}/x$.
(2) An dieser Stelle ist natürlich noch keineswegs sichergestellt, daß der Wert pro Produkteinheit im Modell sinkt bzw. zu jedem Zeitpunkt sinkt. Diese Entwicklung wird jedoch durch unten noch zu treffende Annahmen, vgl. hierzu (21)-(24), impliziert.

lung berücksichtigen zu können, den auch Marx als Möglichkeit konzediert.(1)

Der vom Beschäftigungsgrad auf die Lohnentwicklung ausgehende (zweite) Effekt soll die Stärkung bzw. Schwächung der Verhandlungsposition der Arbeiter bei steigendem bzw. fallendem Beschäftigungsgrad zum Ausdruck bringen. Im Gegensatz etwa zum Goodwin-Modell, in dem der Beschäftigungsgrad selbst als Argument auftritt, ist hier die Wachstumsrate des Beschäftigungsgrads gewählt worden, weil für eine langfristige Betrachtung der Lohn-lag, der im Goodwin-Modell als cycle-maker fungiert, vernachlässigt werden kann.(2)

Die beiden letzten Annahmen des Modells beziehen sich auf die Entwicklung der "technischen" Koeffizienten a bzw. a_o im Zeitverlauf. Sie werden zwar nicht endogen erklärt (3), wohl aber in einer Form spezifiziert, die Marx' Annahmen über den Charakter des technischen Fortschritts Rechnung tragen soll. Wir unterstellen

(21) $a = 1 - be^{-\mu t}$ mit $\mu = \text{const.} > 0$ und $0 < b = \text{const.} < 1$

und

(22) $a_o = a_o(0)e^{-\nu t}$ mit $a_o(0) > 0$ und $\nu = \text{const.} > 0$.

Die trendmäßige Abnahme des direkten Arbeitsaufwandes, die in (22) postuliert wird, bedarf sicher keiner weiteren Erläuterung. Anders steht es mit (21). Technischer Fortschritt wäre im Prinzip möglich mit konstantem oder sinkendem Materialaufwand pro Produkteinheit. Unter der Voraussetzung,

---

(1) Vgl. das erste dem Artikel vorangesetzte Motto.

(2) Vgl. für das Goodwin-Modell: Goodwin, R.M., A Growth Cycle, in: Hunt, E.K./Schwartz, J.G. (Hrsg.), A Critique of Economic Theory, Harmondsworth 1972, S. 442-449. Die Konsequenzen der unterschiedlichen Hypothesen werden klar herausgearbeitet in Wittmann, U., Konjunktur und Einkommensverteilung: Interpretation der Marxschen Einkommensverteilungshypothese, Diplomarbeit Universität Dortmund 1978.

(3) Weder die Wahl zwischen verfügbaren technischen Alternativen noch die Richtung, in der neue Verfahren gesucht werden, ist bei Marx von den (Faktor-)Preisverhältnissen unabhängig. Es sei z.B. an Marx' bekannten Hinweis auf die Steinklopfmaschine erinnert, die in den USA Arbeiter verdrängt, weil sie billiger "arbeitet", während sie in England noch die "Konkurrenz" mit den schlecht bezahlten Arbeitern "verliert". Vgl. Marx, K., Das Kapital Bd. 1, MEW 23, S. 415.

daß der Materialaufwand nicht schneller fiele als der Arbeitsaufwand, würde damit Marx' These einer steigenden technischen Zusammensetzung des Kapitals nicht widersprochen. Da Marx zufolge aber auch das Verhältnis von toter zu lebendiger Arbeit zunimmt, müssen wir mit Blick auf (4) ein steigendes a unterstellen, um Marx' Vorstellungen adäquat wiederzugeben. Auch die spezielle Form einer Sättigungsfunktion mit $\lim_{t\to\infty} a = 1$ wird mit Blick auf (4) plausibel, denn sie garantiert eine kontinuierliche Zunahme von τ für alle t.

Unter Zugrundelegung der Funktionen (21) und (22) erhalten wir

(23) $\hat{w} = -(\nu-\mu)$.

Da ein sinkender Warenwert zu den Charakteristika des technischen Fortschritts bei Marx gehört, unterstellen wir im folgenden

(24) $\nu > \mu > 0$.

3. Herleitung der Bewegungsgleichung für den Reallohn

Wie wir in diesem Abschnitt sehen werden, kann das Modell auf eine nicht-autonome Differentialgleichung in a^o reduziert werden. Wegen (17), (18), (19) und (22) gilt

(25) $\hat{\beta} = -\nu + \hat{X} - n$.

Setzen wir diesen Ausdruck sowie (23) in (2o) ein, dann ergibt sich

(26) $\hat{a}^o = b_1(\nu-\mu) + b_2(\hat{X}-\nu-n)$.

Wir müssen nun lediglich noch $\hat{X}$ als Funktion von a^o und t darstellen. Aus (8) und (15) läßt sich für die Kapitalwachstumsrate die Beziehung

(27) $\hat{K} = \hat{w} + \hat{r} + \hat{X}$

formulieren, während über die Akkumulationsgleichung (16) in Verbindung mit (12), (15), (7) und (8) die Beziehung

(28) $\hat{K} = \alpha\rho = \alpha(1-r)/r$

folgt. Setzen wir die rechten Seiten einander gleich und lösen wir nach $\hat{X}$ auf, dann folgt

(29) $\hat{x} = \alpha(1-r)/r + \nu - \mu - \hat{r}$.

Nach Einsetzen in (26) ergibt sich

(3o) $\hat{a}^o = b_1(\nu-\mu) - b_2(\mu+n) + \alpha b_2(1-r)/r - b_2\hat{r}$.

Für $\hat{r}$ ermitteln wir aus (8) die Beziehung

(31) $\hat{r} = \mu\frac{(1-a)}{r} + \hat{a}^o \frac{(r-a)}{r} - \nu \frac{(r-a)}{r}$.

Einsetzen von (31) in (3o) und Auflösen nach $\hat{a}^o$ führt schließlich zu

(32) $\hat{a}^o = \frac{r[b_1(\nu-\mu) - b_2(\mu+n)]}{r + b_2(r-a)} + b_2\frac{\alpha(1-r) - \mu(1-a) + \nu(r-a)}{r + b_2(r-a)}$.

Wegen (21) ist a als Funktion der Zeit gegeben. Für (r-a) gilt wegen (8) und (22)

(33) $r-a = a_o(0)e^{-\nu t}a^o$,

d.h. (r-a) ist eine Funktion von a^o und t. Daher stellt (32) die gesuchte Differentialgleichung in a^o dar.

4. Bedingungen für Marxsche Zeitpfade der Variablen

Wir sind in erster Linie an der Frage interessiert, ob es Zeitpfade für a^o gibt, die die langfristigen Tendenzaussagen von Marx implizieren. Gibt es, konkreter gefragt, Zeitpfade des Reallohns, bei denen simultan
(a) die Mehrwertrate zunimmt,
(b) die organische Zusammensetzung des Kapitals steigt,
(c) der Beschäftigungsgrad fällt und
(d) die Profitrate sinkt?
Sollen diese Entwicklungen als Modellergebnisse resultieren, dann muß die Wachstumsrate des Reallohns bestimmten Restriktionen genügen. Diese werden in diesem Abschnitt formuliert.

Betrachten wir zunächst die <u>organische Zusammensetzung</u> des Kapitals. Aus (5) erhält man

(34) $\hat{\omega} = \hat{a} - \hat{a}_o - \hat{a}^o$.

Es gilt daher

(35) $\hat{a}^o < \nu + \hat{a} \iff \hat{\omega} > 0$,

wobei zu beachten ist, daß (22) für endliche t positive $\hat{a}$ impliziert.

Die Mehrwertrate steigt dann und nur dann, wenn der Wert der Arbeitskraft fällt, vgl. (6). Dies ist aber wegen (2) genau dann der Fall, wenn die Wachstumsrate des Reallohns hinter der Schrumpfungsrate des Werts pro Produkteinheit zurückbleibt. Daher gilt:

$$(36) \quad \hat{a}^o < \nu - \mu \iff \hat{\sigma} > 0 \ .$$

Die Wachstumsrate des Beschäftigungsgrads ergibt sich aus (2o) als

$$(37) \quad \hat{\beta} = (\hat{a}^o + b_1\hat{w})/b_2 \ .$$

Sie ist dann und nur dann negativ, wenn der Klammerausdruck negativ ist, d.h.

$$(38) \quad \hat{a}^o < b_1(\nu-\mu) \iff \hat{\beta} < 0 \ .$$

Wegen $b_1 < 1$ impliziert die Geltung von (38) die von (36), die ihrerseits die Geltung von (35) beinhaltet.

Kommen wir schließlich zur Profitrate. Sie fällt dann und nur dann, wenn die realen Stückkosten (r) zunehmen. Die Bedingung dafür läßt sich aus (31) ableiten. Wir erhalten

$$(39) \quad \hat{a}^o > \nu - \mu(1-a)/(r-a) \iff \hat{\rho} < 0 \ .$$

Während (38) eine Obergrenze für die Wachstumsrate des Reallohns konstituiert, gibt (39) eine Untergrenze an. Wir fassen beide Restriktionen noch einmal in der doppelten Ungleichung

$$(4o) \quad \nu - \mu(1-a)/(r-a) < \hat{a}^o < b_1(\nu-\mu)$$

zusammen. Wenn Bedingungen angegeben werden könnten, unter denen der in (32) implizit gegebene Zeitpfad des Reallohns der doppelten Ungleichung (4o) permanent genügte, dann wären damit Bedingungen gefunden, unter denen die oben genannten Variablen (ω,σ,β und ρ) "Marxschen" Zeitpfaden folgten.

5. Beweis der Existenz Marxscher Zeitpfade

Wir versuchen in diesem Abschnitt zu zeigen, daß es Lösungen für (32) gibt, die (4o) für alle $t \geq 0$ befriedigen. Natürlich sind nur ökonomisch sinnvolle Lösungen interessant, d.h. Lösungen, die ökonomisch motivierte Nichtnegativitätsbedingungen erfüllen wie z.B. $a^o > 0$, $\sigma > 0$, $\rho > 0$

und $\beta > 0$. Ferner dürfte klar sein, daß Marxsche Lösungen nur unter bestimmten, näher anzugebenen Parameterkonstellationen existieren können.

Die Beweisstrategie ist die folgende: Wir formulieren zunächst eine Restriktion bezüglich der "technischen" Parameter, deren Einhaltung die Nichtnegativität wichtiger Variablen beinhaltet. Wir versuchen dann den folgenden Satz zu beweisen:

Sind die soeben erwähnte Nichtnegativitätsbedingung (41) und die doppelte Ungleichung (4o) zu einem beliebigen Zeitpunkt erfüllt, dann lassen sich hinreichende Bedingungen angeben, unter denen beide für alle späteren Zeitpunkte erfüllt bleiben.

In einem zweiten Schritt geht es um den Nachweis, daß Parameterkonstellationen und Anfangswerte existieren, die in einem Anfangszeitpunkt die Nichtnegativitätsbedingung (41) sowie (4o) erfüllen und den sonstigen bei der Modellbeschreibung eingeführten Parameterbeschränkungen genügen.

Die Nichtnegativitätsbedingungen $\sigma \geq 0$ bzw. $\rho \geq 0$ werden eingehalten, wenn $0 \leq w_o \leq 1$ bzw. $0 \leq r \leq 1$ gelten. Diese beiden Ungleichungen wiederum sind dann erfüllt, wenn

$$(41) \qquad 0 \leq \frac{a_o a^o}{1-a} = \frac{r-a}{1-a} = w_o \leq 1$$

gilt.(1)

Als nächstes bemerken wir, daß die Geltung von (4o) für ein bestimmtes t zweierlei impliziert, nämlich

$$(42) \qquad dr/dt > 0 \quad \text{und}$$

$$(43) \qquad d(r-a)/dt < 0 \quad .$$

(42) ergibt sich direkt aus der Konstruktion der linken Ungleichung von (4o) und der Voraussetzung, daß (4o) für t gilt. Aus dieser Voraussetzung und (33) resultiert ferner

$$(44) \qquad \hat{a}_o + \hat{a}^o < -\nu + b_1(\nu-\mu) < 0 \quad ,$$

d.h. die Bestätigung für (43).

Wir können weiterhin konstatieren, daß, wenn (4o) und (41) für ein bestimmtes t gelten, (41) erhalten bleibt.

(1) Die Annahmen hinsichtlich der "technischen" Koeffizienten (Nichtnegativität) sowie bezüglich X und A (Positivität) garantieren, daß alle sonstigen Variablen nichtnegativ sind.

Es gilt nämlich

$$(45) \qquad \frac{d[\log a_o a^o/(1-a)]}{dt} < -(1-b_1)(\nu-\mu) < 0 \quad ,$$

d.h. das Mittelglied in (41) fällt, wobei sowohl der Zähler als auch der Nenner für endliches t positiv bleiben.

Betrachten wir nun die rechte Ungleichung von (4o), wobei $\hat{a}^o$ aus (32) substituiert wird. Wir erhalten zunächst

$$(46) \qquad \frac{r[b_1(\nu-\mu) - b_2(\mu+n)]}{r + b_2(r-a)} + b_2\frac{\alpha(1-r) - \mu(1-a) + \nu(r-a)}{r + b_2(r-a)} <$$

$$< \frac{b_1(\nu-\mu)[r + b_2(r-a)]}{r + b_2(r-a)} \quad .$$

Multiplikation von (46) mit dem (positiven) Nenner, Wegstreichen von $rb_1(\nu-\mu)$ und Teilen durch b_2 führt zu

$$(47) \qquad -r(\mu+n) + \alpha(1-r) - \mu(1-a) + \nu(r-a) < b_1(\nu-\mu)(r-a) \quad .$$

Durch weitere Umformungen bekommen wir mit

$$(48) \qquad \alpha + (1-b_1)(\nu-\mu)(r-a) < \mu + (\alpha+n)r$$

eine Formulierung, die zunächst nichts weiter ist als eine tautologische Umformung der rechten Ungleichung von (4o). Jedoch können wir wegen (42) und (43) den Schluß ziehen, daß die linke Seite von (48) fällt und die rechte Seite steigt. Die vorausgesetzte Geltung von (4o) für t impliziert also, daß die rechte Ungleichung erhalten bleibt.

Wenden wir uns nun der linken Ungleichung von (4o) zu. Substitution von (32) und Multiplikation mit $r + b_2(r-a)$ ergibt

$$(49) \qquad \nu\left[r + b_2(r-a)\right] - \mu\frac{1-a}{r-a}\left[r + b_2(r-a)\right] <$$

$$< r\left[b_1(\nu-\mu) - b_2(\mu+n)\right] + b_2\left[\alpha(1-r) - \mu(1-a) + \nu(r-a)\right]$$

Die Ausdrücke $b_2\nu(r-a)$ und $\mu(1-a)b_2$ fallen weg. Dividieren wir ferner durch b_2 und sammeln wir die konstanten Ausdrücke auf der linken Seite, dann resultiert

$$(5o)\quad \nu + \alpha b_2 - \left[b_1(\nu-\mu) - b_2(\mu+n)\right] < \mu \frac{1-a}{r-a} + \frac{\alpha b_2}{r} \ .$$

Die bisherigen Annahmen reichen nicht aus, um analog zur Beweisführung hinsichtlich der rechten Seite zu zeigen, daß (5o) erhalten bleibt, wenn es, wie vorgesetzt, zu einem bestimmten Zeitpunkt gilt. Beide Summanden auf der rechten Seite von (5o) sind wegen (41) positiv. Während der erste wegen (45) wächst, fällt der zweite wegen (42). Damit ist ein (vorübergehendes) Fallen der rechten Seite und somit eine Verletzung von (5o) bzw. der linken Ungleichung von (4o) nicht ausgeschlossen. Wenn allerdings die Wachstumsrate des ersten Summanden mindestens gleich der Schrumpfungsrate des zweiten und gleichzeitig der erste Ausdruck nicht kleiner als der zweite wäre, dann bliebe (5o) erhalten. Die so beschriebenen Bedingungen, nämlich

$$(51)\quad \nu - \mu - \hat{a}^o - \hat{r} \geq 0 \quad \text{und}$$

$$(52)\quad \mu(1-a)/(r-a) \geq \alpha b_2/r$$

sind hinreichend, wenngleich unnötig restriktiv. Jedoch sind sie für unseren beschränkten Zweck, die Existenz Marxscher Lösungen zu beweisen, durchaus brauchbar.

Gehen wir den Bedingungen nach, unter denen (51) gilt. Unter Verwendung von (31) folgt aus (51) zunächst

$$(53)\quad (\nu-\mu)(2-\frac{a}{r}) - \mu(\frac{1}{r} - 1) - (2-\frac{a}{r})\hat{a}^o \geq 0 \ .$$

Wir können nun (32) für $\hat{a}^o$ substituieren und erhalten so

$$(54)\quad \operatorname{sign}(\nu-\mu-\hat{a}^o-\hat{r}) =$$

$$\operatorname{sign}\Big\{\left[r + b_2(r-a)\right]\left[(\nu-\mu)(2-\frac{a}{r}) - \mu(\frac{1}{r} - 1)\right] - (2-\frac{a}{r})\Big\{r\left[b_1(\nu-\mu) - b_2(\mu+n)\right] + b_2\left[\alpha(1-r) - \mu(1-a) + \nu(r-a)\right]\Big\}\Big\} \ .$$

Die rechte Seite läßt sich vereinfachen und in die folgende Form bringen:

$$(55)\quad r(1-b_1)(\nu-\mu)(1-\frac{a}{r}) + b_2(r-a)(\nu-\mu)(2-\frac{a}{r}) + b_2\alpha(1-r) + b_2\nu(r-a) + b_2n(1-\frac{a}{r}) + r(1-b_1)(\nu-\mu) + b_2n + (1+b_2)\mu r - \mu \geq 0 \ .$$

Mit Ausnahme des letzten sind alle Summanden positiv. Als hinreichend für die Erfüllung von (55) kann daher

$$(56) \quad (1-b_1)(\nu-\mu) + b_2 n + (1+b_2)\mu r \geq \mu$$

geschrieben werden bzw.

$$(57) \quad r \geq \frac{\mu - b_2 n}{(1-b_1)(\nu-\mu) + (1+b_2)\mu} \quad .$$

Wenn (57) gilt, gelten auch (55), (53) und (51).

Trifft nun für ein bestimmtes t außer (51) auch (52) zu, dann bleibt die linke Ungleichung von (4o) erhalten. Gilt diese Aussage für alle späteren t oder lediglich in der unmittelbaren Umgebung des gewählten Zeitpunkts? Betrachten wir (57) und (52) näher, dann folgt, daß ersteres der Fall ist: Wegen (42) bleibt (57) erhalten und folglich auch (51); ferner fällt wegen (42) die rechte Seite von (52), während die linke Seite wegen (45) steigt. Damit ist der Nachweis erbracht, daß die Geltung von (52) und (57) für ein bestimmtes t hinreichend ist, um die in t geltende linke Ungleichung für alle späteren Zeitpunkte zu garantieren.

Damit ist der erste Schritt unseres Beweisgangs mit dem folgenden Resultat abgeschlossen: Gelten (4o), (41), (52) und (57) für ein bestimmtes willkürliches t, dann gelten alle diese Ungleichungen auch für größere t.

Der zweite Schritt besteht nun darin zu zeigen, daß Parameterkombinationen existieren, die den eingangs bei der Modellbeschreibung getroffenen Annahmen genügen und die die Bedingungen (4o), (41), (52) und (57) für ein Anfangs-t, z.B. t = 0, simultan erfüllen. Diesen Nachweis führen wir durch Angabe eines Zahlenbeispiels. Folgende Parameterwerte seien gegeben:

$\nu = 4/100$	$\mu = 1/100$
$b_1 = 2/3$	$b_2 = 1/2$
$n = 1/100$	$\alpha = 1/20$

Als Ausgangsbedingungen für t = 0 wählen wir

$a(0) = 1 - b = 9/12$ $\qquad$ $a_0(0)a^0(0) = 1/12$.

Damit erhalten wir die folgenden Anfangswerte abgeleiteter Variablen:

$w_0(0) = 1/3$	$\sigma(0) = 2$
$r(0) = 5/6$	$\rho(0) = 1/5$
$\tau(0) = 3$	$\omega(0) = 9$.

Die Bedingungen (4o) bzw. (41) werden erfüllt durch die folgenden Zahlen

(4o)' $1/100 < 31/2100 \approx 0{,}0148 < 2/100$ bzw.

(41)' $0 \leq 1/3 \leq 1$.

Auch (52) und (57) sind für das Zahlenbeispiel gültig:

(52)' $3/100 \geq 3/100$ bzw.

(57)' $5/6 \geq 1/5$.

Damit ist ein Zahlenbeispiel angegeben, das nach den obigen Ausführungen Marxsche Zeitpfade der Variablen generiert.

Es liegt natürlich auf der Hand, daß sich mehr Beispiele dieser Art konstruieren lassen, insbesondere dann, wenn man die hinreichenden Bedingungen (52) und (57) abschwächte.

Die Anfangswerte <u>aller</u> Variablen ließen sich erst dann berechnen, wenn wir $\overline{a_o(0)}$ und $a^o(0)$ einzeln (anstelle ihres Produkts) angäben sowie zusätzlich noch X(0) und A(0) bestimmten. Dagegen können wir die Wachstumsraten aller Variablen des Modells sehr wohl auf der Basis der bislang angenommenen Zahlen ermitteln. Z.B. erhalten wir die folgenden Werte

$\hat{\sigma}(0) = 48/2100$ $\qquad$ $\hat{w}_o(0) = -32/2100$

$\hat{\omega}(0) = 60/2100$ $\qquad$ $\hat{a}^o(0) = 31/2100$

$\hat{\beta}(0) = -22/2100$ $\qquad$ $\hat{X}(0) = 83/2100$

$\hat{\rho}(0) = -6/2100$ $\qquad$ $\hat{r}(0) = 1/2100$

Auf der Basis unserer (qualitativen) Modellergebnisse können wir auch Grenzwerte berechnen, denen die Variablen bzw. ihre Wachstumsraten im Zeitverlauf zustreben. Ausgehend von den Grenzwerten

(58) $\lim_{t \to \infty} a = 1$,

(59) $\lim_{t \to \infty} (r-a) = 0$ und

(6o) $\lim_{t \to \infty} r = 1$

erhalten wir z.B. für die Wachstumsrate des Reallohns aus (32):

$$\text{(61)} \quad \lim_{t \to \infty} \hat{a}^{o} = b_1(\nu-\mu) - b_2(\mu+n) \quad .$$

In unserem Zahlenbeispiel ist diese Wachstumsrate positiv (= 1/1oo), d.h. Marxsche langfristige Lösungen des Modells implizieren nicht notwendigerweise "absolute Verelendung" (fallende Reallöhne) sondern lediglich eine "relative Verelendung" (steigende Mehrwertrate). Interessant ist auch, daß die Wachstumsrate des Produkts auf lange Sicht positiv bleibt, denn es gilt

$$\text{(62)} \quad \lim_{t \to \infty} \hat{X} = \nu-\mu > 0 \quad .$$

Hinsichtlich der Wachstumsraten des Beschäftigungsgrads bzw. der Beschäftigung ergeben sich

$$\text{(63)} \quad \lim_{t \to \infty} \hat{\beta} = -(\mu+n) < 0 \quad \text{bzw.}$$

$$\text{(64)} \quad \lim_{t \to \infty} \hat{B} = -\mu < 0 \quad .$$

Für die Wachstumsrate der realen Stückkosten gilt

$$\text{(65)} \quad \lim_{t \to \infty} \hat{r} = 0 \quad .$$

Zusammen mit (42) und (6o) folgt daraus für die Profitrate

$$\text{(66)} \quad \lim_{t \to \infty} \rho = 0 \text{ bzw.}$$

$$\text{(67)} \quad \lim_{t \to \infty} \hat{\rho} = 0 \quad .$$

Der Wert pro Produkteinheit fällt gemäß (23) mit der konstanten Rate $\nu-\mu$. Damit gehen auf lange Sicht der Wert pro Stück, die wertmäßigen Stückkosten und der Wert der Arbeitskraft gegen null. Für die Mehrwertrate impliziert das

$$\text{(68)} \quad \lim_{t \to \infty} \sigma = \infty \quad \text{bzw.}$$

$$\text{(69)} \quad \lim_{t \to \infty} \hat{\sigma} = 0 \quad .$$

Werfen wir schließlich noch einen Blick auf die organische Zusammensetzung des Kapitals. Aus (34) und (61) folgt für ihre langfristigen Wachstumsrate

$$\text{(7o)} \quad \lim_{t \to \infty} \hat{\omega} = \nu - \left[b_1(\nu-\mu) - b_2(\mu+n)\right] > 0 \quad .$$

6. Das Kostenkriterium

In der Kritik an Marx' langfristigen Tendenzaussagen spielt das Argument eine gewichtige Rolle, daß der von Marx unterstellte Typ des technischen Fortschritts im Widerspruch stehe zur Voraussetzung gewinnmaximierender oder kostenminimierender Wahl der Technik durch die Kapitalisten, die bei ihm ebenfalls unterstellt sei.(1) Es wird in diesem Zusammenhang postuliert, daß die Summe der aus einer technischen Veränderung resultierenden Stückkostenänderung negativ sein muß, wobei der Reallohn und der Wert (Preis), die zum Entscheidungszeitpunkt herrschen, zur Bewertung herangezogen werden. Formal ausgedrückt, soll also gelten

(71) $\dot{k} = w\dot{a} + wa^o\dot{a}_o < 0$.

Ist dieses "Kostenkriterium" in unserem obigen Modell erfüllt? Unter unseren Annahmen kann (71) in

(72) $\mu/\nu < a^o a_o/(1-a)$

überführt werden. Aus (45) folgt, daß die rechte Seite von (72) im Zeitverlauf verschwindet. Sollte das Kostenkriterium also anfänglich erfüllt sein, dann existiert ein endlicher Zeitpunkt, von dem ab es verletzt wird. In unserem Zahlenbeispiel gilt für den Anfangszeitpunkt

(72)' $1/4 < 1/3$,

d.h. das Kostenkriterium ist anfänglich erfüllt. Würde die anfängliche Wachstumsrate des Reallohns beibehalten, dann gälte es für $t < 18{,}879$. Die Wachstumsrate des Reallohns geht jedoch gegen einen niedrigeren Grenzwert. Gälte dieser von Beginn an, dann würde das Kostenkriterium lediglich für $t < 14{,}384$ erfüllt. Zwischen diesen beiden Zeitpunkten liegt der "richtige" Zeitpunkt, der exakt nur auf der Basis einer expliziten Lösung für $a^o(t)$ bestimmt werden könnte. Es zeigt sich, daß eine höhere Wachstumsrate des Reallohns die "Lebensdauer" des Kostenkriteriums verlängert (sofern es überhaupt "lebensfähig" ist). Auf der Basis des Werts der oberen Schranke für $\hat{a}^o$ ergäbe sich z.B., daß es für $t < 28{,}768$ gälte. Um seine permanente Gültigkeit zu gewährleisten, müßte

---

(1) So zeigte z.B. Okishio, daß eine Technikwahl, die dem "Kostenkriterium" genügt, d.h. zu niedrigeren Kosten führt, die Profitrate steigen läßt. Okishios Resultat beruht allerdings auf der Annahme eines exogenen vorgegebenen konstanten Reallohns. Vgl. Okishio, N., Technical Changes and the Rate of Profit, in: Kobe University Economic Review 7/1961, S. 85-9o.

$\hat{a}^o \leq (\nu-\mu)$ möglich sein. Diese Eventualität haben wir hier jedoch ausgeschlossen, weil wegen $b_1 < 1$ die obere Schranke für das Reallohnwachstum kleiner ist. Wollten wir ein Modell formulieren, in dem das Kostenkriterium auf Dauer erfüllt sein könnte, dann müßten wir offensichtlich - vgl. (36) - die Marxsche Tendenzaussage über die Zunahme der Mehrwertrate "opfern". In diese Richtung gehen übrigens neuere Diskussionsbeiträge von Laibman und Roemer.(1)

7. Zusammenfassung und Kommentar

Das oben analysierte Modell verbindet Akkumulation, Beschäftigung, Verteilung und technischen Fortschritt auf der Grundlage Marxscher Hypothesen in der Absicht, langfristige Entwicklungsprozesse zu analysieren. Damit unterscheidet es sich von vielen partielleren Analysen, in denen z.B. der Reallohn konstant gehalten, die Beschäftigungsproblematik ausgeklammert oder vom technischen Fortschritt abstrahiert wird.

Es konnte gezeigt werden, daß unter bestimmten Bedingungen "Marxsche" Zeitpfade der Variablen resultieren, d.h. eine Zunahme der organischen Zusammensetzung des Kapitals, eine steigende Mehrwertrate, eine sinkende Profitrate sowie ein fallender Beschäftigungsgrad.

Den Vorteilen eines solchen integrativen Ansatzes stehen (im vorliegenden Fall) Nachteile gegenüber wie die Beschränkung auf ein Ein-Produkt-Modell und die exogene Vorgabe zweier der drei "technischen" Koeffizienten. Verallgemeinerungen in verschiedene Richtungen erscheinen jedoch möglich. So könnten die Akkumulationsquote, die Arbeitszeit und/ oder die technische Entwicklung endogenisiert werden. Ferner wäre an die Verwendung alternativer Hypothesen über die Reallohnbildung und an Disaggregation zu denken. Schließlich stünde noch die Frage nach der globalen Stabilität der Marxschen Pfade zur Diskussion.

Auch in dem hier präsentierten Modell tritt, jedenfalls auf mittlere Sicht, ein Widerspruch zwischen der deduzierten Entwicklungsrichtung und dem sogenannten "Kostenkriterium" ein. Welche Konsequenzen daraus für die Marxsche Theorie zu ziehen sind, scheint mir beim jetzigen Stand der Diskussion noch nicht sicher. Ist das Kostenkriterium als falsche Konzeptualisierung der Marxschen Ansichten über die Technik-

(1) Siehe Roemer, J., Analytical Foundations of Marxian Economic Theory, Cambridge 1981, Kapitel 6 und Laibman, D., Technical Change, the Real Wage and the Rate of Exploitation, in: Review of Radical Political Economics 14:2/1982, S. 95-1o5

wahl unter kapitalistischen Konkurrenzbedingungen zurückzuweisen? Muß man Marx' langfristig intendiertes Gesetz vom tendenziellen Fall der Profitrate auf eine lediglich mittelfristig mögliche Bewegungsrichtung reduzieren? Oder sollte man die Hypothese einer steigenden Mehrwertrate (bei abnehmendem Beschäftigungsgrad) opfern? Noch vor zehn Jahren wäre letzteres kaum mehr als ein "Opfer", vielmehr als überfällige Korrektur erschienen. Diese Sicherheit erweist sich ex post als trügerisch. Umgekehrt sollten wir nicht vorschnell ins Gegenteil verfallen und von nun ab nur noch Einbahnverkehr in abschüssige Richtung erwarten, um in weiteren zehn Jahren wiederum überrascht zu sein.

Die sterile Analyse von steady states mit Harrod-neutralem technischen Fortschritt kann durch Modelle, die längere Perioden nicht-neutralen Fortschritts als Möglichkeit enthalten, nur bereichert werden. Damit ist nicht gesagt, daß der Marxsche Typ der technischen Veränderung dafür die einzige Quelle analytischer Inspiration zu sein hätte. Er erscheint aber immerhin als eine noch stets relevante.

Robert A. Dickler

LEDERERS THEORIE DER STRUKTURELLEN ARBEITSLOSIGKEIT UND LANGE WELLEN (1)

I. Einführung

Lederers Monographie "Technischer Fortschritt und Arbeitslosigkeit", deren erste Auflage 1931 erschien (2), enthält Elemente einer Theorie der langfristigen wirtschaftlichen Entwicklung. Wie sein Zeitgenosse Schumpeter, betrachtete Lederer sowohl technische und organisatorische Innovation als auch langanhaltende Arbeitslosigkeit als wesentliche Aspekte langfristiger Konjunkturzyklen in einer kapitalistischen Verkehrswirtschaft.(3) Beide Ökonomen hoben die Instabilität der kapitalistischen strukturellen Entwicklung hervor, aber ihre Vorstellungen darüber, was Gleichgewicht sei, waren paradigmatisch verschiedener Art. Schumpeter begriff ein "neues Gleichgewicht" analog zu einem Gravitationszentrum in der theo-

---

(1) Die Aufarbeitung und Weiterführung von Emil Lederers Theorie der strukturellen Arbeitslosigkeit waren Bestandteil der Arbeiten in dem Forschungsvorhaben "Arbeitsteilung, Teilarbeitsmärkte und strukturelle Arbeitslosigkeit" im Forschungsschwerpunkt "Reproduktionsrisiken, Soziale Bewegungen und Sozialpolitik" an der Universität Bremen, 1979 - 1981.

(2) Emil Lederer, Technischer Fortschritt und Arbeitslosigkeit (Tübingen, 1931). Die zweite, erweiterte Auflage, die ursprünglich 1938 als Drucksache des Internationalen Arbeitsamtes erschien, ist inzwischen neu aufgelegt: Emil Lederer, Technischer Fortschritt und Arbeitslosigkeit: Eine Untersuchung der Hindernisse des ökonomischen Wachstums (Frankfurt a.M., 1981). Wenn sonst nicht angemerkt, beziehen sich die Zitate im folgenden auf die neue Auflage.

(3) Vgl. Schumpeter (1961), S. 528-28 und dazu Dickler (1981), Nachwort zu Lederer (1981), S. 3o6-3o8.

retischen Mechanik.(1) Seine Grundvorstellung über das idealtypische Wirtschaftsverhalten war, wie er häufig betonte, von "traditioneller (sic!) Theorie Walrasscher oder Marshallscher Provinienz" geprägt.(2) Dadurch, daß er das Gleichgewicht als Ausnahmezustand verstanden haben wollte, versuchte Schumpeter, der Tatsache der strukturellen Arbeitslosigkeit voll bewußt, die Relevanz der neoklassischen Gleichgewichtsökonomie zu retten. Lederer dagegen war ein scharfer Kritiker der Neoklassik; von ad hoc Anpassungen der Theorie an die Anomalie Instabilität hielt er nicht viel.(3) In der Tradition der klassischen Theorie und der Kritik der politischen Ökonomie behandelte er das Phänomen der destabilisierenden Innovation, ohne sich auf die Annahme eines nach der Logik der Neoklassik funktionierenden Preissystems festzulegen. Wie hat sich Lederer den ungleichgewichtigen Wachstumsprozeß vorgestellt?

Eine interessante, weitreichende Passage, die sowohl in der ersten als auch in der zweiten Auflage enthalten ist, deutet die Antwort an, aber die analytische Ausarbeitung der Implikationen blieb im Anfangsstadium. Nach Lederer (4)

> "...soll die Dynamik als Wachstumsprozeß betrachtet werden, innerhalb dessen an die Stelle der Tendenz zu einem wirklichen Gleichgewicht die Tendenz zu einer Überwindung von Störungen tritt, deren Kumulativwerden das System sprengen müßte, wobei freilich diese Tendenz zur Überwindung von Störungen die fortgesetzte Ausbreitung des Produktionsvolumens zur Bedingung hat."

Dieser Gedanke läßt sich in dem von Ricardo und Marx etablierten Paradigma des Produktionssystems (5) weiter führen, und Lederer hat mit seiner Analyse der strukturellen Arbeitslosigkeit den ersten Schritt bereits getan.

In diesem Beitrag werden zwei Schemata der langen Wellen - die Bezeichnung "Modell" wäre eine große Übertreibung - erörtert, die eine Tendenz zur Überwindung von Störungen im Sinne Lederers postulieren. Zunächst wird Lederers Gleichgewichtsbegriff geklärt, und die Grundannahmen zur Erklärung der strukturellen Arbeitslosigkeit werden formuliert (Teil II). Die zwei Schemata des ungleichgewichtigen Wachstums werden danach skizziert (Teil III). Das erste setzt exogen vorgegebene, natürliche und gesellschaftliche Schranken des Verwertungs-

(1) Schumpeter (1961), S. 53, beruft sich auf Le Châtelier.
(2) Schumpeter (1961), S. 1o6.
(3) Vgl. Lederer (1981), Kapitel III, insbesondere S. 66-67. Siehe auch E. Lederer, Aufriß der ökonomischen Theorie (Tübingen, 1931[3]), S. 242-79.
(4) Lederer (1981), S. 96.
(5) Pasinetti (1981), sowie Hollis und Nell (1975), S. 2o5-218.

prozesses voraus; das zweite erzeugt die instabile konjunkturelle Entwicklung "aus sich selbst heraus". Zum Schluß (Teil IV) wird nach der Notwendigkeit und Möglichkeit der weiteren theoretischen und historischen Untersuchung von langen Wellen gefragt.

II. Lederers Beitrag zur Theorie der strukturellen Arbeitslosigkeit

1. Der Gleichgewichtsbegriff

Die Vollbeschäftigung auf dem Arbeitsmarkt ist nach Lederer der wesentliche Inhalt des Gleichgewichtsbegriffs.(1) Ein hypothetischer Gleichgewichtspfad dient lediglich als Referenzlinie; die Größenordnungen aller dynamischen Faktoren werden nach ihrer Verträglichkeit mit den hypothetischen Gleichgewichtswerten betrachtet.

In diesem Zustand auf dem Arbeitsmarkt gibt es auch Gleichgewicht auf den Gütermärkten. Es wird global als die Gleichheit von Einnahmen und Ausgaben definiert:

$$(1) \qquad \hat{W}_t = \frac{\hat{C}_t}{T} + \hat{V}_t + \hat{M}_t$$

wobei $\hat{W}_t$ den Produktionspreis (Preissumme) der erzeugten Waren, $\hat{C}_t/T$ die Abschreibung der Produktionsmittel mit Lebensdauer T Jahren, $\hat{V}_t$ die Lohnsumme, $\hat{M}_t$ die Profite (Unternehmergewinn + Zinsen) im Gleichgewicht ("$\wedge$") darstellen.

Im Gleichgewicht werden normale Profite mit der Profitrate π_s realisiert:

$$(2) \qquad \hat{M}_t = \pi_s \hat{C}_t \quad .$$

Die Profitrate bezieht sich auf das fixe Kapital $\hat{C}_t$.

Auf dem Kapitalmarkt werden Finanzmittel aus den Unternehmerersparnissen zur Verfügung gestellt, und sie werden sogleich zu einem bestimmten Anteil α reinvestiert (Ankauf von neuen Produktionsmitteln):

$$(3) \qquad \hat{C}_{t+1} - \hat{C}_t = \alpha \hat{M}_t \quad .$$

(1) Lederer (1981), Kapitel IV.

Die Profitrate π_s und die Spar- bzw. Reinvestitionsquote α sind mit einem Wachstum der Nachfrage nach Arbeitskräften $\hat{B}_t$ vereinbar, das zur Absorption aller Anbieter ($\hat{N}_t$) zum fixen Geldlohn ω führt. Es gilt

(4a) $$\hat{N}_t = \hat{B}_t$$

und

(4b) $$\lambda_s = \frac{\hat{V}_{t+1} - \hat{V}_t}{\hat{V}_t} = \frac{\omega\hat{B}_{t+1} - \omega\hat{B}_t}{\omega\hat{B}_t} = \frac{\hat{N}_{t+1} - \hat{N}_t}{\hat{N}_t} .$$

wobei λ_s das dynamische Gleichgewicht auf dem Arbeitsmarkt charakterisiert (Wachstumsrate der Nachfrage und des Angebots).

Die Technologie zum Zeitpunkt t wird durch die organische Zusammensetzung $\frac{C_t}{V_t}$ charakterisiert. Aus (1) bis (4b) kann das Gleichgewichtstempo des technischen Fortschritts ψ_s abgeleitet werden:

(5) $$\psi_s = \frac{\alpha\pi_s - \lambda_s}{1 + \lambda_s} .$$

Die Abbildungen 1a und 1b veranschaulichen die Gleichgewichtssituation, die durch die Parameter λ_s, α, π_s und ψ_s bei gegebenem Geldlohn ω charakterisiert ist.

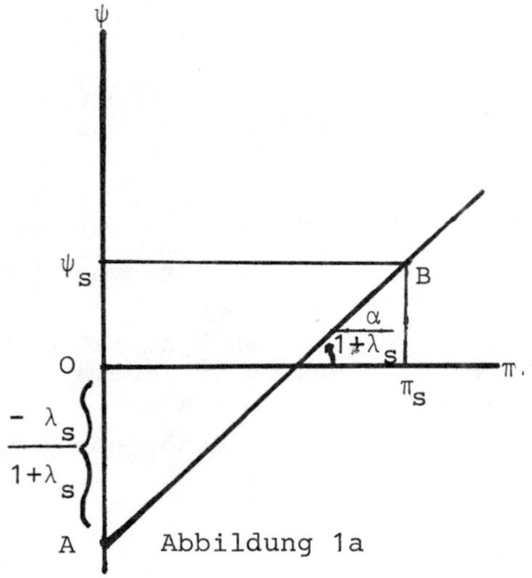

Abbildung 1a

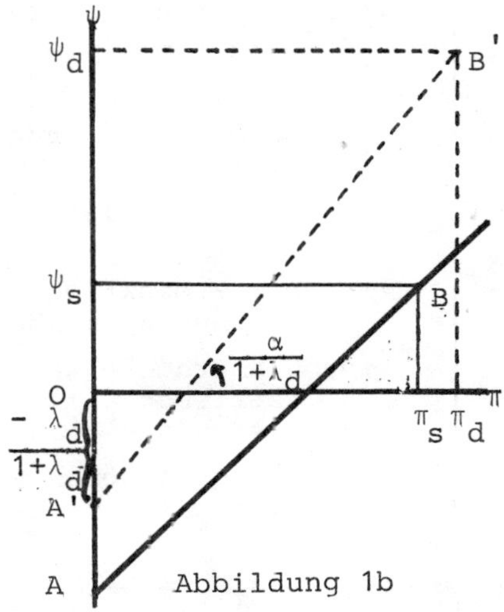

Abbildung 1b

Die Linie AB bildet Gleichung (5) ab. Punkt B zeigt an, welches Tempo des technischen Fortschritts sich mit einem Gleichgewicht auf dem Arbeitsmarkt vereinbaren läßt, wenn die Profitrate π_s und die Zuwachsrate des Arbeitskräfteangebots λ_s betragen; das fixe Kapital akkumuliert im Tempo von $\alpha\pi_s$. Punkt A stellt implizit das Tempo der Steigerung der Nachfrage nach Arbeitskräften dar.

In der Abbildung 1b wird eine Beschleunigung des Tempos des technischen Fortschritts aufgezeigt. Voraussetzung dafür ist die Erhöhung der Profitrate. Aus der Abbildung 1b geht hervor, daß die Strecke OA' kürzer ist als OA. Algebraisch gilt

$$- \frac{\lambda_s}{1+\lambda_s} < - \frac{\lambda_d}{1+\lambda_d} .$$

Es folgt daraus, daß $\lambda_d < \lambda_s$, d.h. daß die Zuwachsrate der Nachfrage nach Arbeitskräften in der Situation des beschleunigten technischen Fortschritts kleiner ist als in der Gleichgewichtssituation.

2. Strukturelle Arbeitslosigkeit: Das Lederer-Stagnationstheorem

Wie kommt ein solches Ungleichgewicht zustande? Lederer untersuchte die Wirkung der Einführung einer revolutionären Produktionstechnik in den dynamischen Betrieben einer Branche. Seine Analyse ist zwischen der Makro- und Mikroebene angesiedelt. Der technische Fortschritt ist kapitalgebunden: je höher die Kapitalakkumulation, desto höher das Tempo des technischen Fortschritts.

Mit sechs Ausnahmen kann man die Grundlagen Lederers Theorie der strukturellen Arbeitslosigkeit zusammenfassen (1):

i. Durch die Einführung von revolutionären technischen Veränderungen werden Extra-Profite realisiert.

ii. Die Akkumulationsrate in den dynamischen Betrieben muß erhöht werden, um die neue Technik einzuführen.

iii. Der Produktionspreis der Erzeugnisse der dynamischen Betriebe bleibt konstant.

iv. Die erhöhte Akkumulationsrate in den dynamischen Betrieben wird durch eine Umlenkung von Ersparnissen aus den statischen Betrieben ermöglicht.

v. Die statischen Betriebe realisieren einen normalen Ertrag aus dem fixen Kapital.

(1) Dickler (1981), S. 28o-282.

vi. Das Tempo des technischen Fortschritts in den statischen Betrieben wird aufgrund der Verlangsamung der Akkumulation ebenfalls verlangsamt.

Durch rapiden technischen Fortschritt in den dynamischen Betrieben fallen Arbeitsplätze aus zwei Gründen weg. Zum einen gibt es einen direkten Rationalisierungseffekt in den dynamischen Betrieben. Zum anderen wird die Ausdehnung der Produktionskapazität in den statischen Betrieben langsamer als im Gleichgewicht; durch diesen Umlenkungseffekt können viele Arbeitskräfte nicht absorbiert werden, die sonst im Gleichgewicht in den statischen Betrieben beschäftigt wären.

Definiert man den Freisetzungsmultiplikator für die Gesamtwirtschaft als

$$(6) \qquad \Omega_{t+1} = - \frac{V_{t+1} - \hat{V}_{t+1}}{M_{t+1} - \hat{M}_{t+1}} ,$$

dann kann gezeigt werden, daß, unter der Annahme i - vi, $\Omega_{t+1} > 1$. Wenn das Tempo des technischen Fortschritts in den dynamischen Betrieben höher ist als im Gleichgewicht, und wenn die dazugehörige Rationalisierungsinvestition in den dynamischen Betrieben durch Umlenkung eines Teils des Kapitals erfolgt, das sonst zur Kapazitätserweiterung in den statischen Betrieben investiert wäre, dann ist die negative Abweichung der Lohnsumme von dem Gleichgewichtswert ein Mehrfaches der positiven Abweichung der Profitsumme von dem Wert im Gleichgewicht. Folglich wachsen das Volkseinkommen und die Beschäftigung im Ungleichgewicht langsamer als im Gleichgewicht. Der rapide technische Fortschritt ist in diesem Sinne ein Hindernis des Wirtschaftswachstums. Dies ist die wesentliche Aussage des Ledererschen Stagnationstheorems.

3. Arbeitsmarktpolitische Bedeutung

Für die Bekämpfung der strukturellen Arbeitslosigkeit hat das Lederer-Stagnationstheorem bemerkenswerte Implikationen. Die Erklärung der strukturellen Arbeitslosigkeit abstrahiert vollkommen von den Strukturmerkmalen der Arbeitskräftenachfrage und des Arbeitskräfteangebots. Die Strukturwandlungen des Kapitals erzeugen Probleme für den Arbeitsmarkt. Es gibt keine Problem<u>gruppe</u> deren Qualifikationsniveau mangelhaft ist; das Problem der Diskriminierung bestimmter Alters-, Geschlechts- und Nationalitätsgruppen spielt hier auch keine Rolle. Es gibt jedoch Problem<u>branchen</u>. Eine rapide Rationalisierung in den dynamischen Betrieben einer Branche setzt Arbeitskräfte nicht nur in diesen Betrieben frei, sondern auch in den statischen Betrieben, die keine revolutionären Veränderungen durchführen. Manche statische Betriebe werden sogar "niederkonkurriert" (Schumpeter), d.h. stillgelegt, da Kapital für ihre Erhaltung fehlt. Nicht ein allgemeiner Kapitalmangel, sondern D i s p r o p o r t i o n a l i t ä t e n (zuviel Mittel zur Kapazitätserweiterung in den dynamischen Betrieben, zu wenig in den statischen) verursachen strukturelle Arbeitslosigkeit.

Die Verhinderung von struktureller Arbeitslosigkeit erfordert eine antizipatorische Industrie- und Strukturpolitik. Die künftigen Problembranchen müssen rechtzeitig identifiziert werden. Das Tempo der technischen Veränderung muß dann ins Verhältnis zu den von ihr verursachten sozialen Kosten gesetzt werden. Eine nach dem Verursacherprinzip bestimmte Arbeitsmarktabgabe der dynamischen Betriebe könnte zur Streckung der Veränderungen führen.

III. Formen der technischen Veränderungen und lange Wellen

Das Stagnationstheorem und Lederers Klassifikation von technischen Veränderungen sind Elemente einer Analyse von innovationsbedingten langen Wellen der Konjunktur.

Der Vergleich der zwei Theoretiker Lederer und Schumpeter ist für die Fragestellung wieder instruktiv. Schumpeters Buch über die Konjunkturzyklen ist im Geist der Neoklassik verfaßt worden. Nach einer Innovation sind Preisanpassungen bei allen Gütern und Produktionsfaktoren erforderlich, um ein neues Gleichgewicht herzustellen. Da es Friktionen gibt, befindet sich das System normalerweise im Ungleichgewicht. Die Postulierung einer Tendenz zum Gleichgewicht ist gleichzeitig Schumpeters Bekenntnis zur Neoklassik. Für ihn ist die Arbeitslosigkeit der Preis für das Fortschreiten zum neuen Gleichgewicht. (1)

> "Technologische Arbeitslosigkeit aber gehört zum Wesen unseres Prozesses, und da sie mit Innovation verknüpft ist, ist sie ihrem Wesen nach zyklisch. Wir haben in der Tat in unserer historischen Übersicht gesehen, daß Perioden langausgedehnter, übernormaler Arbeitslosigkeit mit Perioden zusammenfallen, in denen sich die Ergebnisse der Innovation über das ganze System ausbreiten, und in denen die Reaktion des Systems auf diese Innovationen die Wirtschaftslage beherrscht, wie z.B. in den zwanziger und in den achtziger Jahren des neunzehnten Jahrhunderts."

(1) Schumpeter (1961), S. 528.

Das "System", wovon hier die Rede ist, ist das Preissystem der allgemeinen Gleichgewichtstheorie.

Lederer lehnte die Vorstellung einer Tendenz zum Gleichgewicht ab. Die Ökonomie begriff er eher als ein Produktionssystem. In seiner Theorie der Dynamik stellte er die Tendenz zur Überwindung von Störungen in den Vordergrund. Das Wachstum der Produktion schafft die Bedingung für die Absorption von Arbeitskräften. Wie kommt ein solches Wachstum zustande?

1. Zwei Formen der technischen Veränderungen

Lederer unterschied grundsätzlich zwei Formen der technischen Veränderungen: technischer Fortschritt und Erfindungen.(1) Sie unterscheiden sich im wesentlichen durch ihre Wirkung auf das Wachstum der Produktion.

Erfindungen sind neue Produkte, die entweder vorhandene Waren vom Markt verdrängen oder neue Bedürfnisse wecken und befriedigen. Erfindungen erhöhen die Produktion und den Absatz. Wachstum ist zugleich qualitativ neue Produktion.

Selbstverständlich ist der Begriff "Erfindung" sehr weit gefaßt und nicht buchstäblich mit dem geistigen Akt der Erfindung gleichzusetzen. Auch die Unterscheidung Schumpeters zwischen Erfindung und Innovation ist hier irrelevant. Sowohl Erfindungen als auch technischer Fortschritt sind Innovationen in einem umgangssprachlichen Sinne; Verschiebungen der Produktionsfunktion, im Sinne der Neoklassik, sind sie nicht. Vielleicht liegt hier der Grund, weshalb Lederer den Begriff Innovation nicht verwandte. Erfindungen soll lediglich heißen:(2)

> "...die technische Veränderungen, die es gestatten, bisher unbekannte Produkte zu erzeugen... Die ... Entfaltung der Gesamterzeugung durch Schaffung ganz neuer Erzeugungszweige schließt eine Erweiterung der ökonomischen Gesamtaktivitäten in sich, die viel weiter reicht, als der Umfang der neuen Produktionen vermuten läßt."

Interessant ist Lederers Hinweis auf den "Multiplikator" in diesem Zusammenhang. Er zweifelt daran, daß die Auswirkungen von Erfindungen wie die Eisenbahn und das Automobil auf das Wachstum "in eine Formel eingefangen werden

---

(1) Lederer (1981), S. 31-5o.

(2) Ebenda, S. 32, 44. Die gleiche Wirkung wie Erfindungen haben nach Lederer die Ausdehnung des Außenhandels und Veränderungen in der "Bedürfnisskala". Sie sind also ebenfalls Möglichkeiten zur Überwindung von Störungen des technischen Fortschritts.

kann". Die neuen Standorte der Industrie implizieren einen Ausbau der Infrastrktur (Straßen, Kanalisation, Krankenhäuser, Schulen usw.). Das Neue erweitert den Wirtschaftskreislauf.

Technischer Fortschritt bewirkt eine Kostensenkung. Direkt oder indirekt wird Arbeit gespart. Alte Produkte werden mit weniger Arbeitsstunden hergestellt, selbst wenn die Veränderungen "kapitalsparend" sind. Wie das Stagnationstheorem zeigt, ist die Wirkung des technischen Fortschritts kontraktiv.

Es ist offensichtlich, daß Lederer die expansiven und kontraktiven Wirkungen der technischen Veränderungen auf den gesamtökonomischen Prozeß für konjunkturtheoretisch relevant hielt. Seine Überlegungen gingen noch weiter:(1)

> "Wachstum durch neue Produktionen kann daher geradezu mit einem organischen Wachstum verglichen werden. Der Prozeß der Kaufkraftausweitung wird sich dann besonders glatt vollziehen, wenn die Nachfrage nach den 'neuen' Gütern richtig antizipiert wird. Wird die neue Produktion in der späteren Phase der Depression begonnen, so steht genügend Kapital zu angemessenen Bedingungen zur Verfügung. Ist die neue Produktion von ausreichender Größe, so kann sie eine neue Konjunkturperiode einleiten."

Hier ergeben sich Anhaltspunkte für eine Theorie der langen Wellen. Wie bei Schumpeter haben arbeitssparende technische Fortschritte technologische Arbeitslosigkeit zur Folge. Anders als in Schumpeters Schema der Preisanpassung gibt es in Lederers Analyse eine andere Form der technischen Veränderungen - Erfindungen -, die zur Wiederbelebung führt. Schumpeters Preismechanismus funktioniert zwar mit Friktionen, aber automatisch. Die Erfindungen, die nach Lederer zum Aufschwung führen, sind fast zufällig, oder zumindest nicht vollkommen antizipierbar.

Als ein erster Schritt zur Präzisierung und Vervollständigung von Lederers Analyse dienen die Abbildungen 2a und 2b. Es wird angenommen, daß die Unternehmen den gesamten Gewinn reinvestieren ($\alpha=1$). Die Abszisse stellt die Höhe der organischen Zusammensetzung der Produktion dar; die Ordinatenachse mißt die Mehrwertrate. Der Winkel des Strahls OP mit der Abszisse beträgt M_t/C_t, der durch die Profitrate $\bar{\pi}$ bestimmt ist:

$$(7) \qquad \bar{\pi} = \frac{\hat{M}_t}{\hat{C}_t} = \frac{\hat{M}_t}{\hat{V}_t} \Big/ \frac{\hat{C}_t}{\hat{V}_t} \quad .$$

(1) Lederer (1981), S. 45.

Gleichgewichtige Kapitalakkumulation ist erst dann möglich, wenn die Mehrwertrate sich im gleichen Tempo erhöht wie die organische Zusammensetzung (Abbildung 2a).

Es ist offensichtlich, daß Lederers Begriff vom "technischen Fortschritt" mit einer Erhöhung der organischen Zusammensetzung identisch ist.(1) Für das hier vorgeschlagene Schema ist es auch erforderlich, seine eher anschauliche Beschreibung von Erfindungen analytisch zu bestimmen. Bewirken Erfindungen eine Erhöhung der Mehrwertrate? Das Auftreten neuer Produktionen neben den alten bedeutet gerade, daß mehr Arbeitskräfte in den Produktionsprozeß eingegliedert werden können. Betrachtet man die Lohnsumme gesamtgesellschaftlich, dann gehören sowohl die Arbeitslosen als auch die Beschäftigten zur Berechnung des gesamtökonomischen zirkulierenden Kapitals. Je höher der Beschäftigungsgrad, desto höher wird die Mehrwertrate. Arbeitslose produzieren keinen Surplus.

Es gibt darüber hinaus eine unmittelbare Begründung für diese Interpretation. Sie ist psychologischer Natur (2):

> "Vermutlich hätten die dynamischen Kräfte, soweit sie bei dem Wachstumsprozeß der modernen Volkswirtschaft lebendig waren, nie eine solche Stärke erlangt, wenn nicht die fortgesetzte Weckung neuer Bedürfnisse die psychologischen Antriebe zur Mehrerzeugung permanent und geradezu zu einer sozialen Gewohnheit gemacht hätte. Es ist richtig, daß diese psychologischen Antriebe nur bei Eigenproduktion unmittelbar wirken. Aber sie wirken in einem gewissen Umfange auch in die kapitalistische Erzeugung hinein."

Die Erfindungen, die eine hohe Technisierung des Haushalts ermöglichen, haben dazu beigetragen, daß die Erwerbstätigkeit von Frauen sich erhöhte. Von einem gegebenen Arbeitskräftepotential wird also mehr Surplus erzeugt. Für viele langlebige Konsumgüter trifft diese Wirkung zu; die Verbreitung solcher neuen Produkte ist eine Erfindung im Sinne Lederers.

Akzeptiert man diese Deutung, dann lautet die Gleichgewichtsbedingung, daß das Tempo der Erfindung ebenso hoch ist wie das Tempo des technischen Fortschritts. Ein solches gleichgewichtiges Wachstum ist ein nützlicher Referenzfall für die Betrachtung der realen wirtschaftlichen Entwicklung (Abbildung 2a). Die einfache These zu den langen Wellen, die in der Abbildung 2b dargestellt ist, besagt, daß Perioden der Erfindung auf Perioden langanhaltenden technischen Fortschritts folgen. Das Wachstum ist ungleichgewichtig, aber die Störungen führen nicht zur Sprengung des Systems. Die Überwindung von Störungen durch

---

(1) Lederer (1981), S. 156.
(2) Lederer (1981), S. 37.

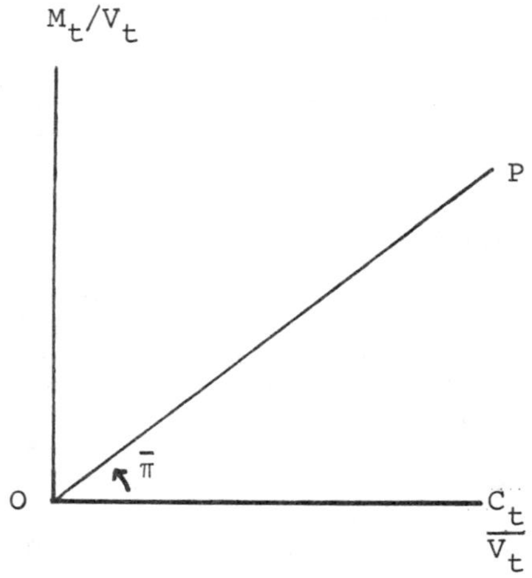

Abbildung 2a

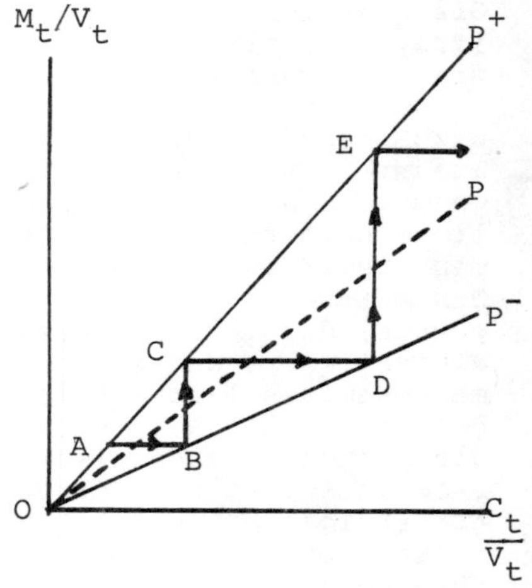

Abbildung 2b

Erfindungen führt nicht zum Gleichgewicht, sondern zu einem Zustand der Überbeschäftigung. Eine solche Situation ist dann der Anlaß zu einem neuen technischen Fortschritt.

Implizit in dieser Argumentation und explizit in der Abbildung 2b ist die Annahme, daß es obere und untere Grenzen der Profitrate gibt (die Strahlen OP^+ und OP^-). Der Winkel von OP^+ beträgt π^+, und der von OP^- π^-. Die Punkte zwischen den Strahlen (inklusiv die Strahlen selbst) sind gesamtökonomisch erreichbare Profitraten und zugleich die realisierbaren Akkumulationsraten. Die realisierten Profit- und Akkumulationsraten schwanken hin und her; den Verlauf gibt die Zickzacklinie ABCDE an. Langfristig betrachtet, genauer, sehr langfristig, bildet sich eine durchschnittliche Profitrate heraus. Sie ist jedoch nicht real, d.h. sie wirkt nicht als Gravitationslinie. Dieser Durchschnitt ergibt sich aus der Annahme, daß Schranken existieren, die eine Umschaltung der Form der technischen Veränderung herbeiführen. An den Punkten B und D wechselt die Form vom technischen Fortschritt zu Erfindungen; an den Punkten C und E verläuft der Wechsel umgekehrt. Die Plausibilität dieser Analyse hängt also von der Begründung der Schranken und der Formveränderung ab.

Die minimale Profitrate π^- ist nicht nur eine hypothetische Konstruktion. Der reale Zinssatz risikoloser Staatsanleihen dürfte annähernd konstant sein; als Minimum der Profitrate ist dieser Zinssatz auf jeden Fall geeignet, denn für niedrigere Erträge lohnt es sich nicht, in ein Privatunternehmen zu investieren.

Die maximale Profitrate π^+ ergibt sich aus den Grenzen der physischen Belastbarkeit der Werktätigen. Diese Grenze wird wertmäßig höher durch die Steigerung der organischen Zusammensetzung, aber diese Schranke ist langfristig betrachtet annähernd proportional zum Stand der Produktivkräfte. Der Proportionalitätsfakor ist π^+.

Wieso sind Punkte auf diesen Strahlen als Wendepunkte zu verstehen? Die Beantwortung dieser Frage führt zu einer expliziten Analyse der Klassenverhältnisse in den modernen kapitalistischen Industriegesellschaften. Man muß sich in Erinnerung rufen, daß die Gesetze der politischen Ökonomie nicht nur Behauptungen über die Reproduktion des Produktionssystems sind; sie sind gleichzeitig Erläuterung der Reproduktion der Aneigungsverhältnisse. Das Politische an der politischen Ökonomie ist gerade, daß die Reproduktion der Ökonomie die Reproduktion einer Gesellschaftsform ermöglicht. In der gegenwärtigen Gesellschaft ist die Differenzierung der Eigentümer sehr weit vorangetrieben. Diese Differenzierung ist entscheidend für die Deutung des Schemas.

Vier Klassen stellen Ansprüche an das jährliche Sozialprodukt. Die Lohnsumme ist zur Erhaltung der Lohnabhängigen erforderlich. Der Mehrwert wird auf Profite und Grundrente aufgeteilt. Schließlich gibt es eine Aufteilung der Profite zwischen Unternehmern, die den Unternehmergewinn erhalten, und Banken, die Zinsen bekommen. Die Erörterung der Wendepunkte ist zugleich eine Darstellung der relevanten Beziehungen zwischen den Klassen zu bestimmten kritischen Phasen der Konjunktur.

Der untere Wendepunkt zeigt eine Situation an, in der das Finanzkapital nicht mehr bereit ist, einzelnen Unternehmen Kredite zwecks Steigerung der organischen Zusammensetzung zu geben. Die Rentabilität der Investitionen, die diese Form der technischen Veränderungen verkörpern, ist durch die allgemeine Verbreitung zu tief gesunken. Die Auslastung der Kapazität für die Herstellung alter Produkte ist niedrig; die durchschnittlichen fixen Kosten sind dementsprechend sehr hoch. Diese Situation ist das Ergebnis der Konkurrenz: jeder Produzent versucht konkurrenzfähig zu bleiben, und, da alle rationalisieren, führen sie einen Zustand herbei, in dem alle Produzenten gefährdet sind. Sinkt die Profitrate auf π^-, dann bleiben nur Zinsen übrig; der Unternehmergewinn verschwindet und die Rationalisierung hört auf.

Erfindungen können diese Situation ändern, da sie für eine höhere Auslastung der Kapazitäten sorgen. In dieser

Phase der Konjunktur ist die Kreditpolitik der Banken so ausgerichtet, daß die Herstellung neuer Produkte begünstigt wird. Es wird angenommen, daß es einen Vorrat an solchen ungenutzten Möglichkeiten gibt. Ist diese Voraussetzung nicht erfüllt, dann kann eine Ausdehnung des Außenhandels oder eine Veränderung der Bedürfnisskala Abhilfe leisten. Auch diese Bedingungen werden nicht immer gegeben sein, und die Erholung wird auf sich warten lassen, bis einer der dynamischen Faktoren vorhanden ist.

Man soll sich vollkommen darüber im Klaren sein, auf welcher Abstraktionsebene der Begriff Erfindung liegt. Die "neuen Produkte", die neue Bedürfnisse wecken, können vielfältig sein. Sie können den öffentlichen statt den privaten Verbrauch stimulieren. Historisch gesehen waren die Erfindungen, die aus der Depression der 3oer Jahre herausführten, die Produkte der Rüstungsindustrie.

Für die Theorie des unteren Wendepunktes war es erforderlich, neue Überlegungen anzustellen. Der obere Wendepunkt kann mit Hilfe von Argumenten erklärt werden, die bei Ricardo, Marx und Kalecki zu finden sind. Beim unteren Wendepunkt handelt es sich vornehmlich um einen Konflikt zwischen Industrie- und Finanzkapital; beim oberen Wendepunkt tritt der Konflikt zwischen Lohnarbeit und Industriekapital in unmittelbare Erscheinung, aber im Hintergrund steht der Konflikt zwischen Industriekapital und Grundeigentum.

In einer Situation der Überbeschäftigung (Punkte A, C und E in der Abbildung 2b) können die Lohnarbeiter ihre Lohnforderungen besser durchsetzen. Der Unternehmergewinn kann nicht mehr erhöht werden, da alle Arbeitskräfte absorbiert sind; ferner ist es denkbar, daß die Arbeitsproduktivität sogar zurückgeht, wegen eines Verfalls der Fabrikdisziplin (Kalecki). Schließlich ist festzuhalten, daß möglicherweise nur der Geldlohn, nicht aber der Reallohn, in dieser Situation steigt. Denn bei anhaltender Expansion werden Lebensmittel, natürliche Ressourcen und nicht zuletzt Wohnungen, knapp. Die Grundeigentümer verlangen höhere Anteile an dem Mehrprodukt und bekommen durch Preiserhöhungen eine höhere Grundrente. Die Preiserhöhungen geben dann den Antrieb zu Lohnerhöhungen, weil die Reproduktionsbedingungen sonst nicht erfüllt werden können.

Die Befreiung des Kapitals von den natürlichen und menschlichen Schranken des Verwertungsprozesses geschieht mit Hilfe der Anwendung der Maschinerie. Die langfristigen Lohnerwartungen leiten die Investitionen ein, die den technischen Fortschritt verbreiten. Eine neue lange Welle wird dadurch in Gang gesetzt.

2. Vier Formen der technischen Veränderung

Gegen das Schema, das zwei Formen der technischen Veränderungen voraussetzt, können zwei schwerwiegende Einwände erhoben werden:

- Es gibt Phasen der Senkung der organischen Zusammensetzung der Produktion durch die starke Verbilligung von Produktionsgütern.
- Ohne exogene Schranken gibt es keine Schwankungen.

Eine anschauliche Klassifikation mit vier Formen der technischen Veränderungen, die Schefold entwickelt hat, kann m.E. als Ausgangspunkt für eine Erweiterung des Schemas benutzt werden.(1) Eine Theorie der langen Wellen kann in einer ähnlichen Weise aufgebaut werden wie eine Hypothese über die Formen und Phasen der technischen Veränderungen. In der Erweiterung hat die Sequenzanalyse vier statt zwei Wendepunkte zu erklären; darüber hinaus sollen sie "endogen" bestimmt werden.

Schefold betrachtet die arbeitssparenden (labour-saving) technischen Veränderungen als eine eigenständige Form. Das wesentliche Merkmal ist eine verbesserte Teilung der Arbeit. Das klassische Beispiel solcher eher organisatorischer Veränderungen hat Adam Smith in seiner Schilderung der Nadelmanufaktur genannt; die Methoden der wissenschaftlichen Betriebsführung - Taylorismus - gehören auch hierzu.

Die Form "Mechanisierung" verdrängt Arbeit aus dem Produktionsprozeß durch die Steigerung der Kapitalintensität. Sie korrespondiert zur Form "technischer Fortschritt" in der Klassifikation von Lederer.

Analog zu arbeitssparenden technisch-organisatorischen Veränderungen identifiziert Schefold materialsparende (material-saving) technische Veränderungen. Rohstoffe und Brennstoffe können, in der Kuppelproduktion z.B., besser ausgenutzt werden. Auch die Realisierung von Skalenerträgen erspart Material (Kapitalgüter) in diesem Sinne. Die Vergrößerung des Volumens eines Behälters um einen Faktor k erfordert eine Erhöhung der Fläche um einen Faktor $k^{2/3}$; der Materialaufwand pro Einheit wird um einen Faktor $k^{-\frac{1}{2}}$ verringert. Beispiele im Kraftwerksbau, Schiffbau und in der Lagerhaltung und in Rohrleitungen sind von großer ökonomischer Bedeutung.

Schließlich gibt es bei Schefold eine Restkategorie, die er "Erfindungen" nennt. Hierzu gehören auch neue Produkte für neue Märkte.(2)

---

(1) Schefold (1976), S. 8o6-819.

(2) Eine noch differenziertere Klassifikation schlägt Pasinetti (1981) vor.

Wir wollen nun Schefolds Klassifikation - möglicherweise gegen die Intention des Autors - für eine Theorie der langen Wellen aufarbeiten.

Der erste Schritt ist die Annahme einer Korrespondenz zwischen den anschaulichen konkreten Formen der Schefoldschen Klassifikation und den abstrakten Formen, die sich ergeben, wenn man die Kombinationen der Tendenzen (steigend, nicht-steigend) in der organischen Zusammensetzung und in der Mehrwertrate bildet (Tabelle 1).

Tabelle 1

Korrespondenz der konkreten und abstrakten Formen der technischen Veränderungen

Tendenz der organischen Zusammensetzung	Tendenz der Mehrwertrate: steigende Tendenz	Tendenz der Mehrwertrate: nicht steigende Tendenz
steigende Tendenz	Erfindungen i.e.S.	Mechanisierung
nicht steigende Tendenz	Arbeitsersparnis	Materialersparnis

Die Begründung dieser Zuordnung kann hier nur angedeutet werden. Hinsichtlich der Erfindungen sollte beachtet werden, daß neue Zweige entstehen; aufwendige Infrastruktur und bessere Auslastung vorhandener Produktionskapazitäten erhöhen sowohl die organische Zuammensetzung als auch die Mehrwertrate. Die reine Mechanisierung bedeutet, daß Arbeitskräfte ersetzt werden, ohne daß die Arbeitsintensität erhöht wird. Dagegen ist die Anpassung der Arbeitsorganisation an die neue Technik eine reine Form von Arbeitsersparnis: die organische Zusammensetzung erhöht sich nicht, aber die Mehrwertrate steigt. Schließlich die Verbilligung der Maschinerie, die durch Materialersparnisse zu realisieren ist, erfordert auch eine komplexere Arbeitsorganisation. Skalenerträge und Industriebürokratie dürften als komplementär betrachtet werden; weder die organische Zusammensetzung noch die Mehrwertrate steigt.

Der zweite Schritt zur Verbindung der Klassifikation Schefolds mit einer Analyse der langen Wellen ist die Annahme einer zeitlich invarianten Sequenz der verschiedenen Formen der technisch-organisatorischen Veränderung. Mit der Zweiteilung der Formen war die Annahme über die Folge einfach. Mit vier Formen sind insgesamt 4!/(4 - 4)!=24 Permutationen bzw. Sequenzen rein formal denkbar. Die Annahme, daß in der Geschichte der Industrialisierung eine bestimmte Folge vorherrschte, ist, gelinde gesagt, heroisch.

Die Abbildung 3a stellt ein Schema dar, dem die angenommene Folge der vier Formen zugrunde liegt. Der Ausgangspunkt A bezeichnet eine Situation der Überbeschäftigung. Wie bereits für das zwei-Formen Schema argumentiert, löst diese Situation eine Mechanisierungswelle aus (AB). Sie bewirkt eine Stagnation, die nur durch Erfindungen überwunden werden kann (BC). Die neuen Industrien brauchen Zeit, ihre Arbeitsorganisation zu verbessern ("Learning by doing"), so daß es plausibel erscheint, arbeitssparende organisatorische Veränderungen als nächste Form anzunehmen (CD). Bei hoher Expansionsrate (überdurchschnittlicher Profitrate) sind die Anreize zu materialsparenden Veränderungen besonders groß, da mit der hohen Auslastung immer größerer Anlagen gerechnet wird. Die Realisierung von Skalenerträgen (DE) durch solche Investitionen erzeugt jedoch große Spannung auf dem Arbeitsmarkt. Eine neue Mechanisierungswelle (EF) setzt die nächste Runde in Gang.

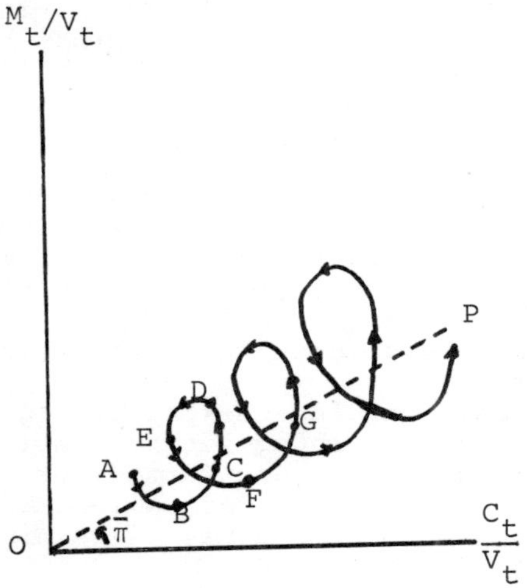

Abbildung 3a

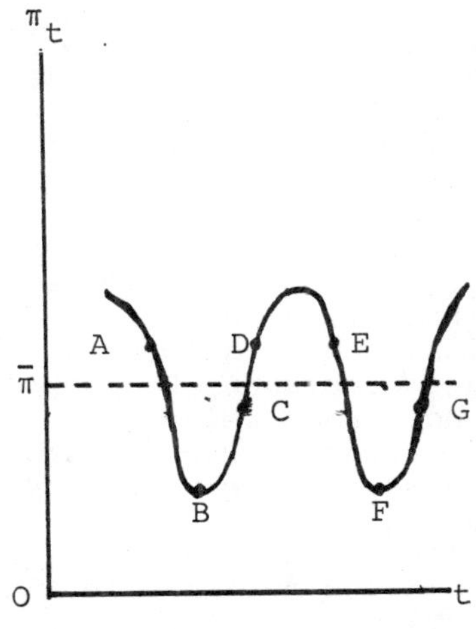

Abbildung 3b

In diesem Schema richtet sich die Veränderung der Technik danach, wo antizipierte Verwertungsengpäße aufgehoben werden können. Die Veränderungen sind in diesem Sinne endogen.

Das Vier-Formen-Schema der langen Wellen erfüllt auch Lederers Anforderungen an eine Theorie der Wirtschaftsdynamik. Nach seinem Paradigma gibt es in den modernen Volkswirtschaften keine Tendenz zum Gleichgewicht, jedoch Tendenzen zur Überwindung von Störungen, die, wenn sie sich fortsetzten, das System sprengen würden.

IV. Schlußbemerkungen

Die Implikationen der Schemata für die theoretische und historische Wirtschaftsforschung und die wirtschaftspolitische Bedeutung dieser Überlegungen sollen nun zum Schluß kurz erläutert werden.

Beide Schemata müssen noch analytisch auf einer disaggregierten Ebene formuliert werden. Ein solides kapitaltheoretisches Fundament fehlt. Pasinettis Structural Change and Economic Growth könnte die Grundlage für eine analytisch befriedigende Aufarbeitung der Überlegungen Lederers und für deren Weiterführung zu einer Theorie der langen Wellen bilden. Beide Autoren stimmen überein, daß das Gleichgewicht kein Optimum beinhalte, sondern einen Zustand der Vollbeschäftigung auf dem Arbeitsmarkt. Pasinettis "makroökonomische Gleichgewichtsbedingung" ist m.E. bei Lederer implizit formuliert (siehe oben Gleichung (1)), aber diese Gemeinsamkeit muß noch expliziert werden.

Sollte es gelingen, die Analyse der langen Wellen kapitaltheoretisch zu fundieren, dann kann eine Auseinandersetzung mit der neoklassischen Theorie der induzierten Innovation, sowie mit der neo-österreichischen Theorie des technischen Fortschritts geführt werden. Für die hier vorgeschlagene Forschungslinie spielen relative Preisänderungen keine Rolle.

Umfangreiche international und intersektoral vergleichende wirtschaftshistorische Forschung ist noch erforderlich. Zu fragen ist, ob die Folge der Formen der technischen Veränderungen sich statistisch darstellen läßt.

Moden der Theoriebildung können auch mit Hilfe einer Analyse der langen Wellen untersucht werden. Zu bestimmten Phasen der langfristigen Konjunktur passen auch bestimmte Theorien. In Zeiten der steigenden organischen Zusammensetzung sind gleichzeitig erhöhte Arbeitslosigkeit und verstärkte Preissteigerung keineswegs auszuschließen (sinkende Auslastung, erhöhte durchschnittliche fixe Kosten). Diese Phase ist jedoch nur eine von zwei bzw. vier Phasen der Konjunktur. Die Phillipskurve ist nicht tot, aber sie wird regelmäßig außer Kraft gesetzt.

Sind bestimmte Theorien nur für begrenzte Zeitabschnitte gültig, dann dürfte diese Relativierung auch für die Wirkung von wirtschaftspolitischen Maßnahmen zutreffen. Globale fiskalpolitische Maßnahmen wären vermutlich nur bei Unterauslastung angemessen; sonst scheint eine antizipatorische, auf die Formen und Phasen der technischen Veränderungen abgestimmte, selektive Geld- und Finanzpolitik notwendig zu sein.

Literaturverzeichnis

DICKLER, R. (1981), 'Emil Lederer und die moderne Theorie des wirtschaftlichen Wachstums', Nachwort zur Neuausgabe von Emil Lederer, Technischer Fortschritt und Arbeitslosigkeit, Frankfurt am Main, S. 265-327.

HOLLIS, M. und NELL, E. (1975), Rational Economic Man, Cambridge.

LEDERER, E. (1931), Technischer Fortschritt und Arbeitslosigkeit, Tübingen.

LEDERER, E. (1981), Technischer Fortschritt und Arbeitslosigkeit. Eine Untersuchung der Hindernisse des ökonomischen Wachstums, Frankfurt am Main (Neuauflage der in 1938 erschienenen Erstauflage).

PASINETTI, L.L. (1981), Structural Change and Economic Growth. An Essay on the Dynamics of the Wealth of Nations, Cambridge.

SCHEFOLD, B. (1976), 'Different Forms of Technical Progress', in: Economic Journal, 86 (December), S. 8o6-819.

SCHUMPETER, J.A. (1961), Konjunkturzyklen, Göttingen.

Bernd Mettelsiefen

DER BEITRAG DER 'KIELER SCHULE' ZUR FREISETZUNGS- UND KOMPENSATIONSTHEORIE

1. Die Freisetzungs- und Kompensationsthematik im Kontext der 'Kieler Schule'

Abseits der offiziellen ökonomischen Forschung im Deutschland der zwanziger Jahre, die einem Urteil Schumpeters zufolge in einer chronischen Krise und internationaler Bedeutungslosigkeit verharrte, konstituierte sich am Weltwirtschaftlichen Institut der Universität Kiel eine Gruppe jüngerer Ökonomen, die "wohl als kreativster und produktivster Zirkel des deutschen Wissenschaftsbetriebs der zwanziger Jahre gelten kann" (Krohn 1981, 123). Dieser 'scientific community' gehörten Adolf Lowe, Fritz Burchardt, Gerhard Colm, Alfred Kähler, Hans Neisser und zeitweilig Jakob Marschak und Wassily Leontief an. Nicht die zufällige geographische Nähe, sondern eine gemeinsame inhaltliche Orientierung, die jenseits der Dogmen der Historischen Schule und eines ignoranten, da untheoretischen Anti-Marginalismus nach neuen Wegen der ökonomischen Theoriebildung suchte, zeichnete die 'Kieler Schule' aus. Die erst rückblickend erkennbare und zu würdigende wirtschaftstheoretische Ausnahmeposition der Kieler Gruppe basierte auf einer Rückbesinnung auf das klassische Erbe, d.h. auf der Erinnerung an die fast in Vergessenheit geratenen Fragestellungen und Untersuchungsmethoden der Klassischen Politischen Ökonomie. Die erneute Hinwendung auf die durch die lange Vorherrschaft des neoklassischen Gleichgewichtsdenkens verschütteten Erkenntnisobjekte und -interessen der Klassischen Theorie, resultierte aus intensiven konjunkturtheoretischen Studien.(1) Sie führten zur erneuten

(1) Lowes konjunkturtheoretischer Aufsatz von 1926 beeinflußte die deutschsprachige Diskussion für fast ein ganzes Jahrzehnt nachhaltig. Erwähnenswert sind ferner Burchardts Artikel aus dem Jahre 1928 und die Beiträge der 'Kieler Gruppe' in der Festschrift für Spiethoff 1933, die eine Bestandsaufnahme der konjunkturtheoretischen Forschung darstellte.

Beschäftigung mit grundlegenden kreislauf- und produktionstheoretischen Problemstellungen und zu den Fragen der dynamischen Wirtschaftsentwicklung. Die 'zyklische Dynamik' des ökonomischen Geschehens bildete den gemeinsamen Nenner des neuklassischen Forschungsprogramms (1) der 'Kieler Schule'. Durch die faschistische Machtergreifung fand ihre Arbeit in Deutschland bald schon ein gewaltsames Ende, konnte jedoch einige Jahre später in der Emigration an der New School of Social Research in New York fortgesetzt werden.(2)

Angesichts eines durch die Klassische Ökonomie geprägten Problembewußtseins und innovativer Forschungsansätze auf den Gebieten der Konjunktur- und Wachstumstheorie, war es nicht überraschend, daß in den Arbeiten der Kieler Gruppe auch die für die Klassische Theorie so zentrale Triade von Akkumulation, technischem Fortschritt und Beschäftigung wieder in den Vordergrund rückte. Die Freisetzungs- und Kompensationsproblematik, d.h. die Frage, ob und inwieweit die durch den technischen Wandel bewirkte Freisetzung von Arbeitskräften durch immanente Anpassungsmechanismen des ökonomischen Systems rasch kompensiert werden kann oder zu einer langandauernden technologischen Arbeitslosigkeit führt, wurde in mehreren Beiträgen von verschiedenen Mitgliedern der 'Kieler Schule' eingehend erörtert. Zu nennen sind hier die Aufsätze von Neisser aus den Jahren 1932 und 1942, Lowes Artikel aus dem Jahre 1955[b], vor allem aber eine Arbeit, die Kähler 1932 der Universität Kiel als Dissertation unter Betreuung von Lowe vorgelegt hat, mit dem Titel: "Die Theorie der Arbeiterfreisetzung durch die Maschine. Eine gesamtwirtschaftliche Abhandlung des modernen Technisierungsprozesses."

Kählers Ziel war es, eine umfassende Beschreibung der mit dem technischen Wandel verbundenen Beschäftigungswirkungen zu geben und dies - im Unterschied zu den meisten zeitgenössischen Darstellungen - ausgehend von einer kapitaltheoretisch fundierten Analyse der Arbeitsfreisetzungs- und Kompensationsprozesse. Er knüpfte damit wieder an die von Ricardo, Mill und Marx entwickelte klassische Argumentationslinie an, die, wie Neisser treffend schrieb, "depicts the capitalistic process as a race between displacement of labor through technological progress and

---

(1) Zur inhaltlichen Struktur eines neuklassischen Forschungsprogramms siehe Kurz/Kalmbach (1981). Vor allem Lowes Spätwerk - The Path of Economic Growth - kann als Resultat einer solchen forschungsstrategischen Orientierung gedeutet werden.

(2) Die Kieler Gruppe verfügte recht bald mit der Zeitschrift "Social Research' über ein Publikationsorgan für ihre Forschungsarbeiten.

reabsorption of labor through accumulation" (Neisser 1942, 7o). Ein zweites, methodisch bedeutsames Element der Kählerschen Untersuchung resultierte aus seiner Feststellung, daß die Möglichkeit einer Wiedereingliederung der freigesetzten Arbeitskräfte ebensowenig strittig sei wie die Tatsache einer Arbeitseinsparung durch den technischen Fortschritt, der theoretische Streit damit also alleine um die Voraussetzungen und Begleitumstände der Kompensation geführt werden müsse (vgl. Kähler 1933, 7). In diesem Zusammenhang lehnte Kähler, wie die 'Kieler Schule' insgesamt, die Vorstellung einer über Marktpreisbewegungen vermittelten, sich quasi-automatisch vollziehenden Kompensation strikt ab. Die Kompensation begriff er vielmehr als einen zeit- und kostenerfordernden Übergangsprozeß, bei dem eine der technisch bedingten Arbeitsfreisetzung entsprechende Kapitalumstrukturierung und -akkumulation die conditio sine qua non darstellt. Der durch den technischen Fortschritt ausgelöste Traverse-Prozeß, um der heutigen Terminologie zu folgen, war für Kähler charakterisiert durch "eine Kapitalakkumulation, die erst im Verlauf einer größeren oder kleineren Zeitspanne zu leisten ist, während der die Arbeitslosigkeit infolge der Freisetzung existiert. Der Zeitraum selbst zeichnet sich durch eine veränderte Reproduktion und eine veränderte Verteilung des Sozialproduktes aus, wie der neu anzustrebende Gleichgewichtszustand notwendigerweise andere Daten als der alte aufweist, und zwar mindestens hinsichtlich seiner Bestandsgrößen, in aller Regel aber auch in der Zusammensetzung des wirtschaftlichen Kreislaufs" (Kähler 1933, 8).

Die Resonanz auf diese Veröffentlichung war gering, und auf wie wenig Verständnis Kählers Arbeit bei den meisten Fachkollegen damals stieß, kann der kurzen, eher abfälligen Bemerkung von Kruse entnommen werden, die dieser in einer thematisch vergleichbaren Publikation machte: "(Kähler) dessen Arbeit wohl unter einem zu weit getriebenen Aufwand an theoretischen Konstruktionen leidet, jedoch einen guten dogmengeschichtlichen Überblick gibt" (Kruse 1936, 81). Ebensowenig findet sich in der von Gourvitch 194o veröffentlichten, umfassenden Studie zur Theorie des Technischen Fortschritts und der Beschäftigung ein Hinweis auf Kähler. Dies ist um so unverständlicher, als Kählers Arbeit keineswegs den Vergleich mit den weitaus bekannteren Schriften Lederers (1931, 1938) zur Technologischen Arbeitslosigkeit zu scheuen brauchte. Welche bahnbrechende Pionierarbeit Kähler leistete, wird vielleicht erst aus heutiger Sicht völlig verständlich. Erst eine Reformulierung der Kählerschen Untersuchung auf der Basis des heute verfügbaren analytischen Instrumentariums läßt die inhaltliche Fruchtbarkeit und Brillanz dieser

Arbeit deutlich werden. Der kapitaltheoretische Zweig der Freisetzungs- und Kompensationstheorie, der sich ausgehend von Ricardo, Mill und Marx bis hin zu den jüngeren Arbeiten von Hicks (1973) und Lowe (1976) erstreckt - und im vorliegenden Band durch weitere Beiträge ausführlich dargestellt wird -, fand in den zwanziger Jahren in der 'Kieler Schule' und insbesondere in Kähler einen überzeugenden theoretischen Repräsentanten.

2. Kählers "Theorie der Arbeitsfreisetzung durch die Maschine" - Der Versuch einer multisektoralen Freisetzungs- und Kompensationsanalyse

2.1. Der Ausgangspunkt: Die Klassische Maschineriedebatte

Kähler entwickelte die Grundlinien und Fragestellungen seiner eigenen positiven Analyse aus einer dogmenkritischen Untersuchung der vorliegenden Freisetzungs- und Kompensationsliteratur. Die Klassische Maschineriedebatte und hier vor allem die für seine eigene kapitaltheoretische Orientierung wichtigen Ansätze von Ricardo, Marx und Böhm-Bawerk fanden sein Interesse. Zum besseren Verständnis der Zielsetzung und Struktur der Kählerschen Arbeit soll einleitend seine Auseinandersetzung mit diesen Ansätzen, die zugleich eigene Standortbestimmung war, kurz skizziert werden.

(a) Ricardo wird von Kähler zu Recht als Begründer der kapitaltheoretischen Formulierung des Freisetzungs- und Kompensationsproblems gewürdigt (Kähler 1933, 28). Zwei Kernthesen Ricardos werden von Kähler übernommen; erstens die Auffassung, die Beschäftigungsmöglichkeiten von Arbeitskräften hänge nicht nur allein von der laufenden Nachfrage ab, sondern auch vom Bestand an Produktionsmittel, d.h. vom existierenden Kapitalstock, und zweitens der Gedanke, der technische Fortschritt bewirke stets eine Umstrukturierung des bestehenden Kapitalstocks, führe zu einer Erweiterung des fixen auf Kosten des zirkulierenden Kapitalbestandteils.

Arbeitsfreisetzungs- und Kompensationsprozesse blieben von daher unlöslich verbunden mit den Vorgängen der qualitativen Kapitalumstrukturierung und der quantitativen Kapitalstockerweiterung. Für Kähler besaß Ricardos Argumentation mit der Betonung der technologisch bewirkten Verringerung des zirkulierenden (Lohn-)Kapitals und damit der Beschäftigungsmöglichkeiten jedoch eine zu einseitige Konzentration auf den Lohnfondsaspekt, so daß "dieses (Ricardos, B.M.) Lohnfondsbedenken die Kapitalfrage für die Freisetzungstheorie zwar nutzbar machte, aber noch nicht in einer genügend umfassenden Form" (Kähler 1933, 33). Kählers Ricardokritik, die von Neisser (1932, 418-20) an anderer Stelle vorbereitet worden war, richtete sich auf eine stärkere, explizite Berücksichtigung der Rolle des Fixkapitals in der Behandlung der Freisetzungs- und Kompensationsprozesse. Ricardo habe zwar auf das Fixkapitalproblem hingewiesen, durch die Annahme einer 'kontinuierlichen Produktion', d.h. einer einheitlichen Produktionsperiode, aber das eigentliche Kapitalstockproblem des technischen Fortschritts umgangen. Kählers These, Ricardo ignoriere letztlich die Rolle des Fixkapitals, war, obwohl sie eine kapitaltheoretische Problemstelle der ricardianischen Analyse berührte (vgl. Steedman 1982, 127-37), bezogen auf die Arbeitsfreisetzung, unkorrekt, da Ricardo gerade diese durch eine Veränderung der Relation von fixem zu zirkulierendem Kapital begründete (vgl. dazu den Beitrag von Jeck, Kurz). Kählers Einwand erfolgte andererseits aber auch stärker im Hinblick auf die Kapitalstockprobleme, die eine detaillierte Analyse des Kompensationsprozesses aufwarf und die Ricardo nur rudimentär behandelt hatte. In seiner eigenen Analyse versuchte Kähler, diesen Problemen durch die explizite Berücksichtigung von Kapitalbestandsgrößen eine stärkere Beachtung einzuräumen.

(b) Marx war für Kähler unzweifelhaft der Hauptvertreter der 'Kapitalfreisetzungstheorie'; dennoch bemerkte er einschränkend: "Obgleich Marx die Freisetzungstheorie an zentralster Stelle seines Systems einbaute, leitete er die Arbeitsfreisetzung selbst doch nicht sehr ausführlich und anschaulich ab" (Kähler 1933, 47). Kählers kritischer Einwand gegen Marx folgte zunächst dem zuvor gegen Ricardo vorgebrachten Argumentationsmuster. Marx, so Kähler, unternehme wie Ricardo eine Zweiteilung des Kapitals und sehe die Arbeitsfreisetzung letztlich begründet in der durch die Technisierung forcierten Zunahme des 'konstanten' Kapitals auf Kosten des 'variablen' Kapitalbestandteils. Kähler rückte dabei den Marxschen Begriff des 'variablen' Kapitals in die Nähe einer lohnfondstheoretischen Konzeption und dies, obgleich Marx selbst gerade in der Auseinandersetzung mit der Kompensationstheorie einen solchen Ansatz scharf kritisiert hatte (vgl. Marx 1968b, 559-61). Der Haupteinwand gegen die Marxsche Freisetzungsanalyse entsprang aber Kählers eigener Grundidee, daß die Arbeitsfreisetzung stets gebunden sei an eine Steigerung der Kapitalintensität und diese nur auf der Basis von Arbeits- und Kapitalbestandsgrößen adäquat zu messen sei. So stellte sich für ihn die Frage: "Soll also die Zweiteilung des Kapitals im Marxschen Sinne überhaupt eine Kapitalbestandsgrößen-Gegenüberstellung wiedergeben, oder ist sie nicht in Wirklichkeit ein Umschlagssummenvergleich?" (Kähler 1933, 53). In der sich anschließenden Interpretation der Marxschen Reproduktionsschemata machte Kähler deutlich, daß er das 'variable' und 'konstante' Kapital bei Marx als Umschlagsgrößen auffaßte. Das Verhältnis der beiden Kapitalbestandteile zueinander sei daher ein Maß für die 'Umschlagsintensität', jedoch keines für die 'Kapitalintensität'. In seinen Überlegungen schloß er jedoch keineswegs die Möglichkeit aus, daß Umschlags- und Bestandsgrößen gleich sein konnten. Nur schien ihm eine solche Gleichsetzung unrealistisch zu sein, da zwei Voraussetzungen erfüllt sein mußten, erstens eine gleiche Umschlagsdauer für alle Kapitalbestandteile, zweitens eine gleiche konstante (lineare) Verschleißrate der Produktionsmittel, die auch durch die Einführung einer neuen Maschine keine Veränderung erfuhr (vgl. Kähler 1933, 55/56). Den methodischen Schwierigkeiten einer angemessenen Behandlung von 'Stock'- und 'Flow'-Größen und des Fixkapitals, die Kähler hiermit implizit angesprochen hatte und deren sich Marx entgegen seiner Auffassung durchaus bewußt gewesen war (1), meinte er, allein durch eine strikte Trennung und duale Betrachtung von Umschlags- und Bestandsgrößen entgehen zu können.

(c) Böhm-Bawerk wurde von Kähler als dritter bedeutsamer 'Kapitalfreisetzungstheoretiker' genannt, wenn dies auch, wie er selbst bemerkte, zunächst überraschen durfte. Den österreichischen kapitaltheoretischen Ansatz Böhm-Bawerks fand er aber: "... so konstruktiv aufgebaut, daß seine Darlegungen auch unbedingt eine Antwort auf die Frage nach den Auswirkungen der technischen Änderungen und der Verschiebungen in der Kapitalzusammensetzung auf die Arbeitsstellenzahl geben müssen" (Kähler 1933, 57). Interessant war zunächst Böhm-Bawerks Vorstellung, der gesamte Kapitalstock sei ein Strom ausreifender Konsumgüter und stelle einen einheitlichen über die verschiedenen temporalen Produktionsstufen verteilten Lohn- bzw. Subsistenzfonds dar. Der technische Fortschritt, in dieser Konzeption verstanden als das Einschlagen eines längeren (kürzeren) Produktionsumwegs, war damit stets verbunden mit einer qualitativen Umstrukturierung des Kapitalstocks in Form einer Verminderung (Erweiterung) des Subsistenzfonds. Die jeweilige Länge des eingeschlagenen Produktionsumwegs, d.h. die gewählte durchschnittliche Produktionsperiode,

---

(1) Marx Analyse, insbesondere in den Reproduktionsschemata, geht implizit von der Annahme gleicher, konstanter Umschlagsprozesse und einer gleichbleibend linearen Verschleißrate der Produktionsmittel aus. Vgl. dazu Marx (1968a), S. 391 ff. und S. 446 ff.; Steedman (1977), S. 138-4o.

stellt somit eine bestimmte Technik dar und spiegelt zugleich die Kapitalintensität der Gesamtproduktion wider.(1) Da der Subsistenzfonds allein der Alimentierung der auf den verschiedenen Produktionsstufen beschäftigten Arbeitskräfte dient, bewirkt ein technischer Fortschritt - bei konstanter Lohnhöhe - durch die Veränderung des Subsistenzfonds unmittelbar eine Verringerung (Erweiterung) der Beschäftigungsmöglichkeiten. Diesen Argumentationszusammenhang fand Kähler aus der Perspektive der Freisetzungstheorie faszinierend. Wie er zeigte, ließ sich der Prozeß einer technisch bedingten Arbeitsfreisetzung auch in Böhm-Bawerks Modellansatz eindeutig beschreiben, wenn von der Existenz eines autonomen technischen Fortschritts ausgegangen wurde und nicht, wie von Böhm-Bawerk stets angenommen, der Fall eines lohninduzierten Wechsels der Technik unterstellt wurde (vgl. Kähler 1933, 7o-72).(2) Die gravierenden Schwächen der Böhm-Bawerkschen Theorie - Kähler folgt hier der Kritik Burchardts (1931, 524-64) -, die Abstraktion von dauerhaften Produktionsmitteln und die ausschließliche Berücksichtigung von zirkulierendem (Lohn-) Kapital, ließen diesen Ansatz für die Freisetzungs- und Kompensationsanalyse letztlich unbrauchbar werden. Er ermögliche zwar eine, wenn auch fehlerhafte Beschreibung der Kapitalumschlagsprozesse, aber keine - und dies war Kählers zentraler Kritikpunkt - Betrachtung der Kapitalstockveränderungen und war somit ungeeignet zur Feststellung der Kapitalintensität und ihrer Veränderungen auf den einzelnen Stufen des Produktionsprozesses.

Kählers eigene Position und die Richtung seiner Fragestellung war hiermit klar definiert. Den mit der Einführung des technischen Fortschritts verbundenen Prozessen der Umstrukturierung und Erweiterung des Kapitalstocks galt sein vorrangiges Interesse.

---

(1) Von Kähler unerkannt blieb allerdings die Tatsache, daß die Identifizierung der Produktionsperiodenlänge mit der Kapitalintensität nur in dem Spezialfall einer zins- bzw. profitlosen Wirtschaft zulässig ist. Vgl. Samuelson (1966), S. 77 f.

(2) Kähler differenzierte hiermit bereits sehr genau zwischen einem Technikwechsel und einem Wechsel einer Produktionsmethode innerhalb einer schon gegebenen Technologie. In Abgrenzung zu Böhm-Bawerk formulierte er die Frage: "Aber liegt nicht das Wesen des technischen Fortschritts gerade darin, daß er eine neue Technik bringt, die bei gleichen Löhnen und alten Preisen rentabler als die bisher angewandte ist?" Kähler (1933), S. 7o.

2.2. Modelltheoretische Grundlagen

2.2.1. Die produktionstheoretischen Voraussetzungen

Kählers eigener Versuch einer Beschreibung der Freisetzungs- und Kompensationsprozesse erfolgte auf der Basis eines 'Gesamtumschlagsschemas', das "... sowohl die eigentlichen Umschlagsvorgänge, wie den Kapitalstock der Gesamtwirtschaft enthalten muß" (Kähler 1933, 81).

Der theoretische Ursprung dieser dualen Betrachtung von Kreislauf- und Kapitalbestandsgrößen lag in Burchardts Interpretation der 'Schemata des stationären Kreislaufs bei Böhm-Bawerk und Marx'. Er hatte den Versuch unternommen, die Abteilungsstruktur des marxschen, zirkulären Produktionsschemas durch eine stärkere Berücksichtigung einer stufenmäßigen Produktionsgliederung, wie sie von Böhm-Bawerk beschrieben wurde, zu ergänzen, um hierdurch zu einem vollständig vertikal integrierten Produktionsmodell (1) zu gelangen. Die Übernahme des Gedankens einer Stufenordnung begründete eine 'österreichische Spur' im produktionstheoretischen Verständnis der 'Kieler Schule', die bis in das Spätwerk von Lowe zu verfolgen ist (vgl. Lowe 1976, 31-34 und 48-54). Burchardt war auch der erste, der eine explizite Trennung von Bestands- und Umschlagsgrößen, d.h. von 'Stocks' und 'Flows' durchführte (vgl. Burchardt 1932, 119 ff.). Die Notwendigkeit für ein solches methodisches Vorgehen begründete sich für ihn in dem Übergang von einer statischen zu einer dynamischen Analyse der Kreislaufbeziehungen: "Für das statische Schema erübrigte sich sowohl die Unterscheidung zwischen Kreislaufwerten und Kreislaufmengen, als auch eine besondere Berücksichtigung der Bestandsposten neben den Kreislaufgrößen, weil in beiden Fällen das Verhältnis zwischen den betreffenden Größen unter den Bedingungen der Statik unveränderlich ist. Anders in der Dynamik, wo sich typische Entwicklungserscheinungen gerade in einer Relationsverschiebung dieser Größen anzeigen. Fügt man aber die Mengen- und Bestandsordnung der Kreislaufordnung des Schemas hinzu, so verfügt man über alle Veränderlichen, deren Variation die denkbaren Grundfälle der Dynamik ergeben müssen" (Burchardt 1932, 172).

Die theoretische Problematik, die eine solche Trennung von 'Stocks' und 'Flows' aufwarf und die Kähler durch seine Kombination von Verschleiß- und Kapitalbestandsgrößen zu einem 'Gesamtumschlagsschema' aufgriff, blieb ihm selbst in ihrer vollen Tragweite verborgen. Kähler nahm weder eine

---

(1) Zum Begriff und Konzept eines Modells vertikal integrierter Produktionsprozesse vgl. Pasinetti (1981), S. 1o9 ff.

klare Abgrenzung von fixem und zirkulierendem Kapital vor, noch erkannte er die grundlegende Bedeutung, die die Annahme gleicher bzw. unterschiedlicher Verschleißraten des Kapitalgüterbestands oder die Prämisse einer uniformen Produktionsperiode für die Formulierung eines Produktionsmodells besaß.

2.2.2. Kählers 'Gesamtumschlagsschema' als Input-Output-Modell

Rückblickend läßt sich Kählers Darstellung der volkswirtschaftlichen Kreislaufbeziehungen in Form quadratischer Verflechtungstabellen als rudimentärer Entwurf eines allgemeinen Input-Output-Modells begreifen. Auf der Basis einer rationalen Reformulierung seiner Arbeit läßt sich ohne Schwierigkeit der Nachweis erbringen, daß die von ihm benutzten 'Verschleiß'- und 'Gesamtumschlagsschemata' in allen wesentlichen Punkten mit den ökonomischen Eigenschaften eines Leontief-Systems übereinstimmen.

Ausgangspunkt einer allgemeinen Input-Output Betrachtung (vgl. Pasinetti 1977, 35-53) sind die interdependenten Produktionsbeziehungen einzelner Industriezweige. Die Produktion einzelner Güter vollzieht sich immer schon unter der Verwendung bereits produzierter Güter, sie besitzt einen grundlegend zirkulären und reproduktiven Charakter. Daß Kählers Untersuchung deutliche Züge einer Input-Output-Analyse trug, wird anhand seiner eigenen Charakterisierung des Umschlagssystems erkennbar; er schrieb: "Beginnen wir also mit unserer anschaulichen Umschlagsdarstellung, die den Verbrauch und die Produktion der einzelnen Güter anzugeben hat. Als Hauptverbraucher treten natürlich die letzten Konsumenten auf den Plan. Immerhin wäre es ein Irrtum anzunehmen, daß nur sie die Größe der Produktion zu bestimmen hätten. So wird z.B. die notwendige Größe der Kohlenproduktion durch den Kohlenverbrauch der Maschinenindustrie genauso mitbestimmt wie durch den Verbrauch des letzten Konsumenten .... Der Kohlenverbrauch der Maschinenindustrie hängt nun aber unter anderem von der Größe der Maschinenproduktion selbst ab, die andererseits wiederum durch den Maschinenverbrauch des Bergbaus mitbestimmt wird .... So setzt die Größenbestimmung eines Wirtschaftszweiges schon immer die Größe der anderen Produktionen voraus, die aber selbst erst nach Feststellung der Größe des ersten Wirtschaftszweiges angegeben werden können. Zu dieser gegenseitigen Größenbestimmung der Wirtschaftszweige kommt außerdem hinzu, daß z.B. der Maschinenverbrauch des Bergbaus nicht nur durch dessen absolute Größe bestimmt wird, sondern noch durch die im Bergbau angewandte Technik. Diese tritt uns als eine von der Größe der Wirtschaftszweige unabhängige Konstante gegenüber und bestimmt damit die quotenmäßige Zusammensetzung des reinen Produktionsmittelverbrauchs in den einzelnen Industrien" (Kähler 1933, 83 f., Hervorhebung von mir, B.M.).

Die interindustriellen Beziehungen eines achtsektoralen Wirtschaftssystems bildete Kähler in den folgenden Schemata (I + II) ab:

Schema I

Bezeichnung der Kostenanteile	Kostenanteile bei der Produktion von								
	Kohle	Dampf-maschinen	Werk-zeug-maschinen	Eisen	Ge-bäuden	Bau-mate-rialien	Agrar-stoffen	Texti-lien	Arbeit
Kohle	1	1	1	2	1	1		1	1
Dampf-maschinen	1	1	1	1		1		1	
Werkzeug-maschinen	2	1.5	1.5	2		1	2	1	
Eisen	1	2	2		1	1			
Gebäude		0.5	0.5	1			1	1	2
Bau-materialien					3				
Agrarstoffe							1	2	5
Textilien									2
Arbeit	5	4	4	4	5	6	6	4	
Anzahl der Teile	10	10	10	10	10	10	10	10	10

Kähler beschrieb die einzelnen Produktionszweige als Spalten und die proportionale Aufgliederung des Stroms der Inputgüter als Zeilen. Wie das Schema II zeigt, entsprechen sich die jeweiligen Spalten- und Zeilensumme, d.h. die Verbrauchs- und Produktionsmengen des ökonomischen Systems sind größengleich. Im Unterschied zu den heutigen linearen Produktionsmodellen trennte Kähler

Schema II

VERHÄLTNISMÄSSIGE GRÖSSE DER PRODUKTION UND IHRE KOSTENMÄSSIGE ZUSAMMENSETZUNG

Die Arbeit gleich 1000 gesetzt

Größe des Verbrauchs von	Kohle	Dampf-maschinen	Werkzeug-maschinen	Eisen	Gebäude	Baumaterialien	Agrarstoffe	Textilien	Arbeit	Summe des Verbrauchs an
Kohle	25.5	10.9	28.9	29.2	31.4	9.4		20	100	255.
Dampfmaschinen	25.5	10.9	28.9	14.6		9.4		20		109.
Werkzeugmaschinen	51.1	16.4	43.4	29.2		9.4	120	20		289.
Eisen	25.5	21.9	57.9		31.4	9.4				146.
Gebäuden		5.4	14.4	14.6			60	20	200	314.
Baumaterialien					94.3					94.
Agrarstoffe							60	40	500	600
Textilien									200	200
Arbeit	127.8	43.8	115.8	58.5	157.2	56.6	360	80		1000
Summe der Produktion	255.	109.	289.	146.	314.	94.	600	200	1000	

nicht explizit zwischen einem Mengen- und Preissystem (1), sondern verquickte beide Aspekte in einem Schema. Für Kähler ist die Interdependenzstruktur des von ihm abgebildeten Wirtschaftssystems bestimmt durch die 'verhältnismäßige Kostenzusammensetzung' in den einzelnen Produktionszweigen. Der 'Kosten'begriff verweist auf schon mit Preisen bewertete physische Produktionsinputgrößen. Das von Kähler als Ausgangspunkt gewählte 'Kostenschema' (I) erweist sich somit als spezielle Form eines Preissystems. Der 'kostenmäßige Gesamtaufwand der einzelnen Produktionen' - bei Kähler die Summenzeile der Kostenanteile - läßt sich schreiben als Preisvektor von der Form $p = [p_1, p_2, \ldots p_9]^T$. Kähler nahm eine spezielle Normierung seines Kostenschemas vor und setzte alle Preise (p_i) gleich dem Wert zehn. Interpretiert man Kählers 'Kostenschema' (I) als ein spezielles Preissystem, so gilt:

(1) Während ein Preissystem die ökonomischen Austauschrelationen abbildet, beschreibt ein Mengensystem die allgemeinen physischen Produktions- und Reproduktionsbedingungen einer Ökonomie ungeachtet der spezifisch gesellschaftlichen Form von Produktion und Verteilung. Kähler arbeitete, wie noch gezeigt wird, implizit aber in einem Wertsystem.

$$(1) \qquad (A^T - I) \cdot p = 0$$

mit der quadratischen 9x9 Gesamtkoeffizienten Matrix A und I als Einheitsmatrix von gleichem Rang wie A.

$$A = \left(\begin{array}{cccccccc|c} 0{,}1 & 0{,}1 & 0{,}1 & 0{,}2 & 0{,}1 & 0{,}1 & 0{,}0 & 0{,}1 & 0{,}1 \\ 0{,}1 & 0{,}1 & 0{,}1 & 0{,}1 & 0{,}0 & 0{,}1 & 0{,}0 & 0{,}1 & 0{,}0 \\ 0{,}2 & 0{,}15 & 0{,}15 & 0{,}2 & 0{,}0 & 0{,}1 & 0{,}2 & 0{,}1 & 0{,}0 \\ 0{,}1 & 0{,}2 & 0{,}2 & 0{,}0 & 0{,}1 & 0{,}1 & 0{,}0 & 0{,}0 & 0{,}0 \\ 0{,}0 & 0{,}05 & 0{,}05 & 0{,}1 & 0{,}0 & 0{,}0 & 0{,}1 & 0{,}1 & 0{,}2 \\ 0{,}0 & 0{,}0 & 0{,}0 & 0{,}0 & 0{,}3 & 0{,}0 & 0{,}0 & 0{,}0 & 0{,}0 \\ 0{,}0 & 0{,}0 & 0{,}0 & 0{,}0 & 0{,}0 & 0{,}0 & 0{,}1 & 0{,}2 & 0{,}5 \\ 0{,}0 & 0{,}0 & 0{,}0 & 0{,}0 & 0{,}0 & 0{,}0 & 0{,}0 & 0{,}0 & 0{,}2 \\ \hline 0{,}5 & 0{,}4 & 0{,}4 & 0{,}4 & 0{,}5 & 0{,}6 & 0{,}6 & 0{,}4 & 0{,}0 \end{array}\right) \quad p = \begin{bmatrix} 10 \\ 10 \\ 10 \\ \cdot \\ \cdot \\ \cdot \\ \cdot \\ \cdot \\ 10 \end{bmatrix}$$

Kählers 'Kostenschema' (I) läßt sich eindeutig als ein 'geschlossenes Leontief-System' (vgl. Pasinetti 1977, 55 ff.) beschreiben, da es die n-te Zeile, die den direkten Arbeitsinput in den Industrien repräsentiert und die n-te Spalte, die die Nachfrage- bzw. Konsumstruktur beschreibt, als endogene Sektoren behandelt. Bezeichnen wir mit $l = [l_1, l_2, \ldots l_8]$ den (Zeilen-)Vektor der direkten Arbeitskoeffizienten, mit $c = [c_1, c_2, \ldots c_8]^T$ den (Spalten-)Vektor der Konsumnachfrage und mit A^+ die interindustrielle Koeffizientenmatrix, die die Koeffizienten a_{ij} (i,j=1,2,..n-1) umfaßt, so läßt sich A schreiben als:

$$A = \begin{bmatrix} A^+ & c \\ & \\ l & 0 \end{bmatrix} = \begin{pmatrix} a_{11} & \ldots\ldots a_{18} & c_1 \\ \cdot & \cdot & \cdot \\ \cdot & \cdot & \cdot \\ \cdot & \cdot & \cdot \\ a_{81} & \ldots\ldots a_{88} & c8 \\ l_1 & \ldots\ldots l_8 & 0 \end{pmatrix}$$

Es läßt sich ferner zeigen, daß Kählers Schemata (I + II) eine Subsistenzökonomie beschreiben, d.h. er eine existenzminimale Reproduktionsfähigkeit des ökonomischen Systems unterstellt. Wie er selbst bemerkte (vgl. Kähler 1933, 86), befand sich sein 'Reproduktionsschema' dann im Gleichgewicht, wenn die je Spalte angegebene Produktionsmenge eines Gutes so und nur so groß war, daß sie den jeweiligen Bedarf an diesem Gut in den Herstellungsprozessen decken konnte. Es gilt folglich, daß der nach dem Ersatz der verbrauchten Produktionsmittel übrigbleibende Netto-Output gerade dem zur Reproduktion des gesellschaftlichen Arbeitsvermögens notwendigen Konsum entspricht.

Mit der Vorgabe der Kostenstruktur war, wie Kähler (1933, 88) feststellte, in seinen Schemata die Konsumstruktur und die Produktionstechnologie des ökonomischen Systems determiniert. Jeder Industriezweig verfügte über eine spezifische Produktionstechnik - unkorrekterweise enthielt Kählers Darstellung zwei technisch identische Produktionszweige - und stellte jeweils ein Gut in festen Mengenrelationen her. Er setzte somit, wie für Leontief-Systeme charakteristisch, linear-limitationale Produktionsprozesse und konstante Skalenerträge voraus. Er umschrieb dies wie folgt: "(Die) verhältnismäßige Kostenzusammensetzung in der Kohlenproduktion würde gelten, solange die Technik gleich bliebe. Eine Veränderung in der Größe der Kohleproduktion allein würde dagegen auf diese Kostenzusammensetzung keinen Einfluß haben" (Kähler 1933, 84, Hervorhebung von mir, B.M.). Die angewandte Produktionstechnik blieb so lange gleich, wie die Produktionskoeffizienten konstant blieben. Erst ein Wechsel in der Produktionstechnik oder der Konsumnachfrage führte zu einer Strukturveränderung der physischen Inputgrößen des ökonomischen Systems: "Die (gegebenen, B.M.) Proportionen muß die Wirtschaft erfüllen, auch wenn sie wächst. Sie ändern sich erst, wenn der menschliche Konsum sich verschiebt oder wenn durch technische Änderungen der Verschleiß der Produktionsmittel verschoben wird" (Kähler 1933, 87). Veränderungen in der Konsumnachfrage und/oder der Produktionstechnik bildeten damit für Kähler, wie z.B. auch für Pasinetti (1981, 61 f.), die beiden grundlegenden Momente wirtschaftlicher Dynamik.

Aus dem 'Kostenschema' (I) leitete Kähler ein System physischer Qualitäten, d.h. ein Mengensystem ab - das Schema II: "Das aufgestellte 'Anteilschema' (I) erlaubt nun aber auch, die notwendige Größe der einzelnen Produktionen zu berechnen. Absolute Größen lassen sich allerdings nur feststellen, wenn man vorher wenigstens für eine Produktion eine absolute Zahl annimmt. Die verhältnismäßige Größe der Produktionen untereinander läßt sich dagegen durch ein allgemeines Gleichungssystem ohne weiteres feststellen" (Kähler 1933, 87). Er beschritt hierbei den heute zur Lösung 'geschlossener Leontief-Systeme' üblichen Weg und setzte die verfügbare Arbeitsmenge als 'exogene Quantität' mit dem Wert 1000 als gegeben voraus. Zu dem Preissystem (1) läßt sich ausgehend von Schema (II) ein duales Mengensystem (2) formulieren. Es sei, A wiederum die bekannte Gesamt-Koeffizientenmatrix, I die Einheitsmatrix und $Q = [Q_1, Q_2, \ldots Q_9]$ der End(Zeilen)Vektor, der die physischen Quantitäten der produzierten Güter angibt. Es gilt dann:

(2) $$(A-I) \cdot Q^T = 0$$

und die Gleichung

(3) $l_1 \cdot Q_1 + l_2 \cdot Q_2 + \ldots l_8 \cdot Q_8 = L = 1000$

wobei lj(j=1,2,..,8) die direkten Arbeitskoeffizienten und L die verfügbare Gesamtarbeitsmenge bezeichnen.

2.2.3. Zur Konzeptualisierung des Technischen Fortschritts

Für Kähler wurde die in den einzelnen Produktionszweigen jeweils angewandte Technik nach dem Kriterium ökonomischer Rentabilität ausgewählt. In seiner allgemeinsten Form führte ein Technikwechsel stets zu einer Senkung der Produktionskosten. Es waren solche technischen Veränderungen, "... die bei gegebenen Preisen für die Kostenfaktoren und für die zu produzierenden Waren den Profit pro angewandte Kapitaleinheit erhöhen..." und in der Regel "... die Erhöhung des Profits durch die Senkung der Arbeitskosten pro Produkteinheit herbeiführ(t)en" (Kähler 1933, 97). Kähler bekräftigte hiermit zugleich die These von der Dominanz der arbeitssparenden Form des technischen Fortschritts in einer kapitalistisch organisierten Wirtschaft.
Die Betonung der kostensenkenden Wirkung des technischen Fortschritts führte unter der von Kähler betonten Annahme eines konstanten Faktorpreisverhältnisses dazu, technische Produktionsverbesserungen als lineare Senkung der realen Produktionskosten bzw. als direkte Produktionsfaktoreinsparungen zu begreifen. Ausgehend von der Kostengleichung $C = \bar{l} \cdot A + \bar{r} \cdot K$, wobei C die Produktionskosten, A den Arbeitseinsatz, K den Kapitaleinsatz und $\bar{l}, \bar{r}$ den konstanten Lohnsatz bzw. Profitsatz bezeichnet, konnte der technische Fortschritt sinnvoll nur noch nach seiner Wirkung auf das relative Faktoreinsatzverhältnis unterschieden werden. Seine direkte arbeits- und/oder kapitaleinsparende Wirkung rückte damit in den Vordergrund. Eine Klassifikation technischer Fortschritte, die auf diese Wirkungsdimension Bezug nehmen wollte, wie dies Kählers Ziel war, mußte sich notwendigerweise orientieren an den möglichen Veränderungen der Kapitalintensität (K/A). Sie lieferten die zur Diskussion der Beschäftigungseffekte des technischen Fortschritts relevanten Informationen (vgl. Pasinetti 1981, 214).

Als Maßstab der Kapitalintensität wählte Kähler das Verhältnis von 'Arbeitsverschleißgrößen' und 'Kapitalbestandsgrößen' in den jeweiligen Produktionszweigen bzw. in der Gesamtproduktion (vgl. Kähler 1933, 95). Während er die erste Variable durch die Größe der jeweiligen sektoralen Lohnsumme repräsentiert sah, ließ Kähler die Frage, wie denn die 'Kapitalbestandsgrößen' zu messen seien, offen. Da er einen Vergleich der sektoral verschiedenen

Kapitalintensitäten beabsichtigte, konnte die reale Kapitalintensität, d.h. das Verhältnis von physischem Arbeits- und Kapitaleinsatz, den gewünschten Maßstab nicht liefern. Erst das mit Preisen bewertete Faktoreinsatzverhältnis, d.h. die wertmäßige Kapitalintensität, eignete sich als Maßstab.(1) Kähler entwickelte eine umfassende Klassifikation des technischen Fortschritts, die ausgehend von einem konstanten Produktionsertrag und vier Variablen - Kapitalbestandsmenge, Kapitalumschlagsmenge, Kapitalumschlagszeit, Arbeitsmenge - 27 mögliche Fälle enthielt. Klammert man die für Kähler spezifischen Umschlagsgrößenveränderungen aus und betrachtet man lediglich die möglichen Variationen von Kapitalbestands- und Arbeitsmenge, so zeigt sich, daß hiermit die Grundstruktur jenes Klassifikationsansatzes gegeben war, der in den fünfziger Jahren von Lowe (1955a und 1976, 248) und Ott (1959, 3o7 ff.) entwickelt worden ist.

2.3. Technischer Fortschritt und strukturelle Dynamik der Beschäftigung

In linearen Produktionsmodellen kann die technische Struktur einer Ökonomie beschrieben werden durch die Matrix der interindustriellen Koeffizienten und den (Zeilen)Vektor der Arbeitskoeffizienten (A^+, l). Die verschiedenen sektoralen Produktionstechniken können entsprechend definiert werden als (Spalten)Vektoren der Form $b_j = (a_{ij}, \ldots, a_{n-1\,j}, l_j)^T$ für i,j= 1,2,...,n-1. Ein sektorspezifischer Technikwechsel impliziert die Veränderung zumindestens eines Produktionskoeffizienten, d.h. einer Komponente eines j-ten Spaltenvektors und führt insgesamt zu einer Strukturveränderung des Mengensystems einer Ökonomie. Kähler beschrieb in seinen Umschlagsschemata einen Wechsel der Produktionstechnik ähnlich als eine Veränderung der physischen Inputgrößen des technisch innovativen Produktionszweiges. Aufgrund der technologischen Interdependenz der verschiedenen Produktionszweige führte auch für ihn ein Produktionsfortschritt in einem beliebigen Sektor zu einer Veränderung der Einsatz- und Verbrauchsgrößen des ökonomischen Systems insgesamt und folglich zu einer Gesamtvariation des betrachteten Umschlagsschemas. Kählers Darstellung der Freisetzungs- und Kompensations-

(1) Von Kähler unbeachtet blieb jedoch, daß mit dem Konzept der wertmäßigen Kapitalintensität eine Berücksichtigung der Verteilungsstrukturen theoretisch erforderlich wurde, (Vgl. dazu Pasinetti 1981, 18o ff.). In seinem Modell einer profitlosen Wirtschaft führte dies jedoch zu keinen Unkorrektheiten.

prozesse erfolgte daher anhand der Gegenüberstellung bzw. des komparativ-statischen Vergleichs verschiedener Schemata, die jeweils den Zustand eines Produktionssystems vor bzw. nach der Einführung eines technischen Fortschritts abbildeten.
Kählers Versuch, die durch den technischen Fortschritt bewirkte strukturelle Beschäftigungsdynamik mittels schematisierter Zahlenbeispiele darzustellen, wirkt aus heutiger Sicht umständlich und willkürlich, da die innere Struktur seiner Schemata verborgen bleibt. Eine rigorose algebraische Reformulierung der Kählerschen Schemata zeigt jedoch, daß sie auf mathematisch eindeutig beschreibbaren Gesetzmäßigkeiten basieren, und eine Generalisierbarkeit der konkreten Zahlenbeispiele möglich ist. Die nahe theoretische Verwandtschaft zu modernen multisektoralen Modellansätzen, die hierbei deutlich erkennbar wird, ist überraschend.
Kähler entfaltete seine eigene Untersuchung systematisch anhand dreier Falltypen des technischen Fortschritts. Er unterschied zwischen: a) dem Fall eines arbeitssparenden und kapitalerfordernden technischen Fortschritts, b) dem Fall eines arbeits- und kapitalsparenden technischen Fortschritts und c) dem Fall eines direkt arbeitssparenden technischen Fortschritts. Kähler diskutierte zuerst, im Fall a, die Freisetzungs- und Kompensationsvorgänge ohne Berücksichtigung möglicher Modifikationen des Kapitalstocks allein auf der Basis sektoraler Strukturveränderungen und Niveauverschiebungen der Konsumendnachfrage. Im Fall b bezog er dann die sektoralen Umstrukturierungsprozesse des Kapitalstocks in seine Analyse mit ein, ohne jedoch schon eine Kapitalakkumulation zu berücksichtigen. Umfassend beschrieb er die Arbeitsfreisetzung und Kompensation als einen zeitlichen Übergangsprozeß in einer wachsenden Wirtschaft erst im Zusammenhang mit dem dritten Fall.

2.3.1. Der Fall des arbeitssparenden und kapitalerfordernden technischen Fortschritts

Kählers Interesse richtete sich zunächst, anhand des Vergleichs zweier reiner Umschlagsschemata (II und III), auf einen Produktionsfortschritt, der die Form einer in der Kohleindustrie zusätzlich eingeführten, arbeitssparenden Maschine annahm. Diese Veränderung der Produktionstechnik führte angesichts einer nur geringfügigen Ausweitung der Kohleproduktion zu einem starken Anstieg der Arbeitsproduktivität in diesem Produktionszweig, während in den übrigen Sektoren die Arbeitsproduktivität unverändert blieb. Wie Kähler in seinem Schema III zeigt, sank der kostenmäßige Anteil der Arbeit an der Kohleproduktion von 5 auf 4

Einheiten, d.h. der Arbeitsinputkoeffizient dieses Sektors änderte seinen Wert von o,5 auf o,4. Dieser sektorspezifische Produktionsfortschritt bewirkte eine Arbeitsfreisetzung von insgesamt 22,7 Arbeitseinheiten. Es läßt sich dies, in Anlehnung an Pasinetti (1), wie folgt formulieren. Es sei:

(4) $Y = \sum_{j=1}^{8} Q_j$

(5) $D_j = Q_j$

(6) $L = \sum_{j=1}^{8} E_j$

(7) $E_j = l_j \cdot Q_j$

(8) $Y_j = Q_j / E_j = \frac{1}{l_j}$

(9) $r_j = \frac{dD_j}{dt} \cdot \frac{1}{D_j}$

(1o) $\rho_j = \frac{dl_j}{dt} \cdot \frac{1}{l_j}$

(11) $f_j = \frac{dE_j}{dt} \cdot \frac{1}{E_j}$

Y = Gesamtproduktionsoutput

Q_j = Sektoraler Produktionsoutput

D_j = Sektorale Konsumendnachfrage

L = Gesamtarbeitsvolumen

E_j = Sektorale Arbeitseinsatzmenge

l_j = Sektoraler Arbeitskoeffizient

Y_j = Sektorale Arbeitsproduktivität

r_j = Sektorale Veränderungsrate der Konsumendnachfrage

ρ_j = Sektorale Veränderungsrate des Arbeitskoeffizienten

f_j = Sektorale Veränderungsrate der Arbeitseinsatzmenge

---

(1) Einschränkend ist hierzu anzumerken, daß zunächst ein grundlegender Unterschied zwischen Pasinettis vertikal integriertem Produktionsmodell und dem statischen Leontief-System besteht, in das Kählers Überlegungen eingebettet sind. So sind die Größen (ρ) und (r) bei Pasinetti anders definiert, dort wird (ρ) als allgemeine (Arbeits)Produktivitätsfortschrittsrate aufgefaßt und (r) im Unterschied zu Kählers Analyse nicht als exogen gesetzt.

Schema II

VERHÄLTNISMÄSSIGE GRÖSSE DER PRODUKTION UND IHRE KOSTENMÄSSIGE ZUSAMMENSETZUNG

Die Arbeit gleich 1000 gesetzt

Größe des Verbrauchs von	Kohle	Dampfmaschinen	Werkzeugmaschinen	Eisen	Gebäude	Baumaterialien	Agrarstoffe	Textilien	Arbeit	Summe des Verbrauchs an
Kohle	25.5	10.9	28.9	29.2	31.4	9.4		20	100	255.
Dampfmaschinen	25.5	10.9	28.9	14.6		9.4		20		109.
Werkzeugmaschinen	51.1	16.4	43.4	29.2		9.4	120	20		289.
Eisen	25.5	21.9	57.9		31.4	9.4				146.
Gebäuden		5.4	14.4	14.6			60	20	200	314.
Baumaterialien					94.3					94.
Agrarstoffe							60	40	500	600
Textilien									200	200
Arbeit	127.8	43.8	115.8	58.5	157.2	56.6	360	80		1000
Summe der Produktion	255.	109.	289.	146.	314.	94.	600	200	1000	

Bei konstanten Veränderungsraten der Arbeitsproduktivität, der Konsumendnachfrage und der Beschäftigung in den einzelnen Sektoren gilt:

(12) $$l_j(t) = l_j(o)e^{-\rho_j t}$$

(13) $$D_j(t) = D_j(o)e^{r_j t}$$

(14) $$E_j(t) = E_j(o)e^{f_j t}$$

für $j = 1,2,\ldots,8$.

Die Entwicklung der sektoralen Arbeitseinsatzgrößen bestimmt sich demnach durch die relative Stärke und Richtung der sektoralen Produktivitäts- und Konsumveränderungen. Es gilt:

(15) $(r_j - \rho_j) = f_j$, wobei $r_j \lesseqgtr \rho_j$ $j = 1,2,\ldots,8.$

Hieraus folgt, daß eine Arbeitsfreisetzung ($f_j < o$) in allen jenen Sektoren eintritt, für die

(15.1) $r_j < \rho_j$

ist, und eine Absorption zusätzlicher Arbeitskräfte ($f_j > o$) in all jenen Sektoren stattfindet, für die gilt:

(15.2) $r_j > \rho_j$

Schema III

GRÖSSE DER PRODUKTION UND IHRE KOSTENMÄSSIGE ZUSAMMENSETZUNG BEI IN DER KOHLENPRODUKTION ABGEÄNDERTEM SCHEMA I

Arbeit = 1000

Größe des Verbrauchs von	Neue Kostenanteile der Kohlenproduktion	Alte Kostenanteile der Kohlenproduktion	Kohle	Dampfmaschinen	Werkzeugmaschinen	Eisen	Gebäuden	Baumaterialien	Agrarstoffen	Textilien	Arbeit	Summe des Verbrauchs an
Kohle	1	1	26.2	11.5	32.5	31.1	31.7	9.5		20	100	262
Dampfmaschinen	1	1	26.2	11.5	32.5	15.5		9.5		20		115
Werkzeugmaschinen	3	2	78.8	17.3	48.8	31.1		9.5	120	20		325
Eisen	1	1	26.2	23.1	65.1		31.7	9.5				155
Gebäuden				5.7	16.2	15.5			60	20	200	317
Baumaterialien							95.2					95
Agrarstoffen									60	40	500	600
Textilien											200	200
Arbeit	4	5	105.1	46.2	130.3	62.3	158.8	57.1	360	80		1000
Summe der Produktion			262	115	325	155	317	95	600	200	1000	
Alte Summe d. Produkt.			255	109	289	146	314	94	600	200	1000	

Hiervon ausgehend läßt sich der von Kähler unterstellte Produktionsfortschritt in der Kohleindustrie und die damit verbundene Arbeitsfreisetzung präzise beschreiben. Es gilt gemäß der Tabellenwerte der Schemata II und III konkret:

(16.1) $\Delta Q_1 = \Delta D_1 = D_1(t) - D_1(o) = 262 - 255 = 7$

(16.2) $\Delta Y_1 = Y_1(t) - Y_1(o) = 2{,}5 - 2{,}o = o{,}5$

(16.3) $\Delta E_1 = E_1(t) - E_1(o) = 1o5{,}1 - 127{,}8 = -22{,}7$

und

(17.1) $r_1 = o.o274$

(17.2) $\rho_1 = -o.2231$

(17.3) $f_1 = -o.196o$

Unter Beachtung von (14) und (15) bestimmt sich demnach die technisch bedingte Freisetzung von 22,7 Arbeitseinheiten in der Kohleindustrie gemäß:

(18) $\Delta E_j = E_j(t) - E_j(o) = E_j(o)e^{(r_j - \rho_j)t} - E_j(o)$

(18.1) $\Delta E_1 = 127{,}8e^{(o.o274 - o.2231)} - 127{,}8 = -22{,}7$.

Eine Kompensation der freigesetzten Arbeit ist, im Rahmen der Annahmen des gewählten Beispiels, nur in zwei Fällen denkbar:

a) Wenn die durch den Produktionsfortschritt eingetretene sektorale Arbeitsproduktivitätssteigerung von einer entsprechenden Ausweitung der Nachfrage nach Outputgütern des betreffenden Produktionszweiges begleitet wird und dies zu einer verstärkten Arbeitskräftenachfrage führt. Es wäre dies der Spezialfall eines sektorinternen Freisetzungs- und Kompensationsprozesses, für den als Voraussetzung gilt: $r_j = \rho_j$. Diese 'analytical curiosity' (vgl. Pasinetti 1981, 88) einer proportionalen sektoralen Entwicklung bildet die Grundlage des in den Freisetzungs- und Kompensationsdebatten oft angeführten 'Kraufkraftkompensationstheorems', wonach eine Wiederbeschäftigung der freigesetzen Arbeitskräfte allein schon aufgrund einer verstärkten Nachfrage nach den Produkten des technisch innovativen Sektors erfolgt.

b) Wenn die durch eine technische Veränderung in einem Sektor freigesetzten Arbeitskräfte durch eine verstärkte Arbeitskräftenachfrage der anderen Sektoren absorbiert werden. Voraussetzung hierfür ist eine Ausweitung der Konsumendnachfrage, die dem zusätzlichen Produktionsoutput entspricht, der durch die Wiederbeschäftigung der freigesetzten Arbeit erzeugt wird. Eine Kompensation tritt ein als Resultat eines sektoralen Umstrukturierungsprozesses des verfügbaren Arbeitsvolumens. Der quotenmäßige Anteil der einzelnen Produktionssektoren an der Nachfrage- bzw. Produktionsausweitung und der Absorption der freigesetzten Arbeit bestimmt sich dabei nach der jeweiligen Höhe der sektoralen Arbeitsproduktivität.

Den zweiten, komplexeren Fall eines Kompensationsprozesses unterstellte Kähler bei seiner Darstellung. Er stellte selbst fest: "Weil die Kohleindustrie ihre Technik änderte, mußten bald alle Industriezweige ihre Produktion erhöhen... Arbeit wurde aus der Kohleindustrie verdrängt, in den anderen Wirtschaftszweigen dafür erhöht eingesetzt" (Kähler 1933, 91). Der Übergang von Kählers Schema II auf das ebenfalls eine vollbeschäftigte Ökonomie beschreibende Schema III und der damit verbundene Prozeß der sektoralen Arbeitsumstrukturierung läßt sich präzise rekonstruieren. Hätte Kähler den ersten, speziellen Fall einer sektorinternen Kompensation behandelt, so hätte die Endnachfrage nach Kohle bzw. ihre Produktion entsprechend der Arbeitsproduktivitätssteigerung zunehmen müssen und absolut von 255 auf 318,7 Einheiten ansteigen müssen. Es hätte gelten müssen:

(19) $\rho_1 = r_1 = o.2231$

(2o) $D_1(t) = D_1(o)\ e^{r_1 t}$ Konkret $318{,}7 = 255\ e^{o.2231}$

Kähler ging jedoch von einer nur geringfügigen Ausweitung der Kohleendnachfrage aus, so daß eine entsprechende Zunahme der Nachfrage nach den Outputgütern der übrigen sieben Sektoren zur Voraussetzung einer erfolgreichen Kompensation wurde. Für den von Kähler gewählten zweiten, allgemeineren Fall einer intersektoralen Kompensation läßt sich somit als notwendige Bedingung formulieren:

(21) $r_{2-8} > \rho_{2-8}$

bzw. da, wie bereits angemerkt, mit Ausnahme der Kohleindustrie eine Konstanz der sektoralen Arbeitsproduktivitäten unterstellt war

(21.1) $r_{2-8} > o$.

Die Aufrechterhaltung der Vollbeschäftigung setzte weiterhin voraus, daß die Anzahl der freigesetzten und der zusätzlich nachgefragten Arbeitskräfte sich quantitativ genau entsprach. Als Vollbeschäftigungs- bzw. Kompensationsbedingung läßt sich für diesen zweiten, allgemeineren Fall daher formulieren:

(22) $L(t) = L(o)$

bzw.

(23) $L(t) = E_1(o)e^{(r_1-\rho_1)t} + E_2(o)e^{(r_2-\rho_2)t} \ldots + E_n(o)e^{(r_n-\rho_n)t}$

Für Kählers Beispiel mit $r_1 < \rho_1$ und $r_{2-8} > o$ gilt vereinfacht:

(24) $L(t) = E_1(o)e^{(r_1-\rho_1)t} + E_{2-8}(o)e^{(r_{2-8}-o)t}$.

Setzt man Kählers Tabellenwerte ein, so zeigt sich, daß das Niveau der Gesamtbeschäftigung konstant bleibt, d.h. die freigesetzte gleich der kompensierten Arbeitsmenge ist. Es gilt konkret:

(25) $$1ooo = 127{,}8\ e^{(o.o274\ -\ o.2231)} + 872{,}2\ e^{o.o256}$$
$$= 1o5{,}1 + 895$$

Berechnet man die einzelnen sektoralen Veränderungsraten der Endnachfrage (r_{2-8}) und setzt diese in (23) ein, so läßt sich auch die veränderte Struktur der sektoralen Arbeitseinsatzgrößen angeben. Als Ergebnis erhält man genau die Tabellenwerte der letzten Zeile der Arbeitseinsatzgrößen aus Kählers Schema III. Es gilt:

$$L(t) = E_1(o)e^{(o.o274-o.2231)} + E_2(o)e^{o.o535} + E_3(o)e^{o.1173} + E_4(o)^{o.o598}$$
$$+ E_5(o)e^{o.oo9} + E_6(o)e^{o.o1o5} + E_7(o)e^{o} + E_8(o)e^{o}$$
$$= 1o5{,}1 + 46{,}2 + 13o{,}3 + 62{,}3 + 158{,}8 + 57{,}1 + 36o + 8o$$

Ausgehend von einer solchen Betrachtung der Niveau- und Strukturveränderung der Endnachfrage konnte das Kompensationsproblem für Kähler jedoch nur unzureichend analysiert werden. Seine eigentliche Kernfrage, in welcher Form die freigesetzten Arbeitskräfte wieder in den Produktionsprozeß integriert werden konnten und inwieweit die hierzu erforderlichen Produktionsmittel bereits vorhanden waren oder erst erstellt werden mußten, ließ sich in diesem Kontext nicht beantworten. Voraussetzung hierfür war die Berücksichtigung des Kapitalstocks und seiner technisch bedingten Veränderungen.

2.3.2. Der Fall des arbeits- und kapitalsparenden technischen Fortschritts

Kähler diskutierte ausgehend von den Schemata VI und VII, die auf vier Wirtschaftssektoren reduziert waren, dafür aber die Kapitalbestandsgrößen (1) der einzelnen Produktionszweige enthielten, den Fall eines Wechsels der Produktionstechnik, der sowohl zu einer 25%igen Verminderung des Arbeitseinsatzes als auch zu einem um 25% geringeren Kapitaleinsatz in einem Sektor, der Maschinenindustrie, führte.

Kähler behandelte zunächst den arbeitssparenden Effekt eines solchen Technikwechsels. Er ging dabei von der Annahme aus, daß trotz der technisch bewirkten Lohneinsparung der Kostenpreis der Maschinen nicht gesenkt würde und die Produzenten ihren technischen Extraprofit, der den Lohnkostenersparnissen entsprach, in gleicher Weise konsumtiv verausgabten wie die Arbeiter ihren Lohn. Es war dann, so Kähler, "einzusehen, daß sich am ganzen Produktionsschema nichts zu ändern braucht, als die Verdrängung von 25% der Arbeiter aus der Maschinenindustrie und die Übertragung der entsprechenden Lohnsumme als Kaufkraft auf die Profitempfänger" (Kähler 1933, 99). Die Berücksichtigung des Kapitalstocks, durch die Einbeziehung der Kapitalbestandsgrößen in sein Schema, machte jedoch deutlich, daß eine für Kähler entscheidende Größe, die Kapitalintensität, ihren Wert veränderte: "Für die Gesamtgesellschaft hätte sich aber, und das ist wesentlich, der Bruch angewandtes Kapital: angewandte und bezahlte Arbeit verändert,... Wir hätten es also mit einem technischen Fortschritt zu tun, bei dem sich die Kapitalgröße pro Arbeiter steigerte" (Kähler 1933, 99). Für Kähler zeigte dieses Beispiel, "daß für die freigesetzte Arbeit <u>im bestehenden Kreislauf</u> weder Nachfrage noch Kapital vorhanden ist... Die freigesetzten Arbeiter hinterlassen in ihm keine Lücke. Wollen sie in die Produktion wieder eingegliedert sein, so muß <u>vorher</u> für sie Kapital beschafft werden" (ebenda, Hervorhebung von mir, B.M.). Wurde eine eigenständige Kapitalakkumulation ausgeschlossen, so konnte die notwendige Kapitalvermehrung allein dann eintreten, wenn der angewandte technische Fortschritt zugleich kapitalsparenden Charakter besaß.

Kähler unterstellte in seinem zweiten Fallbeispiel daher konsequenterweise einen technischen Fortschritt, der neben der Arbeitsfreisetzung in der Maschinenindustrie einen ebenso starken kapitalsparenden Effekt auslöste und 25%

---

(1) Für Kähler umfaßte der Kapitalstock dabei allerdings neben dem Maschinenkapital auch noch das Rohstoff- und Lohnkapital. Die Berücksichtigung dieser Bestandsgrößen in einem Kreislaufmodell hatte Burchardt (1932) gefordert.

des dortigen Maschinen- und Gebäudekapitals 'freisetzte'. Der Rückgang der in der Maschinenindustrie eingesetzten Arbeitsmenge von 156,5 auf 117,3 Einheiten, d.h. die absolute Freisetzung von 39,2 Arbeitskräften, wurde somit begleitet von einer Kapitaleinsparung bzw. relativen Kapitalvermehrung in Höhe von 146,25 Einheiten.
Der Vorgang der Arbeitsfreisetzung und Kompensation konnte auch in diesem Beispiel, wie Kähler andeutete, sowohl den Charakter eines sektorinternen als auch den eines intersektoralen Umstrukturierungs- und Anpassungsprozesses annehmen. Die Möglichkeit einer umfassenden sektorinternen Kompensation beurteilte Kähler jedoch negativ; er stellte fest: "Diese 146,25 Kapitaleinheiten könnten, wenn wir von der Gebrauchsform des Kapitals einmal absehen, den 39,1 entlassenen Arbeitseinheiten neue Arbeitsplätze geben. Sie würden allerdings nicht ausreichen, die Arbeitsplätze in der Maschinenindustrie auszustatten" (Kähler, 1co). Als Begründung verwies er auf den Anstieg der Kapitalintensität, da nun in der Maschinenindustrie auf den einzelnen, beschäftigten Arbeiter mehr 'Rohstoffkapital' entfalle, und dies bedeuten würde, "daß für die ersparten Arbeiter in der Maschinenindustrie zwar noch die Werkzeugmaschinen und Gebäude vorhanden wären..., daß das Kapital für die Rohstoffe und evtl. auch für die Lohnzahlung fehlt" (Kähler 1933, 1o1).
Kählers Aufmerksamkeit richtete sich deshalb auf die Möglichkeit und die Verlaufsformen eines intersektoralen Kompensationsprozesses. Die Wiedereingliederung der freigesetzten Arbeit war in diesem zweiten Fall unlösbar verbunden mit einer partiellen sektoralen Umschichtung des Kapitalstocks und des verfügbaren Arbeitsvolumens. Eine erfolgreiche Kompensation setzte voraus, worauf später noch einzugehen ist, daß das im technisch innovativen Sektor 'freigesetzte' Kapital in die anderen Sektoren transferiert wurde und dort den freigesetzten Arbeitskräften die Möglichkeit einer Wiederbeschäftigung eröffnete. Kähler akzeptierte, wobei er sich der Tragweite dieses Schrittes bewußt war, die vereinfachende Annahme einer vollständigen Flexibilität von Kapital und Arbeit. Anhand der Gegenüberstellung der Schemata VI und VII beschrieb Kähler einen solchen intersektoralen Umstrukturierungsprozeß. Die dem Übergang von Schema VI zu VII zugrundeliegenden dynamischen Strukturmuster lassen sich, wie folgt, formalisieren.

Schema VI

Verbrauch an	Kapital- und Verbrauchsgrößen bei der Produktion von										Summe des Verbrauchs
	Kohle u. Eisen		Maschinen		Gebäuden		Agrarstoffen		Arbeit		
	Verbrauch	Kapital	Verbrauch	Kapital	Verbrauch	Kapital	Verbrauch	Kapital	Verbrauch	Kapital	
Kohle u. Eisen	90.8	6	156.5	26	41.5	30	65.2	16	100	30	454
Maschinen	45.4	225	39.1	195	41.5	203	65.2	240	200	200	391
Gebäuden	45.4	360	39.1	390			130.4	800	200	2000	415
Agrarstoffen	45.4	5			41.5	30	65.2	70	500	10	652
Arbeit	227	25	156.5	30	290.5	210	326	250			1000
Summe der Produktion	454	621	391	641	415	475	652	1376	1000	2240	
Kapital: Arbeit	2.73		4.1		1.64		4.22				

Gesamtkapital = 5353, Kapital ohne Konsumkapital = 3113, Lohnsumme = 1000
Produktionskapital: Lohnsumme = 3.11, Gesamtkapital: Lohnsumme = 5.35

Schema VII

Verbrauch an	Kosten- und kapitalmäßige Zusammensetzung der Produktion von (Arbeit = 1000. Profit = 40.71)										Summe des Verbrauchs
	Kohle u. Eisen		Maschinen		Gebäuden		Agrarstoffen		Arbeit		
	Verbrauch	Kapital	Verbrauch	Kapital	Verbrauch	Kapital	Verbrauch	Kapital	Verbrauch	Kapital	
Kohle	94.4	6.2	162.8	27.0	43.1	31.2	67.8	16.6	104.0	31.2	472
Maschinen	47.2	234.1	40.7	152.2	43.1	213.3	67.8	249.7	208.1	208.1	407
Gebäuden	47.2	374.6	40.7	304.4			135.7	832.5	208.1	2081.4	431
Agrarstoffen	47.2	5.2			43.1	31.2	67.8	72.8	520.3	10.4	678
Arbeit	236.2	26.0	122.1 Pr.40.7	31.2	302.3	218.5	339.3	260.3			1000 Pr. 40.7
Produkt.- u. Kapitalsummen	472	646	407	514	431	494	678	1432	1040	2331	
Kapital: Lohn	2.73		4.21		1.64		4.22				

Gesamtkapital = 5418.5, Produktivkapital = 3087.4
Produktionskapital: Lohnsumme = 3.08, Gesamtkapital: Lohnsumme = 5.41

Es sei:

(26) $K = \sum_{j=1}^{4} K_j$ K = Gesamtkapitalstock

(27) $K_j = v_j \cdot Q_j$ K_j = Sektoraler Kapitalstock

(28) $k_j = K_j / E_j$ k_j = Sektorale Kapitalintensität

(29) $u_j = Q_j / K_j$ v_j = Sektoraler Kapitalkoeffizient

(3o) $\bar{u}_j = \frac{du_j}{dt} \cdot \frac{1}{u_j}$ $\bar{u}_j$ = Veränderungsrate der sektoralen Kapitalproduktivität

(31) $\bar{v}_j = \frac{1}{\bar{u}_j}$ $\bar{V}_j$ = Veränderungsrate des sektoralen Kapitalkoeffizienten

(32) $\bar{K}_j = \frac{dK_j}{dt} \cdot \frac{1}{K_j}$ $\bar{K}_j$ = Veränderungsrate des sektoralen Kapitalstocks

(33) $g_j = \frac{dQ_j}{dt} \cdot \frac{1}{Q_j}$ g_j = Wachstumsrate des sektoralen Produktionsoutput

für alle Sektoren j = 1,2,...,4 .

Es gilt dann bei konstanten Raten von (3o) und (31):

(34) $Y(t) = Y(o)\, e^{gt} = \sum_{j=1}^{4} Q_j\,(o) e^{g_j t}$

(35) $K(t) = K(o)\, e^{\bar{K}t} = \sum_{j=1}^{4} K_j\,(o) e^{\bar{K}_j t}$

und

(36) $E(t) = E(o)\, e^{ft} = \sum_{j=1}^{4} E_j\,(o) e^{f_j t}$

j = 1,2,..,4 .

Der Technikwechsel führt damit, ausgehend von den Tabellenwerten der Schemata VI und VII, zu folgenden absoluten Veränderungen des Gesamtoutputs und der eingesetzten Kapital- und Arbeitsmengen:

(37.1) $\Delta Y = Y(t) - Y(o) = 1988 - 1912 = 76$

(37.2) $\Delta K = K(t) - K(o) = 3o86 - 3113 = -27$

(37.3) $\Delta E = E(t) - E(o) = 1ooo - 1ooo = o$.

Bemerkenswert ist, daß eine vollständige Kompensation der freigesetzten Arbeit gelingt, während ein Teil des eingesparten Kapitals dagegen weiterhin 'freigesetzt' bleibt.

Der von Kähler unterstellte technische Fortschritt führte in der Maschinenindustrie zu einem starken Anstieg der Arbeits- und Kapitalproduktivität, während diese in den übrigen Sektoren wiederum annahmegemäß konstant blieb. Es gilt demnach:

(38) $\rho_2 < o \ , \rho_{1,3,4} = o$

(39) $\bar{v}_2 < o \ , \bar{v}_{1,3,4} = o$.

Der arbeits- und kapitalsparende Effekt des technischen Fortschritts läßt sich bestimmen ausgehend von:

(18) $\Delta E_j = E_j(o)e^{-\rho_j t} - E_j(o)$

(4o) $\Delta K_j = K_j(o)e^{-\bar{v}_j t} - K_j(o)$

$j = 1,2,\ldots,4$.

Für die absolute Arbeits- und Kapitaleinsparung gilt konkret:

(41) $\Delta E_2 = 156{,}5 \cdot e^{-o.288o} - 156{,}5 = - 39{,}1$

(42) $\Delta K_2 = 641 \cdot e^{-o.2588} - 641 = - 146{,}2$

Da der Produktionsoutput des Maschinensektors selbst anwächst, werden geringe Mengen der freigesetzten Arbeit bzw. des Kapitals dort unmittelbar wieder eingesetzt. Die um die sektorinterne Absorption bereinigten Freisetzungseffekte lassen sich bestimmen gemäß:

(18.2) $\Delta E_j' = E_j(o)e^{(g_j-\rho_j)t} - E_j(o)$

(4o.1) $\Delta K_j' = K_j(o)e^{(g_j-\bar{v}_j)t} - K_j(o)$.

Für $g_2 = 4\%$ ergibt sich konkret:

(41.1) $\Delta E_2' = 156{,}5 \cdot e^{(o.o4o - o.288o)} -156{,}5 = - 34{,}3$

(42.1) $\Delta K_2' = 641 \cdot e^{(o.o4o - o.2588)} - 641 = - 126$

Mit $\Delta E_2'$ und $\Delta K_2'$ sind jene Arbeits- und Kapitalmengen bestimmt, die nur außerhalb der Maschinenindustrie zu einer produktiven Wiederbeschäftigung gelangen können und dafür zunächst in die anderen Sektoren transferiert werden müssen. Im Maschinensektor finden intern 4,8 Arbeitseinheiten eine erneute Beschäftigung, wozu bei einer sektoralen Kapitalintensität von 4,1 unmittelbar wieder 19,7 Einheiten des 'freigesetzten' Kapitals eingesetzt werden.

In Kählers zweitem Fallbeispiel ist die zur Kompensation der freigesetzten Arbeitskräfte notwendige sektorale Umstrukturierung des verfügbaren Arbeitsvolumens bestimmt durch seine Annahme einer sektoral proportionalen Entwicklung des Produktionsoutputs. Er unterstellte eine sektoral gleiche Wachstumsrate des Produktionsoutputs von 4%. Es gilt:

(43) $$g = g_j = 4\% \qquad \text{für alle } j = 1,2,\ldots,4 \quad .$$

Die Wiedereingliederung der freigesetzten Arbeit in die leicht expandierenden Produktionsbereiche und die neue Struktur der sektoralen Arbeitseinsatzmengen bestimmt sich folglich gemäß:

(14.1) $$E_j(t) = E_j(o)\, e^{f_j t} = E_j(o) e^{(g_j - \rho_j)t} \quad j=1,2,\ldots,4.$$

Es gilt weiterhin die Vollbeschäftigungs- bzw. Kompensationsbedingung:

(22) $$L(t) = L(o)$$

bzw.

(23.1) $$L(t) = \sum_{j=1}^{4} E_j(o) e^{(g_j - \rho_j)t} \qquad j= 1,2,\ldots,4 \quad .$$

Nimmt man Kählers Tabellenwerte des Schemas VI als Ausgangspunkt, so läßt sich für die berechneten Werte $g_j = 4\%$ und $\rho_2 = -28\%$ zeigen, daß die freigesetzte gleich der wiedereingegliederten Arbeitsmenge ist und die veränderte Stuktur der sektoralen Arbeitseinsatzgrößen der Zeile der Arbeitsgrößen aus Kählers Schema VII entspricht. Es gilt unter Anwendung von (23.1) konkret:

(44) $$1000 = 227 \cdot e^{0.040} + 156{,}5 \cdot e^{(0.040-0.2880)} + 290{,}5 \cdot e^{0.040} + 326 \cdot e^{0.040}$$

$$= 236{,}2 + 122{,}1 + 302{,}3 + 339{,}3 \quad .$$

Eine erfolgreiche Kompensation setzt aber weiterhin voraus, wovon bisher abstrahiert wurde, daß für die wieder einzugliedernden Arbeitskräfte in den einzelnen Sektoren auch ausreichend Produktionsmittel vorhanden sind, d.h.

ein entsprechender Kapitalstock zur Verfügung steht. Setzt man die durch den technischen Fortschritt veränderte, neue Struktur der sektoralen Arbeitseinsatzmengen voraus, so bestimmt sich der zur Kompensation jeweils sektoral erforderliche Kapitalmehrbedarf aus dem Produkt des quotenmäßigen Anteils der freigesetzen Arbeit, die in dem jeweiligen Sektor zur Wiederbeschäftigung gelangen soll und der sektorspezifischen Kapitalintensität. Berechnet man den Kapitalmehrbedarf für die sektorinternen Kompensationsvorgänge in der Maschinenindustrie und den für die übrigen Sektoren getrennt, so gilt:

$$(45) \qquad K^K = k_2 \ (\Delta E_2 - \Delta E_2') + \sum_{j=1,3,4} k_j \cdot \Delta E_j$$

$$= k_2 \ (\Delta E_2 - \Delta E_2') + \sum_{j=1,3,4} k_j \cdot \left[E_j(o) e^{g_j t} - E_j(o) \right]$$

Bei Berücksichtigung des Kapitalstocks muß daher zur Kompensation die zusätzliche Voraussetzung erfüllt sein, daß der kapitalsparende Effekt des technischen Fortschritts ausreichend stark ist, d.h. die technisch 'freigesetzte' Kapitalmenge zumindestens so groß ist, um den erforderlich werdenden Kapitalmehrbedarf decken zu können. Es muß daher die Bedingung erfüllt sein:

$$(46) \qquad K^K \leqq K^F$$

wobei unter Berücksichtigung von (4o) gilt:

$$(47) \qquad K^F = \sum_{j=1}^{4} \Delta K_j = \sum_{j=1}^{4} K_j(o) e^{-\bar{v}_j t} - K_j(o) \quad .$$

Berechnet man, ausgehend von Kählers Schemata VI und VII, gemäß (45) und (47) die zur Kompensation notwendige und die durch den technischen Fortschritt 'freigesetzte' Kapitalmenge, so zeigt sich, daß die Bedingung (46) erfüllt ist und ein Überschuß an 'freigesetztem' Kapital verbleibt. Es gilt konkret:

$$(48) \qquad K^K < K^F \qquad \text{bzw. } 12o < 142{,}2 \quad .$$

Dieser Überschuß erklärt sich aus der Tatsache sektoral unterschiedlicher Kapitalintensitäten. Da die Kapitalintensität des technisch innovativen Maschinensektors über dem Wert der durchschnittlichen Kapitalintensität des gesamten ökonomischen Systems liegt, ist, zur Kompensation der aus diesem Sektor transferierten Arbeitsfreisetzung in den anderen Sektoren, insgesamt eine geringere als die 'freigesetzte' Kapitalmenge nötig. Vorausgesetzt, wie in Kählers Beispiel, daß der technische Fortschritt in gleicher Rate arbeits- und kapitalsprarend ist und sich die freigesetzte Arbeit über die verschiedenen Sektoren proportional verteilt.

Kählers Fallbeispiel eines arbeits- und kapitalsparenden technischen Fortschritts zeigte damit indirekt, daß eine vollständige Kompensation der Arbeitsfreisetzung ohne eine echte Kapitalakkumulation nur unter sehr restriktiven Annahmen eintrat. Unproblematisch war sie allein in dem Sonderfall gleicher Raten der technischen Faktoreinsparung, proportionaler Veränderungen der sektoralen Output- und Arbeitseinsatzstrukturen und identischer Werte der Kapitalintensität in den freisetzenden und kompensierenden Bereichen.

2.3.3. Der Fall des direkt arbeitssparenden technischen Fortschritts im Rahmen einer Traversenanalyse

Sein drittes Fallbeispiel, das Kählers eigenem Verständnis nach erst die eigentliche 'systematische Abhandlung des Freisetzungs- und Kompensationsprozesses' (vgl. Kähler 1933, 1o9) liefern sollte, diskutierte er ausgehend von den Schemata VI, X, XI, XII. Er legte seiner Darstellung einen kapitalintensivierenden technischen Fortschritt zugrunde, d.h. eine technische Veränderung, die, wie er ausführlich begründet hatte, eine dominante, direkt arbeitseinsparende Wirkung besaß und daher den Zugang zur Analyse von Arbeitsfreisetzungsprozessen unmittelbar eröffnete. Weiterhin unterstellte er einen produktionssteigernden Effekt des technischen Fortschritts, der jedoch, wie er betonte, für die Freisetzungsbetrachtung keine entscheidende Bedeutung hatte, da "die ursprüngliche Freisetzung keineswegs von der Größe der Produktivitätssteigerung pro Kapital oder pro Arbeiter, sondern lediglich von der Kapitalintensivierung ab(hängt, B.M.)" (ebenda, 117).

Die Besonderheit dieses dritten Fallbeispiels liegt aber in der Tatsache begründet, daß Kähler hier die Freisetzung und Kompensation als einen zeitlichen Prozeß auffaßt, der sich idealtypisch in mehrere aufeinander folgende Perioden unterteilen läßt. Er lieferte damit eine frühe, einfache Form einer Traversenanalyse. Es lassen sich entsprechend den vier Schemata folgende Phasen eines Übergangsprozesses unterscheiden:

- Die Periode (t_o), die den Zustand des ökonomischen Systems vor der Einführung des technischen Fortschritts bezeichnet und durch das Ausgangsschema VI repräsentiert wird.
- Die Periode (t_1), die die Zeitphase unmittelbar nach der Durchführung der technischen Produktionsänderung be-

trifft, in der eine umfassende Arbeitsfreisetzung existiert, aber noch keine gegenläufig kompensierende Wirkungskräfte eingesetzt haben. Diese Situation technologischer Arbeitslosigkeit wird beschrieben durch das Schema XI.

- Die Periode (t_2), in der die Wiedereingliederung der freigesetzten Arbeitskräfte in den Produktionsprozeß sich vollzieht, und die am Ende gekennzeichnet ist durch eine erneute Vollbeschäftigungssituation, wie sie durch das Schema X wiedergegeben wird.
- Die Periode (t_3), in der nach der sukzessiven Abnahme des technologischen Extraprofits der erneute Übergang auf eine profitlose Wirtschaft stattfindet. Der stationäre Endzustand mit veränderten Austauschrelationen zwischen Outputgütern und Arbeitseinsatzmengen wird durch das Schema XII abgebildet.

Im folgenden sollen die drei zentralen Phasenübergänge zwischen den einzelnen Perioden anhand der schrittweisen Veränderungen der Kählerschen Schemata (VI→XI→X→XII) dargestellt werden.

a) Die Arbeitsfreisetzung - der Übergang VI→XI. Kähler untersuchte zunächst ausgehend von der Vollbeschäftigungssituation des Schemas VI die Beschäftigungseffekte eines kapitalintensivierenden Produktionsfortschritts, der wiederum alleine in der Maschinenindustrie eingeführt wurde. Er unterstellt dabei einen Anstieg des Wertes der sektoralen Kapitalintensität von 4,1 auf 15,7. Eine Berechnung der Arbeitsfreisetzung war damit unmittelbar möglich, wenn von der Annahme eines gesamtwirtschaftlich gleichbleibenden Kapitalstocks ausgegangen wurde. Kähler entwickelte seine Schemata VI und XI daher auf der Basis eines gleichen Gesamtkapitalstocks und bemerkte: "Das Anfangsschema VI enthielt... 3113 Kapitalmengen, mit denen die neue Technik jedenfalls anfangs auskommen muß... Die gleich nachgefügte Umschlagsberechnung XI gibt hierfür die Zahlen wieder und nur in diese Umschlagsform mit diesen Größenverhältnissen kann der alte Wirtschaftsablauf durch den technischen Fortschritt verwandelt werden. Die Gegenüberstellung der Zahlenreihen in beiden Schemen ist für unsere Freisetzungsfrage nun sehr aufschlußreich" (Kähler 1933, 114). Der Produktionsfortschritt führte, wie Kählers Schema XI zeigte, im Gesamtsystem zu einem Anstieg der durchschnittlichen Kapitalintensität von 3,11 auf den Wert 3,88 und reduzierte die Gesamtbeschäftigung auf 8o1 Arbeitseinheiten. Als Resultat ergab sich eine Gesamtarbeitsfreisetzung von 199 Arbeitskräften, "die trotz voller Beschäftigung der alten Kapitalmenge in dem geschlossenen Wirtschaftskreislauf keinen Platz mehr finden" (ebenda, 115).

Wie Kähler betonte, stellte sich vorrangig jedoch die

Schema VI
(Ausgangsschema)

Verbrauch an	Verschleiß- und Kapitalgrößen bei der Produktion von										Summe des Verbrauchs
	Kohle u. Eisen		Maschinen		Gebäuden		Agrarstoffen		Arbeit		
	Verbrauch	Kapital	Verbrauch	Kapital	Verbrauch	Kapital	Verbrauch	Kapital	Verbrauch	Kapital	
Kohle und Eisen	90.8	6	156.4	26	41.5	30	65.2	16	100	30	454
Maschinen	45.4	225	39.1	195	41.5	203	65.2	240	200	200	391
Gebäuden	45.4	360	39.1	390			130.4	800	200	2000	415
Agrarstoffen	45.4	5			41.5	30	65.2	70	500	10	352
Arbeit	227	25	156.4	30	290.5	210	326.0	250			1000
Produkt.- u. Kapital-Summe	454	621	391	641	415	475	652	1376	1000	2240	
Kapital: Arbeit	2.73		4.1		1.63		4.22				

Summe des Produktivkapitals = 3113
Lohnsumme = 1000, Produktionskapital : Lohnsumme = 3,11

Schema XI
(Auf das Ausgangskapital reduzierte Schema X)

Verbrauch von	Verschleiß- und Kapitalgrößen bei der Produktion von												Summe
	Kohle u. Eisen		Maschinen		Gebäuden		Agrarstoffen		Arbeit		Profit		
	Verbrauch	Kapital	Verbrauch	Kapital	Verbrauch	Kapital	Verbrauch	Kapital	Verbrauch	Kapital	Verbrauch	Kapital	
Kohle	88.2	5.8	180.3	30	35	25.3	55	13.5	80	24	3	0.9	441
Masch.	44.1	218.6	60	600	35	173	55	202.5	160.2	160	6	6	360
Gebd.	44.1	350.3	30	300			110	674.1	160.2	1600	6	60	350
Agr.St.	44.1	5			35	25.3	55	59.1	400.6	8	15	0.3	550
Arbeit	220.9	24.3	60	11.5	245.3	177.4	275	210.8					801
Profit			30	5.7									30
Summe	441	604	360	948	350	401	550	1160	801	1792	30	67	

Summe des Produktivkapitals = 3113. Lohnsumme = 801. Produktionskap. : Lohnsumme = 3.88.

Schema X

(Endschema bei ausreichend großem Kapitalstock)

Verbrauch von	Verschleiß- und Kapitalgröße bei der Produktion von												Summe
	Kohle u. Eisen		Maschinen		Gebäuden		Agrarstoffen		Arbeit		Profit		
	Verbrauch	Kapital	Verbrauch	Kapital	Verbrauch	Kapital	Verbrauch	Kapital	Verbrauch	Kapital	Verbrauch	Kapital	
Kohle	110.3	7.3	225.1	37.4	43.7	31.5	68.6	16.9	100	30	3.7	1.2	551
Maschin.	55.1	273.4	75	750	43.7	213.8	68.6	252.8	200	200	7.5	7.5	450
Gebäud.	55.1	437.5	37.5	375			137.2	842.5	200	2000	7.5	75	437
Agr.-St.	55.1	6.3			43.7	31.5	68.6	73.7	500	10	18.7		686
Arbeit	275.7	30.5	75	14.4	306.1	221.2	343.1	263.1					1000
Profit			37.5	7.2									37.5
Summe	551	755	450	1184	437	498	686	1449	1000	2240	37.5	83	
Kap.:Arb.	2.73		15.7		1.62		4.22						
Summe des Produktivkapitals = 3886. Lohnsumme = 1000. Produktivkapital: Lohnsumme = 3.88													

Schema XII

(In die neuen Tauschrelationen überführtes Schema X)

Verbrauch von	Verschleiß- und Kapitalgrößen bei der Produktion von										Summe
	Kohle u. Eisen		Maschinen		Gebäuden		Agrarstoffen		Arbeit		
	Verbrauch	Kapital	Verbrauch	Kapital	Verbrauch	Kapital	Verbrauch	Kapital	Verbrauch	Kapital	
Kohle	108.3	7.2	221	36.7	42.9	31	67.3	16.6	101.8	29.4	541
Masch.	48.9	242.7	66.6	666	38.8	189.9	60.9	224.4	184.2	177.6	399
Gebäud.	54.3	430.7	36.9	369.2			135.1	829.7	204.3	1970	430
Agr.St.	54.1	6.1			42.9	30.9	67.3	72.4	509.4	9.8	673
Arbeit	275.7	30.3	75	14.1	306.1	221.2	343.1	263			1000
Summe	541	717	399	1086	430	473	673	1406	1000	2186	
Summe des Produktivkap. = 3682. Lohnsumme = 1000. Prod. Kap.: Lohnsumme = 3.68											

Aufgabe, den eigentlichen "Übergang von dem alten Wirtschaftskreislauf mit den 1ooo Arbeitsmengen zu dem neuen zu schildern und ihn schließlich auch als wirtschaftliche Notwendigkeit nachzuweisen" (ebenda, 115). Dieser 'kinetische Prozeß der Arbeiterfreisetzung' enthielt für ihn zwei unterscheidbare Komponenten; erstens die ursprüngliche, direkte Arbeitsfreisetzung durch den Anstieg der Kapitalintensität in dem technisch innovativen Sektor verursacht und zweitens die zusätzliche indirekte Freisetzung von Arbeitskräften, die sich ergab aus der konkurrenzbedingten Umschichtung des Kapitals aus den schrumpfenden, geringer kapitalintensiven Sektoren in den expandierenden, kapitalintensiven Zweig der Maschinenindustrie. Es gilt für die direkte Freisetzung ausgehend von (26) und (28):

(49) $$F^D = E_2(t_1) - E_2(t_o) = \frac{K_2(t_o)}{k_2(t_1)} - \frac{K_2(t_o)}{k_2(t_o)} = 4o - 156 = -116$$

und für die indirekte Freisetzung, die aus dem Verhältnis der jeweils sektoral abfließenden Kapitalmenge und der bestehenden Kapitalintensität resultiert:

(5o) $$F^{Ind} = \sum_{j=1,3,4} \frac{\Delta K_j}{k_j(t_o)} = \sum_{j=1,3,4} \frac{K_j(t_1) - K_j(t_o)}{k_j(t_o)} = -1o3$$

Das in die Maschinenindustrie einströmende Kapital schafft dort jedoch neue Beschäftigungsmöglichkeiten, die unmittelbar kompensierend wirken. Es gilt:

(51) $$E^K = \frac{\sum_{j=1,3,4} \Delta K_j}{k_2(t_1)} = \frac{\sum_{j=1,3,4} K_j(t_o) - K_j(t_1)}{k_2(t_1)} = \frac{3o7}{15,7} = 2o$$

Die Gesamtarbeitsfreisetzung ergibt sich gemäß:

(52) $$F = E^K - (F^D + F^{Ind}) = -199$$

b) Die Kompensation - der Übergang XI→X. Aufgrund seines kapitaltheoretischen Problembewußtseins blieb für Kähler unbezweifelbar, daß eine Kompensation der freigesetzten Arbeit, wenn der Sonderfall eines kapitalsparenden technischen Fortschritts ausgeschlossen blieb, stets die Bereitstellung zusätzlicher Produktionsmittel erforderte. Es stellte sich somit die Frage, "woher kann man die Erweiterung des Kapitalstocks nehmen?", die sich für Kähler nur so beantworten ließ: "Die Vergrößerung des Produktionsmittelapparates kann natürlich nur durch einen längeren Akkumulationsprozeß erfolgen" (Kähler 1933, 12o).
Ausgehend von der Situation einer technologischen Arbeitslosigkeit, wie sie Schema XI beschrieb, führte nur eine umfassende Akkumulation zu einer vollständigen Wiedereingliederung der freigesetzten Arbeitskräfte und zu einem erneuten Zustand der Vollbeschäftigung aller Produktionsfaktoren, wie Schema X anzeigte. Bei der Untersuchung des Prozesses der Kapitalakkumulation war für Kähler die Feststellung von Bedeutung, "daß die Kompensation zwar über die Akkumulation führt, die eigentliche Investition selbst aber auch noch keineswegs die Kompensation bedeutet. Diese tritt vielmehr immer erst nach Abschluß des eigentlichen Akkumulationsprozesses ein, und zwar in dem Ausmaße, das jeweilig der vollendeten Akkumulation entspricht" (ebenda, 121 f.).
Die erforderliche Akkumulation in Kählers Beispiel und damit der Übergang von Schema XI zu X, läßt sich einfach ermitteln. Zur Wiedereingliederung der 199 Freigesetzten in den Produktionsprozeß sind angesichts einer auf den Wert von 3,88 angestiegenen durchschnittlichen Kapitalintensität insgesamt 772 zusätzliche Kapitaleinheiten notwendig. Ausgehend von einem Kapitalstock $K(t_1) = 3113$, beträgt die Höhe der erforderlichen Akkumulationsrate 25%. Vergleicht man die Schemata XI und X, so zeigt sich, daß alle Verschleiß- und Kapitalbestandsgrößen mit dieser Rate wachsen, wobei die technische Struktur des Systems, d.h. die einzelnen Produktionskoeffizienten unverändert bleiben.
Abgesehen von dieser restriktiven Annahme eines sektoral proportionalen Wachstums, ist für Kählers Analyse die Unterstellung charakteristisch, daß allein der technologische Extraprofit als Akkumulationsquelle zur Verfügung steht. Kähler verblieb damit im Modellrahmen einer stationären Wirtschaft und verzichtete auf eine explizite Betrachtung des Wachstumsprozesses des Kapitalstocks, wie diese zur gleichen Zeit etwa Lederer (1931, 1o3) gefordert und versucht hatte. Verständlich wird dies, aus seinem letztlich vorrangigen Interesse an der Erklärung der Arbeitsfreisetzung.

In Kählers Beispiel, bei einer angenommenen jährlichen Profitmasse von 3o,5 Einheiten und einer durchschnittlichen Kapitalintensität von 3,88, mußte der Kompensationsprozeß damit zwangsläufig einen sehr langen Zeitraum beanspruchen. Konkret bedeutet dies, daß "nach einem Jahr für 3o,5:3,88 = 7,75 Lohneinheiten Arbeitsplätze neu geschaffen wären. Es sollen aber für 199 Lohneinheiten Arbeitsstellen hinzukommen, so daß wir wieder auf den Zeitraum von reichlich 25 Jahren als Kompensationszeitraum kämen" (Kähler 1933, 122). Eine Kompensation innerhalb einer Einjahresfrist hätte in seinem Beispiel andererseits unter Beachtung des Extraprofits eine eigenständige Kapitalakkumulation von 23,8% erfordert.

c) Die Korrektur der Austauschrelationen - der Übergang X→XII. In Kählers stationärem Modell mußte der technische Extraprofit im Verlauf einer fortschreitenden Kompensation abnehmen und letztlich ganz verschwinden. Mit dem Übergang in den erneuten Zustand einer profitlosen Wirtschaft mußten sich aber auch die Austauschrelationen des Systems aufgrund des erfolgten Produktionsfortschritts verändern. Vor allem, so Kähler, "tauschen sich dann die Arbeitsquantitäten nicht mehr gegen die gleichen Warenmengen wie vorher aus, da sie um die Profitgrößen im Wert steigen.... Während bei Bestehen des Profits die angewandten 1ooo Arbeitseinheiten 1ooo Wareneinheiten im alten Sinne erhielten, bekommen sie nach Verschwinden des Profits 37,5 Einheiten hinzu. Man müßte also im profitlosen Schema, wenn man die Arbeit nicht aufwertet, die Wareneinheiten von je 1o37,5 auf 1ooo abwerten. Das entspringt der Produktivitätssteigerung" (Kähler 1933, 123, Hervorhebung von mir, B.M.). Den Übergang vom Schema X zu XII ermittelte Kähler, wie er selbst schrieb, "durch ein allgemeines Gleichungssystem, in dem nunmehr also 1ooo alte Arbeitseinheiten wertgleich sind mit 1o3,7 alten Kohleeinheiten + 2o7,5 Maschineneinheiten + 2o7,5 Gebäudeeinheiten + 518,7 Agrareinheiten" (ebenda).

Dieser letzte Übergangsprozeß besitzt eine formal interessante Struktur, wenn auch Kählers Analyse in diesem Fall nicht ganz korrekt ist. Es läßt sich zeigen, daß die Schemata X und XII und die Veränderungen der Austauschrelationen arbeitswerttheoretisch zu interpretieren sind. Kähler unterstellt, aufgrund des technischen Fortschritts, einen Wertanstieg der Arbeitskraft, der zu einer relativen Verminderung der Warenwerte bzw. Preisen führt und eine systematische Abwertung aller Tabellenwerte mit Ausnahme der Arbeitsgrößen, im Höhe des Produktivitätsanstiegs, erfordert.

Bildet man die Quotienten aus den sich jeweilig entsprechenden sektoralen Größen der Schemata XII und X, d.h.

alle $a_{ij}Q_{jXII}/a_{ij}Q_{jXX}$ und K_{ijXII}/ K_{ijX} für i,j=1,2,..,4, so erhält man für den Maschinensektor jeweils Werte von o,888 und für die übrigen drei Sektoren einheitliche Werte in Höhe von o,981. Es lassen sich dann in einem zweiten Schritt, ausgehend von den technologischen Strukturen der Schemata X und XII, zwei Koeffizientenmatrizen (A_X und A_{XII}) bilden, die die Teilmatrizen (A_X^+ und A_{XII}^+) der interindustriellen Koeffizienten enthalten. Von der im Schema X ausgewiesenen Profitsumme wird dabei abstrahiert (bzw. wird sie der Vollständigkeit halber in A_X unkorrekt mit notiert). Es gilt dann:

$$A = \begin{bmatrix} A^+ & c \\ 1 & o \end{bmatrix}$$

(53)
$$A_X = \left[\begin{array}{cccc|c} o,2 & o,5 & o,1 & o,1 & o,1 \\ o,1 & o,17 & o,1 & o,1 & o,2 \\ o,1 & o,o8 & o,o & o,2 & o,2 \\ o,1 & \begin{matrix} o,o \\ (o,o8) \end{matrix} & o,1 & o,1 & o,5 \\ \hline o,5 & o,16 & o,7 & o,5 & o \end{array}\right] \qquad A_{XII} = \left[\begin{array}{cccc|c} o,2 & o,55 & o,1 & o,1 & o,1 \\ o,1 & o,17 & o,1 & o,1 & o,2 \\ o,1 & o,o8 & o,o & o,2 & o,2 \\ o,1 & o,o & o,1 & o,1 & o,5 \\ \hline o,5 & o,2 & o,7 & o,5 & o \end{array}\right]$$

Berücksichtigt man zuletzt, daß Kähler mit der Wertgleichsetzung von 1o37,5 Wareneinheiten zu 1ooo Arbeitseinheiten in seiner profitlosen Wirtschaft - Schema XII - den Lohnsatz als numéraire wählte, d.h. w=1 setzt, so ist folgende Interpretation der Schemata X und XII möglich.
Die im ersten Schritt berechneten sektoralen Quotientenwerte können als Komponenten eines Preisvektors aufgefaßt werden. Es sei:

(54) $$p_X = (p_{1X},\dots,p_{4X}) = (o,981;\ o,888;\ o,981;\ o,981).$$

Parallel hierzu kann aus dem Schema XII ein Preisvektor p_{XII} entwickelt werden. Unter Bezug auf (53) gilt:

(55) $$(A_{XII}^T - I)\cdot\tilde{p}_{XII} = O$$

wobei $\tilde{p}_{XII}$ ein summierender (Preis)Vektor (1) aus dem Teilvektor p_{XII} und dem Skalar p_{nXII} ist, d.h. es gilt:

(56) $$\tilde{p}_{XII} = (p_{XII},\ p_{nXII})$$

---

(1) Als summierender Vektor ist hier definiert ein Vektor, dessen Komponenten alle Eins sind; d.h. s'=(1,1,...,1).

und

(57) $p_{XII} = (1;1;1;1)$.

Als Ausgangspunkt der Interpretation kann dann ein Sraffa-Produktionspreissystem (vgl. Pasinetti 1977, 72 f.) in der allgemeinen Form

(58) $p \cdot A(1+r) + l \cdot w = p$

gewählt werden. A steht hier für die interindustrielle Koeffizientenmatrix, p für den (Zeilen)Vektor der Preise, l für den (Zeilen)Vektor der Arbeitskoeffizienten und r bzw. w als Skalare bezeichen die Profit- bzw. Lohnrate. Für den von Kähler unterstellten Fall einer profitlosen Wirtschaft, d.h. r = o, gilt:

(59) $p \cdot A + l \cdot w = p$

und für die ebenfalls von ihm getroffene Annahme, daß w = 1 ist, folgt hieraus

(6o) $p = l(I - A)^{-1}$.

Es ist dies der spezielle Fall, in dem Preis- und Arbeitswertgrößen identisch sind, d.h. eine arbeitswerttheoretische Begründung der Preise logisch stringent ist.
Ausgehend von (59) lassen sich die Kählerschen Schemata wie folgt formulieren; es gilt, mit w = 1,
für Schema X

(61) $p_X \cdot A_X^+ + l_X \cdot w = p_X$

und für Schema XII

(62) $p_{XII} \cdot A_{XII}^+ + l_{XII} \cdot w = p_{XII}$

In Kählers drittem Fallbeispiel führte der technische Fortschritt zu einer allgemeinen Produktivitätssteigerung die nach dem Verschwinden des technischen Extraprofits, wie Kähler indirekt annahm, allein den Arbeitern zufiel, da diese nun eine größere Outputmenge gegen ihre gleichgebliebenen Arbeitsquantitäten eintauschen konnten. Sie bzw. genauer die Arbeit war demnach der Nutznießer des technischen Fortschritts in langer Frist. Die Arbeit wurde, wie Kähler selbst bemerkte, 'aufgewertet' im Verhältnis von 1o37,5/1ooo. Die Warenpreise, gemessen in komman-

dierter Arbeit, mußten in umgekehrter Relation absinken. Wird dieser Wertanstieg der Arbeit, wie er zu Ende der Kompensationsperiode (t_2) und im Übergang auf das Schema XII vorliegt, in Form eines Anstiegs des Lohnsatzes von w=1 auf $\hat{w}$=1,o375 berücksichtigt, so läßt sich der Wechsel von Schema X auf XII und damit die Veränderung der Austauschrelationen wie folgt erklären.
Beide Systeme (61) und (62) sind normiert durch die Annahme w = 1. Berechnet man nun das Endschema XII zunächst mit dem gestiegenen Lohn $\hat{w}$, so zeigt sich, daß (62) nur in modifizierter Form seine Gültigkeit weiterhin behält; es gilt verändert:

$$(63) \qquad p_X \cdot A^+_{XII} + l_{XII} \cdot \hat{w} = p_{XII}$$

Aus dem Vergleich von (62) und (63) wird deutlich, daß die Berücksichtigung einer Produktivitätssteigerung, wie sie Kähler beschrieben hatte, in seinen arbeitswerttheoretisch fundierten Schemata notwendigerweise eine Veränderung der Austauschrelationen hervorrufen mußte. Ein technisch bewirkter Wertanstieg der Arbeit führte in seinen Schemata zwangsläufig zu relativ sinkenden Warenwerten, d.h. sinkenden Preisen für alle Nicht-Arbeitsgrößen. Dem Anstieg von w auf $\hat{w}$, wenn er in (62) zunächst eingefügt wird, entspricht daher eine analoge 'Abwertung' aller Warenwerte, die ihren Ausdruck in dem Übergang von p_{XII} auf den verringerten Preisvektor p_X findet. Unkorrekt ist Kählers Analyse, und dies erschwert die Darstellung, allerdings in dem Punkt, daß er die technologische Struktur der Schemata X und XII, wie A_X und A_{XII} zeigen, nicht konstant hält. Hätte er dies gemacht, so wäre der Übergang von X auf XII einfacher gewesen, da dann nur alle Nicht-Arbeitsgrößen entsprechend der Wertsteigerung der Arbeit einheitlich hätten abgewertet werden müssen.

3. Resümee

Kählers Analyse kann insgesamt nur im Rahmen der theoretischen Arbeiten der Mitglieder der 'Kieler Schule', von denen er zahlreiche Argumente übernahm, interpretiert werden. Sie kann daher unmittelbar auch als theoretische Vorform jener Überlegungen aufgefaßt werden, die Lowe knapp fünfzig Jahre später in seiner Studie zur Traversenproblematik der Kompensationsfrage ausführte (vgl. den Beitrag von H. Hagemann). Kählers Pioniertat aber lag in der Verknüpfung der kreislauftheoretischen Diskussionen der 'Kieler Schule' mit der 'alten' Freisetzungs- und Kompensationstheorie.

Seine Arbeit umfaßte weiterhin noch eine eingehende Auseinandersetzung mit der marginalistischen Grundüberzeugung, der Prozeß der Kompensation sei durch umfassende Lohnsenkungen entscheidend zu beschleunigen, bzw. sei eine dauerhafte technologische Arbeitslosigkeit allein das Resultat ungenügend flexibler Löhne. In Anlehnung an ähnliche Ausführungen von Neisser (1932, 44o ff.), zeigte Kähler die engen Grenzen auf, in denen die Vorstellung einer Vermeidung von Arbeitsfreisetzungen durch die Rückkehr auf arbeitsintensivere Produktionstechniken, bewirkt durch Lohnsenkungen, ihre Gültigkeit besaß. Schon damals war dies für ihn "zu paradox, daß Produktivitätssteigerungen mit Reallohnsenkungen beantwortet werden sollen" (Kähler 1933, 131) und wie hierzu heute Pasinetti bemerkte: "The conclusion is so absurd that it requires no comment" (Pasinetti 1981, 23o).
Kählers Versuch einer multisektoralen Analyse der Freisetzungs- und Kompensationsvorgänge ist, wie vielleicht deutlich geworden ist, trotz verständlicher Schwächen auch aus heutiger Sicht als ein wichtiger Schritt zu einer differenzierten Theorie der Beschäftigungswirkungen des technischen Fortschritts zu würdigen. Er selbst beendete seine Untersuchung mit der keineswegs optimistischen, aber immer noch aktuellen Feststellung: "So dürfte der 'technische Fortschritt', auf einer gewissen Höhe angelangt, der Konkurrenzwirtschaft schwere Aufgaben stellen, Aufgaben, von denen man nicht wissen kann, ob sie fortgesetzt von der 'freien Wirtschaft' gelöst werden können, oder ob sie nicht gesamtorganisatorische Wirtschaftseingriffe erfordern" (Kähler 1933, 145).

Literaturverzeichnis

BURCHARDT, F., Entwicklungsgeschichte der monetären Konjunkturtheorie, Weltwirtschaftliches Archiv 28, 1928, II, S. 77 ff.

- Die Schemata des stationären Kreislaufs bei Böhm-Bawerk und Marx, Weltwirtschaftliches Archiv 34, 1931, II, S. 525-64 und 35, 1932, II, S. 116-76.

GOURVITCH, A., Survey of Economic Theory on Technological Change and Employment, 194o, Reprint New York 1966.

HAGEMANN, H., JECK, A., Wachstum und Einkommensverteilung. Strukturanalyse auf der Basis eines dreisektoralen Modells vom Lowe-Feldman-Dobb-Typ, in: W.J. MÜCKL, E.A. OTT (Hrsg.), Wirtschaftstheorie und Wirtschaftspolitik. Gedenkschrift für Erich Preiser, Passau 1981, S. 99-124.

HICKS, J.R., Capital and Time. A Neo-Austrian Theory, Oxford 1973.

JAEGER, K., Wachstumstheorie. Eine kapitaltheoretisch fundierte Einführung, Stuttgart 198o.

KÄHLER, A., Theorie der Arbeiterfreisetzung durch die Maschine, Diss., Kiel 1933.

- The Problem of Verifying the Theory of Technological Unemployment, Social Research, 2, 1935, S. 439-6o.

KROHN, C.D., Wirtschaftstheorien als politische Interessen. Die Akademische Nationalökonomie in Deutschland 1918-1933, Frankfurt 1981.

KRUSE, A., Technischer Fortschritt und Arbeitslosigkeit, Leipzig 1936.

KURZ, H.D., KALMBACH, P., Elemente einer neuklassischen Analyse von Verteilung, Wert, Akkumulation und Beschäftigung: eine Skizze, in: W.J. MÜCKL, A.E. OTT (Hrsg.), Wirtschaftstheorie und Wirtschaftspolitik. Gedenkschrift für Erich Preiser, Passau 1981, S. 283-311.

LEDERER, E., Technischer Fortschritt und Arbeitslosigkeit, Tübingen 1931.

- Technischer Fortschritt und Arbeitslosigkeit, Genf 1938 (deut. Neuauflage, Frankfurt 1981).

LEONTIEF, W., Die Wirtschaft als Kreislauf, Archiv für Sozialwissenschaft und Sozialpolitik, 6o, 1928, S. 577-623.

LOWE, A., Wie ist Konjunkturtheorie überhaupt möglich? Weltwirtschaftliches Archiv 24, 1926, II, S. 165-97.

- Structural Analysis of Real Capital Formation, in: M. ABRAMOVITZ (Hrsg.), Capital Formation and Economic Growth, Princeton 1955[a], S. 581-634.

- Technological Unemployment Reexamined, in: G. Eisermann (Hrsg.), Wirtschaft und Kultursystem, Festschift für A. Rüstow, Zürich 1955[b], S. 229-54.

- The Path of Economic Growth, Cambridge 1976.

MARX, K., Das Kapital, Bd. II, Frankfurt 1968[a].

MARX, K., Theorien über den Mehrwert, Bd. II, Frankfurt 1968b.

NEISSER, H., Lohnhöhe und Beschäftigungsgrad im Marktgleichgewicht, Weltwirtschaftliches Archiv 36, 1932, S. 414-55.

- "Permanent" Technological Unemployment, American Economic Review, 32, 1942, S. 5o-71.

OTT, A.E., Artikel: Technischer Fortschritt, in: HDSW, Bd. 1o, Stuttgart/Tübingen 1959, S. 3o2-16.

PASINETTI, L.L., Lectures on the Theory of Production, New York 1977.

- Structural Change and Economic Growth. A thecretical essay on the dynamics of the wealth of nations, Cambridge 1981.

SAMUELSON, P.A., A Summing Up, Quarterly Journal of Economics, 8o, 1966, S. 568-83.

SPIETHOFF, A., Festschrift: Der Stand und die nächste Zukunft der Konjunkturforschung, München 1933.

STEEDMAN, I., Marx after Sraffa, London 1977.

- Marx on Ricardo, in: I. BRADLEY, M. HOWARD (Hrsg.), Classical and Marxian Political Economy, London 1982, S. 115-156.

Harald Hagemann

WACHSTUMSGLEICHGEWICHT, TRAVERSE UND TECHNOLOGISCHE UNTERBESCHÄFTIGUNG

I. Einführung

Die lange Geschichte der zyklisch wiederaufflammenden Freisetzungs und Kompensationsdebatten (1) zeigt auf, daß die entscheidende Voraussetzung für eine befriedigende Diskussion der Implikationen des technischen Wandels auf die Beschäftigung in der Wahl eines theoretisch angemessenen Bezugsrahmens liegt. Dabei ist zu beachten, daß im Streit über die gesamtwirtschaftlichen Freisetzungs- und Kompensationsprozesse die Bedingungen der Kompensation im Zentrum der Auseinandersetzung stehen. Hierbei dominieren auf seiten der Kompensationstheoretiker statisch-allokationstheoretische Überlegungen, während für die Freisetzungstheoretiker ein Zeit erfordernder Akkumulationsprozeß im Vordergrund steht. Zu Recht bezeichnet Lowe in dieser Kontroverse die Frage als grundlegend, "whether a free market is endowed with a systematic mechanism that assures compensation within the Marshallian short period, thus precluding any secondary distortions that could upset dynamic equilibrium" (Lowe 1976, S. 25o).

Eine extreme Antwort auf diese Frage gibt seit etwa hundert Jahren der angelsächsisch-neoklassische Zweig der marginalistischen Schule, der die Kompensationsfrage grundsätzlich als unproblematisch erachtet und die Notwendigkeit einer zusätzlichen Realkapitalbildung bestreitet. Der vorhandene Realkapitalbestand offeriert nämlich, gemäß den Anschauungen z.B. eines John Bates Clark, im Prinzip nahezu unbegrenzte Beschäftigungsmöglichkeiten. Voraussetzung hierfür ist "lediglich", daß die klassischen Vorstellungen fixer Produktionskoeffizienten und eines langfristig konstanten Reallohns durch die Annahmen variabler Produktionskoeffizienten und eines nach unten hinreichend flexiblen Geldlohns (der damit auch eine möglicherweise erforderliche Reallohnsenkung gewährleistet)

(1) Vgl. die umfassende Rekonstruktion bei Mettelsiefen (1981)

ersetzt werden. Hierbei zeigt sich bereits, daß die zugrundegelegte Produktionsstruktur für die kompensationstheoretische Auseinandersetzung eine zentrale, vorentscheidende Rolle spielt. So resultiert aus der Verbindung einer substitutionalen makroökonomischen Produktionsfunktion mit dem Grenzproduktivitätstheorem eine optimistisch-harmonische Sicht der Implikationen des technischen Wandels auf die Beschäftigung. Der extreme Spezialfall der neoklassischen Eingut-Parabelwelt, in der wegen der Verformbarkeitseigenschaften ("malleability") des Allzweckgutes eine zeit- und kostenlose Anpassung erfolgt, führt sogar zur Vorstellung einer quasi-automatischen Kompensation.

Scheinbar auf dem entgegengesetzten Ende des zeitlichen Spektrums liegt die traditionelle "Steady State"- oder "Golden Age"-Analyse. Diese weist jedoch in vielerlei Hinsicht semi-statische Züge auf, da sich in einer gleichmäßig wachsenden Wirtschaft zwar die meisten ökonomischen Variablen ändern, die Änderungsrate selbst aber eine Konstante ist. Steady States, die sich wegen dieser Uniformität des Wachstums durch eine gleichbleibende Struktur der Ökonomie auszeichnen, sind de facto zeitlos. Wegen der Konstanz der Struktur kommt auch den Fixkapitalgütern, die eine entscheidende produktionstheoretische Verflechtung der einzelnen Perioden implizieren, in einem gleichgewichtigen Wachstumsmodell keine besondere Bedeutung zu.

Diese Situation verändert sich grundlegend bei der Traversenbetrachtung, d.h. dem Studium der Bedingungen, die erfüllt sein müssen, damit eine Volkswirtschaft nach einem (exogenen) Innovationsstoß in möglichst kurzer Zeit und unter minimalen Opfern auf einen Pfad gleichgewichtigen Wachstums zurückfindet. Bei der Analyse von Übergangsprozessen, während derer nicht mehr länger alle Sektoren mit derselben Rate wachsen und somit Strukturveränderungen stattfinden, ist Zukunft nicht einfach Gegenwart auf höherem Niveau. Das entscheidende Problem, dem man sich außerhalb des Golden Age-Pfades als Folge der exogenen Störung konfrontiert sieht, ist die Unangemessenheit des alten Kapitalstocks gegenüber der neuen Datenkonstellation. Abgesehen von der zuvor erwähnten Geleeökonomie, erfordert der notwendige Anpassungsprozeß in der Regel sowohl Zeit als auch Kosten. Da die Fähigkeit einer Ökonomie, auf Änderungen der exogenen Wachstumsdeterminanten zu reagieren, durch die Quantität und Struktur des endogenen Faktors Realkapital begrenzt ist (1), kommt dem Realka-

(1) Dies gilt unter der in der Literatur weitgehend zugrundegelegten Annahme homogener und mobiler Arbeit. Zur Heterogenität der Arbeit, die teilweise verwandte Probleme aufwirft, deren Einführung die ohnehin bereits komplexe Analyse zusätzlich erschweren würde, vgl. Krause (1979).

pital und seiner Bildung, d.h. der Investitionstätigkeit, eine Schlüsselstellung für die dynamische Entwicklung einer Volkswirtschaft zu.

Da ein entscheidendes Charakteristikum für den eigentlichen Kompensationsprozeß die reale zeitliche Dimension - historische versus logische Zeit im Sinne von Robinson (198o) - ist, ist weder die kurzfristige, statische Perspektive noch die langfristige Steady State-Perspektive geeignet. Einen methodisch wesentlich angemesseneren Diskussionsrahmen zur Behandlung der Kompensationsproblematik stellt dagegen die Traversenanalyse dar, die den durch einen Wechsel der Produktionstechnik initiierten Übergangsprozeß von einem langfristigen Gleichgewichtspfad zu einem anderen thematisiert. Aus diesem Grunde lohnt es, sich zum besseren Verständnis technologischer Unterbeschäftigung den Arbeiten der beiden Pioniere der Traversenanalyse, John Hicks und Adolph Lowe, näher zuzuwenden. Ein Vergleich ihrer Beiträge ist auch deshalb interessant, da mit ihnen die - neben der angelsächsisch-neoklassischen - beiden anderen der drei Positionen vertreten sind, die die Freisetzungs- und Kompensationsdebatten geprägt haben: der österreichische Zweig der marginalistischen Schule und die auf Ricardo-Mill-Marx zurückgehende Tradition der klassischen politischen Ökonomie. Erneut erweist sich die zugrundegelegte produktionstheoretische Struktur von entscheidender Bedeutung.

Hicks, der erstmals in Kap. XVI von "Capital and Growth" (1965) eine Traverse (allerdings eine durch eine exogene Änderung der Wachstumsrate der Arbeitsbevölkerung und nicht durch technischen Fortschritt ausgelöste) auf der Grundlage eines zweisektoralen Fixkoeffizientenmodells analysierte, macht sie 1973 zum zentralen Untersuchungsgegenstand von "Capital and Time".(1) Allerdings hat sich nicht nur das die Traverse auslösende Moment, sondern vor allem auch der produktionstheoretische Modellrahmen drastisch gewandelt. Da er zu Recht der Ansicht ist, daß die Zeit ein entscheidendes Element jeder Traversenbehandlung sein müsse, greift Hicks auf Überlegungen der österreichischen Kapitaltheorie zurück, bei der im Gegensatz zur walrasianischen Gleichgewichtstheorie (auch in ihrer modernen Fassung) die zeitliche Struktur des Produktionsprozesses eine zentrale Rolle spielt. Der Kern von Hicks' neoösterreichischer Kapitaltheorie ist das Konzept des vertikal vollintegrierten Produktionsprozesses, in dem ein finiter Inputstrom datierter Arbeitsquanta einen Outputstrom eines Konsumgutes erzeugt.

---

(1) "The important part of Capital and Time is its new theory of 'Traverse'". Hicks (1977). S. XVI.

Auf dieser Basis wird die durch das (einmalige) Auftreten einer neuen Technologie ausgelöste Traverse analysiert.

Auch Lowe analysiert die durch einen einmaligen Innovationsstoß ausgelöste Traverse einer Ökonomie, die sich in der Ausgangssituation im langfristigen Gleichgewicht befand. Im Zentrum steht der (Arbeiter) freisetzende Charakter des technischen Fortschritts und die Kompensation technologischer Unterbeschäftigung. Lowe akzentuiert die industriespezifische Natur des technischen Fortschritts ebenso wie die Tatsache, daß sich die Implikationen des technischen Wandels auf die Beschäftigung nicht generell voraussagen lassen, da die endgültigen Wirkungen vor allem vom Sekundäreffekt der Freisetzung auf neue Investitionen abhängen. Lowe, ein führender Vertreter der durch die Nazis vertriebenen "Kieler Schule der Wachstums- und Konjunkturtheorie" (1), vertritt damit die Grundposition der Klassiker: die Kapitalakkumulation als conditio sine qua non der Kompensation. Wir bezeichnen seinen Ansatz daher als "neuklassisch".(2)

Interessanterweise steht das von Lowe zugrundegelegte dreisektorale Fixkoeffizientenmodell dem von Hicks (1965) ursprünglich zugrundegelegten, später jedoch für die Traversenanalyse verworfenen Ansatz produktionstheoretisch sehr nahe. Dies erfordert ebenso eine Diskussion wie die Tatsache, daß sich beide Traversenanalysen insofern er-

---

(1) Zum Stellenwert dieser Gruppe, zu der außer Lowe auch Colm, Neisser, Burchardt und Kähler, zeitweilig auch Leontief und Marschak gehörten, für die nationalökonomische Diskussion der Weimarer Zeit vgl. die ausführliche Darstellung bei Krohn (1981). Ihr vorrangiges Forschungsinteresse galt den Problemen zyklischen Wachstums. Neben bedeutsamen Beiträgen zur Geld- und Konjunkturtheorie entstanden andere zum Zusammenhang zwischen dem technischen Wandel und der Beschäftigung, die zweifellos Höhepunkte der intensiven Debatte der zwanziger und dreißiger Jahre darstellten. Vgl. beispielhaft die unter der Betreuung von Lowe entstandene Dissertation von Kähler (1933), die bereits einen fortgeschrittenen Embryo von Input-Output-Analyse inkorporiert, sowie Neisser (1932 und 1942).

(2) Zur inhaltlichen Konzipierung des neuklassischen Forschungsprogramms vgl. die ausführliche Darstellung bei Kurz und Kalmbach (1981) sowie Kalmbach und Kurz (1983). Lowes Rang bei der Entwicklung moderner Wachstumstheorien eines erkennbar "neuklassischen" bzw. "postklassischen" (Henry und Seccareccia 1982) Typs wird zunehmend erkannt. Vgl. z.B. Walsh und Gram (198o), S. 4.

gänzen, als Hicks ausschließlich eine vertikal disaggregierte produktionstheoretische Basis verwendet, während für Lowe die horizontale (sektorale) Disaggregation im Vordergrund steht.

II. Die Traverse im neoösterreichischen Modell

1. Zur produktionstheoretischen Basis des neoösterreichischen Ansatzes

Entscheidende Voraussetzung für das Studium der Traversenproblematik ist die detaillierte Analyse der zugrundegelegten Produktionsstruktur. Neo-"österreichisch" an Hicks ist dabei vor allem die von Böhm-Bawerk übernommene Methode, die zeitliche Struktur des Produktionsprozesses zu berücksichtigen.(1) Der "neoösterreichische" Produktionsprozeß ist dadurch charakterisiert, daß ein Strom von Inputs in einen Strom von Outputs (<u>flow</u> input - <u>flow</u> output - Fall) verwandelt wird, wobei als Inputs lediglich eine Reihe datierter Arbeitsquanta und als Outputs eine Reihe datierter Mengen des jeweiligen Endprodukts - eines Konsumgutes - <u>sichtbar</u> werden. Arbeit ist annahmegemäß der einzige originäre und in sich homogene Input. Die neoösterreichische Betrachtungsweise besteht darin, die einander nachgeschalteten Stadien eines einspurigen Produktionsprozesses bis zu einem angenommenen "letzten" Produkt zu verfolgen, das allein durch Arbeit ohne Produktionsmittel erzeugt wird. Im Fall der post factum-Entlohnung kennt das neoösterreichische Modell von Hicks damit keine Basisprodukte, der Produktionsprozeß ist - anders als im von Neumann-Sraffa-Ansatz oder im Lowe-

---

(1) An dieser Stelle soll die Frage nicht näher untersucht werden, ob Hicks sich "zu Recht" als Neo-Österreicher bezeichnet. Vgl. hierzu z.B. Faber (1975), der zum Schluß gelangt, "Hicks habe die österreichische Kapitaltheorie ihres Inhalts entleert" (S. 594), da er die Konzepte der Mehrergiebigkeit längerer Produktionsumwege und der Minderschätzung zukünftiger Bedürfnisse (Zeitpräferenzrate) und damit die Bestimmung des Zinssatzes vernachlässige. Vgl. zu dieser Frage auch Howard (198o), S. 2o f. Festzuhalten bleibt an dieser Stelle, daß Hicks nicht nur keinen Gebrauch vom typisch österreichischen Konzept der "<u>Produktionsperiode</u>" macht, sondern dieses für ein Modell, das auch auf Fixkapital anwendbar sein soll, explizit als untauglich zurückweist. Vgl. Hicks (1972), S. 92f. und Hicks (1973), S. 8 f.

Modell - nicht zirkulär, sondern unidirektional. Der neoösterreichische Ansatz erweist sich als eine weitere Variante des produktionstheoretischen Paradigmas der marginalistischen Schule, demzufolge der Produktionsprozeß begriffen werden kann, als "one-way avenue that leads from 'Factors of Production' to 'Consumption goods'" (Sraffa 1960, S. 93).

Infolge der vollständigen vertikalen Integration des Produktionsprozesses sind alle Zwischenprodukte, die auf dem "Weg" des originären Faktors Arbeit zum Endprodukt, dem Konsumgut, auftreten, dem Blick des Betrachters entrückt. Nur der Umstand, daß die Transformation der Arbeit in das Endprodukt Zeit erfordert, weist darauf hin, daß im Verlauf dieses Prozesses auf den verschiedenen Stufen vor der "Ausreifung" der originären Inputs Zwischenprodukte auftreten. Da diese jedoch annahmegemäß in der Produktionssphäre verbleiben und nicht in die Zirkulationssphäre, d.h. auf den Markt, gelangen, gibt es für diese Zwischenprodukte auch keine (Gleichgewichts-)Marktpreise. Dies gilt insbesondere für Fixkapitalgüter, und zwar sowohl für neue als auch für alte, zum Teil vernutzte. Allerdings lassen sich auf der Basis einer von Neumann-Sraffa-Interpretation (1) des Hicksschen neoösterreichischen Ansatzes die Fixkapitalgüter wieder einblenden. Auf der Basis der Hicksschen Trennung in eine Konstruktions- und Nutzungsphase, uniformer Unterperioden und der Normierung der auf den verschiedenen Produktionsstufen der Konstruktionsphase erzeugten Zwischenprodukte mit Eins, ergibt sich für einen neoösterreichischen Prozeß folgendes System von Gleichgewichtspreisen und prozeßinternen -buchwerten (2):

(1) Vgl. Burmeister (1974), insbesondere S. 441 ff., Faber (1980), Faber und Irsigler (1978) sowie Hagemann und Kurz (1976).
(2) Vgl. Hagemann und Kurz (1976), S. 682.

$$
(1) \quad \left.\begin{array}{l}
wa_1 = p_1 \\
(1+r)p_1 + wa_2 = p_2 \\
(1+r)p_2 + wa_3 = p_3 \\
\cdots\cdots\cdots\cdots\cdots \\
(1+r)p_{n-1} + wa_n = p_{n_o}
\end{array}\right\} \text{Konstruktionsphase}
$$

$$
\left.\begin{array}{l}
(1+r)p_{n_o} + wa_{b_o} = b_o p_b + p_{n_1} \\
(1+r)p_{n_1} + wa_{b_1} = b_1 p_b + p_{n_2} \\
\cdots\cdots\cdots\cdots\cdots \\
(1+r)p_{n_{T-1}} + wa_{b_{T-1}} = b_{T-1} p_b
\end{array}\right\} \text{Nutzungsphase}
$$

Darin bezeichnet a_i $(i = 1,2,\ldots,n)$ den Input an direkter Arbeit zur Produktion einer Einheit des i-ten Zwischenproduktes, a_{bt} $(t = 0,1,\ldots, T-1)$ den Input an direkter Arbeit, wie er bei der Verwendung eines t Perioden alten Fixkapitalguts erforderlich ist, um die Menge b_t des Konsumguts zu erzeugen; $p_1,\ldots,p_{n-1}$ sind die Buchwerte der ersten n-1 (zirkulierenden) Zwischenprodukte, die zur Erzeugung des Fixkapitalguts nötig sind, p_{nt} ist der Buchwert des t Jahre alten und ebensolange genutzten Exemplars dieses Fixkapitalguts, p_b der Preis des Konsumguts; w ist der Lohnsatz und r die Profitrate. Wählt man das Konsumgut als numèraire $(p_b = 1)$, so ist das System nach exogener Vorgabe des Lohnsatzes oder der Profitrate geschlossen.

Allerdings unterstellt Hicks für die gesamte Traversenanalyse eine drastische Vereinfachung. Alle betrachteten Produktionsprozesse oder Techniken weisen das folgende "einfache Profil" auf (vgl. Hicks 1973, S. 82 ff.):

Perioden	Konstruktionsphase (Periode 0)	Nutzungsphase (Perioden 1-n)
Input: Arbeit	a_o	a_1
Output: Konsumgut	0	1

In der Periode 0 wird allein mit Arbeit eine Maschine konstruiert, die von der nächsten Periode an benutzt wird, um n Perioden lang jeweils mit a_1 Einheiten Arbeit eine Konsumguteinheit herzustellen. Am Ende der n-ten Periode ist die Maschine verschlissen und scheidet aus dem Produktionsprozeß aus. Gleichungssystem (1) vereinfacht sich folglich zu:

$$
(2)\quad
\begin{array}{rcl}
wa_o & = & p_{n_o} \\
\hline
(1+r)p_{n_o} + wa_1 & = & 1 + p_{n_1} \\
(1+r)p_{n_1} + wa_1 & = & 1 + p_{n_2} \\
\cdots\cdots & & \cdots\cdots \\
(1+r)p_{n-1} + wa_1 & = & 1
\end{array}
$$

Dieser Spezialfall konstanter Effizienz, bei dem mittels der Maschine und eines Periode für Periode gleichbleibenden Arbeitsinputs ein gleichbleibender Konsumgutoutput erzeugt wird, hat weitreichende Implikationen. Es gilt: "the Simple Profile retains the vital distinction between construction and utilization - but almost nothing else." (Hicks 1973, S. 82). Zu den Implikationen zählt vor allem, daß dadurch Reswitching und Truncation, d.h. ein vorzeitiges Abkappen des Produktionsprozesses aus ökonomischen Gründen, ausgeschlossen werden.(1)

2. Hicks' neue Klassifikation des technischen Wandels

Im langfristigen Gleichgewicht ist der Gegenwartswert gesamtwirtschaftlicher Prozesse stets gleich Null. Folglich gilt:

$$(3)\quad -wa_o + \sum_{t=1}^{n} (1-a_1w)(1+r)^{-t} = 0$$

Ausgangspunkt für Hicks' neue Klassifikation des technischen Wandels ist die aus Gleichung (3) resultierende w-r-Beziehung oder Effizienzkurve eines Produktionsprozesses:

$$(4)\quad \frac{1}{w} = a_1 + a_o\, r_n \qquad \text{,mit}$$

(1) Zur Reswitching- und Truncation-Problematik im Rahmen des neoösterreichischen Modellansatzes vgl. Hagemann und Kurz (1976) sowie Hagemann und Pfister (1978).

$$(5) \quad r_n = r + d = \frac{r}{1-\left(\frac{1}{1+r}\right)^n} \quad .$$

Darin bezeichnet r_n die Bruttoprofitrate und d die Abschreibungsrate. Gleichung (4) kann auch als Kostengleichung interpretiert werden. Da das Konsumgut als numèraire fungiert, bezeichnet 1/w den Preis des Konsumguts ausgedrückt in Lohneinheiten ("labour commanded"). Entsprechend stellen a_1 die laufenden Kosten und $a_o r_n$ die Summe aus Zinsen und Abschreibungen auf die Konstruktionskosten dar.

Hicks geht davon aus, daß in einer Ökonomie, die sich in der Ausgangssituation eines langfristigen Gleichgewichts befindet, ein einmaliger Innovationsstoß erfolgt.(1) Damit taucht das Problem der Technikenwahl auf, d.h. die Frage, ob ein neuer Produktionsprozeß profitabler ist als der alte, im Ausgangsgleichgewicht angewandte. Das Entscheidungskriterium für Hicks bildet dabei der <u>Index der Kostenersparnis</u> ("Index of Improvement in Efficiency" (2)). Gilt für den <u>alten</u> Produktionsprozeß die Kostengleichung

$$(6) \quad \frac{1}{w^*} = a_1^* + a_o^* \, r_n^*$$

und für den <u>neuen</u> Produktionsprozeß die Kostengleichung (4), so ist das neue Produktionsverfahren dem alten überlegen, wenn es zu einer bestimmten vorgegebenen Profitrate r = r* die Zahlung eines höheren Lohnes ermöglicht, d.h. wenn gilt:

$$(7) \quad I\ (r) = \frac{w}{w^*} = \frac{a_1^* + a_o^* \, r_n}{a_1 + a_o \, r_n} > 1 \quad .$$

Dabei ist zu beachten, daß der Index der Kostenersparnis im allgemeinen eine Funktion der Profitrate ist und bei (virtueller) Variation von r jeden Wert zwischen den Indices

$$h = \frac{a_o^*}{a_o} \quad \text{und} \quad H = \frac{a_1^*}{a_1}$$

---

(1) "The Traverse theory, in its Austrian form, had apparently done no more than show what would happen (under many simplifying assumptions) when a steady state was disturbed by an innovation; the steady state was still there, even if it was used as no more than a starting point." Hicks (1977), S. 195.

(2) Vgl. Hicks (1973), S. 75 und S. 85.

annimmt. H>1 bedeutet eine Ersparnis bei den laufenden Produktionskosten, während h>1 eine Ersparnis bei den Konstruktionskosten anzeigt. Im Gegensatz zu den Indices h und H, die allein durch technische Koeffizienten der Produktion bestimmt werden, hängt der Index der Kostenersparnis auch von Verteilungsparametern und damit vom Preissystem ab.

Hicks macht jetzt die Veränderung der zeitlichen Arbeitseinsatzstruktur zum Angelpunkt seiner neuen Klassifikation des technischen Wandels und unterscheidet zwischen

(1) der neutralen Innovation ("unbiased") mit h=H,
(2) der vorwärtsgeneigten Innovation ("forward-biased") mit H>h und
(3) der rückwärtsgeneigten Innovation ("backward-biased") mit h>H.

Die Art des Fortschritts ist also eine Frage des Verhältnisses der Arbeitsersparnis in der Konstruktionsphase und in der Nutzungsphase, nicht jedoch zwischen dem Arbeits- und Kapitaleinsatz. Dies bedeutet eine nicht unerhebliche Vereinfachung der kapitaltheoretischen Problematik der Kompensationsanalyse, die sich im Rahmen der (neo-)österreichischen Theorie damit auf die Betrachtung der zeitlichen Veränderung der Arbeitseinsatzstruktur reduziert. Überhaupt wird es problematisch, auf dieser Basis, bei der Kapital letztlich nichts anderes darstellt als vorgetane Arbeit, von "kapitalsparendem" technischen Fortschritt zu reden, da auch dieser eine Einsparung von Arbeitszeit signalisiert.

Wenden wir uns den verschiedenen Innovationstypen etwas eingehender zu, bevor wir zur eigentlichen Traversenanalyse übergehen. Im Fall der neutralen Innovation gilt I (r) = h = H, d.h. die einzige Voraussetzung für den Übergang zum neuen Produktionsverfahren ist I>1. Die Technikenwahl ist verteilungsunabhängig. Anders ist die Situation beim vorwärtsgeneigten und beim rückwärtsgeneigten technischen Fortschritt, bei denen wir zudem jeweils zwei Unterfälle zu unterscheiden haben.

(2a) H > h > 1
Bei der schwach vorwärtsgeneigten Innovation ist die Arbeitsersparnis in der Nutzungsphase größer als in der Konstruktionsperiode, in der aber auch noch eine Ersparnis vorliegt.

(2b) H > 1 > h
Bei der stark vorwärtsgeneigten Innovation dagegen ist in der Konstruktionsperiode ein erhöhter Arbeitsaufwand erforderlich, bevor in der Nutzungsphase eine Arbeitsersparnis erzielt werden kann.

(3a) $h > H > 1$

Im Falle der schwach rückwärtsgeneigten Innovation nimmt der erforderliche Arbeitseinsatz sowohl während der Konstruktion wie während der Nutzung der Maschine ab, in der Konstruktionsphase jedoch überproportional.

(3b) $h > 1 > H$

Im Falle der stark rückwärtsgeneigten Innovation dagegen muß der erhöhte laufende Arbeitseinsatz bei der Nutzung der Maschine durch eine Senkung ihrer Konstruktionskosten überkompensiert werden, wenn ein Übergang zur neuen Technik erfolgen soll.

Generell gilt, daß im Falle der nicht-neutralen Innovation der Index der Kostenersparnis verteilungsabhängig ist. Dieses führt jedoch bei der schwach vorwärts- und der schwach rückwärtsgeneigten Innovation zu keinerlei Komplikationen bei der Technikenwahl. Da beide Arbeitseinsatzrelationen und damit auch I größer als eins sind, ist das alte Verfahren inferior, d.h. es wird stets zum neuen Produktionsverfahren übergewechselt. Im Gegensatz dazu hängt bei der stark vorwärts- und der stark rückwärtsgeneigten Innovation die Einführung des neuen Verfahrens nicht mehr ausschließlich von technologischen Parametern sondern auch von der Höhe der Profitrate ab, d.h. die Technikenwahl ist nunmehr verteilungsabhängig.(1)

Dabei muß gelten, daß die stark vorwärtsgeneigte Innovation im Bereich niedriger positiver Profitraten das kostengünstigere Produktionsverfahren verkörpert. Mit steigender Profitrate werden die höheren Konstruktionskosten der neuen Maschine stärker gewichtet und dominieren die niedrigeren laufenden Produktionskosten ab einem kritischen Wert für die Profitrate, oberhalb dessen das alte Produktionsverfahren profitabler ist.

---

(1) Zur graphischen Präsentation der Verteilungsabhängigkeit der Technikenwahl auf der Basis der Kostengleichungen vgl. Hicks (1973), S. 87 sowie die ausgezeichnete Darstellung bei Faber (1975), S. 584 ff. Bei der stark rückwärtsgeneigten Innovation gilt dies nur für den Fall, daß sich die Kostengeraden der alten und neuen Technik im positiven Profitratenbereich schneiden. Der ebenfalls mögliche Unterfall, daß dieser Schnittpunkt im negativen Profitratenbereich liegt, unterscheidet sich diesbezüglich nicht von der schwach rückwärtsgeneigten Innovation.

Hicks' neue Klassifikation des technischen Wandels, die an die Stelle der traditionellen, mehr auf Steady State-Vergleiche orientierten Klassifikationsansätze tritt und explizit für Zwecke der Traversenanalyse entwickelt wurde, ist von verschiedenen Seiten kritisiert worden. So bemängelt Faber (1975, S. 577) die Tatsache, daß Hicks seinen Index mit Faktorpreisen in Kostenform definiere und die reale Seite des technischen Wandels dadurch verdecke. Faber setzt dem Hicksschen Index der Kostenersparnis einen allein von den technischen Koeffizienten der beiden verglichenen Techniken abhängigen "Index der Mehrergiebigkeit"(1) entgegen, der bei einer Profitrate von Null mit dem Hicksschen Index übereinstimmt. Auch kritisiert Faber Hicks, daß dieser die Bedeutung gerade des stark vorwärtsgeneigten (und "mehrergiebigen") technischen Wandels herunterspiele.

Im Gegensatz zu der nicht ganz unberechtigten Kritik von Faber ist jedoch die Kritik von Fehl (1975, S. 157 ff.) zurückzuweisen, der den technischen Wandel lieber danach klassifizieren möchte, ob er die "durchschnittliche Produktionsperiode" (= mittlere Ausreifungszeit) konstant läßt, erhöht oder senkt.(2) Die Cambridge-Debatte hat zweifelsfrei aufgezeigt, daß das Böhm-Bawerksche Konstrukt der durchschnittlichen Produktionsperiode, abgesehen von den Spezialfällen einer Profitrate von Null

(1) Ebenda, S. 586 ff. Faber weist nach, daß dieser Index im Hicksschen Fall der stark rückwärtsgeneigten Innovation im engeren Sinne eine Mindererqiebigkeit ausweist, da die benötigte Arbeitsmenge pro Konsumguteinheit bei der neuen Technik größer ist als bei der alten.
Daß aus Gründen der Profitabilität zu einer Technik übergewechselt werden kann, die im Gleichgewicht bei demselben Gesamtarbeitseinsatz einen niedrigeren Konsumgüteroutput ermöglicht, erst recht bei komplizierteren Zeitprofilen des Arbeitseinsatzes, überrascht jedoch nicht. Nuti (197o) hat im Rahmen einer österreichischen Produktionsstruktur nachgewiesen, daß die Frage nach der optimalen Technik unterschiedlich beantwortet werden kann, je nachdem ob die Entscheidung im Preis- oder Mengensystem der Ökonomie getroffen wird.

(2) Bereits die große Debatte der dreißiger Jahre zeigte auf, daß das Konzept der Produktionsperiode ein höchst zweifelhaftes Instrument zur Analyse kapitaltheoretischer Probleme ist. Dies gilt erst recht für Entwicklungen außerhalb von Steady States. Zur Kritik am Konzept der durchschnittlichen Produktionsperiode vgl. beispielhaft Morgenstern (1935).

und eines gleichmäßigen Arbeitseinsatzes über die Zeit (Fall der "gleichmäßig ausgefüllten Produktionsperiode"), bereits im point output-Fall kein taugliches, einen Zirkelschluß vermeidendes Maß der "Kapitalintensität" der Produktion ist.(1) Vielmehr ist der Grad der "Kapitalintensität" der Produktion im allgemeinen keine rein technologisch determinierbare Größe, sondern hängt auch von den jeweiligen Verteilungsparametern (Lohnsatz, Profitrate) ab.(2) Welchen Sinn aber ergibt dann das Konzept der durchschnittlichen Produktionsperiode im flow output-Fall, d.h. bei Existenz von Fixkapitalgütern?

3. Der Fixlohn-Pfad

Hicks analysiert zwei verschiedene Typen von Übergangsprozessen: Die Fixlohn-Traverse und die Vollbeschäftigungs-Traverse. Im ersten Fall wird der (Real-)Lohnsatz exogen vorgegeben, so daß das Preissystem und damit das Gesamtsystem geschlossen ist. Die Entwicklung der Mengengrößen hängt ab von der unterstellten Sparfunktion, die als Bindeglied zwischen dem Preissystem und dem Mengensystem der Ökonomie fungiert. Dagegen wird im zweiten Fall der Freiheitsgrad im Mengensystem durch die exogene Vorgabe der Wachstumsrate der Arbeitsbevölkerung besetzt. Wiederum spielt das Sparverhalten eine Schlüsselrolle, da via Sparverhalten die Profitrate und damit das Preissystem determiniert wird. Der Lohnsatz ist jetzt eine Variable. Dadurch kompliziert sich das Traversenproblem erheblich, da es nun im Gegensatz zum Fixlohn-Pfad nicht beim einmaligen Technikenwechsel nach dem Innovationsstoß bleibt, sondern es im Rahmen der neuen Technologie (dem "book of blueprints", das das gesamte Technikenspektrum umfaßt) zu sekundären Technikenwechseln als Folge von Verteilungsänderungen während des Übergangsprozesses kommt. Wir wollen uns jedoch zunächst dem Fixlohn-Pfad zuwenden.

Bei exogen vorgegebenem Reallohnsatz bleibt die optimale Technik solange dieselbe, wie kein Innovationsstoß erfolgt. Annahmegemäß ist zum vorgegebenen Reallohnsatz

---

(1) Vgl. z.B. die einfachen Zahlenbeispiele bei Samuelson (1966).

(2) Bezeichnenderweise operiert Fehl in seinem Zahlenbeispiel zur Ermittlung der durchschnittlichen Produktionsperiode mit dem Spezialfall einer Profitrate von Null. Bei positiver Profitrate ergeben sich aber selbst im Hicksschen Spezialfall des einfachen Profils mit konstanter Effizienz unüberwindbare Probleme.

das Arbeitsangebot vollkommen elastisch.(1) Die Vollbeschäftigungsfrage stellt sich damit nicht, wohl aber die nach der Bestimmung des Beschäftigungsvolumens. Hicks unterstellt "Full Performance", eine Annahme, die der Vollauslastung des nicht explizit erscheinenden "Kapitalstocks" entspricht, zugleich also ein I = S -Gleichgewicht beschreibt. Unter dieser Bedingung gilt: "at Full Performance activity is limited by saving" (Hicks 1973, S. 52). Die Annahme über das Sparverhalten erweist sich damit von zentraler Bedeutung für die Bestimmung des Produktions- und Beschäftigungsvolumens während des Übergangsprozesses.

Die Traverse wird ausgelöst durch den Innovationsstoß zum Zeitpunkt t = O. Solange kein weiterer Innovationsstoß erfolgt, bleibt es wegen der Fixlohnannahme beim einmaligen Technikenwechsel, der zugleich mit einem Anstieg der Profitrate verbunden ist. Wir können nun drei Zeitabschnitte der Traverse unterscheiden:

(1) die "Vorbereitungsphase" (Periode 1), während der neue statt alter Maschinen konstruiert werden, die aber noch keinen Konsumgüteroutput erzeugen;

(2) die "Frühe Phase" (Perioden 2 bis n+1), während der sowohl Maschinen der alten wie der neuen Technik Konsumgüter erzeugen. Beschäftigungs- und Produktionsvolumen hängen nun entscheidend vom Parameter h ab. Bei h $\geqq$ 1 wachsen Beschäftigung und Konsumgüteroutput schneller als auf dem Referenzpfad, d.h. dem alten Steady State-Pfad, den die Ökonomie ohne Änderung in der Technologie beschritten hätte. Bei h < 1 fallen Output- und Beschäftigungsniveau zunächst unter das Niveau des Referenzpfades, um später anzusteigen und es zu übertreffen. (Vgl. Abbildung 1)

(3) die "Späte Phase" (ab Periode n+2), während der es keine Koexistenz von alter und neuer Technik mehr gibt, die Konsumgüter also allein mit der

---

(1) Empirisch ist diese Situation annähernd im Zuge des Industrialisierungsprozesses gegeben, bei der der (exogene) Agrarsektor als Arbeitskräftelieferant und Beschäftigungspuffer für den betrachteten Industriesektor fungiert. Der Lohnsatz wird dann durch die Arbeitsproduktivität im Agrarsektor bestimmt. Die Präsenz dieses Subsistenzsektors hemmt den Lohnanstieg für die Industriearbeiter. Vgl. hierzu die Schriften von Lewis.

neuen Technik produziert werden.(1) Dennoch ist der Übergangsprozeß mit dem Ausscheiden des alten Produktionsprozesses noch nicht abgeschlossen, da nun, wo ein Reinvestitionsbedarf für Maschinen des neuen Typs besteht, zunächst in der Regel noch kein neuer Gleichgewichtspfad erreicht ist. Sind die Verhältnisse in der "Frühen Phase" noch einigermaßen überschaubar, gilt dies kaum noch für die "Späte Phase", in der sich auch die Frage der Konvergenz an ein neues Wachstumsgleichgewicht stellt.

Hicks rückt die "Frühe Phase" in den Mittelpunkt seiner Traversenbetrachtung und weist mit Recht darauf hin, daß realistischerweise ohnehin vor Abschluß des Übergangsprozesses mit dem Auftreten neuer Innovationsstöße oder anderer exogener Schocks zu rechnen ist.(2) Entscheidenden Einfluß auf den dynamischen Entwicklungspfad der Ökonomie während dieser Kernphase der Traverse nimmt nun das Sparverhalten, insbesondere bezüglich der Profiteinkommen. Hicks, der im Wachstumsgleichgewicht weitgehend mit der klassischen Sparhypothese $0 = s_w < s_r < 1$ (s_w = Sparquote aus Lohneinkommen, s_r = Sparquote aus Profiteinkommen) operiert, die auf der Basis des I = S-Postulats das Mengensystem durch die Gleichung $g = s_r r$ mit dem Preissystem verbindet, macht nun für die Traverse die Annahme, daß der Konsum der Bezieher von Profiteinkommen gegenüber dem Referenzpfad unverändert bleibt.(3)

---

(1) Die (ökonomische wie physische) Lebensdauer der Maschinen alten wie neuen Technikentyps beträgt n Perioden. Nach dem Innovationsstoß werden nur noch mit der neuen Technik Maschinen hergestellt.

(2) "I had begun to lose interest in convergence. If it had been shown to be dubious, had it not also been shown to be unimportant? Even at the best, it would take a long time; and in most applications, before that time had elapsed, something else (some new exogenous shock) would have occurred. It was therefore of the first importance that something could be said, by my method, about the short-run and medium-run effects of an innovation - what I call the Early Phase." Hicks (1977), S. 195.

(3) Vgl. Hicks (1973), S. 9o. Eine Begründung für diesen Wandel im unterstellten Sparverhalten liefert Burmeister: "The assumption that saving is a constant proportion of profit income... is a dangerous assumption to make about an economy out of steady-state equilibrium with changing prices. For example it has been proved that the dynamic behavior of an economy with many capital goods is significantly altered provided not all capital gains are saved." Burmeister (1974), S. 429.

Dies bedeutet, daß die infolge des Technikenwechsels gestiegenen Profiteinkommen vollständig gespart und investiert werden, wodurch sich die Bruttoinvestition gegenüber dem Referenzpfad während der gesamten Frühen Phase fortlaufend erhöht (mit abnehmender Rate).(1)

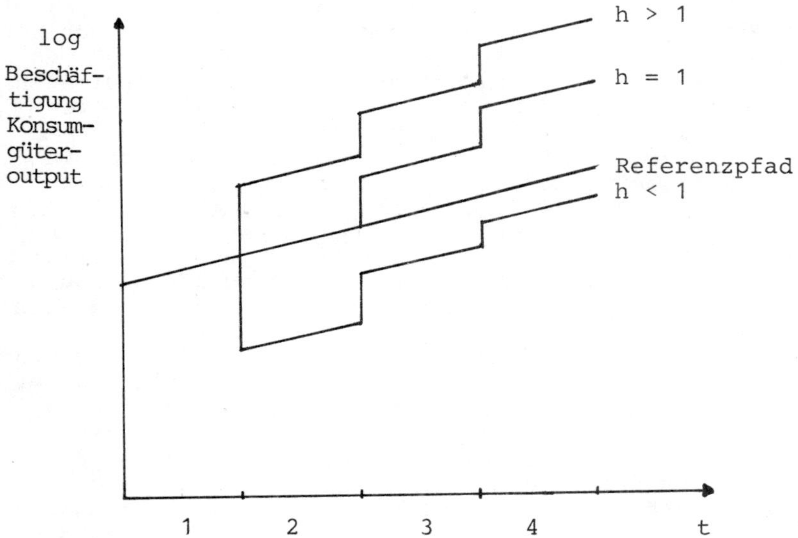

Abbildung 1

Bleibt das Beschäftigungsvolumen während der Vorbereitungsphase noch unverändert, so ist es von Beginn der Frühen Phase an eine Variable, deren Entwicklung vor allem durch die Bruttoinvestition und die Größe h bestimmt wird. Die Gesamtbeschäftigung setzt sich aus drei Komponenten zusammen:

(1) der Zahl der Arbeiter, die neue Maschinen konstruieren,
(2) der Zahl der Arbeiter, die mit neuen Maschinen Konsumgüter erzeugen und
(3) der Zahl der Arbeiter, die mit alten Maschinen Konsumgüter erzeugen.

Da die dritte Komponente keinerlei Veränderungen gegenüber dem Referenzpfad impliziert, müssen wir uns den anderen beiden zuwenden, von denen die Beschäftigung in der Konstruktionsabteilung den Schlüssel zur Entwicklung des

---

(1) Bei unverändertem Sparverhalten würde die Traverse letztlich gegen einen neuen Gleichgewichtspfad mit der Wachstumsrate $g = r_{(neu)}$ konvergieren ($s_r \div 1$).

Gesamtbeschäftigungs- und Produktionsvolumens liefert. Angesichts des exogen vorgegebenen Lohnsatzes variiert sie mit den Ausgaben für den Bau neuer Maschinen, d.h. mit der Bruttoinvestition.

Im Grenzfall h = 1 bleiben Konsumgüteroutput und Gesamtbeschäftigung auch im zweiten Jahr unverändert. Allerdings erfolgt eine Verlagerung von Arbeitskräften von der "Nutzungsabteilung" in die "Konstruktionsabteilung", da die neuen Maschinen wegen H>1 einen geringeren laufenden Arbeitseinsatz erfordern und die wegen der niedrigeren Produktionskosten gestiegenen Profite vollständig investiert werden. Damit steigen vom dritten Jahr an die für die Konsumgüterproduktion zur Verfügung stehenden Maschinen, das Beschäftigungsvolumen und der Output.

Bei h > 1 liegt bereits eine Kostenersparnis in der Konstruktionsperiode vor. Profite und Bruttoinvestition steigen daher bereits im ersten Jahr, Beschäftigung und Konsumgüteroutput ebenfalls eine Periode früher: im Jahr zwei.(1)

Komplizierter liegen die Verhältnisse im Fall der stark vorwärtsgeneigten Innovation mit h<1. Die Einführung der neuen Technik ist zwar wegen der dominierenden Senkung der laufenden Produktionskosten profitabel, allerdings ist zunächst einmal ein erhöhter Arbeitsaufwand in der Konstruktionsperiode erforderlich. Dies bedeutet, daß im zweiten Jahr des Übergangsprozesses weniger Maschinen zur Konsumgüterproduktion zur Verfügung stehen als in derselben Periode des Referenzpfades. Die Zahl der Arbeiter, die mit den Maschinen der neuen Technik Konsumgüter erzeugen, geht wegen H>1 noch stärker zurück. Zwar führt diese Senkung der laufenden Produktionskosten zu einem Profitanstieg, der auch vollständig in der Konstruktionsabteilung investiert wird, die Existenz einer temporären technologischen Unterbeschäftigung ist bei dieser Konstellation jedoch unvermeidbar, da nur ein Teil der in der Nutzungsabteilung freigesetzten Arbeitskräfte in die Konstruktionsabteilung transferiert wird. Die technologische Arbeitslosigkeit wird allerdings in den nachfolgenden Jahren sukzessive abgebaut, da immer mehr Maschinen des neuen Typs zur Konsumgüterproduktion verwendet werden und die dort eingesparten Arbeiter zusätzliche Maschinen herstellen. Die Traverse für h<1 verläuft also in der Frühen Phase zunächst unterhalb

---

(1) "The effects on output and employment will be by so much the more favourable." Hicks (1973), S. 94. Die Hickssche Aussage gilt allerdings nur unter der Annahme, daß kein stark rückwärtsgeneigter technischer Wandel (H<1) vorliegt.

des Referenzpfades, steigt aber an und schneidet ihn zu einem späteren Zeitpunkt, in dem Output und Beschäftigung ihr "altes" Niveau wiedererlangt haben, das sie anschließend übertreffen.

Im Fall der stark vorwärtsgeneigten Innovation geht die Beschäftigung zunächst zurück, wenn der Reallohn konstant bleibt. Es muß jedoch betont werden, daß der völlige Abbau der technologischen Arbeitslosigkeit vor allem das Resultat der Hicksschen Annahme ist, wonach der gesamte durch den Technikenwechsel entstehende Profit für die Bildung von neuem Realkapital verwendet wird.(1) Würde ein Teil dieser zusätzlichen Gewinneinkommen konsumiert, (wie es z.B. bei einer konstanten Spar- bzw. Konsumquote aus Profiteinkommen der Fall wäre), würde der Anstieg der Beschäftigung und des Konsumgüteroutputs abgeschwächt.(2)

Abschließend sei darauf verwiesen, daß das Hickssche Fixlohn-Modell weitgehende Ähnlichkeit mit Ricardos kapitaltheoretischer Formulierung des Kompensationsproblems aufweist: einen exogen gegebenen Reallohn, ein vollkommen elastisches Arbeitsangebot und eine mit der Ersparnis (=Nettoinvestition) variierende Beschäftigung. Der von Hicks auf dieser Basis analysierte stark vorwärtsgeneigte technische Wandel kommt dem Ricardo-Fall sehr nahe.(3)

4. Der Vollbeschäftigungs-Pfad

War bei der bisher betrachteten Traverse der Lohnsatz exogen gegeben und das Beschäftigungsvolumen eine Variable, so ist nun die Wachstumsrate der Arbeitsbevöl-

---

(1) Dies gilt in geringerem Maße bereits auch für die schwach vorwärtsgeneigte Innovation mit $H>h>1$, bei der in der Hicksschen Darstellung überhaupt keine technologische Unterbeschäftigung entsteht. Da eine Maschine des neuen Typs in der Nutzungsabteilung mehr Arbeiter einspart als in der Konstruktionsabteilung, setzt dies den mit einem Investitionsprozeß verbundenen Arbeitskräftetransfer in die Konstruktionsabteilung voraus.

(2) Hicks verlagert diese Expansionsverlangsamung weitgehend in die "Späte Phase", bei der auch die Frage der Konvergenz an ein neues Wachstumsgleichgewicht, dessen Expansionsrate $g = s_r r$ (mit $r>r^*$ und daher, bei s_r=const., $g>g^*$) beträgt, zu analysieren ist. Vgl. Hicks (1973), S. 96 f.

(3) Vgl. Ricardo (1951), Kap. 31, Hicks (1973), S. 97 ff., Burmeister (1974), S. 435 ff. und Hicks (1977), S. 184 ff.

kerung und damit infolge der Vollbeschäftigungsannahme das Beschäftigungsvolumen gegeben, aber der Lohnsatz eine Variable. Dies kompliziert die Analyse des dynamischen Verhaltens eines ökonomischen Systems während der Traverse beträchtlich, da es auf dem Anpassungspfad zu weiteren Technikenwechseln infolge von Verteilungsänderungen kommen kann. Generell haben wir zwischen einem Technikenwechsel als Folge des technischen Fortschritts, d.h. einem Wandel der Technologie ("autonome" Technikenwechsel im Hicksschen Sprachgebrauch) und einem Technikenwechsel innerhalb einer gegebenen Technologie aufgrund von Verteilungsänderungen ("induzierte" Technikenwechsel (1)) zu unterscheiden. Entsprechend zerlegt Hicks die Analyse der Vollbeschäftigungstraverse in zwei Teile, in derem ersten von den Komplikationen durch induzierte Technikenwechsel abstrahiert und der durch den einmaligen Innovationsstoß ausgelöste erste Wechsel des Produktionsprozesses betrachtet wird.

a. Der autonome Technikenwechsel

Aufgrund des Vollbeschäftigungspostulats stimmt die Beschäftigung auf dem Anpassungspfad stets mit der auf dem Referenzpfad, d.h. dem alten Steady State-Pfad, überein. Da aber ein Technikenwechsel eine Veränderung der Arbeitsinputkoeffizienten beinhaltet, impliziert dies in aller Regel die Notwendigkeit intersektoraler Wanderungen der Arbeitskräfte, d.h. eine Verschiebung des Anteils an der Gesamtbeschäftigung zwischen der Konstruktions- und der Nutzungsabteilung.(2) Eine Ausnahme hiervon bildet nur der Fall der neutralen Innovation.

Bei $h=H>1$ kann ein Technikenwechsel erfolgen, ohne daß ein Arbeitskräftetransfer erforderlich ist, da der laufende Arbeitseinsatz sich proportional zum Arbeitseinsatz in der Konstruktionsperiode verringert. Die im ersten Jahr des Übergangsprozesses von den Arbeitern in der Konstruktionsabteilung erzeugten neuen Maschinen haben eine größere Output-Kapazität, so daß im Jahr 2 der Konsumgüteroutput, proportional zur Zunahme der Zahl der (neuen) Maschinen, steigt. Die Outputsteigerung hält solange an, bis nur noch neue Maschinen in der Konsumgüterproduktion verwendet werden. Bereits am Ende der Frühen Phase, d.h. exakt mit dem Ende der Lebensdauer der alten

---

(1) "An induced innovation is a change in technique that is made as a consequence of a change in prices." Hicks (1976), S. 146.

(2) It is the distribution of labour between the sectors which matches the bias." Hicks (1973), S. 1o1.

Maschinen, ist der Übergangsprozeß abgeschlossen.(1) Die Ökonomie hat ihr neues Gleichgewicht wieder erreicht, da der Anteil der in der Konstruktionsabteilung eingesetzten Arbeitskräfte während der gesamten Frühen Phase unverändert geblieben ist, so daß der Bestand an neuen Maschinen mit der Rate der Arbeitsbevölkerung gewachsen ist und damit am Ende der Frühen Phase die richtige Altersstruktur aufweist.

Dieses ist weder beim rückwärtsgeneigten noch vorwärtsgeneigten technischen Wandel der Fall. Da die Beschäftigung in der Konstruktionsabteilung bei der Vollbeschäftigungstraverse eine Schlüsselrolle spielt, ist bei der vorwärtsgeneigten Innovation zunächst der Grenzfall $h = 1$ zu betrachten, bei dem die neuen Maschinen in der Konstruktionsperiode denselben Arbeitseinsatz erfordern wie die alten Maschinen. Im ersten Jahr der Traverse erfolgt keine Änderung außer der, daß die in der Konstruktionsabteilung beschäftigten Arbeiter dieselbe Anzahl Maschinen des neuen statt des alten Typs produzieren. Im Gegensatz zu dem zuvor diskutierten Fall der neutralen Innovation bleibt jetzt der Konsumgüteroutput im zweiten Jahr konstant. Allerdings erfolgt nun in derselben Periode eine Reallokation von Arbeitskräften in die Konstruktionsabteilung, da die Maschinen des neuen Typs während ihrer Nutzungsphase einen niedrigeren Arbeitseinsatz erfordern. Da die aus technischen Gründen in der Nutzungsabteilung eingesparten Arbeiter annahmegemäß nicht arbeitslos werden, muß der Transfer in die Konstruktionsabteilung erfolgen. Aus diesem Grunde gibt es jedoch von der dritten Periode an mehr Maschinen, die zur Konsumgüterproduktion zur Verfügung stehen und "bemannt" werden müssen. Dadurch steigt der Bedarf an Arbeitskräften für die Nutzung von Maschinen und dämpft die Freisetzung. Dieser sekundäre Effekt ist also dem primären entgegengerichtet, kann diesen jedoch nicht dominieren,

(1) In demjenigen Spezialfall, in dem nicht nur die Konstruktionsphase, sondern auch die Nutzungsphase nur eine Periode umfaßt, ist das neue Steady State-Gleichgewicht also bereits am Ende der zweiten Periode erreicht. Vgl. hierzu das einfache Zahlenbeispiel (Transition A) bei Burmeister (1974), S. 437 f.

solange $a_0>a_1$ gilt.(1)

Noch komplizierter liegen die Verhältnisse bei der stark vorwärtsgeneigten Innovation, bei der bereits in der ersten Periode ein Zustrom an Arbeitskräften in die Konstruktionsabteilung erfolgen müßte, um die Outputkapazität aufrechtzuerhalten. Angesichts eines mangelnden Reservoirs an Arbeitskräften wäre dies jedoch nur durch Abzug aus der Nutzungsabteilung möglich, wo diese Arbeitskräfte ebenfalls noch gebraucht werden, um mit den alten Maschinen Konsumgüter zu erzeugen. M.a.W.: Unter der Voraussetzung, daß in der Ausgangssituation Vollbeschäftigung geherrscht hat, ist die Einführung einer stark vorwärtsgeneigten, profitablen Innovation zu Beginn unvermeidbar mit einem absoluten Rückgang der Konsumgüterproduktion verbunden. Dies könnte sich für die Beschäftigung verhängnisvoll auswirken, wenn der Lohnsatz nicht (temporär) reduziert würde.(2)

(1) Zur Ableitung dieser notwendigen und hinreichenden Bedingung vgl. Hicks (1973), S. 1o3 f. und S. 189 f. sowie Burmeister (1974), S. 438 f. Ist die Bedingung $a_0>a_1$ nicht erfüllt, ist zur Aufrechterhaltung der Vollbeschäftigung von Periode zu Periode eine Oszillation (bei $a_0<a_1$ mit zunehmender Amplitude) des Arbeitertransfers zwischen der Konstruktions- und der Nutzungsabteilung erforderlich. Hieraus folgt, "that Full Employment, under the rather fixed technical coefficients we are assuming, may be by no means easy to achieve" (Hicks, 1973, S. 1o4).
Die Existenzbedingung für die Vollbeschäftigungstraverse, daß der Arbeitsinput in der Konstruktionsperiode größer sein muß als in jeder Periode der Nutzungsphase, entspricht der aus der Literatur über zweisektorale Wachstumsmodelle bekannten Uzawa-Stabilitätsbedingung für gleichgewichtige Wachstumspfade. Zur Rolle der Bedingung $a_0>a_1$ für die Vollbeschäftigungstraverse im neoösterreichischen Modell vgl. auch Craven (1975, S. 287), Kim (1982, S. 11 ff.), Magnan de Bornier (198o, S. 51 f.) und van Schaik (1976, S. 294-297).

(2) "If final output is reduced, someone must economize." Hicks (1977), S. 189.

In beiden zuletzt betrachteten Fällen, d.h. beim vorwärtsgeneigten technischen Wandel (1) gilt, daß der Anpassungsprozeß mit Ende der Frühen Phase nicht abgeschlossen ist, da wegen der Expansion der Beschäftigung in der Konstruktionsabteilung mehr Maschinen hergestellt als gebraucht werden, um die verschlissenen zu ersetzen. Da diese zusätzlichen Maschinen zu ihrer Nutzung Arbeitskräfte erfordern, muß in der Späten Phase der Traverse trotz $a_0 > a_1$ eine Netto-Reallokation von Arbeitern aus der Konstruktions- in die Nutzungsabteilung erfolgen.(2) Dies bedeutet zugleich, daß der pro Kopf-Konsum zu Beginn der Späten Phase unterhalb seines neuen Gleichgewichtswertes liegt.

Im Hinblick auf die Allokation der Arbeitskräfte auf die beiden Abteilungen stellt die rückwärtsgeneigte Innovation das Spiegelbild zur vorwärtsgeneigten dar. Infolge $h>1$ und $h>H$ führt der technische Fortschritt von der zweiten Periode an zu einem Anstieg der Konsumgüterproduktion und zu einer Reallokation von Arbeitskräften von der Konstruktions- in die Nutzungsabteilung. Ebenso gilt, daß der Realkapitalbestand am Ende der Frühen Phase keine gleichmäßige Altersstruktur aufweist, d.h. noch kein neues Steady State-Gleichgewicht erreicht ist, und daß in der Späten Phase ein gewisser Retransfer von Arbeitskräften in die Konstruktionsabteilung stattfinden muß. Wiederum gibt es einen Sekundäreffekt, der dem primären entgegengerichtet ist. Infolge des Abzugs von Arbeitskräften aus der Konstruktionsabteilung in der Frühen Phase geht die Zahl neuer Maschinen relativ zurück, so daß es später - möglicherweise noch vor Ende der Frühen Phase - unvermeidlich zu einem Absinken der Konsumgüterproduktion kommt. Dies ist um so eher der Fall, je stärker die Innovation rückwärtsgeneigt ist (vgl. auch Fn. (1) auf S. 257). Per Saldo dominiert also in den ersten Perioden der Traverse das Entsparen, während später eine Gegenbewegung eines Spar- und Investitionsprozesses erforderlich ist. Hicks (1973, S. 1o8) zieht daraus den Schluß: "the forward bias does better in the long run than in the short; while the backward bias does better in the short run than in the long."

---

(1) Zu Zahlenbeispielen vgl. Burmeister (1974), S. 437 f., Fehl (1975) und van der Klundert/van Schaik (1974), S. 221 ff.

(2) Allerdings treten in der Späten Phase auf jeden Fall Oszillationen auf.

Im Fall der Vollbeschäftigungs-Traverse sind alle Größen des Mengensystems durch die exogene Vorgabe der Wachstumsrate der Arbeitsbevölkerung und durch die Produktionstechnik determiniert. Auf der Basis des Vollbeschäftigungspostulats und einer gegebenen Technik nimmt die Distribution keinen Einfluß auf die Höhe des Sozialprodukts, d.h. Produktion und Distribution sind voneinander getrennt. Allerdings ist eine Annahme über das Sparverhalten erforderlich, um die zeitliche Entwicklung der Profitrate und des Reallohnsatzes und damit auch die Verteilung des Endproduktes, d.h. der Konsumgüterproduktion, zu bestimmen. Die Lage kompliziert sich beträchtlich, wenn es zu sekundären Technikenwechseln als Folge von Verteilungsänderungen während des Übergangsprozesses kommt. Produktion und Distribution sind nunmehr beide an das Sparverhalten geknüpft, da dieses die Wahl der optimalen Technik beeinflußt.

b. Induzierte Technikenwechsel

Wenn die neue Technologie nicht aus einer Technik, sondern einem Spektrum nicht-inferiorer Techniken besteht, deren w-r-Beziehungen sich schneiden, können Verteilungsänderungen im Verlauf des Anpassungsprozesses dazu führen, daß innerhalb der neuen Technologie ein weiterer Wechsel der Technik profitabel wird. Da der neoösterreichische Produktionsprozeß sich über die Zeit erstreckt, hängt die Technikenwahl außerhalb des langfristigen Gleichgewichts nicht nur vom gegenwärtigen sondern auch von der zukünftigen Entwicklung des Reallohnsatzes ab. Das Problem der Erwartungen erweist sich damit von zentraler Bedeutung für die Vollbeschäftigungstraverse, da es die erwarteten Werte des Reallohnsatzes und der Profitrate sind, die den (erwarteten) Gegenwartswert eines Produktionsprozesses bestimmen. Obwohl er sich der unrealistischen Natur seiner restriktiven Prämisse bewußt ist, entscheidet sich Hicks für die Annahme statischer Erwartungen, d.h. "that, when the decision to adopt a particular technique for new processes is taken, the current wage is expected to remain unchanged" (Hicks 1973, S. 56). Da diese Erwartungen sich als falsch erweisen, ist der resultierende Anpassungspfad nicht optimal.

Die Annahme statischer Erwartungen impliziert zugleich, daß zu jedem Zeitpunkt die Profitrate sich dadurch bestimmt, daß der Gegenwartswert der neu gestarteten Produktionsprozesse beim herrschenden Reallohnsatz Null beträgt. Im Gegensatz zum Fixlohn-Pfad verändert sich der Lohnsatz aber auf der Vollbeschäftigungstraverse. Der induzierte Technikenwechsel läßt sich nun anhand von

Abbildung 2 verdeutlichen (vgl. Hicks 1973, S. 112).

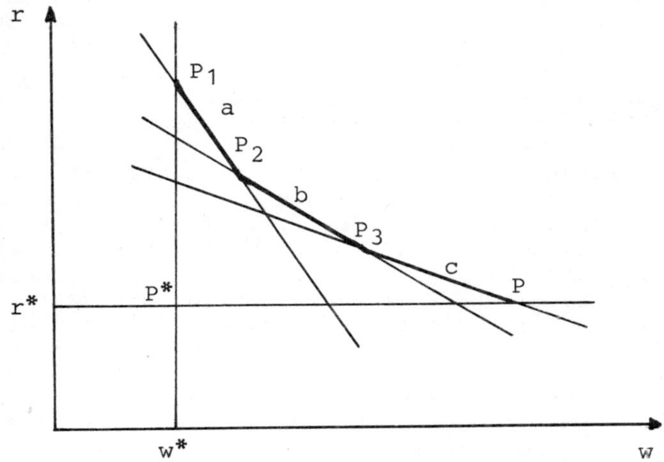

Abbildung 2

In Abbildung 2 sind die w-r-Beziehungen aller nicht-inferioren Techniken innerhalb der neuen Technologie eingezeichnet, die sich aus Gleichung (3) ergeben:

$$(8) \qquad w = \frac{\sum_{t=1}^{n} (1+r)^{-t}}{a_o + \sum_{t=1}^{n} a_1 \; (1+r)^{-t}}$$

Der Punkt P^* (w^*, r^*) bezeichnet die Verteilungskonstellation im Ausgangsleichgewicht, in dem mit der alten Technik produziert wird. Nach dem Innovationsstoß erfolgt zunächst der (autonome) Wechsel zu Technik a, da diese zum herrschenden Reallohnsatz w^* die höchste Profitrate ermöglicht (P_1). Dieser Wechsel führt - abgesehen von den Anfangsperioden im Fall der stark vorwärtsgeneigten Innovation - zu einem Anstieg der Arbeitsproduktivität, der sich in einem steigenden Reallohnsatz niederschlägt. Es kommt zu einer Bewegung entlang der Lohnkurve von Technik a, bis in Punkt P_2 ein (induzierter)

Wechsel zu Technik b für die Unternehmer profitabel wird, mit dem sie den weiteren Fall der Profitrate zu verhindern suchen. Die Entwicklung vollzieht sich entlang der Lohnfront der neuen Technologie, d.h. der Enveloppe der technikenspezifischen w-r-Beziehungen, bis in Punkt P das neue Gleichgewicht erreicht ist. Die Lage des Punktes P hängt ab vom Sparverhalten. Im Falle der - in Abbildung 2 unterstellten - klassischen Sparhypothese entspricht dabei die Profitrate im neuen derjenigen im alten Steady State-Gleichgewicht: $r=r^*=g/s_r$.

Allerdings ist ein methodisches Problem zu beachten, das darin besteht, daß der für die Traversenanalyse so wichtige Zeitfaktor in Abbildung 2 nicht inkorporiert ist, da die eingetragenen w-r-Beziehungen Gleichgewichtsrelationen darstellen. So ist aus Abbildung 2 zwar erkennbar, daß der induzierte Technikenwechsel zu einem langfristigen Gleichgewicht mit einem höheren Reallohnsatz führt, als es bei ausschließlich autonomem Technikenwechsel der Fall wäre. Nichts ist jedoch darüber ausgesagt, <u>wann</u> dieses neue Gleichgewicht erreicht wird. Hicks zufolge haben die induzierten Technikenwechsel die folgende Wirkung: "The function of substitution, in an expanding economy, is to slow up the rises in wages that come from technical improvement; but the effect of the retardation is to stretch out the rise, making it a longer rise, so that a larger rise, than would otherwise have occurred, is ultimately achieved." (Hicks 1973, S. 115) Allerdings darf nicht übersehen werden, daß diese "Principal Proposition" entscheidend auf der Schlüsselannahme statischer Erwartungen basiert.

Abschließend sei darauf hingewiesen, daß sich die Traversenprobleme nicht nur bei realistischeren Annahmen bezüglich der Erwartungsbildung, sondern auch bei Abkehr vom einfachen Zeitprofil des Produktionsprozesses, z.B. einer Verlängerung der Konstruktionsperiode, komplizieren.

III. Die Traverse im neuklassischen Modell

1. Eine Produktionsstruktur vom Lowe-Feldman-Dobb-Typ

Die Hickssche Traversenanalyse hat die zentrale Bedeutung des Investitions- und Sparprozesses für das Verhindern bzw. den Abbau technologischer Unterbeschäftigung verdeutlicht. Angesichts dieser Schlüsselstellung, die dem Prozeß zusätzlicher Realkapitalbildung zukommt, ist zu hinterfragen, ob es eine glückliche Wahl ist, ein produktionstheoretisches Modell zugrundezulegen, in dem die Fixkapitalgüter nicht explizit erscheinen.(1) Zumindest jedoch ist es sinnvoll, dem Hicksschen ein anderes Modell gegenüberzustellen, das dem zirkulären Charakter der Produktion Rechnung trägt und auf dieser Basis die kapitaltheoretische Diskussion der Maschinenfrage transparenter gestaltet. Dieses ist bei dem Ansatz von Lowe der Fall, der sich selbst scharf gegen den "linearen Imperialismus" der Österreicher wendet und dabei zugleich ein entscheidendes Charakteristikum seines eigenen Modells verdeutlicht: "the Austrian concept of the 'structure of production' ... concentrate(s) exclusively on the linear 'downflows' through which natural resources are transformed into finished goods. As a rule, they fail to recognize the need for a special equipment-good sector. The production or reproduction of equipment is seen as a stage problem for the consumer-good sector, which is equivalent to treating fixed capital as if it were working capital."(2)

Die produktionstheoretische Basis des Loweschen Ansatzes bildet ein dreisektorales Fixkoeffizientenmodell, welches aus einer Modifikation der Marxschen Reproduk-

(1) Die adäquate Berücksichtigung des Fixkapitals ist ein altes Problem der österreichischen Kapitaltheorie. Wie die von Neumann-Sraffa-Interpretation in Abschnitt II.1 verdeutlicht hat, sind Fixkapitalgüter im Ansatz von Hicks zwar ausgeblendet - "The intermediate goods are spurlos versenkt inside the process." Solow (1974), S. 189 - aber existent, worauf Hicks selbst explizit Wert legt: "In...the version I used in Capital and Time fixed capital goods do appear, but not explicitly. One looks solely at the streams of 'original' inputs and of final outputs. The fixed capital goods are implied, but they are regarded as intermediate products and not shown." Hicks (1977), S. 191, Hervorhebung von mir.

(2) Lowe (1976), S. 33. Hervorhebung von mir. Der Lowesche Terminus "working capital" entspricht dem Hicksschen "intermediate product". Die Kritik von Lowe trifft auch für das neoöstereichische Modell von Hicks zu, da dieses keine Basisprodukte, d.h. Güter, die direkt oder indirekt zur Produktion aller Güter erforderlich sind, kennt.

tionsschemata hervorgegangen ist.(1) Diese Modifikation besteht in einer Aufspaltung der Investitionsgüterabteilung I des Marxschen Schemas in zwei vertikal integrierte Sektoren, von denen der erste Maschinen erzeugt, die als Inputs in den beiden maschinenproduzierenden Sektoren 1 und 2 fungieren, während im zweiten die für die Konsumgüterproduktion des Sektors n benötigten Kapitalgüter hergestellt werden. Auf diese Weise kommt es zu einer Hierarchie der Sektoren 1→2→n ("Maschine→Traktor→Korn"). Das besondere Charakteristikum dieser Produktionsstruktur ist ihr innerer Zusammenhalt, der Starrheit und Flexibilität zugleich beinhaltet.

Sektor 1 ist als einziger in der Lage, seine eigenen Produktionsmittel herzustellen, die zugleich unverzichtbare Voraussetzung für die Produktion innerhalb der Sektoren 2 (direkt) und n (indirekt) sind. In Sraffascher Terminologie bildet er das "Basissystem" und nimmt damit eine Schlüsselposition ein, die gerade auch während der Traverse relevant ist.(2)

Sektor 2 besitzt eine Bindegliedfunktion, weil er einerseits die von Sektor 1 produzierte Maschine einsetzt und andererseits den von Sektor n eingesetzten Kapitalguttyp herstellt, Die Tatsache, daß die Sektoren 1 und 2 dieselbe Maschine bei der Produktion verwenden, eröffnet Transfermöglichkeiten und damit eine gewisse Flexibilität. Andererseits macht die Existenz eines zweiten maschinenproduzierenden Sektors im Gegensatz zu den traditionellen Zweisektorenmodellen die Berücksichtigung der Komposition der Investitionen erforderlich. Dies gilt insbesondere für die Traverse mit ihren Strukturveränderungen.(3)

---

(1) Die Notwendigkeit dieser Modifikation wurde von Lowe bereits frühzeitig betont; vgl. Lowe (1926), S. 19o, Lowe (1952) und Lowe (1955a), S. 585 f. Lowes Intentionen entsprechen teilweise denen von Feldman, der alle kapazitätssteigernden Aktivitäten in Sektor 1 zusammenfaßt, so daß dieser Sektor wie bei Lowe die Schlüsselrolle im Wachstumsprozeß spielt. Feldmans zweisektorales Modell ist von Autoren wie Dobb aufgegriffen und zu einem dreisektoralen Modell erweitert worden, das in den Versionen von Chng (198o) sowie Robinson und Eatwell (1973, S. 288 ff.) der produktionstheoretischen Struktur des Modells von Lowe (1976) entspricht.

(2) Zur Frage der empirischen Identifikation eines derartigen Basissektors vgl. Chng (1981).

(3) Vgl. speziell zu dieser Frage Halevi (1981), der das Modell von Lowe mit den Arbeiten von Dobb und Kalecki vergleicht.

Sektor n ist - anders als in den meisten zweisektoralen Modellen - von dem Maschinentransfer abgekoppelt, weil er allein den von Sektor 2 produzierten Kapitalguttyp einsetzt. Auf der anderen Seite liefert er die konsumtiven Unterhaltsmittel für alle drei Sektoren.

Konkurrenzwirtschaftliches Gleichgewicht auf den Faktormärkten impliziert die Vollauslastung der Kapitalgüter und die Vollbeschäftigung der vorhandenen Arbeitskräfte. Dies setzt adäquate Proportionen der Ökonomie sowohl hinsichtlich der sektoralen Allokation ihrer Ressourcen (F_1, F_2, L) als auch hinsichtlich der gütermäßigen Zusammensetzung ihres Outputs (O_1, O_2, O_n) voraus, so daß auf der Basis einer Produktionsstruktur vom Lowe-Feldman-Dobb-Typ folgendes System von Mengengleichungen resultiert:

nachgefragte = eingesetzte			vorhandene= angebotene	Mengen
Sektor 1	Sektor 2	Sektor n		
$a_{11}(d+g)F_1$	$+ \; a_{12}(d+g)F_2$		$\stackrel{!}{=} F_1$	Maschinen vom Typ 1
		$a_{2n}O_n$	$\stackrel{!}{=} F_2$	Maschinen vom Typ 2
$l_1(d+g)F_1$	$+ \; l_2(d+g)F_2$	$+ \; l_nO_n$	$\stackrel{!}{=} L$	Arbeit
				(I)
$a_{11}(d+g)f_1$	$+ \; a_{12}(d+g)f_2$		$\stackrel{!}{=} f_1$	
		$a_{2n}c$	$\stackrel{!}{=} f_2$	
$l_1(d+g)f_1$	$+ \; l_2(d+g)f_2$	$+ \; l_nc$	$\stackrel{!}{=} 1$	(=L/L)

Division durch das gesamtwirtschaftliche Arbeitsquantum L (untere Abteilung) führt zu einem System von drei linearen Gleichungen, in dem neben den sieben Parametern der gegebenen Technik
- den Maschineninputkoeffizienten
  $a_{11}=F_{11}/O_1$, $a_{12}=F_{12}/O_2$, $a_{2n}=F_{2n}/O_n$
- den Arbeitskoeffizienten
  $l_1=L_1/O_1$, $l_2=L_2/O_2$, $l_n=L_n/O_n$ und
- der Abschreibungsrate d

noch vier Variablen
  $c=O_n/L$, $f_1=F_1/L$ $f_2=F_2/L$, g

verblieben sind, die alle Mengenrelationen zum Ausdruck bringen. Das Mengensystem besitzt einen Freiheitsgrad und erlaubt, die Variablen c, f_1 und f_2 als Funktionen der Wachstumsrate g auszudrücken.(1)

Auf der anderen Seite impliziert konkurrenzwirtschaftliches Gleichgewicht auf den Gütermärkten, daß in den drei Sektoren - nach Deckung der sektoralen Lohnkosten und Abschreibungen - dieselbe Profitrate auf den Wert des jeweils eingesetzten Kapitalgüterbestands erzielt wird. Damit ergibt sich für das Lowe-Modell bei post factum-Entlohnung der Arbeitskräfte folgendes System von Preisgleichungen:

Sektor	Abschreibungen Durchschnitts-profit		Löhne		Erlöse	
1	$F_{11}(d+r)p_1$	+	L_1w	$\stackrel{!}{=}$	O_1p_1	
2	$F_{12}(d+r)p_1$	+	L_2w	$\stackrel{!}{=}$	O_2p_2	
n	$F_{2n}(d+r)p_2$	+	L_nw	$\stackrel{!}{=}$	O_np_n	(II)
1	$a_{11}(d+r)p_1$	+	l_1w	$\stackrel{!}{=}$	p_1	für die Maschine vom Typ 1
2	$a_{12}(d+r)p_1$	+	l_2w	$\stackrel{!}{=}$	p_2	Maschine vom Typ 2
n	$a_{2n}(d+r)p_2$	+	l_nw	$\stackrel{!}{=}$	1	$(=p_n/p_n)$ Konsumguteinheit

Bei Division aller Terme durch p_n, d.h. der Wahl des Konsumgutes zum numéraire, sind p_1, p_2 und w relative Preise. (II) ist das zu (I) duale System dreier linearer Gleichungen, in dem erneut die sieben Parameter der Technik und vier Variable auftreten. Auch das Preissystem weist einen Freiheitsgrad auf, so daß sich p_1, p_2 und w als Funktionen der Profitrate r ausdrücken lassen.

Die Verbindung zwischen dem Preis- und dem Mengensystem wird durch die Berücksichtigung des Sparverhaltens hergestellt, die in Verbindung mit der keynesianischen I=S-Bedingung eine r-g-Beziehung liefert. Der verbleibende Freiheitsgrad des Gesamtsystems wird bei Lowe

(1) Zur detaillierten Analyse alternativer Wachstumsgleichgewichte, die sich durch ihre Wachstumsraten bzw. ihre Verteilungskonstellationen unterscheiden, auf der hier behandelten produktionstheoretischen Basis vgl. Hagemann und Jeck (1981).

durch die natürliche Wachstumsrate $g_n = \alpha + \pi$, mit α als exogen gegebener Wachstumsrate der Arbeitsbevölkerung und π als Rate des technischen Fortschritts besetzt.

Lowe geht es aber nicht um den Vergleich alternativer Steady State-Pfade, sondern um Traversenanalyse, d.h. um die Herausarbeitung der sektoralen Strukturverschiebungen, die erforderlich sind, damit das System, das aufgrund der exogenen Störung (1) aus dem ursprünglichen Gleichgewicht herausgerissen worden ist, in möglichst kurzer Zeit und mit minimalen Opfern zu einem neuen Gleichgewichtspfad findet.

Mit dieser Wiedererreichung eines (der neuen Datenkonstellation angemessenen) dynamischen Gleichgewichts, ist zugleich das für die spezifisch Lowesche Methode der Politischen Ökonomik, der Instrumentalanalyse (2), so entscheidende Makroziel postuliert. Diese Instrumentalanalyse zerfällt nun in zwei Komponenten, die die Lowesche Vorgehensweise prägen. Zum einen beschäftigt sich die Strukturanalyse mit den Entwicklungsmustern der Beschäftigung, Outputs, Investitionen, usw., die erforderlich sind, damit das postulierte Makroziel auch tatsächlich erreicht wird. Sie konzentriert sich in erster Linie auf die technischen Beziehungen, schließt aber auch soziale Rahmenbeziehungen wie die Eigentumsverhältnisse und die Frage zentraler oder dezentraler Entscheidungen ein. Aber erst die "Motor"-oder "Force"-Analyse hebt die Wirtschaftswissenschaft über das Niveau einer reinen Ingenieurswissenschaft hinaus, indem sie die Entwicklung der für die Bewegung entlang des strukturell bestimmten Anpassungspfades notwendigen und zielgerechten Motivationsstrukturen und Verhaltensweisen der einzelnen Wirtschaftssubjekte verfolgt. Wegen ihrer größeren Handlungs- und Entscheidungsspielräume sowie der potentiellen Unverein-

---

(1) Uns interessiert hier die durch einen Innovationsstoß ausgelöste Traverse. Lowe analysiert aber auch die durch Änderungen des Arbeitsangebots bzw. der natürlichen Ressourcen ausgelösten Übergangsprozesse. Vgl. Lowe (1976), Teile II und III.

(2) Zu einer ausführlichen Darstellung der Loweschen Methode der Politischen Ökonomik vgl. neben Lowe (1976), Kap. 1, vor allem das Lowesche Standardwerk "On Economic Knowledge" (1965) (dt. "Politische Ökonomik" 1968), bes. die Kap. 5 und 1o-12, in denen die grundlegenden methodischen Gedankengänge ausführlich entwickelt werden. Zu einer kritischen Auseinandersetzung mit der Loweschen Instrumentalanalyse vgl. den von R. Heilbroner (1969) herausgegebenen Band, der sich ausschließlich mit dieser Thematik befaßt, sowie Heubes (1972).

barkeit des Mikroverhaltens mit bestimmten Makrozielen besitzt die motorische Analyse naturgemäß für kapitalistische Marktwirtschaften eine weit höhere Bedeutung als für zentrale Planwirtschaften.

Dabei zeigt sich, daß die im Zuge der Traverse erforderlichen sektoralen Umproportionierungen ein so außerordentlich komplexes Entwicklungsmuster aufweisen, daß für marktwirtschaftliche Systeme eine Bewegung entlang des strukturell bestimmten Anpassungspfades ausgesprochen unwahrscheinlich ist. In der motorischen Analyse weist Lowe als Ursache dafür eindrucksvoll nach, daß die erforderlichen Preis- und Mengenerwartungen keineswegs stets mit denen übereinstimmen, die aufgrund der vorausgegangenen Entwicklung wahrscheinlich sind. Daraus leitet Lowe die Notwendigkeit öffentlicher Kontrollmaßnahmen ab, um die Entscheidungen der Mikroeinheiten in dem Sinne zu modifizieren bzw. zu ersetzen, daß es zu einer zielgerechten Expansion des Kapitalstocks kommt. Eine nähere Spezifikation dieser wirtschaftspolitischen Maßnahme erfolgt jedoch nicht.

2. Zur Loweschen Klassifikation des technischen Fortschritts

Lowe konzentriert sich auf die Analyse der Auswirkungen nichtneutraler Prozeßinnovationen auf ein zuvor existierendes Wachstumsgleichgewicht und auf die Untersuchung der strukturellen und motorischen Bedingungen, die zur Absorption des technischen Fortschritts und damit zur Traverse hin zu einem neuen Wachstumsgleichgewicht erforderlich sind. Abgesehen von einem Kapitel (27), in dem der technische Fortschritt als Antwort auf sinkende Skalenerträge induzierter Natur ist, wird angenommen, daß der technische Fortschritt autonomen Charakter besitzt und konstante Skalenerträge vorliegen. Für Lowe, der weniger an den Ursachen interessiert ist, sind die Wirkungen des nichtneutralen technischen Fortschritts auf die sektorale Struktur die entscheidende Frage. In dieser Hinsicht erweist sich aber im mehrsektoralen Modell die herkömmliche Einteilung des nichtneutralen technischen Fortschritts in eine arbeitsparende und eine kapitalsparende Kategorie als unzureichend (1), da damit die Vielfalt der möglichen Typen nicht präzise erfaßt wird. Statt von faktorsparendem ("factor-saving") technischen Fortschritt zu sprechen, zieht Lowe daher den Terminus "factor-displacement (-attraction)" vor, "whenever introduction of a nonneutral innovation reduces (raises) that input quantity of labor and/or capital that is technologically required to produce the original output quantity of a firm, industry, or sector" (S. 247). Dementsprechend sind die folgenden Typen nichtneutralen technischen Fortschritts zu unterscheiden:

Fortschrittstyp	Wirkung des technischen Fortschritts auf: $\hat{v}$	$\hat{k}$	$\hat{y}$
1. rein arbeitersetzend	0	+	+
2. rein kapitalersetzend	-	-	0
3a. arbeit- und kapitalersetzend	-	+	+
3b. " "	-	-	+
4. arbeitersetzend, kapitalanziehend	+	+	+
5. kapitalersetzend, arbeitanziehend	-	-	-

Diese Klassifikation Lowes zeigt deutlich, daß die Betrachtung der Fortschrittswirkung auf den Kapitalkoeffizienten v allein nicht ausreicht, um den Typ des nichtneutralen technischen Fortschritts eindeutig zu spezi-

(1) Die übliche Klassifikation des nichtneutralen technischen Fortschritts in zwei Kategorien steht in enger Verbindung mit der Wirkung des technischen Fortschritts auf die quotale Einkommensverteilung, eine Fragestellung, die von Lowe weitgehend ausgeblendet wird. So heißt der technische Fortschritt z.B. "Harrod-arbeitsparend", wenn bei konstanter Profitrate der Kapitalkoeffizient steigt und die Profitquote folglich zunimmt, während er "Harrod-kapitalsparend" ist, wenn bei konstanter Profitrate der Kapitalkoeffizient und damit auch die Profitquote sinkt (Lohnquote steigt). Zur ausführlichen Behandlung der unterschiedlichen Konzepte des technischen Fortschritts vgl. Walter (1969), S. 58-1o9.

fizieren.(1) Dieses ist erst bei gleichzeitiger Betrachtung aller drei Indikatoren, d.h. unter Heranziehen der Fortschrittswirkungen auf die Kapitalintensität k und die Arbeitsproduktivität y möglich.(2) Als Maße für die Freisetzungseffekte fungieren die beiden folgenden Größen:

$$\delta_{L_i} = \frac{L_{i_o} - L_{i_1}}{L_{i_o}} \quad \text{und} \quad \delta_{f_i} = \frac{f_{i_o} - f_{i_1}}{f_{i_o}}$$

---

(1) Zu beachten ist, daß Lowe mit der Wahl des Lohnsatzes zum numéraire, d.h. mit der Entscheidung für ein "labour-commanded"-Konzept, Bewertungsproblemen bei der Wirkungsanalyse des industriespezifischen Fortschritts zu entgehen glaubt: "that our ratios are to be understood as quantity ratios. This raises, of course, difficult aggregation problems, especially when a common measure is to be found for heterogeneous capital units. ...To achieve comparability among our basic variables, we express them in fixed homogeneous wage units, stipulating that all changes in our aggregates so measured are to reflect quantity changes." Lowe (1976), S. 247, Hervorhebung von mir. Sobald Variablen in kommandierter Arbeit ausgedrückt sind, werden sie mit dem Dachsymbol versehen.

(2) Alle drei Indikatoren weisen im Falle des rein arbeitersetzenden Fortschritts Lowes dieselben Merkmale auf wie im Falle des Harrod-neutralen technischen Fortschritts, der ausschließlich die Arbeitsproduktivität steigert und insofern die gleichen Wirkungen besitzt wie eine Vermehrung der Arbeiterzahl bei konstanter Produktivität ("labour-augmenting"). Dennoch sind beide Fortschrittstypen klar zu unterscheiden. Bei Vorliegen von Harrod-neutralem technischen Fortschritt, der in eine "eigentliche" Fortschrittskomponente (Arbeitsproduktivitätseffekte bei unverändertem Einsatzverhältnis der beiden Produktionsfaktoren) und in eine Substitutionskomponente (Kapitalakkumulation bei konstantem Arbeitseinsatz) zerfällt, wird kein Inputfaktor freigesetzt und der gleichgewichtige Wachstumspfad nicht verlassen. Im Gegensatz dazu führt das Auftreten des rein arbeitersetzenden Fortschrittstyps Lowescher Prägung in einem Sektor sowohl zur Freisetzung von Arbeit als auch zum Verlassen des Gleichgewichtspfades.

Darin bezeichnet L_i den Periodeneinsatz an Arbeit, f_i den Periodeneinsatz an Fixkapital in Sektor i (i=1,2,n), der Index O bzw. 1 die Periode vor bzw. nach Einführung des technischen Fortschritts, $\delta > 0$ die "displacement ratio" und $\delta < 0$ die "attraction ratio". Da der technische Fortschritt industriespezifischer Natur ist und in jedem Sektor nur ein Kapitalgut eingesetzt wird, ist nicht nur δ_L sondern auch δ_f eine dimensionslose Größe. Der Fall 3a ist durch $\delta_L > \delta_f$ gekennzeichnet, während im Fall 3b $\delta_L < \delta_f$ ist.

Im nachfolgenden sollen die beiden "reinen" Fälle des arbeitersetzenden bzw. kapitalersetzenden technischen Fortschritts näher analysiert werden. Wie sieht der Anpassungsprozeß (die Traverse) an ein neues dynamisches Gleichgewicht aus, wenn eine Störung des anfänglichen Gleichgewichtspfades durch das Auftreten nichtneutralen technischen Fortschritts erfolgt? Da Lowe gerade die diskontinuierlichen großen Innovationen als das entscheidende Problem betrachtet, unterstellt er einmalige Innovationsstöße. Zugleich akzentuiert er die industriespezifische Natur des technischen Fortschritts, d.h. er nimmt an, daß der technische Fortschritt nicht in der gesamten Ökonomie, sondern jeweils nur in einem Sektor bzw. Teilen eines Sektors auftritt. Im Zentrum der Analyse stehen die Freisetzungseffekte des technischen Fortschritts sowie ihre Kompensation. In diesem Zusammenhang ist eine sorgfältige Unterscheidung zwischen der anfänglichen und der langfristigen Wirkung des technischen Fortschritts erforderlich, eine Unterscheidung, die häufig nur mangelhaft herausgearbeitet wird. Nach der Ansicht von Lowe (S. 25o), der sich außerdem als profunder Kenner der seit Ricardo diskutierten Maschinenfrage (1) erweist, besteht die entscheidende Frage weder darin, ob nichtneutrale Prozeßinnovationen in der Regel Unterbeschäftigung erzeugen (das tun sie), noch darin, ob die so erzeugte Arbeitslosigkeit mittel- oder langfristig kompensiert werden könne (dies sei mit Sicherheit auch der Fall), sondern darin, ob eine freie Marktwirtschaft mit einem Mechanismus ausgestattet sei, der eine Kompensation innerhalb der Marshallschen kurzen Periode gewährleistet, so daß sekundäre Verzerrungen ausgeschlossen sind, die den Übergang zu einem neuen Wachstumsgleichgewicht verhindern.

(1) Vgl. Lowe (1976), S. 25o-253 und Lowe (1955b).

3. Die Traverse bei rein arbeitersetzendem technischen Fortschritt

Lowe (S. 256 ff.) startet mit dem Fall, wo der rein arbeitersetzende technische Fortschritt im konsumgüterproduzierenden Sektor n auftritt. Dieser Fall bietet sich daher als erstes an, weil die anfänglichen Auswirkungen des technischen Fortschritts sowie die strukturellen Anpassungsprozesse, die für eine Absorption der infolge dieses einmaligen Innovationsstoßes entstandenen technologischen Arbeitslosigkeit sowie für die Annäherung an ein neues Wachstumsgleichgewicht erforderlich sind, in aller Reinheit studiert werden können.(1) Im Gegensatz dazu treten Komplikationen auf, wenn es in einem der beiden maschinenproduzierenden Sektoren zu rein arbeitersetzendem technischen Fortschritt kommt. Da der Output dieser beiden Sektoren direkt (Gut 2) oder indirekt (Gut 1) als Input in die Konsumgüterproduktion eingeht, treten Sekundäreffekte auf. Hat Lowe bei der Analyse der Anpassung der Ökonomie an eine veränderte Wachstumsrate des Arbeitsangebots vom technischen Fortschritt abstrahiert, so abstrahiert er nun vom Wachstum der Arbeitsbevölkerung, um die Wirkungen des technischen Fortschritts zu isolieren. Das Input-Output-Modell der von ihm zugrundegelegten stationären Ökonomie besitzt die folgende Gestalt (vgl. Lowe 1976, S. 46).

Sektor	$\bar{F}_{ji} = \bar{o}_i v$	$\bar{f}_{ji} = d\bar{F}_{ji}$		$\bar{L}_i = \bar{o}_i - \bar{f}_{ji} = (1-vd)\bar{o}_i$		$\bar{o}_i$
1	v^3d^2	v^3d^3	+	$v^2d^2(1-vd)$	=	v^2d^2
2	$v^2d(1-vd)$	$v^2d^2(1-vd)$	+	$vd\,(1-vd)^2$	=	$vd(1-vd)$
n	$v(1-vd)$	$vd(1-vd)$	+	$(1-vd)^2$	=	$1-vd$
	$\sum = v$	$\sum = vd$		$\sum = 1-vd$		$\sum = 1$

Es handelt sich dabei um ein Quotenmodell, in dem alle Größen durch den Wert des aggregierten Gesamtoutputs $O_1p_1+O_2p_2+O_np_n=Y^{br}$ dividiert worden sind. Die Konstruk-

(1) Die Aussage von Lowe, daß das Auftreten von rein arbeitersetzendem technischen Fortschritt im Konsumgütersektor keinerlei Sekundärwirkungen für die maschinenproduzierenden Sektoren impliziere, ist allerdings nur solange haltbar, wie man nicht wie Nell (1976) die Arbeitsinputs als Konsumgüterquanta begreift, d.h. solange wie das Konsumgut kein Basisprodukt ist.

tion dieses Input-Output-Modells basiert auf den folgenden Überlegungen. In der stationären Ökonomie gelten bestimmte intersektorale (bei g=o zugleich identisch mit den intertemporalen) Gleichgewichtsbedingungen:

(1) $p_1 O_1 = p_1(f_{11} + f_{12})$

(2) $p_2 O_2 = p_2 f_{2n} = w\ (L_1 + L_2) = p_n O_n - wL_n$

(3) $vd = d(p_1 F_1 + p_2 F_2)/Y^{br} = (p_1 f_1 + p_2 f_2)/Y^{br} = \bar{o}_1 + \bar{o}_2$

Für die Anteile der einzelnen Sektoren am wertmäßigen Gesamtoutput ergeben sich damit die folgenden Werte:

(4) $\bar{o}_n = 1 - (\bar{o}_1 + \bar{o}_2) = 1 - vd$

(5) $\bar{o}_2 = p_2 dF_{2n}/Y^{br} = \bar{o}_n vd = vd\ (1-vd)$

(6) $\bar{o}_1 = 1 - (\bar{o}_n + \bar{o}_2) = v^2 d^2$ und

(7) $\bar{o}_n : \bar{o}_2 : \bar{o}_1 = (1-vd) : vd\ (1-vd) : v^2 d^2$

Die relative Größe der Sektoren wird im stationären Gleichgewicht also allein durch den Kapitalkoeffizienten v und die Abschreibungsrate d bestimmt (in der wachsenden Ökonomie außerdem von g), deren Produkt, die "capital flow - output ratio" vd ein zeitloser Koeffizient und daher im Gegensatz zu v (eine Relation zwischen einer Bestands- und einer Stromgröße) unabhängig von der Wahl der Periodenlänge ist.(1)

Annahmegemäß sind nun in einem Teil des Sektors n die Firmen aufgrund des technischen Fortschritts in der Lage, denselben Output mit dem alten Kapitalstock aber einem niedrigeren Arbeitseinsatz zu produzieren, d.h. l_n sinkt. Um die strukturellen Auswirkungen zu verdeutlichen, unterstellt Lowe zunächst eine Konstanz des Konsumgüterpreises. Diese Annahme ist keineswegs selbstverständlich, denn da die Pionierfirmen, die das neue Produktionsverfahren anwenden, billiger produzieren, könnten sie versuchen, über eine Preissenkung ihren Outputanteil zu erhöhen und damit das Anpassungsproblem auf andere zu überwälzen. Die Zahl der Arbeiter, die ursprünglich in dem Teil des Konsum-

(1) Die Tabelle zeigt zugleich, daß Lowe die äußerst restriktive Samuelson-Annahme identischer sektoraler Kapitalintensitäten unterstellt. In allen drei Sektoren und damit auch in der gesamten Ökonomie gilt:

$$k = k_i = \bar{F}_{ji}\ /\bar{L}_i = v/(1-vd).$$

gütersektors, der die Pionierfirmen umfaßt, beschäftigt waren, betrug μL_{n_o} $(o<\mu<1)$. Von ihnen werden durch den technischen Fortschritt $\delta_L \mu_L L_{n_o}$ freigesetzt, während sich an der Zahl der im verbleibenden Subsektor beschäftigten Arbeiter von $(1-\mu) L_{n_o}$ zunächst nichts ändert. Zur Wiederbeschäftigung der freigesetzten Arbeiter ist eine vorhergehende Bildung zusätzlichen Realkapitals zwingend erforderlich. Dies bedeutet, daß einige von ihnen für die einmalige Investition und die spätere Deckung des Ersatzbedarfs in die beiden maschinenproduzierenden Sektoren wandern müssen, d.h. die Zweiteilung der Konsumgüterindustrie ist auf das gesamte System auszudehnen. Die Aufgabe besteht nun darin, präzise die Proportion zu ermitteln, in der die freigesetzten Arbeiter über die jeweils drei Sektoren der beiden Subsysteme zu verteilen sind, damit ein neues stationäres Gleichgewicht erreicht werden kann. Diese Proportion muß gleich dem Verhältnis des gesamten Arbeitseinsatzes in Subsystem 1 nach erfolgter Freisetzung zum gesamten Arbeitseinsatz des Subsystems 2 sein.(1) Der erstere beträgt

$$(8) \quad ß = \frac{\mu L_{n_o}}{1-\hat{v}d} - \delta_L \mu L_{n_o} = \frac{\mu \left[1-(1-\hat{v}d)\delta_L\right]}{1-\hat{v}d} L_{n_o} \quad ,$$

während für den letzteren

$$(9) \quad \gamma = \frac{1-\mu}{1-\hat{v}d} L_{n_o} \quad \text{gilt.}$$

Von den freigesetzten Arbeitern müssen daher

$$(1o) \quad \sigma_{1_L} = \frac{ß}{ß+\gamma} \cdot \mu \delta_L L_{n_o} = \frac{\delta_L \mu^2 \left[1-(1-\hat{v}d)\delta_L\right]}{1-(1-\hat{v}d)\delta_L \mu} L_{n_o}$$

Beschäftigung im Subsystem 1 finden, während der verbleibende Teil von

$$(11) \quad \sigma_{2_L} = \frac{\gamma}{ß+\gamma} \mu \delta_L L_{n_o} = \frac{(1-\mu)\ \delta_L \mu}{1-(1-\hat{v}d)\ \delta_L \mu} L_{n_o}$$

(1) "This must be so because, after the displacement of labor has occurred, the system as a whole, excluding the displaced, is again in equilibrium... From this it follows that the displaced must be absorbed in the same proportions that would be valid if a system in stationary or dynamic equilibrium had to absorb an increment of labor supply." Lowe (1976), S. 257.

dementsprechend in das Subsystem 2 zu transferieren ist. Innerhalb der beiden Subsysteme sind die freigesetzten Arbeiter gemäß den sektoralen Beschäftigtenanteilen zu verteilen, wobei für das Subsystem 2 weiterhin die Proportionen des ursprünglichen stationären Gleichgewichts Gültigkeit besitzen, d.h.

$$(12) \quad \sigma_{2_{L_n}} : \sigma_{2_{L_2}} : \sigma_{2_{L_1}} = (1-\hat{v}d) : \hat{v}d(1-\hat{v}d) : \hat{v}^2 d^2$$

In Subsystem 1 hingegen gelten aufgrund des arbeitersetzenden technischen Fortschritts im Konsumgütersektor, der die Zahl der dort Beschäftigten auf $(1-\hat{v}d)(1-\delta_L)L_{n_0}$ reduziert hat, nunmehr die folgenden Proportionen:

$$(13) \quad \sigma_{1_{L_n}} : \sigma_{1_{L_2}} : \sigma_{1_{L_1}} = \frac{1}{1-\delta_L(1-\hat{v}d)} \; (1-\hat{v}d)(1-\delta_L) : \hat{v}d(1-\hat{v}d) : \hat{v}^2 d^2$$

Die Wiederbeschäftigung der aufgrund des technologischen Wandels freigesetzten Arbeitskräfte, die gemäß den ermittelten Proportionen auf die drei Sektoren der beiden Subsysteme zu verteilen sind, kann allerdings nur allmählich in dem Ausmaß erfolgen, wie es zur Bildung zusätzlichen Realkapitals kommt, dessen erforderlicher Umfang nun zu bestimmen ist. In den drei Sektoren des Subsystems 2 sowie in den beiden maschinenproduzierenden Sektoren des Subsystems 1 entspricht die Kapitalintensität im neuen derjenigen im ursprünglichen Gleichgewicht, d.h. die zur Kompensation der Freisetzungseffekte erforderliche Nettoinvestition ergibt sich aus der Multiplikation der jeweiligen Kapitalintensität mit dem Zustrom an (freigesetzten) Arbeitern $\Delta\hat{F}_{s_i} = \hat{k}_i \Delta L_{s_i}$ (s=1,2;i=1,2,n bzw. 1,2). Nur im Konsumgütersektor des Subsystems 1 steigt die Kapitalintensität wegen des arbeitersetzenden technischen Fortschritts von $\hat{k}_n$ auf $\hat{k}'_n = \hat{k}_n/(1-\delta_L)$. Die erforderliche Nettoinvestition beträgt hier daher

$$(14) \quad \Delta\hat{F}_{1_n} = \hat{k}'_n \cdot \sigma_{1_{L_n}} = \frac{\hat{k}_n}{1-\delta_L} \cdot \frac{(1-\hat{v}d)(1-\delta_L)}{1-\delta_L(1-\hat{v}d)} \sigma_{1_L} .$$

Bei Einsetzen von Gleichung (3) und unter Berücksichtigung der Gleichungen

$$(15) \quad L_{n_0} = (1-\hat{v}d)^2 \, Y_0^{br} \qquad \text{und}$$

$$(16) \quad \hat{k}_n = \frac{\hat{v}}{1-\hat{v}d}$$

unseres Input-Output-Quotenmodells der stationären Ökonomie erhalten wir

$$(17)\quad \Delta\hat{F}_{1_n} = \frac{\hat{v}(1-\hat{v}d)^2 \delta_L \mu^2}{1-(1-\hat{v}d)\delta_L \mu} \hat{Y}_o^{br} \quad .$$

Die Strukturanalyse, bei der wir die endgültige Produktionsstruktur ermittelt haben, die eine volle Wiedereingliederung der freigesetzten Arbeiter ermöglicht, zeigt die Analogie auf, die zwischen der Kompensation technologischer Unterbeschäftigung bei rein arbeitersetzendem technischen Fortschritt und der Traverse bei einer exogenen Zunahme des Arbeitsangebots besteht: In beiden Fällen ist die Bildung zusätzlichen Realkapitals für den Abbau der Arbeitslosigkeit von entscheidender Bedeutung. Unterschiede ergeben sich allerdings bei der Force-Analyse, da nun die Auswirkungen der technologisch bedingten Kostensenkung auf Preise, Profite, Konsum und die Investitionstätigkeit berücksichtigt werden müssen. Dabei ist zwischen drei Alternativen zu unterscheiden, die auch als zeitlich aufeinanderfolgende Phasen im Zuge der Traverse denkbar sind.

(1) Wenn, wie bei der Strukturanalyse unterstellt, Output und Verkaufspreis des Konsumgutes konstant bleiben, erzielen die Innovatoren aufgrund der technologisch bedingten Kostenreduktion einen Pioniergewinn, dessen Verwendung über die weitere Entwicklung entscheidet. Nur wenn diese zusätzlichen Profite weder konsumiert noch gehortet sondern gespart und investiert werden (was bei Gültigkeit der superklassischen Sparhypothese vollständig der Fall wäre), kommt es zu einem Anpassungsprozeß, in dem die technologisch bedingte Arbeitslosigkeit nach und nach abgebaut würde. Lowe spricht auch hier von "ungewollten Ersparnissen", da die Arbeitslosigkeit zu einer Senkung der Lohnsumme führt, die eine entsprechende Reduktion des Konsums impliziert (1), dem auf der anderen Seite die zusätzlichen Profite und Investitionen gegenüberstehen.

(2) Die temporäre Monopolsituation der Pionierfirmen könnte aber auch bei einer Nachfrageelastizität von größer eins dazu führen, daß diese Firmen ihren Out-

---

(1) M.E. erfordert die Lowesche Argumentation bei den Konsumgütern eine lag-Konstruktion, da ansonsten die Konsumgüter bei konstantem Konsumgüterpreis wegen der sinkenden Lohnsumme nicht vollständig verkauft und Profite damit nicht realisiert würden.

put bis zu dem Punkt erhöhen, wo ihr Grenzumsatz den neuen, niedrigeren Grenzkosten entspricht. Da dies mit einem Sinken des Konsumgüterpreises verbunden wäre, würde die technologisch bedingte Arbeitslosigkeit zumindest teilweise auf den anderen, Nichtpionier-Teil des Konsumgütersektors, der noch mit höheren Kosten produziert, sowie auf die maschinenproduzierenden Firmen der beiden anderen Sektoren des Subsystems 2 übertragen werden. Im Fixkoeffizientenmodell ist aber die Freisetzung von Arbeitskräften in "unimproved industries" mit der Freisetzung von Kapitalgütern gekoppelt, ein Tatbestand, der den Anpassungsprozeß erleichtert.

(3) Unter dem Druck der Konkurrenz kommt es schließlich zu einer Verallgemeinerung des technischen Fortschritts im gesamten Konsumgütersektor, so daß schließlich der Preis des Konsumgutes den neuen, niedrigeren Produktionskosten entspricht. Eine Outputerhöhung (bei entsprechender hoher Preiselastizität der Nachfrage) und ein Abbau der Arbeitslosigkeit ist aber auch hier nur in dem Maße möglich, wie zusätzliches Realkapital gebildet wird.

Im folgenden sollen kurz die bedeutsamen Modifikationen hervorgehoben werden, die sich ergeben, wenn der rein arbeitersetzende technische Fortschritt nicht in Sektor n, sondern in einem der beiden maschinenproduzierenden Sektoren 1 oder 2 auftritt. Tritt dieser einmalige Innovationsstoß in Sektor 2 auf, so liegt der entscheidende Unterschied in der Sekundärwirkung des Fortschritts auf den Konsumgütersektor, in dem allein der Output von 2 als Input benötigt wird. Bei analoger Bildung dreier aufeinanderfolgender Phasen der Traverse erfolgt in der ersten wiederum eine Freisetzung von Arbeitern und das Entstehen technologisch bedingter Profite, nun im ersten Subsektor von 2. Infolge des gegebenen Kapitalstocks verbleibt die Outputmenge des Gutes 2 zunächst noch unverändert; gleiches gilt annahmegemäß für den Preis des Gutes 2. In dem Maße wie die zusätzlichen Profite investiert werden, kann der Output von Maschinen des Typs 2 bei sinkendem Preis steigen, wobei wiederum die Elastizität der Nachfrage nach Konsumgütern die entscheidende Größe ist, da sie ihrerseits die Elastizität der abgeleiteten Nachfrage nach Maschinen vom Typ 2 determiniert. Die dritte Phase ist erneut durch die allgemeine Durchsetzung des fortschrittlichen Produktionsverfahrens gekennzeichnet. Dabei ist zu beachten, daß im Endgleichgewicht auch der Preis des Konsumgutes niedriger ist als im Ausgangsgleichgewicht, da sich der Preis seines Inputs, des Gutes 2, vermindert hat. Abgesehen von diesem Sekundäreffekt aufgrund der produktionstheoretischen Verflechtung gilt aber wiederum:

"The technological profits have been transformed into additional purchasing power on the part of the buyers of the cheapened output, and compensation is conditional on the temporary saving and investing of consumers' gains." (Lowe 1976, S. 264)

Eine völlig veränderte Situation ergibt sich, wenn der Innovationsstoß in Sektor 1 auftritt. Dieses folgt aus der Tatsache, daß Gut 1 das einzige Basisprodukt des Systems darstellt. Da der Output dieses Sektors mit seinem Kapitalgüterinput physisch identisch ist, die Größe f_1/O_1 also eine reine Mengenrelation ist, genügt zunächst der Blick auf diesen Sektor allein. Der arbeitersetzende Fortschritt führt zu einer Preissenkung für die Maschine und damit, da Gut 1 unmittelbar in die Produktion von Gut 2 und mittelbar von Gut n eingeht, sekundär auch zu einer Preissenkung für die anderen beiden Produkte, obwohl sich in den Sektoren 2 und n mengenmäßig nichts geändert hat. Aber auch bei einem Innovationsschub in Sektor 1 hängt die Kompensation der Freisetzungseffekte letzten Endes vom Ausmaß der zusätzlichen Realkapitalbildung und der Elastizität der Endnachfrage nach Konsumgütern ab.

4. Die Traverse bei rein kapitalersetzendem technischen Fortschritt

Während beim rein arbeitersetzenden technischen Fortschritt das Hauptproblem in der Kompensation der technologisch bedingten Arbeitslosigkeit besteht, gibt es kein analoges Kompensationsproblem für freigesetzte Maschinen; diese Maschinen werden verschrottet und scheiden damit endgültig aus dem Produktionsprozeß aus. Es gibt aber auch beim rein kapitalersetzenden technischen Fotschritt ein Kompensationsproblem im Hinblick auf die Beschäftigung, und zwar aus zwei Gründen. Der eine entspricht dem zuvor für Phase (2) der Traverse bei arbeitersetzendem Fortschritt im Konsumgütersektor angeführten Argument. Die Freisetzung von Kapitalgütern in "unimproved industries" impliziert pari passu eine Freisetzung von Arbeitskräften.

Bedeutsamer und gravierender ist allerdings die zweite Ursache für die Freisetzung von Arbeit als Folge eines kapitalersetzenden Fortschritts. Da Kapitalgüter nicht nur wie die Arbeit Inputs, sondern zudem auch Outputs darstellen, reduziert ein kapitalersetzender technischer Fortschritt im Konsumgütersektor sowohl den Input in Sektor n als auch den Output in den beiden maschinenproduzierenden Sektoren mit der Folge, daß es dort nicht nur zur Freisetzung von Maschinen sondern auch zur Freisetzung von Arbeitskräften kommt. In den Sektoren 1 und 2 gibt es also ein Kompensationsproblem, ohne daß dort ein technischer Fortschritt auftritt. M.a.W.: Im Gegensatz zum rein arbeitersetzenden gibt es beim rein kapitalersetzenden technischen Fortschritt im Konsumgütersektor Sekundärwirkungen auf die anderen beiden Sektoren. Weist die Strukturanalyse des Anpassungsprozesses zunächst Parallelen zur Traverse beim arbeitersetzenden Fortschritt auf (vgl. Lowe 1976, S. 267 ff.), so zeigt sich doch bald ein weiterer zentraler Unterschied. Während beim rein arbeitersetzenden Fortschritt die zur Absorption der technologisch bedingten Arbeitslosigkeit erforderliche Zunahme des Kapitalstocks in der Produktion von neuen Maschinen besteht, gibt es im Falle rein kapitalersetzenden Fortschritts infolge eben dieses Innovationsstoßes freigesetzte Maschinen in den beiden Sektoren 1 und 2, die ohne zusätzliche Kapitalakkumulation unmittelbar zur Verfügung stehen. Entscheidend ist nun die Frage, ob diese freien Kapazitäten $\hat{F}_{(1+2)av}$ ausreichen, um den zur Absorption der freigesetzten Arbeitskräfte erforderlichen Maschinenbedarf $\hat{F}_{(1+2)requ}$ bereits zu decken. Lowe (S. 27o) gelangt zum Ergebnis

$$(18) \quad \frac{\hat{F}_{(1+2)\ av}}{\hat{F}_{(1+2)requ}} > 1$$

d.h. zu einer Bejahung dieser Frage, was bedeutet, daß zum Abbau der Arbeitslosigkeit kein Prozeß zusätzlicher Kapitalakkumulation erforderlich ist, sondern stattdessen sogar noch einige überflüssige Maschinen vorhanden sind, die nur dann produktiv genutzt werden könnten, wenn der technische Fortschritt nicht rein kapitalersetzender, sondern z.T. auch arbeitersetzender Natur wäre.

Welche relevanten Modifikationen ergeben sich nun, wenn der rein kapitalersetzende technische Fortschritt in einem der beiden maschinenproduzierenden Sektoren auftritt? Im Falle eines kapitalersetzenden Fortschritts in Sektor 2 fällt der Freisetzungseffekt an Arbeit quantitativ geringer aus, da sich die Sekundärwirkungen auf den Sektor 1 beschränken. Bei einem kapitalersetzenden Fortschritt in Sektor 1 entfällt der Sekundäreffekt sogar gänzlich. Allerdings sinkt infolge des Fortschritts der jährliche Ersatzbedarf in Sektor 1, was zu einer Outputreduktion von Maschinen und damit zu einer Freisetzung von Arbeitskräften und Kapitalgütern führt, die im Vergleich zu den anderen Fällen allerdings geringfügiger ausfällt, "so that capital displacement in the primary equipment-good sector come closest to rapid achievement of terminal equilibrium" (Lowe 1976, S. 271).

IV Resümee

Beenden wir damit unsere strapaziöse "voyage of exploration" (Hicks 1973, S. 1o) der Traversenanalyse von Hicks und Lowe und fragen uns nach den Ergebnissen dieser Reise. Sie zeigt, daß die Traversenbetrachtung sicherlich die methodisch angemessenste Perspektive zur Analyse der Freisetzungs- und Kompensationsprozesse darstellt.(1) Sie zeigt aber zugleich auch, daß die Komplexität der untersuchten Fragestellung und die Schwierigkeiten der Modellierung so immens sind, daß ein Rückgriff auf vereinfachende Annahmen, sei es das einfache Profil bei Hicks oder der Samuelson-Fall bei Lowe, nahezu unvermeidbar ist. Insofern ist Burmeister zuzustimmen, wenn er feststellt: "In summary, the incidence of an invention cannot be easily determined without restrictive assumptions." (Burmeister 1974, S. 437). Diese Restriktionen (deren sich Hicks und Lowe durchaus bewußt sind) nicht außer acht lassend, kann nicht übersehen werden, daß die Traversenbetrachtung einen unverkennbaren Fortschritt in der Analyse des Zusammenhangs zwischen dem technischen Wandel und der Beschäftigung darstellt und beide Autoren wertvolle Einsichten vermitteln.

Im Gegensatz zum traditionellen Kaufkraftkompensationstheorem, dessen entscheidende Schwäche in der Ausblendung des Produktionsprozesses und der einseitigen Konzentration auf den Zirkulationsprozeß besteht, findet bei beiden Autoren eine Rückbesinnung auf die klassische Triade von technischem Fortschritt, Akkumulation und Beschäftigung statt, in der die zugrundegelegte Produktionsstruktur sowie das Spar- und Investitionsverhalten eine zentrale Rolle spielen. In beiden Fällen wird sichtbar, daß die reale zeitliche Dimension für den Kompensationsprozeß von entscheidender Bedeutung ist. Ebenfalls unverkennbar ist, daß dieser Kompensationsvorgang zwar möglich, aber keineswegs automatischer Natur ist, d.h. die Erfüllung bestimmter Bedingungen voraussetzt. Hicks und Lowe konzentrieren sich auf die Analyse der Beschäftigungseffekte von Prozeßinnovationen, wohl wissend, daß es endnachfrageerweiternde Produktinnovationen sind, die eine besonders elegante Form der Kompensation ermöglichen können, für die aber nur schwer eine systematische theoretische Erklärung gegeben werden kann und die deshalb konsequenterweise aus der Analyse ausgeblendet werden, ohne deshalb aus dem Auge verloren zu werden.

---

(1) Vgl. auch Mettelsiefen (1981, S. 27) sowie die umfassende Abhandlung von Magnan de Bornier (198o).

Ein Vorteil der Hicksschen Analyse ist es, daß neue Kapitalgüter in die Analyse inkorporiert werden können. Dies ist insofern wichtig, als Prozeßinnovationen "nearly always, involve the introduction of new capital goods, new sorts of 'machines', and of other intermediate products. It is here undesirable that these goods should be physically specified, since there is no way of establishing a physical relation between the capital goods that are required in the one technique and those that are required in the other. The only relation that can be established runs in terms of costs, and of capacity to produce final output; and this is precisely what is preserved in an Austrian theory." (Hicks 1977, S. 193)(1).

---

(1) In dieser Hinsicht und in der Vernachlässigung der interindustriellen Beziehungen weist der wohl bedeutendste Versuch aus jüngster Zeit, Phänomene des Wachstums, Strukturwandels und der Beschäftigung zu behandeln, eine größere Nähe zu Hicks als zu Lowe auf. Im Zentrum von Pasinettis Analyse steht das Konzept des vertikal integrierten Sektors. Auf dieser Basis untersucht Pasinetti (1981), wie ein ökonomisches System in der Zeit Vollbeschäftigung und Vollauslastung der Produktionskapazitäten aufrechterhalten kann, wenn es dynamischen Impulsen wie Bevölkerungswachstum, technischem Fortschritt und einer Änderung des Konsumentenverhaltens (in der Analyse des letzteren und der Interaktion dieser Änderung in den individuellen Präferenzen mit dem technischen Wandel geht Pasinetti deutlich über Hicks und Lowe hinaus) ausgesetzt ist.

Zwar lassen sich aus Produktionssystemen vom Sraffa-Typ (von denen das Lowesche eine spezielle Variante ist) analytisch voll integrierte Sektoren bilden, in denen die insgesamt verausgabten Inputs an direkter und indirekter Arbeit sowie an Kapitalgütern den einzelnen Produkttypen des Nettoprodukts zugerechnet werden können, jedoch ist es problematisch, den technischen Fortschritt ausschließlich in Form von Einsparungen in den Inputs dieser vollintegrierten Sektoren zu erfassen. Zumindest gilt dies solange, wie der technische Fortschritt industriespezifischer Natur ist, so daß die Produktivitätsfortschritte in den vertikal integrierten Sektoren nicht unabhängig voneinander sind.

Dies bedeutet keineswegs, daß Pasinettis Konzept vertikal integrierter Sektoren nicht große Dienste leisten würde, wohl aber, daß Modelle mit "horizontaler" Integration à la von Neumann, Leontief, Sraffa und Lowe, die die Input-Output-Struktur explizit erfassen, eine Priorität gegenüber abgeleiteten Integrationskonzepten besitzen.

Dieser Vorteil erfordert allerdings durchaus seinen Preis, und der ist nicht gering. Der Typ der Kapitalgüter "darf" sich nur deshalb mit der neuen Technik ändern, da Fixkapitalgüter nicht explizit sichtbar werden. Daraus resultiert eine Schwäche des neoösterreichischen Ansatzes, die von Hicks auch zugegeben wird: "It is admittedly not equally good at dealing with all aspects of Innovation; <u>the effects of innovation upon industrial structure</u> (as reflected in the input-output matrix) <u>are</u> for instance <u>not</u> well <u>shown</u>." (Hicks 1977, S. 193, Hervorhebung von mir).

Diese Schwäche gibt es im Loweschen Modell nicht. Im Gegenteil, die Implikationen des technischen Fortschritts auf die Beschäftigung hängen nicht zuletzt davon ab, in welchem Sektor der Fortschritt auftritt und welche produktionstechnischen Verflechtungen zwischen den einzelnen Sektoren bestehen. Will man diesen wichtigen Zusammenhang zur Geltung bringen und ferner die Tatsache berücksichtigen, daß Warenproduktion auch mittels Waren stattfindet, spricht einiges gegen den linearen Imperialismus der "Österreicher" und die Verwendung eines produktionstheoretischen Modells, das keinerlei Basisprodukte kennt. Allerdings bringt andererseits eine Produktionsstruktur vom Lowe-Typ kaum lösbare Probleme mit sich, wenn sich der Typ der Kapitalgüter mit der Technik ändert. Dennoch erscheint mir die Abstraktion vom letzteren weniger kostspielig als die Abstraktion von den intersektoralen Produktionsverflechtungen.

Ein weiterer bedeutsamer Unterschied zwischen Hicks und Lowe liegt in ihrer methodologischen Position, die gerade auch für die Traversenanalyse Relevanz besitzt. Während sich Hicks explizit als Anhänger einer "positiven" Theorie zu erkennen gibt (im Gegensatz zur "normativen" oder "optimalen", der z.B. Turnpike-Theoreme zuzurechnen sind), akzentuiert Lowe (1976, S. 7): "I strongly believe that the Mecca of the modern growth theorist does not lie ... in positive analysis." Gerade das zweite Element der Loweschen Instrumentalanalyse, die "Motor"- oder "Force"-Analyse, hat zur Folge, daß Lowe sich ungleich stärker als Hicks neben den physisch-technischen Hindernissen einer automatischen Kompensation auch mit den Verhaltensweisen und Motivationsstrukturen der Wirtschaftssubjekte auseinandersetzt, die einer Kompensation im Wege stehen.

Beide Pioniere der Traversenanalyse bestätigen die ricardianische Erkenntnis, daß die Bildung zusätzlichen Realkapitals während des Übergangsprozesses von entscheidender Bedeutung ist, um die durch den technischen Fortschritt freigesetzten Arbeitskräfte wiederzubeschäftigen. Hicks wie noch deutlicher Lowe akzentuieren zudem die mittlerweile vierzig Jahre alte Erkenntnis von Neisser

(1942, S. 7o), der unter Berufung auf Marx vom kapitalistischen Produktionsprozeß als "a race between displacement of labor through technological progress and reabsorption of labor through accumulation" spricht und zu der Schlußfolgerung gelangt, daß "displacement and accumulation are two largely <u>independent</u> factors, and it is impossible to predict the outcome of the race between the two on purely theoretical grounds". (1)

Literaturverzeichnis

BURMEISTER, E. (1974), Synthesizing the Neo-Austrian and Alternative Approaches to Capital Theory: A Survey, Journal of Economic Literature, Vol. 12, S. 413-456.

CHNG, M.K. (198o), Dobb and the Marx-Fel'dman Model, Cambridge Journal of Economics, Vol. 4, S. 393-4oo.

- (1981), The Empirical Identification of a Capital-Goods Sector, Oxford Bulletin of Economics and Statistics, Vol. 43, S. 2o7-223.

CRAVEN, J. (1975), Capital Theory and the Process of Production, Economica, Vol. 42, S. 283-291.

FABER, M. (1975), Mehrergiebigkeit und Hicks' neuer Begriff des technischen Wandels, Kyklos, Vol. 28, S. 574-596.

- (198o), Relationships Between Modern Austrian and Sraffa's Capital Theory, Zeitschrift für die gesamte Staatswissenschaft, Band 136, S. 617-629.

(1) Bei aller Zustimmung zu Neissers Fazit müssen gegenüber der zur Begründung herangezogenen "weitgehenden Unabhängigkeit" jedoch Vorbehalte angemeldet werden, sowohl unter dem Realisationsaspekt - Investitionen als Fortschrittsvehikel (Embodimentansatz) - als vor allem auch unter dem Ursachenaspekt: Die enge Wechselbeziehung zwischen dem technischen Fortschritt und der Akkumulationstätigkeit ist nicht erst von Arrow und Kaldor, sondern bereits von Ricardo und Mill gesehen worden.

- IRSIGLER, J. (1978), Das von Neumann-Modell und seine Beziehungen zur österreichischen Kapital- und Zinstheorie, Zeitschrift für die gesamte Staatswissenschaft, Band 134, S. 365-386.

FEHL, U. (1975), Technischer Fortschritt und Beschäftigung in kapitaltheoretischer Sicht, Zeitschrift für Wirtschafts- und Sozialwissenschaften, Band 95, S. 135-17o.

FELDMAN, G.A. (1969), Zur Wachstumstheorie des Nationaleinkommens, Frankfurt-Wien.

HAGEMANN, H., JECK, A. (1981), Wachstum und Einkommensverteilung. Strukturanalyse auf der Basis eines dreisektoralen Modells vom Lowe-Feldman-Dobb-Typ, in: W.J. MÜCKL, A.E. OTT (Hrsg.), Wirtschaftstheorie und Wirtschaftspolitik. Gedenkschrift für Erich Preiser, Passau, S. 99-124.

- KURZ, H.D. (1976), The Return of the Same Truncation Period and Reswitching of Techniques in Neo-Austrian and More General Models, Kyklos, Vol. 29, S. 678-7o8.

- PFISTER, J. (1978), Zur Relevanz des Truncation-Theorems in partialanalytischer und totalanalytischer Sicht, Jahrbücher für Nationalökonomie und Statistik, Band 193, S. 359-379.

HALEVI, J. (1981), The Composition of Investment under Conditions of Non Uniform Changes, Banca Nazionale del Lavoro Quarterly Review, No. 137, S. 213-232.

HEILBRONER, R.L. (1969), Economic Means and Social Ends, Englewood Cliffs, N.J.

HENRY, J., SECCARECCIA, M. (1982), Contributions to Post-Keynesian Economics: An Introduction, Ottawa, Manuskript, 37 S.

HEUBES, J. (1972), Die instrumentale Analyse A. Lowes als Methode der Wirtschaftswissenschaft, Zeitschrift für die gesamte Staatswissenschaft, Band 128, S. 519-524.

HICKS, J.R. (1965), Capital and Growth, Oxford.

- (1972), Die österreichische Kapitaltheorie und ihre Wiedergeburt in der modernen Wirtschaftswissenschaft, Zeitschrift für Nationalökonomie, Vol. 32, S. 91-1o1.

- (1973), Capital and Time. A Neo-Austrian Theory, Oxford.

HICKS, J.R. (1976), Some Questions of Time in Economics, in: M. TANG, F.M. WESTFIELD, J.S. WORLEY (Hrsg.), Evolution, Welfare, and Time in Economics. Essays in Honor of N. Georgescu-Roegen, Lexington, S. 135-151.

- (1977), Economic Perspectives. Further Essays on Money and Growth, Oxford.

HOWARD, M.C. (198o), Austrian Capital Theory: An Evaluation in Terms of Piero Sraffa's Production of Commodities by Means of Commodities, Metroeconomica, Vol. 32, S. 1-23.

KÄHLER, A. (1933), Die Theorie der Arbeiterfreisetzung durch die Maschine, Greifswald.

KALMBACH, P. KURZ, H.D. (1983), Klassik, Neoklassik und Neuklassik, Ökonomie und Gesellschaft. Jahrbuch 1: Die Neoklassik und ihre Herausforderungen, Frankfurt/M. und New York, S. 57-1o2.

KIM, S.H. (1982), Capital Gains, Expectations and Substitution of a Technique in the Hicksian Standard Case, Seoul, Manuskript, 32 S.

VAN DE KLUNDERT, T., VAN SCHAIK, A. (1974), Durable Capital and Economic Growth, De Economist, Vol. 122, S. 2o6-224.

KRAUSE, U. (1979), Elemente einer multisektoralen Analyse der Arbeit, in: M. COGOY (Hrsg.), Beiträge zur Marxschen Theorie 13, Frankfurt a.M., S. 15-53.

KROHN, C.-D. (1981), Wirtschaftstheorien als politische Interessen. Die akademische Nationalökonomie in Deutschland 1918-1933, Frankfurt a.M.

KURZ, H.D., KALMBACH, P. (1981), Elemente einer neuklassischen Analyse von Verteilung, Wert, Akkumulation und Beschäftigung: eine Skizze, in W.J. MÜCKL, A.E. OTT, a.a.O., S. 283-311.

LEWIS, W.A. (1954), Economic Development with Unlimited Supplies of Labour, The Manchester School of Economic and Social Studies, Vol. 22, S. 139-191.

- (1958), Unlimited Labour: Further Notes, The Manchester School of Economic and Social Studies, Vol. 26, S. 1-32.

LOWE, A. (1926), Wie ist Konjunkturtheorie überhaupt möglich? Weltwirtschaftliches Archiv, Band 24, S. 165-197.

- (1952), A Structural Model of Production, Social Research, Vol. 19, S. 135-176.

- (1955a), Structural Analysis of Real Capital Formation, in: M. ABRAMOVITZ (Hrsg.), Capital Formation and Economic Growth, Princeton, S. 581-634.

- (1955b), Technological Unemployment Reexamined, in: G. EISERMANN (Hrsg.), Wirtschaft und Kultursystem, Stuttgart und Zürich, S. 229-254.

LOWE, A. (1965), On Economic Knowledge. Toward a Science of Political Economics, New York, deutsch: Politische Ökonomik, Frankfurt a.M. (1968). Zweite, mit einem Postskript versehene Auflage, New York 1977.

- (1976), The Path of Economic Growth, Cambridge.

MAGNAN DE BORNIER, J. (198o), Capital et Desequilibres de la Croissance. Essai sur l'économie de la Traverse, Paris.

METTELSIEFEN, B. (1981), Technischer Wandel und Beschäftigung. Rekonstruktion der Freisetzungs- und Kompensationsdebatten, Frankfurt a.M.

MORGENSTERN, O. (1935), Zur Theorie der Produktionsperiode, Zeitschrift für Nationalökonomie, 6, 1935, S. 196-2o8.

NEISSER, H. (1932), Lohnhöhe und Beschäftigungsgrad, Weltwirtschaftliches Archiv, Band 36, S. 415-455.

- (1942), "Permanent" Technological Unemployment, American Economic Review, Vol. 32, S. 5o-71.

NELL, E.J. (1976), An Alternative Presentation of Lowe's Basic Model, in: A. LOWE (1976), S. 289-325.

NUTI, D.M. (197o), Capitalism, Socialism and Steady Growth, Economic Journal, Vol. 8o, S. 32-57.

PASINETTI, L.L. (1981), Structural Change and Economic Growth. A Theoretical Essay on the Dynamics of the Wealth of Nations, Cambridge.

RICARDO, D. (1951), Principles of Political Economy and Taxation, Ed. P. SRAFFA, Cambridge.

ROBINSON, J. (198o), Time in Economic Theory, Kyklos, Vol. 33, S. 219-229.

- EATWELL, J. (1973), An Introduction to Modern Economics, New York.

SAMUELSON, P.A. (1966), A Summing Up, in: Paradoxes in Capital Theory: A Symposium, Quarterly Journal of Economics, Vol. 8o, S. 568-583.

VAN SCHAIK, A.B.T.M. (1976), Reproduction and Fixed Capital, Tilburg.

SOLOW, R.M. (1974), Review of 'Capital and Time' by J. Hicks, Economic Journal, Vol. 84, S. 189-192.

SRAFFA, P. (196o), Production of Commodities by Means of Commodities, Cambridge.

WALTER, H. (1969), Der technische Fortschritt in der neueren ökonomischen Theorie, Berlin.

WALSH, V., GRAM, H. (198o), Classical and Neoclassical Theories of General Equilibrium, New York und Oxford.

Peter Kalmbach

DIE BERECHNUNG DER FREISETZUNG UND EINSPARUNG VON ARBEITSKRÄFTEN: EINIGE ÜBERLEGUNGEN ANLÄSSLICH DER EX POST-BETRACHTUNG EINER PROGNOSE

Der rapide Anstieg der Arbeitslosigkeit in der Bundesrepublik hat die Frage nach deren Entstehungsgründen verstärkt in das Blickfeld der Ökonomen gerückt. Ehrwürdige Unterscheidungen, wie die zwischen konjunktureller und struktureller Arbeitslosigkeit, sind neu belebt worden, und in einem kürzlich erschienenen Gutachten des Wissenschaftlichen Beirats beim Bundesministerium für Wirtschaft werden gar fünf Kategorien nicht-konjunktureller Arbeitslosigkeit unterschieden: strukturelle, produktivitätsbedingte, bevölkerungsbedingte, hochlohnbedingte und fluktuationsbedingte (BMWI, 1983).

Von technologischer Arbeitslosigkeit ist hier nicht die Rede. Die Vermutung, daß eine solche unter dem Etikett "produktivitätsbedingte Arbeitslosigkeit" in Rechnung gestellt wird, erweist sich schnell als trügerisch, denn der Beirat stellt lapidar fest: "Aus der Feststellung, daß infolge von Produktivitätssteigerungen zur Produktion eines Gutes weniger Arbeitskräfte benötigt werden, darf nicht geschlossen werden, daß hierdurch Arbeitsplätze vernichtet würden ..." (BMWI, 1983, S. 12).

Diese Sicht der Dinge ist für die herrschende Wirtschaftstheorie zwar durchaus kennzeichnend, keinesfalls jedoch unbestritten. So stellt z.B. Pasinetti in einer m.E. für die Weiterentwicklung der Wachstumstheorie grundlegenden Arbeit fest: "... the structural dynamics of the economic system inevitable tend to generate what has rightly been called <u>technological</u> unemployment" (Pasinetti, 1981, S. 9o). Einer <u>automatischen</u> Tendenz zur Vollbeschäftigung wird mißtraut: "... if full employment is to be kept through time, it will have to be actively pursued as an explicit aim of economic policy" (Pasinetti, 1981, S. 9o).

Absicht der folgenden Ausführungen ist es nicht, unmittelbar in die Auseinandersetzung darüber einzugreifen, ob und wenn ja, unter welchen Bedingungen technologische

Arbeitslosigkeit vorliegen kann. Das sehr viel bescheidenere Ziel dieser Arbeit besteht vielmehr darin, eine Neubetrachtung der Berechnungen von "Arbeitskräftefreisetzung und -einsparung" vorzunehmen, wie sie vor allem vom Ifo-Institut für Wirtschaftsforschung angestellt worden sind (siehe Uhlmann/Huber, 1971). Dabei steht die Frage im Vordergrund, ob solchen Berechnungen überhaupt ein Erkenntniswert bei der Ermittlung technologischer Arbeitslosigkeit zukommt oder ob dafür ein grundsätzlich anderer Ansatz zu entwickeln wäre.

Um die mit Freisetzungs- und Einsparungsrechnungen verbundenen Erkenntnismöglichkeiten beurteilen zu können, soll zunächst das - wie sich zeigen wird, äußerst einfache - Verfahren zur Ermittlung dieser Größen vorgestellt werden (Punkt 1). Daran anschließend soll die inzwischen überprüfbare Prognose eines 1968 abgeschlossenen Projekts für den Zeitraum 1968-8o überprüft werden (Punkt 2). Die dabei verfolgte Absicht ist nicht, die inzwischen mögliche Retrospektive dafür zu benutzen, den Prognostikern Fehler nachzuweisen. Die Konfrontation der damaligen Prognose mit der inzwischen bekannten Entwicklung soll vielmehr dazu dienen, die äußerst beschränkten Erkenntnismöglichkeiten solcher Rechnungen zu erkennen, um damit gleichzeitig erste Hinweise dafür zu liefern, welche Richtung einzuschlagen ist, um zu präziseren Vorstellungen über die Beschäftigungseffekte des technischen Fortschritts zu gelangen. Im abschließenden Teil (Punkt 3) soll versucht werden, einige Schritte in dieser Richtung zu skizzieren.

1. Die simple Arithmetik der Freisetzung und Einsparung.

Im Auftrag des Rationalisierungs-Kuratoriums der Deutschen Wirtschaft wurde in der Zeit zwischen 1963 und 1968 ein großangelegtes Forschungsprojekt über den technischen Wandel durchgeführt (RKW, 197o), in dessen Rahmen vom Ifo-Institut auch Berechnungen der Freisetzung und Einsparung von Arbeitskräften vorgenommen wurden (siehe vor allem Uhlmann/Huber, 1971). Dabei wurde neben Berechnungen für die Zeiträume 195o - 196o und 196o - 1968 auch eine Prognose für den Zeitraum 1968 - 198o angestellt, auf die noch zurückzukommen sein wird.

Das den Berechnungen zugrundeliegende Verfahren ist äußerst schlicht. Verglichen werden zwei Perioden (Periode 0 und Periode 1). Um die eingetretene "Freisetzung" zu ermitteln, wird gefragt: Welche Zahl an Arbeitskräften wäre in Periode 0 notwendig gewesen, um bei der in 0 geltenden Arbeitszeit je Erwerbstätigen das reale Produkt dieser Perode zu erstellen, <u>wenn</u> die (höhere) Arbeitsproduktivität der Periode 1 bereits in Periode 0 existiert hätte? Diese rein hypothetische Erwerbstätigenzahl ist bei einer höheren Arbeitsproduktivität in Periode 1 natürlich geringer als die tatsächliche Erwerbstätigenzahl in Periode 0. Die Differenz wird als Freisetzung bezeichnet.

Zur Berechnung dessen, was "Einsparung" genannt wird, wird das zweite mögliche Gedankenexperiment durchgeführt. Gefragt wird dabei: Welche Zahl an Arbeitskräften wäre in Periode 1 erforderlich, um bei der in 1 geltenden Arbeitszeit je Erwerbstätigen das (höhere) reale Produkt dieser Periode zu erstellen, wenn keine Änderung der Arbeitsproduktivität eingetreten wäre, also noch die (niedrigere) Arbeitsproduktivität der Periode 0 vorläge? Die so berechnete hypothetische Erwerbstätigenzahl ist bei höherer Produktivität in Periode 1 selbstverständlich höher als die tatsächliche Erwerbstätigenzahl dieser Periode. Die Differenz wird Einsparung genannt.

Das jeweilige Vorgehen wird durch das folgende Schema verdeutlicht (RKW, 197o, S. 12o).

Tab. 1: Periodenbezug der für Freisetzungs- und Einsparungsrechnungen relevanten Größen

	Produktion	durchschnittliche jährliche Arbeitszeit	Arbeitsproduktivität	Zahl der Arbeitskräfte (als Bezugsgröße)
Freisetzung	0	0	1	0
Einsparung	1	1	0	1

0 und 1 geben die Periode an, auf die die jeweilige Größe bei der Berechnung von Freisetzung und Einsparung bezogen ist.

Nach dem Gesagten lassen sich die Formeln zur Ermittlung von Freisetzung und Einsparung jetzt sehr einfach gewinnen; in beiden Fällen geht es darum, die Differenz zwischen einer tatsächlichen und einer hypotetischen Erwerbstätigenzahl zu ermitteln. Für die Freisetzung gilt

(1) $E_F = E_o - E_o^h$,

wobei E_o die tatsächliche, E_o^h die - unter der bereits genannten Voraussetzung - hypothetische Erwerbstätigenzahl angibt, also

(2) $$E_o^h = \frac{Q_o}{(Q/AV)_1 \cdot (AV/E)_o} \text{ . (1)}$$

Als "Freisetzungsformel" erhält man

(3) $$E_F = \frac{Q_o}{(Q/AV)_o (AV/E)_o} - \frac{Q_o}{(Q/AV)_1 (AV/E)_o}$$

oder

(4) $$E_F = \frac{Q_o}{(AV/E)_o} \left[\frac{1}{(Q/AV)_o} - \frac{1}{(Q/AV)_1}\right].$$

Für die Einsparung gilt

(5) $$E_s = E_1^h - E_1 ,$$

wobei E_1^h jetzt die hypothetische Erwerbstätigenzahl der Periode 1 unter der genannten Voraussetzung darstellt, also

(6) $$E_1^h = \frac{Q_1}{(Q/AV)_o (AV/E)_1} .$$

Damit gilt

(7) $$E_s = \frac{Q_1}{(Q/AV)_o (AV/E)_1} - \frac{Q_1}{(Q/AV)_1 (AV/E)_1}$$

oder

(8) $$E_s = \frac{Q_1}{(AV/E)_1} \left[\frac{1}{(Q/AV)_o} - \frac{1}{(Q/AV)_1}\right].$$

Um die zwischen E_F und E_s bestehende Beziehung zu sehen, erweist es sich als günstig, die Ausdrücke (4) und (8) so umzuformen, daß Freisetzung und Einsparung mit Hilfe der Wachstumsrate der Arbeitsproduktivität ausgedrückt werden können. Bezeichnet man diese Wachstumsrate mit $\hat{\pi}$, so gilt

(9) $$\hat{\pi} = \frac{(Q/AV)_1 - (Q/AV)_o}{(Q/AV)_o}$$

---

(1) Es bedeutet: Q - Realprodukt (in der empirischen Analyse Bruttoinlandsprodukt zu konstanten Preisen), AV - Arbeitsvolumen, d.h. tatsächlich geleistete Erwerbstätigenstunden, Q/AV - Arbeitsproduktivität, bzw. Bruttoinlandsprodukt je Erwerbstätigenstunde, AV/E - Zahl der jährlich geleisteten Arbeitsstunden je Erwerbstätigen.

und durch geeignete Umformung von (4) erhält man

$$(10) \quad E_F = E_o \frac{\hat{\pi}}{1+\hat{\pi}} \;.\; (1)$$

Ebenfalls durch elementare Umformung erhält man

$$(11) \quad E_s = E_1 \cdot \hat{\pi}$$

Die damit verfügbaren Formulierungen der Freisetzung und Einsparung erlauben, das Verhältnis von E_F und E_S zu bestimmen. Man erhält

$$(12) \quad \frac{E_F}{E_s} = \frac{1}{(1+\hat{\pi})} \cdot \frac{E_o}{E_1}$$

bzw., wenn man die Wachstumsrate der Erwerbstätigenzahl mit $\hat{E}$ bezeichnet,

$$(13) \quad \frac{E_F}{E_s} = \frac{1}{(1+\hat{\pi})\;(1+\hat{E})} \;.$$

Sind die Veränderungensraten der Arbeitsproduktivität und der Erwerbstätigenzahl positiv, so ist der Nenner dieses Ausdrucks größer als 1 und damit $E_S > E_F$. Auch wenn eine der beiden Raten negativ ist, bleibt es bei $E_S > E_F$, wenn gilt:

$$(14) \quad \frac{\hat{\pi}}{1+\hat{\pi}} + \hat{E} > o \;.$$

Da $\hat{\pi}$ gewöhnlich positiv ist, kann nur ein Rückgang der Erwerbstätigenzahl, der absolut größer ist als die Freisetzungsrate, zur Folge haben, daß die Freisetzung die Einsparung übertrifft. In keiner der untersuchten Perioden war das der Fall. E_S lag stets deutlich über E_F.

2. Freisetzung und Einsparung von Arbeitskräften 1968-8o: Prognose und tatsächliche Entwicklung.

Nach der Vorstellung der simplen Freisetzungs- und Einsparungsarithmetik soll nun eine Gegenüberstellung der in der RKW-Untersuchung vorgenommenen Prognose mit der tatsächlichen Entwicklung erfolgen. Obwohl in der Prognose (Uhlmann/Huber, 1971) nicht nur die gesamtwirtschaft-

(1) $E_F/E_o = \hat{\pi}/1+\hat{\pi}$ kann als Freisetzungsrate bezeichnet werden.

schaftliche Entwicklung, sondern auch die vom primären, sekundären und tertiären Sektor abzuschätzen versucht wird, wollen wir uns auf die gesamtwirtschaftliche Entwicklung beschränken. Zunächst stellen wir die prognostizierten bzw. in der Prognose implizit enthaltenen Veränderungen den tatsächlich eingetretenen gegenüber (Tab. 2).

Tab. 2: Gesamtveränderung und durchschnittliche jährliche Veränderungsrate verschiedener Größen im Zeitraum 1968-80: Prognose und tatsächliche Entwicklung

	Gesamtveränderung Ifo-Prognose 1968-1980	Gesamtveränderung tatsächlich 1968-1980	jährliche Veränderungsrate Ifo-Prognose	jährliche Veränderungsrate tatsächlich
Bruttoinlandsprodukt real	+ 71.8 1)	+ 49.0 2)	+ 4.6 1)	+ 3.4 2)
Erwerbstätige	+ 6.0	+ 1.6	+ 0.5	+ 0.1
Arbeitsvolumen	+ 2.4	- 10.0	+ 0.2	- 0.9
jährliche Arbeitszeit je Erwerbstätigen	- 3.4	- 11.5	- 0.3	- 1.0
Arbeitsproduktivität (BIP/AV)	+ 67.7 1)	+ 65.6 2)	+ 4.4 1)	+ 4.3 2)

1) Bruttoinlandsprodukt in Preisen von 1954
2) Bruttoinlandsprodukt in Preisen von 1976

Quellen: Uhlmann/Huber, 1971 (für Prognosen), Mitteilungen aus der Arbeitsmarkt- und Berufsforschung, verschiedene Jahrgänge, eigene Berechnungen.

Die Gegenüberstellung zeigt bei einer Größe einen verblüffenden prognostischen Erfolg: die prognostizierte Entwicklung der Arbeitsproduktivität stimmt mit der tatsächlichen nahezu überein. Schaut man allerdings auf die beiden Größen, deren Quotient die Arbeitsproduktivität ergibt, so sieht man, daß die Treffsicherheit bei der

Prognose der Arbeitsproduktivitätsentwicklung das Ergebnis von zwei Prognosen ist, die beide die tatsächliche Entwicklung erheblich verfehlt haben; das Wachstum des Bruttoinlandsprodukts ist beträchtlich überschätzt worden und beim Arbeitsvolumen ist eine Erhöhung von jahresdurchschnittlich o.2 Prozent prognostiziert worden, während es tatsächlich im Jahresdurchschnitt um o.9 Prozent abnahm. Diese beiden Fehlprognosen haben zur Folge, daß die Arbeitsproduktivität nahezu exakt vorausgesagt wurde.

Für die in den siebziger Jahren eingetretene mißliche Situation am Arbeitsmarkt entscheidend ist die Differenz zwischen Produktions- und Produktivitätsentwicklung. Obwohl bereits in den sechziger Jahren, wie die folgende Graphik belegt, die Arbeitsproduktivität (stundenbezogen) stärker als das Bruttoinlandsprodukt zugenommen hatte, war das Ifo-Institut in seiner Prognose davon ausgegangen, daß das Bruttoinlandsprodukt zwischen 1968 und 198o etwas stärker zunehmen würde als die Arbeitsproduktivität. Tatsächlich blieb das Produktionswachstum mit jahresdurch-

Schaubild 1:

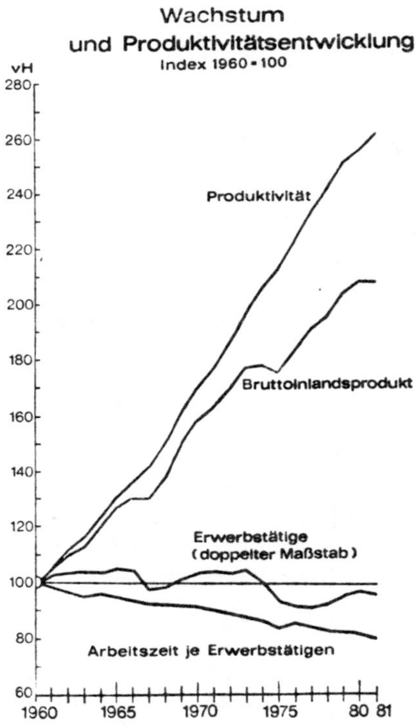

Quelle: H.-J. Krupp (1982, S. 5)

schnittlich 3.4 Prozent beträchtlich hinter dem Produktivitätswachstum (+ 4.3 Prozent) zurück. Die "Produktivitätsschere" klappte also auf und nicht zu.

Insgesamt kann festgehalten werden, daß lediglich bei der Produktivitätsentwicklung Prognosewert und tatsächliche Entwicklung weitgehend übereinstimmen, bei allen anderen Größen sind die Unterschiede beträchtlich, wobei beim Arbeitsvolumen sogar die Entwicklungsrichtung verfehlt wurde.

Welche Konsequenz haben nun die festgestellten Differenzen für die Berechnung von Freisetzung und Einsparung? Was die Freisetzungsberechnung anbelangt, so ist die Antwort offenkundig. Wie aus Gleichung (4) zu entnehmen ist, geht in die Berechnung von E_F nur eine einzige Prognosegröße ein, die Arbeitsproduktivität des Endjahres, also des Jahres 198o. Alle anderen Größen beziehen sich auf das Jahr 1968. Entsprechend zeigt Gleichung (1o), daß zur Ermittlung von E_F nur eine Prognose der Produktivitätsentwicklung notwendig ist, also der Größe, bei der als einziger ein prognostischer Erfolg beschieden war. Es ist deshalb nicht verwunderlich, daß die mit den jetzt zur Verfügung stehenden Daten errechenbare Freisetzung nahe bei der vorhergesagten liegt. Da die inzwischen vorgenommenen Revisionen der relevanten Größen für das Jahr 1968 eine weitere Annäherung der Ergebnisse zur Folge haben, kommt man zu einer recht weitgehenden Übereinstimmung der Ergebnisse: Der Prognose von 1o,59 Millionen Freisetzungen im Zeitraum 1968 bis 198o steht ein auf Grund der tatsächlichen Entwicklung errechnetes Ergebnis von 1o,23 Millionen gegenüber.

Wenden wir uns der Berechnung der Einsparung zu. Aus Formel (8) ist man geneigt zu schließen, daß dafür drei Größen des Endjahrs prognostiziert werden müssen: das Bruttoinlandsprodukt, die jährliche Arbeitszeit je Erwerbstätigen und die Arbeitsproduktivität (Stundenproduktivität). Die äquivalente Formulierung der Gleichung (11) macht aber deutlich, daß zur Berechnung von E_S nur zwei Prognosewerte benötigt werden, nämlich die Produktivitätsentwicklung und die Erwerbstätigenzahl des Endjahres. Aus Tabelle 2 wissen wir, daß die Entwicklung der Erwerbstätigkeit überschätzt worden ist, ebenso, wenn auch nur geringfügig, die Produktivitätsentwicklung. Das bedeutet, daß sich bei der Einsparung zwischen der Prognose und der jetzt mit ex post Zahlen durchführbaren Rechnung eine etwas größere Differenz ergibt: Einer prognostizierten Zahl von rund 18.8 Millionen an "eingesparten" Arbeitskräften steht eine errechnete Zahl von 17.2 Millionen gegenüber.

Betrachtet man allein die Zahlen der Freisetzung und der Einsparung, so muß man dem Ifo-Institut zweifelsohne einen beträchtlichen prognostischen Erfolg bescheinigen. Die in Tabelle 2 zusammengestellten Zahlen machen allerdings deutlich, daß sich eine Entwicklung vollzogen hat, die sehr wesentlich von der prognostizierten abgewichen ist. Wenn aber eine ganz anders abgelaufene Entwicklung die Ergebnisse der Freisetzungs- und Einsparungsrechnung kaum beeinflußt hat, so spricht das eher gegen als für diese Berechnungen und gibt jedenfalls Anlaß, sie einer erneuten kritischen Betrachtung zu unterziehen.

3. Kritisches und Weiterführendes zu den Berechnungen von Freisetzung und Einsparung.

Die unter Punkt 1 dargestellte Berechnungsweise der Freisetzung und Einsparung dürfte deutlich gemacht haben, daß es dabei nicht um den Versuch geht, die tatsächlichen Effekte der Produktivitätserhöhung für die Beschäftigung zu erfassen, angestellt werden vielmehr rein hypothetische Überlegungen, ermittelt werden hypothetische Zahlen der Freisetzung und Einsparung. Um etwa diese hypothetische Freisetzung zu berechnen, ist, wie Gleichung (1o) verdeutlicht, lediglich die Produktivitätsentwicklung zu prognostizieren. Die Freisetzungsrate (E_F/E_O) ist zwar nicht mit dem Produktivitätswachstum identisch (sondern $\hat{\pi}/1+\hat{\pi}$), jedoch durch dieses bestimmt.

Die Freisetzungsrechnung scheint damit vollkommen neutral gegenüber der Frage, ob es zu einer Kompensation der errechneten (hypothetischen) Freisetzung kommt oder ob diese, zumindest teilweise, real wird. Die simple Arithmetik der Freisetzungsrechnung vermag darauf keine Antwort zu geben, eine solche liegt außerhalb ihrer Möglichkeiten.

Die Freisetzungsrechner sind freilich in ihrer Beurteilung weit weniger zurückhaltend als die verwendete Berechnungsmethode vermuten ließe. Sie stellen fest: "Die Freisetzung führte ... in der Bundesrepublik bisher per Saldo nicht zu einer anhaltenden Arbeitslosigkeit (Nicht-Wiederbeschäftigung). Auch in Zukunft wird voraussichtlich die Wiederbeschäftigung möglich sein; Voraussetzung hierzu ist allerdings ein entsprechendes Wachstum der Nachfrage und der Produktion, das hier bei den Freisetzungsberechnungen bis 198o unterstellt wurde" (Uhlmann/Huber, 1971, S. 74).

Wie wir gesehen haben, ist für die Berechnung der (hypothetischen) Freisetzung eine solche Unterstellung nicht notwendig - obwohl sie offenkundig unzutreffend war, ist die Freisetzung recht exakt prognostiziert worden. Nicht für die Freisetzungsberechnung ist die gemachte Vollbeschäftigungsannahme von Belang, allerdings für die Prognose der Erwerbstätigenzahl und der Produktionsentwicklung. Die Erwerbstätigenzahl ist bekanntlich die Differenz zwischen der Erwerbspersonen- und der Arbeitslosenzahl. Die Vollbeschäftigungsannahme läßt sich nun dahingehend interpretieren, daß das Verhältnis zwischen Erwerbstätigen (E) und Erwerbspersonen (P) - 1968 98,8 Prozent - als unverändert angenommen wird. Unter dieser Annahme kann die erwartete Wachstumsrate der Erwerbspersonen - die etwas einfacher als andere ökonomische Variablen zu prognostizieren ist (1) - auch als die Wachstumsrate der Erwerbstätigen angesehen werden. Zusammen mit einer Annahme über die Entwicklung der Arbeitsproduktivität und der Arbeitszeit läßt sich die Produktionsentwicklung dann sofort bestimmen, wie die folgende tautologische Gleichung deutlich macht.

$$(15) \qquad Q = \frac{Q}{AV} \cdot \frac{AV}{E} \cdot \frac{E}{P} \cdot P \,,$$

bzw.

$$(16) \qquad \hat{Q} = \hat{\pi} + \widehat{\left(\frac{AV}{E}\right)} + \widehat{\left(\frac{E}{P}\right)} + \hat{P} \,.$$

Die Annahme einer Entwicklung unter Vollbeschäftigungsbedingungen bedeutet, daß $\widehat{\left(\frac{E}{P}\right)} = 0$, bzw. $\hat{E} = \hat{P}$ vorausgesetzt wird.(2) Wie aus Tabelle 2 hervorgeht, ist $\hat{E}$ $(=\hat{P})$ in der Prognose jahresdurchschnittlich mit o.5 Prozent angenommen, $\hat{\pi}$ ist 4.4 Prozent, $\widehat{\left(\frac{AV}{E}\right)}$ ist - o.3 Prozent. Dies ergibt genau $\hat{Q}$ = 4.6 Prozent. $\hat{Q}$ erweist sich damit als die vollbeschäftigungskonforme Wachstumsrate des Sozialprodukts. Bestimmte Annahmen über $\hat{\pi}$, $\widehat{\left(\frac{AV}{E}\right)}$ und $\hat{P}$, sowie die Annahme über die Wiederbeschäftigung der Freigesetzten (keine Veränderung von E/P) ergeben $\hat{Q}$. Kurz: Die unterstellte Wachstumsrate des Bruttoinlandsprodukts spiegelt die kompensationstheoretischen Vorstellungen der Freisetzungsrechner wider. Inzwischen ist klar, daß die vollbeschäftigungskonforme Entwicklung des realen Bruttoinlandprodukts nicht eingetreten ist. Ob dies 1968 hätte prognostiziert werden können, kann dahingestellt bleiben. Heute jedoch dürfte unbestritten sein, daß die Annahme einer ständigen Vollbeschäftigung unrealistisch ist. Das

(1) Wenngleich nicht so einfach, wie mitunter angenommen wird. Die Kenntnis der Altesstruktur der Bevölkerung allein genügt nicht, die Erwerbsbeteiligung zu ermitteln, da diese durchaus von ökonomischen Faktoren, etwa der Arbeitsmarktlage abhängt.

(2) Das Verhältnis E/P im Ausgangszeitpunkt wird dabei als Vollbeschäftigungssituation angesehen.

bedeutet, daß E/P nicht als konstant vorausgesetzt werden kann, vielmehr Prognosen über $\hat{Q}$, $\hat{\pi}$, $\widehat{(\frac{AV}{E})}$ und $\hat{P}$ anzustellen sind, um $\widehat{(E/P)}$ zu erfassen. Anders gesagt: $\widehat{(E/P)}$ ist als die abhängige Variable der Gleichung (16) darzustellen:

$$(17) \quad \widehat{(\frac{E}{P})} = \hat{Q} - \hat{\pi} - \widehat{(\frac{AV}{E})} - \hat{P} .$$

Ein tautologischer Zusammenhang, wie er in Gleichung (17) formuliert ist, darf nun nicht einfach kausal interpretiert werden. Die Größen der rechten Seite bestimmen nicht die Größe auf der linken Seite allein schon dadurch, daß wir letztere als abhängige Variable darstellen. Wechselbeziehungen zwischen allen Größen sind vorstellbar und bedürfen der Untersuchung. So ist z.B. durchaus denkbar, daß $\hat{P}$ nicht unabhängig von E/P bzw. $\widehat{(E/P)}$ ist - mit der Resignationshypothese und der Zusatzarbeiterhypothese sind allerdings einander entgegengesetzte Vorstellungen über die Wirkungsrichtung formuliert worden.

Wir beschränken uns hier auf die Erörterung von zwei möglichen Beziehungen, die sich für die Freisetzungs- und Einsparungsrechnungen von unmittelbarer Relevanz erweisen. Einmal geht es dabei um die Frage, ob die Produktivitätsentwicklung als unabhängig von der Arbeitszeitentwicklung aufgefaßt werden kann, zum anderen, ob sie vom Produktionswachstum unabhängig ist.

Beide Annahmen sind, zumindest implizit, in der Freisetzungsrechnung enthalten. Gefragt wird ja nach der Differenz zwischen der tatsächlichen Erwerbstätigenzahl und derjenigen, die benötigt worden wäre, wenn die Produktivität der Periode 1 bereits in 0 vorgelegen wäre. Zugrundegelegt wird dabei die Produktion und die Arbeitszeit von Periode 0. Damit ein solches Gedankenexperiment überhaupt Interesse beanspruchen kann, muß im Prinzip unterstellt werden, daß die zwischen 0 und 1 eingetretene Produktivitätserhöhung auch bei unveränderter Produktion und Arbeitszeit zustandegekommen wäre. Da sich mit der Produktivität tatsächlich ja auch Produktion und Arbeitszeit verändert haben, hat eine Beziehung zwischen der Produktivitätsentwicklung und diesen Größen zur Folge, daß sich aus unterschiedlichen Produktions- und/oder Arbeitszeitentwicklungen unterschiedliche Produktivitätsentwicklungen ergeben. Wird die unter einer ganz bestimmten Produktions- und Arbeitszeitentwicklung zustandegekommene Produktivität der Periode 1 auf die Periode 0 bezogen, so ist das bei Existenz einer solchen Abhängigkeit wenig aufschlußreich, denn eine andere Entwicklung, insbesondere die Konstanz von Produktion und Arbeitszeit, hätte eine ganz andere Produktivität in Periode 1 zur Folge gehabt.

Wie steht es um soche Zusammenhänge? Was die Beziehung zwischen Produktivitätswachstum und Arbeitszeitverkürzung anbetrifft, so hat Krengel bereits 1962 darauf aufmerksam gemacht, daß Verkürzungen der Arbeitszeit eine verstärkte Zunahme der Arbeitsproduktivität korrespondiert (Krengel, 1961). In der gegenwärtigen Auseinandersetzung um die beschäftigungspolitische Wirksamkeit der Arbeitszeitverkürzung (bzw. unterschiedlicher Formen der Arbeitszeitverkürzung) spielt diese Frage eine erhebliche Rolle. Der Stand der Diskussion kann hier nicht referiert werden; die vorherrschende Position geht jedoch dahin, eine gewisse Produktivitätserhöhung als Folge der Arbeitszeitverkürzung in Rechnung zu stellen, so daß der positive Beschäftigungseffekt zwar abgeschwächt, nicht jedoch vollständig beseitigt werden wird.

Daß das Wachstum der Arbeitsproduktivität vom Produktionswachstum abhängt, wird vom sogenannten "Verdoornschen Gesetz" behauptet (Verdoorn, 1949). Kaldor (1978) hat dieser Gesetzmäßigkeit große Aufmerksamkeit geschenkt und ihre Gültigkeit für die Verarbeitende Industrie, allerdings auf schmaler empirischer Basis, nachzuweisen versucht. Cripps und Tarling (1973) haben auf breiterer empirischer Grundlage diesen Zusammenhang für die Verarbeitende Industrie bestätigt, allerdings deuten die Ergebnisse ihrer Untersuchung darauf hin, daß ein solcher Zusammenhang nach 1965 kaum mehr nachweisbar ist.

Bezogen auf die Freisetzungs- und Einsparungsrechnung hätte die Auflösung des Verdoorn-Zusammenhangs in den siebziger Jahren die Konsequenz, daß die impliziten Annahmen für diesen Zeitraum akzeptabler als für die früheren Zeiträume sind, in denen ein solcher Zusammenhang bestand. Solange nämlich das Produktivitätswachstum in erheblichem Umfang an das Produktionswachstum gebunden ist, kommt den Gedankenexperimenten der Freisetzungs- und Einsparungsrechnungen kaum Bedeutung zu. Wenn sich die Produktivität unabhängig vom Produktionswachstum entwickelt, kann die ermittelte Freisetzungsziffer jedoch größeres Interesse beanspruchen.

Im Rahmen eines an der Universität Bremen durchgeführten Projekts hat eine Arbeitsgruppe verschiedene Untersuchungen zur Gültigkeit des Verdoornschen Gesetzes für die Verarbeitende Industrie der Bundesrepublik durchgeführt, die eine gewisse Antwort auf die Frage zulassen, ob ein Verdoorn-Zusammenhang besteht und ob dieser schwächer geworden ist.(1)

---

(1) Die im folgenden wiedergegebenen Ergebnisse sind von den Mitgliedern der Arbeitsgruppe erarbeitet worden. Ihnen gilt mein besonderer Dank.

Basierend auf den Daten des DIW für die Verarbeitende Industrie ist der Zusammenhang zwischen Produktivitätswachstum und Produktionswachstum für die Verarbeitende Industrie insgesamt und für ausgewählte Einzelindustrien zunächst auf Zeitreihenbasis untersucht worden. Die Umstellung von der Verarbeitenden Industrie auf das Verarbeitende Gewerbe hatte leider zur Folge, daß Wachstumsraten für die Industrie nur bis 1977 zur Verfügung standen.

Für den Zeitraum 1950-1977 ergab sich folgendes Ergebnis für die Verarbeitende Industrie.

$$\hat{\pi}_{VI} = 2.357 + 0.329\,\hat{Q}_{VI} \qquad R^2 = 0.444$$
$$(0.074)$$

Für einzelne Industrien erhält man z.T. erheblich besser gesicherte Zusammenhänge, z.B. für den Maschinenbau

$$\hat{\pi}_{MB} = 0.328 + 0.400\,\hat{Q}_{MB} \qquad R^2 = 0.7272$$
$$(0.049)$$

Diese Ergebnisse stützen die Vermutung, daß ein Verdoorn-Zusammenhang gegeben ist. Durchgeführte Strukturbruchtests (1) lassen den Schluß zu, daß sich der Verdoorn-Zusammenhang in den siebziger Jahren verflüchtigt: Die "autonome" Produktivitätserhöhung (das Absolutglied) gewinnt an Bedeutung, der Regressionskoeffizient wird kleiner. Eine ebenfalls durchgeführte Querschnittsuntersuchung bestätigt dieses Ergebnis. Legt man die zweistelligen Industriezweige zugrunde und ermittelt die durchschnittlichen Produktivitäts- und Produktionswachstumsraten für jeweils einen ganzen Konjunkturzyklus,(2) so erhält man für die drei Zyklen zwischen 1963 und 1975 folgende Regressionsergebnisse:

I/63[3)] - II/67

$$\hat{\pi} = 2.193 + 0.590\,\hat{Q}\,, \qquad R^2 = 0.75$$
$$(0.067)$$

---

(1) Die Tests wurden im Rahmen der Arbeitsgruppe von Günther Karl durchgeführt, der dafür auch ein EDV-Programm entwickelt hat.

(2) Als ein Zyklus wird dabei der Zeitraum zwischen zwei Tiefpunkten bezeichnet. Zur Datierung siehe Klein (1981).

(3) Die römische Ziffer gibt das Vierteljahr an, in das der Tiefpunkt fiel.

II/67 - IV/71

$$\hat{\pi} = 2.287 + 0.441\,\hat{Q}\,, \qquad R^2 = 0.62$$
$$(0.068)$$

IV/71 - III/75

$$\hat{\pi} = 3.152 + 0.356\,\hat{Q}\,, \qquad R^2 = 0.33$$
$$(0.099)$$

Man sieht: Der Regressionskoeffizient wird von Zyklus zu Zyklus geringer, während das Absolutglied größer wird. Außerdem nehmen sowohl der t-Wert und das R^2 gegenüber dem vorausgegangenen Zyklus jeweils ab.

Für die Freisetzungs- und Einsparungsrechnungen ergeben sich aus alledem einige offensichtliche Folgerungen. Liegt Produktivitätswachstum vom Verdoorn-Typ vor, also eine Produktivitätszunahme, die teilweise an eine Produktionsausdehnung gebunden ist, so ist es wenig sinnvoll, das gesamte Produktivitätswachstum eines Zeitraums, der auch durch Produktionswachstum gekennzeichnet ist, für die Freisetzungsberechnung zugrundezulegen. Ohne das Produktionswachstum wäre es dann offenkundig nicht zu einem so starken Produktivitätswachstum gekommen. Da die Freisetzungsrechnung ja eine unveränderte Produktion zugrundelegt, läuft das darauf hinaus, daß eine überhöhte Zahl an Freigesetzten ausgewiesen wird. Die durchgeführten Untersuchungen legen den Schluß nahe, daß für den Prognosezeitraum des Ifo-Instituts gut 3 Prozentpunkte des Produktivitätswachstums autonom und 1.3 Prozentpunkte vom Produktionswachstum abhängig waren. Legt man nur die autonome Komponente der Freisetzungsrechnung zugrunde, so reduziert sich die Zahl um rund 3o Prozent.

Die angestellten Untersuchungen zum Verdoornschen Gesetz machen jedoch deutlich, daß der Anteil der vom Produktionswachstum abhängigen Produktivitätssteigerung in den früheren Phasen der bundesrepublikanischen Entwicklung wesentlich höher war. Legt man für die Berechnung in diesen Phasen nur die "autonome" Produktivitätsentwicklung zugrunde, so ergeben sich hierfür wesentlich stärkere Reduktionen der Freisetzungszahlen als für die Periode 1968-8o. Obwohl die hier vorgeschlagene Methode der Freisetzungsberechnung die Zahlen also insgesamt nach unten revidiert, bringt der Bezug der Freisetzungsrechnung auf die autonome Komponente der Produktivitätsentwicklung mit sich, daß die Freisetzungsrate im Zeitraum 1968-8o gegenüber der Freisetzungsrate in dem Zeitraum 195o-68 an Bedeutung gewinnt. Der Aussage der RKW-Studie (RKW, 197o, S. 33), daß die jährliche Freisetzung von Arbeitskräften abnimmt, wird damit widersprochen.

Nicht nur für die Berechnung der Freisetzung und der Einsparung ist die zunächst vorliegende, sich dann aber immer mehr verflüchtigende Existenz des Verdoorn-Zusammenhangs von Bedeutung. Indem die bei Gültigkeit des Verdoorn-Gesetzes äußerst fragwürdige Relevanz der Freisetzungs- und Einsparungsrechnung mit dessen Auflösung an Bedeutung gewinnt, setzt sich gleichzeitig eine Form der Produktivitätserhöhung durch, die immer weniger an eine Produktionszunahme gebunden ist. Da der Regressionskoeffizient des Verdoorn-Zusammenhangs zwischen null und eins lag, war gesichert, daß die Produktionserhöhung sowohl eine Erhöhung der Arbeitsproduktivität wie des Arbeitsvolumens implizierte. Mit der festzustellenden Auflösung des Verdoorn-Zusammenhangs wird gerade das fragwürdig. "It is possible, looking further ahead, that the new technological revolution - electronics and automation - will so radically reduce the labour requirements in industry as to make it possible to combine fast growth with falling industrial employment" (Kaldor, 1978, S. 121). Das Auseinanderklaffen zwischen Produktivitäts- und Produktionsentwicklung und der damit einher gehende Anstieg der Arbeitslosigkeit läßt diese Zukunftsperspektive des Jahres 1966 heute bereits als eine Realität erscheinen.

Nach den hier angestellten Überlegungen waren die Freisetzungsrechner des Jahres 1968 - methodenbedingt - allzu pessimistisch in ihrer Freisetzungsberechnung, gleichzeitig als Prognostiker aber allzu optimistisch in ihrem Glauben an vollständige Wiederbeschäftigung der Freigesetzten. Uns ging es darum, Wege anzudeuten, beides zu vermeiden. Benötigt werden realistische Vorstellungen von den Freisetzungswirkungen der Produktivitätsentwicklung, wie auch von den realistisch zu erwartenden Kompensationsmöglichkeiten. Die simple Arithmetik der Freisetzung kann nicht empirisch erhärtete Hypothesen darüber ersetzen, unter welchen Bedingungen mit technologischer Arbeitslosigkeit gerechnet werden muß und wann von ausreichenden Kompensationsmöglichkeiten ausgegangen werden kann.

Literaturverzeichnis

BMWI (1983), Der Bundesminister für Wirtschaft, Konjunkturpolitik - neu betrachtet, Gutachten des wissenschaftlichen Beirats beim Bundesministerium für Wirtschaft, Studienreihe 38.

CRIPPS, T.F. und TARLING, R.J. (1973), Growth in Capitalist Economies 195o-197o, Cambridge.

KALDOR, N. (1978), Causes of the Slow Rate of Growth in the United Kingdom, in: Further Essays on Economic Theory, New York, S. 1o1-138 (erstmals erschienen als Inaugural Lecture, Cambridge 1966).

KLEIN, P.A. (1981), Postwar Growth Cycles in the German Economy, in: W.H. Schröder und R. Spree (Hrsg.), Historische Konjunkturforschung, Stuttgart, S. 115-14o.

KRENGEL, R. (1961), Volkswirtschaftliche Untersuchungen, 4. Band von Arbeitszeit und Produktivität - Untersuchungsergebnisse wissenschaftlicher Forschungsinstitute, Berlin.

KRUPP, H.-J. (1982), Perspektiven der Arbeitsmarktentwicklung in den achtziger Jahren, Aus Politik und Zeitgeschichte, Beilage zur Wochenzeitung Das Parlament, B 38, S. 3-15.

PASINETTI, L.L. (1981), Structural Change and Economic Growth, Cambridge.

RKW (197o), Wirtschaftliche und soziale Aspekte des technischen Wandels in der Bundesrepublik Deutschland, Erster Band des Forschungsprojekts des RKW, Sieben Berichte (Kurzfassung der Ergebnisse), Frankfurt.

UHLMANN, L. und HUBER, G. (1971), Technischer und struktureller Wandel in der wachsenden Wirtschaft, 2. Band des Forschungsprojekts des RKW, Frankfurt.

VERDOORN, P.J. (1949), Fattori che regolano lo suiluppo della produttivita del lavoro, L'Industria, 1, S. 3-1o.

Hans-Dieter Feser
Thomas Lärm

KONSEQUENZEN TECHNOLOGISCHEN WANDELS: DER EINFLUSS DER MIRKOELEKTRONIK AUF DIE BESCHÄFTIGUNG

1. Einleitung

Dynamische Volkswirtschaften sind im allgemeinen durch einen permanenten Wandel der Art und des Umfanges der zur Anwendung kommenden Produktionsverfahren, wie auch der angebotenen und nachgefragten Güter und Dienstleistungen charakterisierbar.

Quantitative und qualitative Veränderungen gehen dabei Hand in Hand. Insofern sind auch Wirtschaftswachstum und Wirtschaftsstruktur nicht ohne weiteres voneinander isolierbar. Gleichwohl hat die ökonomische Theorie bisher beide Aspekte nur getrennt behandelt. Während die Wachstumstheorie die Wirkungen sich verändernder Ressourcen auf die gesamtwirtschaftlichen Nachfrage- und Angebotsverhältnisse untersucht, bezieht sich die Allokationstheorie immer auf gegebene und nicht auf wachsende Ressourcen. Ein Zusammenhang zwischen Expansion und effizienter Struktur ist damit nicht herstellbar. Folglich kann die Theorie auch keine Handlungsregeln für die Politik anbieten (1). Wenn trotzdem wirtschaftspolitische Aussagen hierzu gemacht werden, dann basieren sie letztlich nur auf einfachen Plausibilitätsüberlegungen. So z.B. wenn bei hohen Wachstumsraten auf eine günstige Struktur der Einsatzfaktoren geschlossen oder wenn bei geringem Wachstum auf ein strukturelles Anpassungsdefizit verwiesen wird. Ob allerdings der intendierte Zusammenhang zwischen (wettbewerbskonformer) ökonomischer Struktur, Wachstum und hoher Beschäftigung angesichts gravierender technologischer und makrostruktureller Veränderungen (bei steigenden Arbeitslosenraten) noch vorbehaltlos aufrechtzuerhalten ist, mag stark bezweifelt werden. Die empirische Entwicklung gibt dazu genügend Anlaß.

(1) Vgl. Riese (1975), S. 1o1 ff und S. 114 ff.

Offenbar haben alle Industrienationen derzeit eine Phase erreicht, in der die wirtschaftspolitische Lenkbarkeit aufgrund struktureller und technologischer Prozesse, die zudem konjunkturell überlagert werden, erheblich erschwert ist. Für die Beurteilung der arbeitsmarkt- und beschäftigungspolitischen Wirkungen dieser Entwicklung ist es u.E. notwendig, zwischen den allgemeinen und den technologiespezifischen Bedingungen des Strukturwandels zu unterscheiden, da nur so der Zusammenhang zwischen Wachstum und Produktivität sowie das sich mittelfristig einstellende Verhältnis von Freisetzungen und Kompensationen sinnvoll diskutiert werden kann.

2. Strukturelle und technologische Rahmenbedingungen

Zu den Fakten des allgemeinen Strukturwandels zählen Änderungen in der Struktur der gesamtwirtschaftlichen Nachfrage, außenwirtschaftliche Einflüsse durch Wechselkurskorrekturen, Energiepreisexplosionen und Veränderungen in der internationalen Arbeitsteilung durch die Verschärfung der Wettbewerbssituation (1) bzw. durch protektionistische Maßnahmen einzelner Länder. Für die Situation auf dem Arbeitsmarkt ist besonders die Entwicklung des Arbeitsangebots, wie sie sich aus der Bevölkerungsstrukturänderung der 8oer Jahre ergibt, relevant.

Gerade die demographische Dimension des Strukturwandels wirkt sich für den Arbeitsmarkt der Bundesrepublik Deutschland im Zeitraum 1982 bis 199o nahezu dramatisch aus. So strömen altersstrukturbedingt - entsprechend einer Vorausschau bis zum Jahre 2.ooo des Instituts für Arbeitsmarkt- und Berufsforschung (IAB) - jährlich zwischen 15o.ooo und 2oo.ooo jugendliche Arbeitssuchende (ohne Ausländerkinder) zusätzlich auf den Arbeitsmarkt. Dies bedeutet eine Zunahme des Erwerbspersonenpotentials in 9 Jahren um 1,35 bis 1,8 Mio. zusätzliche Arbeitskräfte (2). Berücksichtigt man die hohe Arbeitslosenquote des Winters 1982/83 und unterstellt man bis 199o ein durchschnittliches Wachstum des Bruttosozialprodukts von 2,o bis 2,5 v.H., ergibt sich in den frühen 9oer Jahren ein Mehrbedarf von etwa 3,5 bis 4,o Mio Arbeits-

---

(1) Vgl. hierzu Ahrns, Feser (1982), S. 147 f. sowie Feser, Lärm (1982), S. 533 ff.

(2) Die jeweilige exakte Anzahl hängt vom entsprechenden Bildungs-, Ausbildungs- und Erwerbsverhalten ab. Zur quantitativen Entwicklung vgl. IAB (1975) und SVR (1982/83) Ziff. 77 ff.

plätzen (1), wenn das wirtschaftspolitische Ziel eines hohen Beschäftigungsstandes erreicht werden soll.

Zu den Faktoren des technologischen Wandels zählen der technische Fortschritt, wie er sich in Form von Erfindungen (inventions), Neuerungen (innovations) und schließlich über Diffusionsprozesse durchsetzt (2). In der Regel geht damit auch eine Erhöhung der Kapitalintensität der Produktion einher. Entscheidend für die Entwicklung der Arbeitsnachfrage ist nun, welche Wirkungen von technologischen Veränderungen, wie sie sich insbesondere durch die Basisinnovation Mikroelektronik abzeichnen, auf die Investitionsstruktur ausgehen und in welcher Geschwindigkeit sich technische Neuerungen durchsetzen lassen. Es geht also einerseits darum, in welcher Richtung (arbeits- und/oder kapitalsparend) sich die Investitionsstruktur im Hinblick auf das Verhältnis von Rationalisierungs-, Ersatz- und Erweiterungsinvestitionen zueinander verändert. Andererseits hängt die Diffusionsgeschwindigkeit nicht nur vom binnen- und außenwirtschaftlichen Konkurrenzdruck, sondern auch von institutionellen Rahmenbedingungen, wie dem Patentwesen (3), sowie vom Ausmaß und den Determinanten sozialer Akzeptanz ab. Gerade letzteres ist sicher wiederum nicht unabhängig von den zukünftig absehbaren makroökonomischen Nettobeschäftigungseffekten des technologischen Wandels und der aktuellen Arbeitsmarktlage mit derzeit bereits rund 2,5 Mio. (registrierten) Arbeitslosen (4), welche die Skepsis gegenüber radikalen technologischen Umwälzungen eher noch erhöhen als beschwichtigen dürfte.

---

(1) Einen konstanten Bestand an ausländischen Arbeitskräften unterstellt, was eine ausgeglichene Wanderungsbilanz bedeutet.
(2) Vgl. ausführlich Ahrns, Feser (1982), S. 139 ff.
(3) Vgl. hierzu Ahrns, Feser (1982), S. 142 sowie Yu (1982).
(4) Zusammen mit der verdeckten Arbeitslosigkeit in Form der Stillen Reserve, umfangreicher Kurzarbeit sowie zeitweiliger Entlastungsmaßnahmen des Arbeitsmarktes durch Fortbildungs- und Arbeitsbeschaffungsmaßnahmen dürfte sich die gesamte Unterbeschäftigung derzeit mit knapp 4 Mio. Arbeitslosen beziffern lassen. Zur näheren Definition und Berechnung vgl. Lärm (1982), S. 18 ff.

3. Folgewirkungen technologischen Wandels

Die Diffusion technologischer Basisinnovationen beeinflußt die Herstellung neuer Produkte, aber auch die Effizienz des jeweiligen Produktionsprozesses. Damit verbunden sind meist Veränderungen innerbetrieblicher Organisations- und Arbeitsabläufe ebenso wie die Qualifikationsanforderungen der dort Beschäftigten. Daneben können bestehende Produkte, Produktions- und Verwaltungsprozesse durch neue substituiert werden. Basisinnovationen können aber auch Rationalisierung und Folgeinnovationen induzieren (1). Der technologische Wandel ist dabei - in der Abfolge der aufgeführten Erscheinungen - mit Outputeffekten, d.h. mit Produktionswachstums- und Produktivitätseffekten, sowie bei Substitution und Rationalisierung mit arbeitsmarktbelastenden Effekten verknüpft. Nur die Folgeinnovationen können als Basis für Arbeitsplatzbeschaffung und -erhaltung interpretiert werden. Hinsichtlich der Investitionsstruktur läßt sich zumindest empirisch feststellen, daß der technologische Wandel tendenziell in Richtung einer Zunahme von Rationalisierungs- bzw. Ersatzinvestitionen und einer Abnahme von reinen Erweiterungsinvestitionen verläuft (2). Nur letztere hätten aber positive Nettobeschäftigungseffekte. Auch der SACHVERSTÄNDIGENRAT konstatiert als dominante Investitionsmotive den Rationalisierungsdruck und die Strukturbereinigung (3).

Für die Beurteilung der gesamtwirtschaftlichen Auswirkungen des strukturellen und technologischen Wandels ist folglich der Zusammenhang zwischen Wachstum und Produktivität relevant. Im Hinblick auf die beschäftigungspolitischen Konsequenzen ist daneben der strukturelle und zeitliche Übergang zwischen Freisetzung und Kompensation entscheidend. Dieser kann kontinuierlich verlaufen, aber auch in Arbeitslosigkeit münden. Generell führt ja eine technologische Veränderung im Produktionsprozeß zur weiteren Substitution des Produktionsfaktors Arbeit durch Kapital (= Rationalisierung). Dadurch werden Arbeitskräfte freigesetzt. Freisetzung ist dabei zunächst eingesparte Arbeit und nicht unmittelbar gleichbedeutend mit Entlassung oder Arbeitslosigkeit. Wann Arbeitslosigkeit eintritt, hängt von zusätzlichen Bedingungen ab, u.a. ob die Produktivitätssteigerung mit einem entsprechenden Produktionswachstum gekoppelt ist und eine zunehmende Produktionsmenge auf eine entsprechende Nachfrage (4) trifft.

---

(1) Staudt (1981), S. 151 ff.
(2) Vgl. hierzu auch Simonis (1982), S. 298 ff. und S. 313.
(3) SVR (1982), Ziff. 24.
(4) Insbesondere Gerstenberger (1982), S. 19, verweist auch auf die Abhängigkeit der Arbeitsproduktivität von der Nachfrageentwicklung.

Ferner davon, welche Möglichkeiten der Absorption freigesetzter Arbeitskräfte vorhanden sind und entsprechend genutzt werden können. In Phasen relativ hoher Wachstumsraten, d.h. starker Nachfrage, bleibt der Freisetzungseffekt ohne nennenswerte Auswirkungen, da die expandierenden Wirtschaftsbereiche die freigesetzten Arbeitskräfte übernehmen. Vorausgesetzt ist dabei allerdings eine hohe Mobilität des Produktionsfaktors Arbeit.

Wachstum und Produktivität

Für entwickelte Volkswirtschaften wie jene der Bundesrepublik Deutschland ist ein tendenzielles Sinken der Kapitalproduktivität zu konstatieren (1). Dies bedeutet zugleich eine steigende Kapitalintensität der Produktionsprozesse. Hier fließen sicherlich erhöhte Investitionsanforderungen wegen verschärfter Umweltschutzauflagen ebenso ein, wie investive Umstellung in der Energieversorgung. Die Kapitalintensität kann aber vor allem als Indikator für den Umfang von Rationalisierungsinvestitionen (2) gelten. Die sich daraus ergebenden arbeitssparenden und arbeitsproduktivitätssteigernden Effekte lassen sich besonders deutlich anhand der derzeit dominierenden technischen Basisinnovation, der Mikroelektronik, aufzeigen.

Durch den Einsatz von Industrierobotern und anderen sich selbst steuernden Fertigungssystemen wird sich in der Produktionstechnik der Trend zu weiterer Automatisierung fortsetzen. Davon kann künftig auch der Bereich der Einzel- und Kleinserienfertigung erfaßt werden, da die Mikroelektronik - wenn keine software-seitigen Restriktionen vorliegen - "flexible Fertigungssysteme" produzieren kann. Die auf der Grundlage der Mikroelektronik entwickelten Informationstechnologien (3) eröffnen aber insbesondere tertiäre Tätigkeiten (wie z.B. Planung, Vorbereitung, Über-

---

(1) Vgl. Gerstenberger (1982), S. 17 und SVR (1982/83), Ziff. 64 und 79.

(2) Darunter sollen hier alle Investitionen verstanden werden, die einen Anstieg des Verhältnisses von Output zu mengenmäßigem Faktoreinsatz bewirken. Sie basieren dabei überwiegend auf dem technischen Fortschritt und resultieren meist in einem Anstieg der Arbeitsproduktivität.

(3) Diese umfassen den gesamten Bereich von Daten- und Textverarbeitung, Telekommunikation sowie Automatisierung durch informatorische Steuerungen im Produktionsbereich und haben den Charakter von Schlüsseltechnologien.

wachung, Kontrolle und Abrechnung), die routinisierbar sind, einer zunehmenden Automatisierbarkeit. Außerdem dürfte die Diffusionsgeschwindigkeit der neuen Technologien erheblich zunehmen. Dies liegt nicht nur an ihrer enormen Anwendungsbreite und -vielfalt, sondern vor allem an den kapitalsparenden Effekten, die sich bei ihrer Einführung realisieren lassen. Die drastische Verbilligung mikroelektronischer Steuereinheiten (bei gegebener Leistungsabgabe) läßt Kostenbarrieren, die sonst die Diffusion neuer Technologien üblicherweise stark behinderten, kaum noch auftreten. Im Gegenteil, es dürfte sich bald als Kostennachteil erweisen, wenn Unternehmen auf die Einführung derart preisgünstiger Technologien verzichten würden. Bezogen auf die makroökonomische Investitionsstruktur bedeutet dies, daß sich durch den Preisverfall bei mikroelektronischen Bausteinen - hervorgerufen u.a. durch deren Miniaturisierbarkeit - bei gleichem oder geringerem Investitionsaufwand trotzdem ein Mehr an Rationalisierungsmöglichkeiten erschließen läßt, verglichen mit herkömmlichen Produktionsumstellungen technisch-organisatorischer Art. Insofern verbietet sich auch die Charakterisierung der Mikroelektronik als bloßer Bestandteil des "normalen" technischen Fortschritts eigentlich schon von selbst, denn es handelt sich hier um technologischen Wandel in viel umfassenderem Sinne (1). Diese Entwicklung fällt zudem in eine Periode, in der trendhaft die Abstände zwischen den Wachstunsraten von Produktion und Produktivität immer größer werden (2). Diese an sich schon beschäftigungspolitisch bedrohliche Situation könnte sich durch die breite Einführung der Basisinnovation Mikroelektronik eher noch verschärfen als abmildern. Zwar zeigt ihr Einsatz als Konsumtechnologie, d.h. als Innovation hinsichtlich neuer Güter und Dienstleistungen, vereinzelt positive Auswirkungen auf den Arbeitsmarkt. Jedoch überwiegen derzeit bei weitem die Prozessinnovationen (Rationalisierungen) und die Substitution herkömmlicher Güter durch deren elektronische "Anreicherung". Die daraus insgesamt resultierenden, technologisch bedingten Nettofreisetzungen gehen dann in Arbeitslosigkeit über, wenn wachtums- und strukturpolitische Kompensationen bzgl. alternativer Beschäftigungsmöglichkeiten (Erhöhung der Arbeitsnachfrage) oder bzgl. alternativer Beanspruchung eines gegebenen Arbeitspotentials (Reduktion des Arbeitsangebots) nicht (mehr) vorhanden sind.

---

(1) Zur Unterscheidung von "technischem Fortschritt" und "technologischem Wandel" vgl. auch Feser, Lärm (1982), S. 543.

(2) Vgl. ebenda, S. 537 f.

Freisetzung und Kompensation

In Phasen relativ hoher Wachstumsraten, d.h. starker Nachfrage, blieb der technologische Freisetzungseffekt ohne nennenswerte Auswirkungen, da die expandierenden Wirtschaftsbereiche die freigesetzten Arbeitskräfte übernehmen konnten. Erzwungen wurde dies allerdings über eine hohe Mobilität des Produktionsfaktors Arbeit. So wurde in der Bundesrepublik der Strukturwandel seit den 6oer Jahren bis zur Krise 1974/75 relativ reibungslos - bei einem hohen Beschäftigungsstand - bewältigt. Ein hohes und stetiges, insbesondere vom Produktivitätsfortschritt getragenes Wachstum führte zu keiner Gefährdung des Beschäftigungsziels. Bis 1974/75 reichte die Kompensation der Freisetzungen des Rationalisierungsprozesses zusammen mit einem hinreichenden Mengenwachstum noch aus, um Arbeitslosigkeit in großem Umfang zu vermeiden.

In den seitdem vorherrschenden Phasen reduzierten Wachstums laufen jedoch derartige Kompensationen nicht mehr ab. Durch den Einfluß der Informationstechnologien und den hieraus resultierenden Produktivitätssteigerungen, sowie vor dem Hintergrund sich abflachender Wachstumsraten des Bruttosozialprodukts dürfte sich demnach das Arbeitslosenproblem in den 8oer Jahren entscheidend verschärfen (1). Selbst eine demographisch bedingte Entlastung des Arbeitsmarktes in den 9oer Jahren wird diesen Trend im Hinblick auf das Beschäftigungsziel kaum aufhalten können. Durch die erst beginnende Rationalisierung und Automatisierung in Dienstleistungsbereichen wird zudem das Wachstum des tertiären Sektors gebremst. Zwar ist auch in der Vergangenheit permanent rationalisiert worden, insbesondere in der Landwirtschaft und im produzierenden Gewerbe. Die hierbei freigesetzten Arbeitskräfte fanden jedoch im stark expandierenden Dienstleistungssektor wieder Beschäftigung. Diese Kompensationsmöglichkeit ist jetzt weitgehend weggefallen, da im öffentlichen und privaten Dienstleistungsbereich bestehende Rationalisierungspotentiale zunehmend ausgeschöpft werden und zusätzlich eine restriktivere Personalpolitik Platz greift.

---

(1) Zu einer ausführlichen Diskussion dieser Zusammenhänge vgl. Feser, Lärm (1982), S. 548 ff.

(2) Gemeint ist hier ein beschäftigungsneutraler oder gar negativer Zusammenhang zwischen Wachstum und Beschäftigungsgrad. Vgl. hierzu Feser, Lärm (1982), S. 539 ff.

4. Wirtschaftspolitische Reaktionsmuster

Die Bewältigung strukturellen und technologischen Wandels ist allein noch keine neue Herausforderung für die Wirtschaftspolitik. Das "Neue" an dieser Aufgabe liegt derzeit jedoch im Zusammentreffen des Entwicklungsmusters eines "jobless growth" (2) mit erheblichen strukturellen Kompensationsdefiziten, vor allem bedingt durch die demographische Entwicklung und die stagnierende Expansion des tertiären Sektors. Als Problemlösung werden dazu meist "gemischte" Strategien empfohlen, die einerseits - insbesondere aus wettbewerbspolitischen Gründen - den Erfordernissen von Produktivitätsfortschritt und Wachstum über die Verbesserung der Angebotsbedingungen entgegenkommen, andererseits aber auch nachfrageorientiert sein sollen.

Kernpunkt einer derartigen Konzeption ist deshalb eine "innovationsorientierte Technologiepolitik", die selektiv an Engpaßbereichen (1) anknüpft, ergänzt um eine "aktive Arbeitsmarktpolitik", die mit Hilfe betrieblicher und überbetrieblicher Ausbildung, sowie Weiterbildungs- und Umschulungsmaßnahmen den Strukturwandel erleichtern soll. Die Förderung von Innovationen und Investitionen soll in jeden Bereichen neue Arbeitsplätze schaffen, die international konkurrenzfähig sind. Vordringlich ist, auch im Vergleich zum Finanzierungsaspekt, eine Verbesserung der Absatzerwartungen, um angesichts des niedrigen Auslastungsgrades nicht nur Rationalisierungs-, sondern vor allem Erweiterungsinvestitionen zu induzieren. Zwar erfordern Rationalisierungsinvestitionen vorübergehend Arbeitskräfte, um entsprechende Produktionseinrichtungen herzustellen und zu installieren. Anschließend können aber Arbeitskräfte dort freigesetzt werden, wo diese Einrichtungen eingesetzt werden. Angesichts der sich durch die breite Einführung der Mikroelektronik abzeichnenden Entwicklung bleiben jedoch Zweifel an der Wirksamkeit solcher Strategien für eine Verbesserung der Beschäftigungssituation über wachstumsorientierte Politiken angebracht. Ausdruck hierfür ist die immer stärker sich durchsetzende Forderung nach einer deutlichen Reduzierung der Arbeitszeit (Teilzeit, flexible Arbeitszeitregelungen etc.). Diese im Grunde defensiv angelegte Strategie geht dabei davon aus, daß angesichts stagnierender Wachstumsraten des Produktionsvolumens, einem technologisch bedingten Rückgang des Arbeitsvolumens und einem steigenden Erwerbspersonenpotential nur so dem weiteren Anstieg der Arbeitslosigkeit tendenziell Einhalt geboten werden kann. Der dahinterliegende Konflikt zwischen technologischem Wandel und den daraus folgenden Wohlfahrtsverlusten durch vermehrte

(1) Vgl. hierzu im einzelnen BMFT (1981), S. 1o3 ff.

Arbeitslosigkeit läßt sich aber auch damit kaum grundlegend bewältigen.

Solange der technologische Wandel unhinterfragt als Existenzbedingung der Funktionsfähigkeit des ökonomischen Systems und damit gleichzeitig auch der gesellschaftlichen Wohlfahrt angesehen wird, muß die hierdurch induzierte Arbeitslosigkeit mehr oder minder passiv hingenommen werden.

Sofern es nicht gelingt, überzeugende Alternativen im Hinblick auf die Umsetzung technologischen Fortschritts in sozialen Fortschritt zu entwickeln, bleibt die Skepsis gegenüber derartigen Entwicklungstendenzen weiterhin erhalten. Defaitismus ist eine mögliche Reaktionsform darauf; soziale Kontrolle des technologischen Wandels eine andere.

Literaturverzeichnis

AHRNS, H.-J., FESER, H.-D. (1982): Wirtschaftspolitik. Problemorientierte Einführung, München.

BMFT (1981): Schriftenreihe Technologie und Beschäftigung, Band 4, Düsseldorf usw.

FESER, H.-D., LÄRM, T. (1982): Strukturelle Arbeitslosigkeit, technologischer Wandel und der Einfluß der Mikroelektronik, in: Leviathan, 1o, S. 531-554.

GERSTENBERGER, W. (1982): Investitionen und Produktivität: Entwicklungstendenzen und Zusammenhänge, in: Ifo-Schnelldienst, 35, S. 7-24.

IAB (1975), Hrsg.: Quintessenzen aus der Arbeitsmarkt- und Berufsforschung. Heft 1 (Wachstum und Arbeitsmarkt. Angebot und Bedarf an Arbeitskräften bis 199o), Nürnberg.

LÄRM, T. (1982): Arbeitsmarkttheorie und Arbeitslosigkeit, Frankfurt/M.

RIESE, H. (1975): Wohlfahrt und Wirtschaftspolitik, Reinbek.

SIMONIS, U.E. (1982): Alternativen wirtschaftspolitischer Entwicklung, in: LEIPERT, C. (Hrsg.): Konzepte einer humanen Wirtschaftslehre, Frankfurt/M., S. 293-332.

STAUDT, E. (1981): Engpaß "Anwendung der Mikroelektronik", in: BMFT (Hrsg.): Schriftenreihe Technologie und Beschäftigung, Band 4 (Modernisierung der Volkswirtschaft in den 8oer Jahren), Düsseldorf usw., S. 146-163.

SVR (Sachverständigenrat zur Begutachtung der gesamtwirtschaftlichen Entwicklung), Jahresgutachten 1982/83, BT-Drs. 9/2118.

SVR (Sachverständigenrat zur Begutachtung der gesamtwirtschaftlichen Entwicklung), Sondergutachten vom 9.10.1982.

YU, B.T. (1982): Potential Competition and Contracting in Innovation, in: Journal of Law and Economics, 24, S. 215-238.

Alexander Gerybadze

MIKROELEKTRONIK UND BESCHÄFTIGUNG - ZUM PRO UND CONTRA EINER NEUEN TECHNOLOGIE AUS BESCHÄFTIGUNGSTHEORETISCHER SICHT

1. Einleitung

Nur wenige sozialwissenschaftliche Untersuchungen haben in den letzten Jahren in einem vergleichbaren Umfang die Aufmerksamkeit von Wissenschaftlern, Politikern und Journalisten auf sich gelenkt wie die Frage nach dem Zusammenhang zwischen neuen Technologien und der Beschäftigung. Dabei überrascht zunächst, daß es gegenwärtig vorwiegend die westeuropäischen Länder sind, in denen das "Gespenst des Jobkillers" umgeht. In den USA wird das Beschäftigungsproblem selten in Zusammenhang mit neuen Informationstechniken und der Elektronik gebracht. In Japan wird auf die Beschäftigungswirkungen der neuen Techniken erst in allerletzter Zeit stärker eingegangen.

Das Problem ist folgendermaßen zu begründen: einer überalterten Produktionsstruktur und den Symptomen der Stagflation wird in allen westeuropäischen Ländern seit Mitte der siebziger Jahre mit angebotsorientierten wirtschaftspolitischen Maßnahmen begegnet. Ein Hauptbestandteil waren Maßnahmen zur langfristigen Sicherstellung der Wettbewerbsposition von Firmen durch die Förderung von Forschung und Entwicklung einerseits und durch die Verbesserung bzw. Verbilligung von Informations- und Dokumentationsdiensten andererseits. Inzwischen ist es nahezu die einhellige Meinung von Wirtschaftsfachleuten, daß durch die Schaffung von Innovationsanreizen und die Beseitigung von Innovationshemmnissen die Wachstumsdynamik freigesetzt werden muß.(1)

Bezüglich der Frage, welche Arten von Verfahrens- und Produktinnovationen es denn nun eigentlich sein sollen, die die gewünschten Wachstumsimpulse hervorrufen, ist die

---

(1) Vgl. z.B. die Beiträge in dem Konferenzband "Towards an Explanation of Economic Growth, Symposium 198o, hrsg. von Herbert Giersch, Tübingen 1981.

Expertenmeinung gebündelt auf wenige technologische Schwerpunktfelder gerichtet: neben grundlegenden technischen Neuerungen im Energiesektor und in der Materialtechnologie wird insbesondere auf die zu erwartenden Innovationsschübe im Fertigungsbereich und in der Informationsverarbeitung und -übertragung hingewiesen. Die Rationalisierung der Fertigung und die Restrukturierung des 'Informationssektors" werden in entscheidender Weise geprägt durch Entwicklungen in der Datenverarbeitung und elektronischen Bürotechnik, für die die Mikroelektronik eine Schlüssel- oder auch Basistechnologie darstellt.

Die Mikroelektronik nun mit ihren vielversprechenden Möglichkeiten, eine Unmenge von Rechen-, Steuerungs- und Kontrollaufgaben in Sekundenbruchteilen, zu Pfennigbeträgen und bei minimalem Ressourcenverbrauch auszuüben, steht in Verdacht - auch in makroökonomischen Dimensionen gesehen - eine arbeitssparende technische Neuerung zu sein. Fiktionen der "Fabrik und des Büros der Zukunft" und der Geisterschicht mit allgewaltigen Industrieroboterheeren stehen Erwartungen von 16 Millionen Arbeitslosen in Westeuropa für Ende der achtziger Jahre gegenüber. Zwar muß immer wieder betont werden, daß für die Beschäftigungsprobleme in dem Ausmaß, in dem sie gegenwärtig verzeichnet werden, und wie sie in den folgenden Jahren absehbar sind, technologische Bestimmungsfaktoren eher von untergeordneter Bedeutung sind. Dennoch befindet sich die Technologiepolitik in einem Dilemma, wenn in einer angespannten Beschäftigungssituation zu befürchten ist, daß ein Teil der geförderten neuen Techniken- in welchem relativen Ausmaß auch immer - die Gefahr einer zusätzlichen "technologischen Arbeitslosigkeit" heraufbeschwört. Gerade an diesem Punkt setzt die Kritik an: wie können die westeuropäischen Regierungen mit Milliardenaufwand die Entwicklung von Techniken fördern, von denen die mögliche Gefahr zusätzlicher Arbeitsplatzverluste ausgeht? Läuft eine solchermaßen angelegte Industriepolitik nicht etwa darauf hinaus, die durch sie zu beseitigenden Symptome noch zu verschlimmern?

Eines der häufig geäußerten Gegenargumente lautet, daß es sich eine entwickelte Industrienation angesichts der zunehmenden Konkurrenz durch immer neue Produktgenerationen, gegenüber einer wachsenden Zahl von Schwellenländern und in einer Zeit der Energie- und Rohstoffverknappung nicht leisten kann, in der technischen Entwicklung auch nur einen Augenblick "auszuruhen". Die internationale Wettbewerbssituation gebiete viel eher eine forcierte Offensivstrategie; durch den verstärkten Einsatz neuer Techniken wie beispielsweise der Mikroelektronik ließen sich daher die drückenden Probleme der Arbeitslosigkeit gerade erst lösen, während eine Verzögerung von Innovationen die Situation eher verschlimmern würden.(1)

Eine Vielzahl von Veröffentlichungen hat in den letzten Jahren dazu beigetragen, die wichtigen Zusammenhänge und das Für und Wider bezüglich der Mikroelektronik zu beleuchten. Obwohl sich inzwischen sehr klar die wesentlichen Argumente herauskristallisieren, mangelt es noch immer an einer konzisen theoretischen Erfassung des Problemkomplexes.(2) Im folgenden wollen wir kurz die wesentlichen beschäftigungstheoretischen Argumente von Kritikern wie auch von Befürwortern der Mikroelektronik herausarbeiten. Einer expliziten Darlegung und Beurteilung der Prämissen, unter denen der Einsatz dieser Technik zu einer Erhöhung der Arbeitslosigkeit führt (Abschnitt 3) wird die Diskussion möglicher Entwicklungen gegenübergestellt, bei denen trotz verstärkten Einsatzes der Mikroelektronik Beschäftigungsprobleme verhindert werden können (Abschnitt 4).

2. Der gegenwärtige Stand der Diskussion

Zum Anlaß, gegenüber der Mikroelektronik eher eine kritische Haltung einzunehmen, führten in der Vergangenheit überwiegend Meldungen und Fallstudien von besonders problemreichen Firmen und Branchen. Produktbezogene Beispiele mit stark arbeitsteiligen Effekten der Mikroelektronik-Einführung sind u.a.:

- Elektronische Uhren, die aus 5 Teilen zusammengesetzt werden im Gegensatz zu den etwa 1oo Teilen einer mechanischen Uhr. Bei der Produktion von Fernschreibgeräten werden über 9oo mechanische Komponenten durch einen Mikroprozessor ausgetauscht.(3) Entsprechend wird der Arbeitsaufwand bei der Bauteilfertigung und Bestückung gesenkt.
- Als Folge des Ersatzes mechnischer Komponenten durch elektronische verringert sich der Arbeitsaufwand bei der Herstellung elektronischer Schreibmaschinen um die Hälfte und bei Fernschreibern, Taxametern und Rechenmaschinen um mehr als zwei Drittel.

---

(1) Vgl. Scheid in der FAZ vom 26.3.1983, sowie Scholz (1982, S. 69).

(2) Obzwar einige Arbeiten einen wichtigen Schritt in dieser Richtung leisten, haben die meisten Veröffentlichungen eher Fallstudien- oder aber Survey-Charakter, seltener hingegen den einer theoretischen Grundlegung. Eine gute Übersicht über den Problemkreis findet sich in Dostal (1982) und in Band 3 der Schriftenreihe des BMFT (198o).

(3) Am Beispiel eines modernen elektronischen Fernschreibgeräts von Standard Elektrik Lorenz.

Beispiele von Firmen, die aufgrund der Umstellung auf Mikroelektronik einen Großteil der Belegschaft freisetzen, werden immer wieder zitiert.(1)

- So verringerte NCR in den USA im Zuge der Anwendung der Mirkoelektronik die Zahl der in der Produktion Beschäftigten von 37.ooo im Jahre 197o auf 18.ooo im Jahre 1975.
- Ericson reduzierte zwischen 1975 und 1978 die Zahl seiner Angestellten aufgrund seiner Umstellungen auf elektronische Vermittlungssysteme von 15.ooo auf 1o.ooo.

Schließlich sind auch ganze Industriebranchen in Mitleidenschaft gezogen worden. Spektakulär wirkte hier der Niedergang der Uhrenindustrie, die in der Schweiz eine Reduzierung um 46.ooo Arbeitsplätze verzeichnete. Innerhalb nur weniger Jahre sank die Zahl der Beschäftigten in der bundesdeutschen Uhrenindustrie um 4o%.

In diesem Zusammenhang muß hervorgehoben werden, daß es sich in den genannten wie auch in nahezu sämtlichen anderen Fällen technologiebedingter Freisetzung stets um Produkte mit ursprünglich mechanischer bzw. elektromechanischer Hauptfunktion gehandelt hat, die durch eine kostengünstigere mikroelektronische Funktionslösung ersetzt werden konnte. In der Mehrzahl dieser Fälle ist der Substitutionsprozeß bereits sehr weit fortgeschritten oder sogar vollständig abgeschlossen.(2) Die Beschäftigungswirkungen waren gerade hier besonders stark ausgeprägt und gaben Anlaß dazu, ähnliche Entwicklungen auch für andere Anwendungsbereiche zu befürchten und mit der Mikroelektronik den Begriff "job-killer" zu assoziieren.

Um Beschäftigungswirkungen und andere soziale Konsequenzen der Technologieentwicklung möglichst präventiv zu erfassen und möglichst rechtzeitig die erforderlichen begleitenden Maßnahmen einleiten zu können, wurden in einer Reihe von westeuropäischen Ländern z.T. recht umfangreiche Auftragsstudien zur Analyse der sozialen Auswirkungen der Informationstechnik vergeben.(3) Die wesentlichen

---

(1) Häufig geht jedoch Arbeitslosigkeit in diesen Fällen mit Mißwirtschaft und/oder konjunkturellen Absatzproblemen einher. Befürworter der Mikroelektronik nennen ebenso eine Reihe von Firmen, die die technische Umstellung mit einer Erhöhung der Beschäftigung verbinden konnten.

(2) Vgl. Scholz (1982,61 f.)

(3) Beispiele hierfür bilden die Studien des BMFT (Schriftenreihe zur Informationstechnologie), der Rathenau-Report in den Niederlanden und vergleichbare Studien in Frankreich, Großbritannien, Österreich und in vielen anderen Ländern sowie Untersuchungen im Auftrag supranationaler Institutionen (EG, ECE, OECD).

Erkenntnisse aus diesen Studien lassen sich - was speziell die Beschäftigungseffekte anbetrifft - kurz wie folgt zusammenfassen:
Die Mikroelektronik wirkt arbeitssparend bei der Fertigung herkömmlicher Produkte, in denen aufwendige Mechanik durch elektronische Baugruppen ersetzt wird. Handelt es sich dabei um Investitionsgüter, so ermöglicht deren Anwendung auch in nachgelagerten Fertigungsstufen eine starke Erhöhung der Arbeitsproduktivität. Die bei den Anwendern der Mikroelektronik freigesetzten Arbeitskräfte können auch nicht bei der Herstellung mikroelektronischer Baugruppen beschäftigt werden. Der Fertigungsprozeß erfolgt hier in hohem Maße bereits automatisiert und die noch arbeitsintensiven Bereiche der Entwicklung erfordern grundlegend andere Qualifikationen.(1)

Ein möglicher Ausweg wäre die Bereitstellung von Arbeitsplätzen im tertiären Sektor. Doch gerade hier wird die Mikroelektronik in den nächsten Jahren erhebliche Rationalisierungsmaßnahmen auslösen. Dieser Argumentationszusammenhang veranlaßt die Kritiker dieser neuen Technologie, sehr hohe Freisetzungseffekte nicht nur kurzfristig, sondern auf Dauer in fast allen Branchen zu prognostizieren.

Demgegenüber wenden die Befürworter der Mikroelektronik ein, der Einsatz dieser Technik sei nicht notwendig arbeitssparend, da er auch über verbesserte Produkte zu einer erhöhten Nachfrage und damit auch zu einem verstärkten Arbeitseinsatz Anlaß geben kann. Wie immer in den letzten 2oo Jahren gehe der Strukturwandel als "industrieller Verdauungsprozeß" mit dem Niedergang bestimmter Firmen und Industriezweige einher, schaffe aber zugleich neue Unternehmen und Branchen, in denen die freigesetzten Arbeitskräfte Beschäftigung finden. Dies sei auch für strukturelle Veränderungen, die durch die Mikroelektronik hervorgerufen werden, zu erwarten.

Die wichtigsten Beschäftigungsfelder, so die Befürworter dieser neuen Technologie, werden gerade dort zu suchen sein, wo die Mikroelektronik eine Vielzahl neuer Produkte, die Gründung von Unternehmen und das Aufblühen völlig neuartiger Industriezweige ermöglicht. Darüberhinaus wird der Einsatz der Mikroelektronik im Fertigungsbereich über starke Kosten- und Preissenkungen eine Ausweitung der realen Nachfrage ermöglichen und somit, wenn auch nicht zu einer Erhöhung der Beschäftigung in der Fertigung industrieller Güter, so doch zumindest auch nicht zu deren Verringerung führen.

Selbst für den Fall, daß latent stark arbeitsplatzverringernde Effekte langfristig nicht von der Hand zu weisen sind, wird doch die Kritik mit dem Hinweis auf

(1) Vgl. Habermann (1982, S. 22 ff.)

die Zeitdimension abgewendet: die Verbreitung der Mikroelektronik vollziehe sich weit langsamer als vielfach angenommen. Widerstände, die aus den Betrieben selbst kommen, Angst vor zu starken Umstrukturierungen mangelndes Know-how, Kostenfaktoren und Engpässe in der rechtzeitigen Bereitstellung der erforderlichen neuen Systemkomponenten wirken sich hemmend auf die Diffusionsgeschwindigkeit aus. Je langsamer eine neue Technologie aber eingeführt wird, in desto geringerem Maße kommen ihre negativen Effekte wie z.B. Arbeitslosigkeit zum Tragen. Ja, es bleibe sogar noch genügend Zeit, die erforderlichen Gegenmaßnahmen (Konjunkturpolitik, Beschäftigungs- und Umschulungsmaßnahmen) einzuleiten.

Trotz zahlreicher Verfeinerungen und empirischer Materialaufbereitungen zu diesen Argumentationszusammenhängen sind die logischen Grundmuster klar aufbereitet. Es haben sich zwei Fronten gebildet, die nunmehr weitere Studien nur noch als Schützenhilfe in ihre Beweiskette einarbeiten: die "Jobkiller-Skeptiker" auf der einen und die "Jobknüller-Propheten" auf der anderen Seite. Obwohl es in der Einschätzung der Technologiefolgen grundlegende Differenzen gibt, haben sich beide Seiten jedoch zu einem Minimalkonsens durchringen können: der Einstieg in die Mikroelektronik durch europäische Industriefirmen wird befürwortet, da eine Verspätung oder gar völlige Verweigerung fatale Folgen hätte. Die Kritiker sagen, die negativen Folgen wären dann umso gravierender; die Befürworter vertreten die Auffassung, Europa könnte dann nicht in den Genuß der erhofften Früchte gelangen. Diesen Grundkonsens zum Einstieg in die Mikroelektronik vorausgesetzt, findet die unterschiedliche Bewertung dieser neuen Technologie ihren Niederschlag in Kontroversen über die Geschwindigkeit, die Bereiche und die Begleitumstände der Einführung.

3. Diskussion beschäftigungsmindernder Effekte der Mikroelektronik

Den meisten Studien, die starke beschäftigungsreduzierende Effekte der Mikroelektronik aufzeigen, liegt folgende logische Struktur zugrunde: bei gegebener Produktions- und Nachfragestruktur läßt sich ein Teil der Produkte mit wesentlich weniger Arbeitsaufwand herstellen. Es kommt hier zu Arbeitseinsparungen, da sich die Produktion nicht in dem erforderlichen Maße ausdehen läßt und die freigesetzten Arbeitskräfte auch nicht in anderen Produktionsbereichen eingesetzt werden können. Dieser Argumentation liegt aber eine Reihe von Prämissen zugrunde, die nicht immer hinterfragt werden und die gelegentlich unter dem Hinweis der Selbstverständlichkeit als erfüllt angesehen werden.

Zunächst wird davon ausgegangen, in den wirtschaftlichen Kreislauf würde eine technische Neuerung mit eindeutig arbeitssparenden Effekten "eingebracht". Mit Hilfe eines neuartigen Vorproduktes bzw. Kapitalguts, im diskutierten Fall durch den Einsatz mikroelektronischer Bauelemente, läßt sich dieselbe Menge eines Gutes unter weniger Arbeitseinsatz herstellen. Obwohl bei der Herstellung des neuartigen Vorproduktes zusätzliche Arbeit anfällt, sind die benötigten direkten und indirekten Arbeitsinputs insgesamt geringer als vor Einführung der technischen Neuerung.

Prämisse 1: Mikroelektronik ist eine inhärent arbeitssparende Technologie. Sämtliche direkten und indirekten Arbeitsinputs, die bei der Herstellung eines Gutes anfallen, sind zusammengenommen geringer als vor der Einführung der Mikroelektronik.

Nun kann jedoch von einer Verringerung des erforderlichen Arbeitseinsatzes, bezogen auf eine Produkteinheit nicht in eindeutiger Weise auf positive oder negative Veränderungen der Beschäftigung geschlossen werden. Dieselbe arbeitssparende Technik kann unter verschiedenen Prämissen bezüglich Wachstum und strukturellen Änderungen des Wirtschaftsprozesses zu einer Erhöhung, aber auch zu einem Abbau der Arbeitslosigkeit beitragen. Zu fragen ist vielmehr, welche dieser Prämissen unter gegenwärtigen Bedingungen dazu führen können, daß die gesamtwirtschaftlich beschäftigungsmindernden Effekte der Mikroelektronik überwiegen.

Prämisse 2: Bei einer unveränderten Struktur der Endnachfrage ist das Wachstum der Produktion geringer als die Steigerung der Arbeitsproduktivität.

In der Einschätzung der wirtschaftspolitischen Perspektiven für die kommenden Jahre läßt sich ein an den zu erwartenden Produktivitätssteigerungen zu messendes defizitäres Wachstum wohl kaum von der Hand weisen. Wachstumsraten um 6%, die erforderlich wären, um im Verlauf der achtziger Jahre in der Bundesrepublik Vollbeschäftigung zu sichern, können mit großer Sicherheit ausgeschlossen werden.(1) An dieser Stelle dürfen jedoch makroökonomische Projektionen nicht mit technologiespezifischen Entwicklungsmustern vermischt werden. Zu klären wäre vielmehr: gilt diese Problematik wachstumsdefizitärer Entwicklung auch für den engeren Einflußbereich der Mikroelektronik, d.h. sind die durch diese Technik ausgelösten

---

(1) Vgl. dazu die Projektionen der Bundesanstalt für Arbeit und der Wirtschaftsforschungsinstitute.

Produktivitätssteigerungen zu hoch im Vergleich zum Wachstum in denjenigen Produktionsbereichen, in denen die Mikroelektronik zum Einsatz kommt?

Unter der Prämisse einer unveränderten Struktur der Endnachfrage kann auf lange Sicht sicher nicht ausgeschlossen werden, daß auch die Mikroelektronik ihren Teil zur Verringerung der Beschäftigung beiträgt. Zu vielfältig sind hier die Anwendungs- und Einsparungsmöglichkeiten einerseits und das Rationalisierungspotential bei der Entwicklung der erforderlichen Systeme und Komponenten andererseits. Für viele der auf dem Markt vorhandenen Produkte läßt sich kaum vorstellen, daß es zu Ausweitungen der Nachfrage in einem Umfang kommen kann, durch die die möglichen Produktivitätssteigerungen ausgeglichen werden. Allerdings ist es in den vergangenen Jahren infolge einer relativ niedrigen Diffusionsrate kaum zu merklichen Freisetzungen gekommen, die der Anwendung der Mikroelektronik direkt oder indirekt zuzurechnen wären.(1)

Auch wenn unter der Annahme einer unverändert bleibenden Endnachfragestruktur eine wachstumsdefizitäre Entwicklung zu erwarten sein wird, so ist nicht auszuschließen, daß maßgebliche Impulse von Umschichtungen der Produktstruktur ausgehen können und werden. Kritiker eines erhöhten Mikroelektronikeinsatzes unterstellen demgegenüber:

<u>Prämisse 3:</u> Die zusätzlichen Beschäftigungsmöglichkeiten in "neuen Wachstumsfeldern" (wachstumsintensive Branchen, neue und verbesserte Produkte, Export) sind zu gering im Vergleich zur Freisetzung von Arbeitskräften in den traditionellen Produktionsbereichen.

Zwar ist eine Vielzahl von Möglichkeiten für neue und verbesserte Produkte tatsächlich vorhanden. Zu fragen bleibt jedoch, ob deren Innovations- und Wachstumspotential tatsächlich freigesetzt und auch innerhalb relativ kurzer Fristen genutzt werden können. Die Zweifel von Kritikern setzen an der vermeintlich zu geringen Akzeptanz, dem Mangel an kaufkräftiger Nachfrage und auch an der Fragwürdigkeit des Nutzenzuwachs durch viele neuartige Konsumgüter mit esotherischen Zusatzfunktionen und Eigenschaften an.

Obwohl es demgegenüber eine Reihe von neuen Produkten gibt, für die die Nachfrage noch lange nicht "ausgereizt" ist, und die keineswegs nur den Charakter "überflüssigen Spielzeugs" haben, sondern z.T. sinnvolle soziale Aufgaben erfüllen (z.B. im therapeutischen und ökologischen Bereich) ist doch im Hinblick auf den Beschäftigungsaspekt zu fragen: 1. reichen die neuen Markt- und Produktbereiche und die daraus ableitbaren positiven Beschäftigungseffekte aus, um die allein auf den Mikroelektronikeinsatz zurück-

---

(1) Vgl. auch die detaillierten Ausführungen von Dostal (1982, S. 157 ff.)

führbaren Freisetzungen zu kompensieren? Ist dies der Fall, so wäre zudem von Interesse: 2. sind die neuen Wachstumsfelder der Mikroelektronik ausreichend, um der gesamtwirtschaftlich wachstumsdefizitären Entwicklung gegenzusteuern und mittelfristig wieder Vollbeschäftigung zu erzielen?

Die zweite Frage muß sicherlich negativ beantwortet werden. Es ist kaum absehbar, wie durch den Einsatz der Mikroelektronik allein die Zahl von gegenwärtig über 2 Millionen Arbeitslosen in nennenswerter Weise und innerhalb relativ kurzer Zeit verringert werden kann. Demgegenüber besteht im Hinblick auf die erste Frage immerhin die Möglichkeit, daß die neuen Produkte und Marktsegmente in einem Maße kompensatorisch wirken, daß die Mikroelektronik per saldo einen positiven Beschäftigungseffekt hat, auch wenn dieser selbst im günstigsten Fall nur einen geringen Einfluß auf die Veränderung der gesamtwirtschaftlichen Beschäftigungslage hätte.

Problematisch im Zusammenhang mit der Diskussion sozialer Auswirkungen der Mikroelektronik ist, daß die erstgenannte Frage stets mit der zweiten vermischt wird. Die Tatsache, daß in der Bundesrepublik ein hohes Maß an Unterbeschäftigung verzeichnet wird und die Mikroelektronik durch neue Produkte und Verfahren mittelfristig nicht dazu beitragen kann, dieses zu beseitigen, führt dazu, daß Kompensationsmöglichkeiten der Mikroelektronik - wie unbedeutend sie auch im Vergleich zu makroökonomischen Kennziffern sein mögen - insgesamt bestritten werden und somit auch bezüglich der ersten Frage gefolgert wird, Mikroelektronik sei per saldo arbeitssparend.

Freilich ist man im Zusammenhang mit einer Modernisierungsstrategie nicht nur darum besorgt, ob ein paar wenige neue Produkte und Arbeitsplätze geschaffen werden, sondern daß - zumindest mit der erforderlichen zeitlichen Verzögerung auch ein nachhaltiger Effekt auf die gesamtwirtschaftliche Entwicklung ausgeht. Was die Mehrzahl der Untersuchungen über die sozialen Auswirkungen der Informationstechnik anbetrifft, so ist man angesichts einer auch volkswirtschaftlich merklichen Verbesserung der Beschäftigungssituation durch Erschließung neuer Wachstumsfelder eher verhalten. Immerhin wird hier jedoch eine Möglichkeit für die zweite Hälfte der achtziger Jahre gesehen, wenn es gelingen wird, Umstellungsprobleme und Anpassungserfordernisse zu lösen. Im folgenden wird die Möglichkeit einer solchen eher friktionslosen Entwicklung erörtert.

4. Zur Möglichkeit der Beschäftigungssicherung bei Einsatz der Mikroelektronik und Chancen der Realisierbarkeit

Befürworter eines stärkeren Mikroelektronikeinsatzes begründen ihre Position durch den Verweis auf die internationale Herausforderung, die es für ein Land mit hoher Außenhandelsverflechtung unumgänglich macht, eine technologische Spitzenstellung zu erhalten und immer weiter auszubauen. Sie plädieren für eine weltmarktorientierte Vorwärtsstrategie, bei der die beschleunigte Entwicklung und Diffusion der Mikroelektronik eine vorrangige Entwicklung spielt. Der häufig vertretene "technologische Imperativ" beläßt es zumeist bei dem Hinweis, daß es ohne eine Forcierung der Entwicklung nur zu einer Verschlechterung der Beschäftigungssituation komme, zeigt jedoch nicht konsequent genug auf, in welcher Weise die Vorwärtsstrategie tatsächlich zu einer Lösung der aufgezeigten Probleme führt. Im folgenden sollen die Voraussetzungen beleuchtet werden, unter denen ein beschleunigter Einsatz der Mikroelektronik zur Lösung von Beschäftigungsproblemen beitragen kann und auch, ob diese Voraussetzungen gegenwärtig annähernd erfüllt sind.

Wieder wollen wir davon ausgehen, bei der Anwendung der Mikroelektronik würden - bezogen auf eine Produkteinheit - mehr Arbeitskräfte eingespart, als bei der Herstellung der erforderlichen mikroelektronischen Komponenten zusätzlich zum Einsatz kommen. Die Branchen- und Produktionsstruktur soll zunächst unverändert bleiben. Die technologische Veränderung besteht darin, daß sich ein Strom mikroelektronischer Bauelemente gleichmäßig über alle Branchen "ergießt" und in diesen die Arbeitsproduktivität erhöht.

Prämisse 4: Alle Branchen steigern die Produktion in mindestens demselben Maße, wie durch die Mikroelektronik die Arbeitsproduktivität erhöht wird. Die möglichen Kostensenkungen werden an die Verbraucher weitergegeben.

Unter dieser Prämisse werden bei gleichbleibendem Ressourceneinsatz von allen Gütern mehr Einheiten produziert. Die Einkommen reichen aus, um die verbilligten Güter in vollem Umfang nachzufragen und eine Auslastung aller Inputs sicherzustellen. Eine solche Paraphrase eines "Say'schen Theorems des Wachstums durch Mikroelektronik" ermöglicht zwar interessante Denkspiele, kann jedoch infolge der zugrundeliegenden langfristig-gleichgewichtstheoretischen Orientierung auf keinen Fall für beschäftigungspolitische Überlegungen herangezogen werden. Zwar könnte in einer völlig anderen Situation weltwirtschaftlicher "Großwetterlage" der verstärkte Einsatz der Mikroelektronik einhergehen mit hohen Wohlstandssteigerungen und Vollbeschäftigung, doch liegt eine solche Situation derzeit und wohl auch in absehbarer Zukunft nicht vor.

Ebenso wie andere "Basisinnovationen" in der Vergangenheit erzeugt auch die Mikroelektronik Instabilitäten und starke strukturelle Verschiebungen. Ganz im Widerspruch zu dem oben angeführten Bild einer gleichmäßigen Verbreitung über alle Sektoren erfaßt die Mikroelektronik primär nur einzelne Schlüsselbranchen, in denen sie Wirkungen unterschiedlichen Ausmaßes auslöst.(1) Im Verlauf weiterer Diffusionswellen mit branchenspezifischen Verlaufsformen und Absorptionsmöglichkeiten, wachsen einzelne Sektoren überdurchschnittlich stark, während andere stagnieren bzw. schrumpfen. Wichtigste Determinanten des relativen Wachstums sind: 1. die "technologische Nähe" bzw. die Anwendbarkeit der Mikroelektronik, 2. das Ausmaß möglicher Produktivitätssteigerungen und 3. die Elastizität der Nachfrage nach den Produkten der verschiedenen Branchen.(2) Trotz erheblicher struktureller Verschiebungen kann es unter günstigen Bedingungen dennoch zu einer relativ friktionslosen Entwicklung kommen.

Prämisse 5: Selbst bei unveränderter Struktur der Endprodukte gibt es genügend Branchen mit einer hohen Nachfrageelastizität, die die in anderen Sektoren - unter anderem durch den Einsatz der Mirkoelektronik - frei werdenden Arbeitskräfte beschäftigen können. Eine hinreichende intersektorale Mobilität ist gewährleistet.

Die erstgenannte Bedingung einer hohen Nachfrageelastizität für eine genügende Zahl an Produkten ist durchaus realistisch. Güter, die noch vor nicht allzu langer Zeit wenigen Haushalten vorenthalten waren, sind heute zum selbstverständlichen Gebrauchsgegenstand breiter Käuferschichten geworden. Nach wie vor gibt es noch zahlreiche recht nützliche Produkte, über die bislang nur wenige Haushalte verfügen und deren kostengünstige Massenpro-

---

(1) Zu diesen Schlüsselbereichen zählten in den sechziger Jahren zunächst die Datenverarbeitung und Militärelektronik, später weitere Teilbereiche der Elektrotechnischen Industrie und des Sektors Feinmechanik, Optik und Uhren. Im Verlauf der 8o-er Jahre werden weitere Bereiche wie der Maschinenbau, die Automobilindustrie und viele andere Branchen des Verarbeitenden Gewerbes erfaßt werden, wenngleich in jeweils unterschiedlichem Ausmaß.

(2) Für weiterführende Überlegungen kann die Aufzählung der wichtigsten Determinanten noch ergänzt werden um: 4. das Ausmaß möglicher Produkt- und Qualitätsveränderungen, 5. die Wettbewerbsfähigkeit gegenüber dem Ausland, 6. branchenspezifisches Innovationsverhalten, 7. Veränderungen von Präferenzen, Ressourcen und Technologien, etc.

duktion - gerade auch unter Einsatz der Mikroelektronik - realisierbar und absehbar ist. Dies gilt keineswegs nur für die mögliche Ankurbelung des Individualkonsums; auch im öffentlichen Bereich sind Ausweitungen in der Bereitstellung und Nutzung von Gütern und Dienstleistungen denkbar, z.B. durch verbesserten Zugang zu Bibliotheken oder benutzerfreundliche Nahverkehrssysteme. Auch hier kann die Anwendung der Mikroelektronik zu einer größeren Vielfalt und Effizienz in der Erstellung beitragen und durch Ausweitung des Angebotes zugleich auch neue Beschäftigungsmöglichkeiten bieten.

Wird eine relativ friktionslose strukturelle Entwicklung nicht realisierbar, so liegt dies weniger an einem Mangel potentiell wachstumsträchtiger Produktbereiche, sondern ist viel eher ein Problem der frühzeitigen Identifikation ergiebiger Wachstumsfelder und der rechtzeitigen beschäftigungssichernden Reallokation der Ressourcen. In den vergangenen Jahren haben in der Bundesrepublik viele der Produkte mit hoher Nachfrageelastizität und hohem Mikroelektronikanteil nicht in erheblichem Maße die Beschäftigung auf sich gelenkt, sondern sind gerade im Gegenteil zunehmend im Ausland oder mit hohem ausländischen Zulieferanteil gefertigt worden. Die Kostensenkungsmöglichkeiten der Mikroelektronik haben zudem nicht immer die für hohe Produktionssteigerungen erforderlichen Preisnachlässe nach sich gezogen; stattdessen wurden dadurch - wie z.B. bei Waschmaschinen und in der Automobilelektronik - aufwendige Zusatzfunktionen für nur wenige potentielle Käufer realisiert. Auch eine beschränkte Mobilität von Kapital und Arbeit hat der erforderlichen Restrukturierung der Wirtschaft Grenzen gesetzt. Dies gilt besonders im Hinblick auf die in den neuen Wachstumsbereichen geforderten Qualifikationen, die selten denjenigen entsprechen, über die die in den eher "traditionellen" Sektoren Freigesetzten verfügen.

Besonders gravierende Probleme von Mobilitätshindernissen und Qualifikationsengpässen sowie von investitions- und nachfragebedingten Verzögerungsprozessen treten gerade auch dort auf, wo man sich von der Mikroelektronik die größten Impulse erhofft, nämlich im Bereich neuer Produkte und Dienstleistungen. Einem sehr breiten Produktinnovationspotential stehen kurzfristig wirkende Verzögerungen bei der Einführung gegenüber. Auf mittlere Sicht bietet die Mikroelektronik hingegen außerordentlich vielfältige Möglichkeiten, die Funktionen vorhandener Güter zu erweitern und völlig neue Produkte zu entwicklen. Gerade hier könnte - setzt man einmal die Lösbarkeit der auftretenden Anpassungsprobleme voraus - die wichtigste Wachstumsreserve liegen, die durch diese neue Technologie bereitgestellt wird.

Prämisse 6: In dem Maße, wie der Arbeitseinsatz bei der Herstellung herkömmlicher Güter verringert wird, bieten Sektoren, in denen neue oder "veredelte" Güter und Dienstleistungen erstellt werden, zusätzliche Arbeitsplätze an.

Selbst wenn es in den letzten Jahren in der Bundesrepublik nicht zu der erwarteten Erschließung neuer Wachstumsfelder gekommen ist,(1) was zu einer zunehmend skeptischen Haltung gegnüber den realisierbaren Produktinnovationspotentialen der Mikroelektronik Anlaß gegeben hat, so gibt es doch genügend Indizien dafür, daß in den kommenden Jahren mit einer stark zunehmenden Zahl neuer Mikroelektronikprodukte zu rechnen ist.(2) Dabei muß es sich keineswegs nur um die Schaffung immer neuer, noch ausgeklügelterer Konsumgüter (wie beispielsweise die mikroprozessorgesteuerte Skibindung oder den monogrammröstenden Toaster) handeln, deren Nutzungspotential langfristig begrenzt und u.U. sozial fragwürdig ist. Wichtige neue Einsatzbereiche ergeben sich im medizinisch-therapeutischen Bereich (Geh-, Hör- und Sehhilfen), im Umweltschutz (Emmissionskontrolle, Meß- und Analysegeräte), bei der Energieeinsparung, in der Informationstechnik und für viele andere, durchaus expansionsfähige und "sozialverträgliche" Applikationen.

Obwohl man bei dem Gedanken an neue Wachstumsfelder zumeist an Güter und Dienstleistungen denkt, die in den

(1) Ebenso wie die Kabinettstudien zum Thema Informationstechnologie und Beschäftigung die Wachstums- und Beschäftigungseffekte, die von neuen Mikroelektronik-Konsumgütern ausgehen, kurzfristig gesehen als relativ gering einschätzen und erst für die späten 8o-er Jahre merkenswerte Impulse erwarten, kommt auch die Studie der OECD (1981) zu dem Ergebnis: "if the engine of economic growth is a growing final demand, which was true for industrialised goods in the past decades, this engine is not yet operating with regard to the information economy. Such an engine may exist in embryo form but the Expert Group found little evidence to this effect".

(2) Die breite Einführung immer neuer Arten von Gütern kann nur mit der entsprechenden zeitlichen Verzögerung erwartet werden und wird auch in den meisten entwickelten Industriestaaten unterstützt durch eine Reihe von Förderprogrammen, die verstärkt auf Produktinnovationsprozesse gerichtet sind. In der Bundesrepublik wurden 1982 innerhalb weniger als einem Jahr Anträge auf Förderung von 25oo Produktentwicklungen auf der Basis von Mikroelektronik gestellt, von denen ein nicht unbedeutender Teil Mitte der 8o-er Jahre zur Realisierung und Vermarktung neuer Produkte führen wird.

Endverbrauch eingehen, ermöglicht die Mikroelektronik auch die Bereitstellung einer Reihe neuer Vorleistungen und eine veränderte industrielle Vorleistungsverflechtung. Stark expandierend sind insbesondere Produzentendienstleistungen, sei es in der kommerziellen Datenverarbeitung (Softwarefirmen, Rechenzentren) oder im Bereich technischer Problemlösungen (Ingenieurbüros, Systemhäuser). In diesen werden eine volkswirtschaftlich nicht unbedeutende Zahl von Arbeitsplätzen für eine neue Generation von Hochqualifizierten mit veränderten Berufsvorstellungen und Konsummustern geschaffen, von denen einerseits Nachfrageimpulse für technisch hochwertige neue Güter und andererseits Möglichkeiten zur Erschließung von Wachstumsfeldern durch neue Formen der Arbeitsteilung ausgehen.(1)

Neben dem strukturellen Wandel und der Schaffung neuer Produkte und Dienstleistungen bietet der Außenhandel eine weitere Möglichkeit zur Kompensation technologiebedingter Freisetzungen von Arbeitsplätzen, wenngleich in diesem Zusammenhang die Beschäftigungsfolgen im Sinne des "beggar-my-neighbour" zu einseitig nur im nationalen Kontext betrachtet werden.

Prämisse 7: Ein Land, das sich schneller als seine Konkurrenten auf Mikroelektronik umstellt, kann seine Exportposition stark ausbauen und dadurch zusätzliche Arbeitsplätze schaffen.

Zwar lassen sich rein theoretisch Entwicklungen der Weltwirtschaft mit hohen Wachstumsraten, starkem strukturellem Wandel und der Erschließung neuer Wachstumsfelder bei gleichzeitig intensivem Wettbewerb um technische Spitzenpositionen vorstellen, die nicht zu technologiebedingten Freisetzungen führen. Beim gegenwärtigen Verlauf des internationalen Wettbewerbsprozesses gerade in der Elektronik ist jedoch eher zu befürchten, daß nur wenige technisch führende Nationen durch umfangreiche Exporte mikroelektronikintensiver Produkte für sich selbst positive Beschäftigungseffekte der Mikroelektronik sicherstellen können. Ob die Bundesrepublik zu diesen Ländern zählen wird, läßt sich gegenwärtig nicht mit Sicherheit beantworten. Bislang hat sie zwar eine noch führende Position bei technologieintensiven Produkten, ist aber weniger erfolgreich im Export von Gütern, bei denen die Mikroelektronik eine Hauptfunktion innehat.(2)

---

(1) In mehreren Studien der FAST-Gruppe (FAST 1982) wird insbesondere auf die Wachstumsimpulse durch die Ausweitung von Produzentendienstleistungen und durch eine neuartige Vorleistungsverflechtung (insbesondere durch neue Informationsdienste) näher eingegangen. Diesen ist eine größere Bedeutung beizumessen als neuartigen Konsumgütern.

(2) Vgl. Blau, Faust, et. al (1982, S. 49)

Zusammenfassend läßt sich also sagen, daß weder von einem forcierten mengenmäßigen Wachstum noch von einem verstärkten Export gegenwärig in der Bundesrepublik Deutschland hinreichende Impulse in Richtung auf die Erreichung annähernder Vollbeschäftigung ausgehen können. Dennoch liegen in einer Umschichtung der Produktionsstruktur und in der Erschließung neuer Produkte und Dienstleistungen durch gezielten Einsatz der Mikroelektronik Chancen auch zur Beseitigung eines Teils der gegenwärtigen Beschäftigungsprobleme, die nicht von vornherein blockiert werden sollten durch eine emotionalisierte und zu undifferenzierte Diskussion der voraussichtlichen Folgen dieser neuen Technologie.

Literaturverzeichnis

BARRON, J., CURNOW, R.C. (1978), The Future of Information Technology, London.

BIRCH, D.L. (1979), The Job Generation Process, Research Report, MIT, Center for Policy Alternatives, Cambridge, Mass.

BLAU, FAUST, u.a. (1982), in: Ifo-Schnelldienst, 17/18, Juli 1982.

BMFT, (Hrsg. 198o), Schriftenreihe Technologie und Beschäftigung, Band 1-3, Düsseldorf/Wien.

BRAUN, H.G., LAUMER, H., LEIBFRITZ, W., SHERMAN, H.C. (eds. 1982), The European Economy in the Eighties,

DANZIN, A. (1978), Die Gesellschaftlichen Auswirkungen der Informationstechnologie, München/Wien.

DOSTAL, W. (1979), Die Beschäftigungswirkungen von Mikroprozessoren, in: Rationalisierung, Nr. 2.

- (1982), Fünf Jahre Mikroelektronik - Diskussion, in: Mitteilungen aus der Arbeitsmarkt- und Berufsforschung, Heft 2, S. 151-166.

EVANS, J. (1979), Die Auswirkungen der Mikroelektronik auf die Beschäftigung in Westeuropa in den 8oer Jahren, Brüssel.

FAST, (1982), The FAST Programme: Results and Recommendations (Vol. 1) and: Summaries of the 36 Research Projects (Vol. 2), Commission of teh European Communities, Directorate-General for Sxience, Research and Development, Brüssel.

FESER, H.-D., LÄRM, T. (1982), Strukturelle Arbeitslosigkeit, technologischer Wandel und der Einfluß der Mikroelektronik, Leviathan, Bd. 1o, S. 531-554.

FRENZEL, U. (1981), Technik in den achtziger Jahren - Technologische Entwicklungslinien und ihre Auswirkungen auf Arbeitsplätze und Arbeitskräfte, in: Aus Politik und Zeitgeschichte, Bd. 47/1981, S. 21-29.

FRIEDRICH, G. (1978), Einsatz von Mikroprozessoren, Auswirkungen auf Produktion und Beschäftigung, in: Rationalisierung Nr. 7/8.

Forschungsinstitut der Friedrich-Ebert-Stiftung (1978), Technischer Fortschritt und Beschäftigung, Bonn - Bad Godesberg.

GIERSCH, H. (Hersg. 1981), Toward an Explanation of Economic Growth, Symposium 198o des Weltwirtschaftsinstituts in Kiel, Tübingen.

HABERMANN, (1982), Mikroelektronik und Arbeitsplätze, Bericht an den Internationalen Metallgewerkschaftsbund, Berlin.

HOFMEISTER, E. (1982), Mikroelektronik und Arbeitsplätze, in MEYER-ABICH (1982).

IG-METALL (1977), Strukturelle Arbeitslosigkeit durch technologischen Wandel? Technologie-Tagung der IG-Metall vom 24.-25.5.1977, Frankfurt am Main.

KALMBACH, P. (1978), Rationalisierung, Neue Technologien und Beschäftigung, in: Gewerkschaftliche Monatshefte, Bd. 8, S. 455-465.

LAMBERTON, D.M. (1978), Information, Technology and Employment, in: Six Countries Program on Aspects of Government Policies towards Technological Innovation in Industry, Paris.

LORENZ, G. (1979), Einsatz von Mikroprozessoren als Faktor internationaler Wettbewerbsfähigkeit, in: Rationalisierung, Nr. 2.

METTELSIEFEN, B. (1981), Technischer Wandel und Beschäftigung - Rekonstruktion der Freisetzungs- und Kompensationsdebatten, Frankfurt am Main/New York.

MEYER-ABICH, K. und STEGER, K. (Hrsg. 1982), Mikroelektronik und Dezentralisierung, Berlin.

MIKE-Projekt (1981), Technology and Employment - The Impact of Microelectronics, papers from a workshop hold at the Institute of Production, Aalborg University Center, February 19th, 1981.

NORA, S., MINC, A. (1979), Die Informatisierung der Gesellschaft, Frankfurt/New York.

OECD (Hrsg. 1979), Science and Technology in the New Socio-Economic Context, Report of the Committee for Scientific and Technology Policy, Paris.

- (Hrsg. 1981), Die Zukunftschancen der Industrienationen, Frankfurt/New York.

- (1981), Information Activities, Electronics and Telecommunication Technologies, Paris.

PROGNOS (1978), Längerfristige Wirtschafts- und Arbeitsmarktentwicklungen in der BRD und Baden-Württemberg sowie Handlungsmöglichkeiten zur Sicherung der Vollbeschäftigung und des Wirtschaftswachstums, Basel.

RADA, J. (198o), The Impact of Micro-Electronics. A Tentative Appraisal of Information Technology, International Labour Office, Genf.

ROTHWELL, R., ZEGVELD, W. (1979), Technical Change and Employment, Report prepared for the Six Countries Program on Government Policies Towards Technological Innovation in Industry. (1982), Industrial Innovation and Public Policy, London.

SCHEID, R. (1982), Elektronik in den achtziger Jahren, Vortrag anläßlich des Technologieforums in Berlin, 7.1o.1982.

SCHOLZ, L. (1982), Gefahr einer "technologischen" Arbeitslosigkeit? in: Ifo-Schnelldienst, 17/18, S. 6o-69.

SORGE, H., WARNER, N. (1982), Mikroelektronik und Arbeit in der Industrie, Erfahrungen beim Einsatz von CNC-Maschinen in Großbritannien und der Bundesrepublik Deutschland.

VDI-TECHNOLOGIEZENTRUM (198o), Anwendung der Mikroelektronik im Maschinenbau, Berlin.

- (1981), Neue Technologien sichern unsere Zukunft - Entwicklungen auf dem Gebiet von Mikroelektronik und Physikalischen Technologien, Berlin.

Joachim Wagner

TECHNISCHER WANDEL, WELTMARKT UND BESCHÄFTIGUNG

Zur Bedeutung internationaler ökonomischer Verflechtungen für die Beziehungen zwischen technischem Fortschritt und Beschäftigungsentwicklung in der Bundesrepublik Deutschland

1. Einleitung

Die Auswirkungen des "Technischen Wandels" (TW) auf die Beschäftigung, auf Art und Umfang der Arbeit, sind ein hochaktuelles und kontrovers diskutiertes Thema; als Beispiel sei hier nur auf den Bericht an den "Club of Rome" mit dem dramatischen Titel "Auf Gedeih und Verderb" (Friedrichs, Schaff (Hrsg.) (1982)) und die Aufmerksamkeit hingewiesen, die dieser in den Massenmedien fand. Am Horizont erscheinen automatische Fabriken und Büros - je nach Blickwinkel als Gefahr oder als Chance. Wem es gelingt, "nachzufolgen in die verborgene Stätte der Produktion, an deren Schwelle zu lesen steht: No admittance except on business" (Marx (1972), S. 189), der kann sich davon überzeugen, wie viel von diesen Visionen heute schon Wirklichkeit geworden ist.

Die Debatte um TW und Beschäftigung hat in der Ökonomie eine lange Tradition (1); sie dauert an, und auch für die Bundesrepublik Deutschland liegen eine Reihe umfangreicher theoretischer und empirischer Untersuchungen hierzu vor.(2) Betrachtet man aus dem breiten Spektrum der in der Literatur diskutierten Probleme einen speziellen Aspekt, nämlich den Zusammenhang von TW und Beschäftigung in einer offenen Volkswirtschaft, dann entsteht folgender Eindruck:

Einerseits spielen Weltmarktverflechtungen verschiedener Art bei der theoretischen Untersuchung des Zusammenhangs von TW und Beschäftigung vielfach allenfalls am Rande eine Rolle - wenn sie nicht sogar explizit ausgeklammert werden; andererseits wird in der aktuellen wirt-

(1) Vgl. hierzu die beiden umfangreichen Überblicke von Gourvitch (194o) und Mettelsiefen (1981).

(2) Vgl. als umfassenden Überblick mit zahlreichen Literaturhinweisen Dostal (1982).

schaftspolitischen Diskussion immer wieder gerade auf die Bedeutung des Technischen Fortschritts in Form von Prozeß- und Produktinnovationen zur Sicherung und Verbesserung der internationalen Wettbewerbsfähigkeit verwiesen, um die Notwendigkeit einer technologiefördernden Wirtschaftspolitik oder die Durchsetzung bestimmter neuer Technologien auch gegen den Widerstand einzelner Gruppen zu begründen. Die Literatur zur Theorie internationaler Wirtschaftsbeziehungen schließlich behandelt ausführlich modelltheoretisch und empirisch die Rolle des technischen Fortschritts; hierbei bleiben jedoch die Auswirkungen auf die Beschäftigung in der Regel unberücksichtigt, sofern es sich nicht um die sektorale Reallokation handelt: Die "Reine Theorie internationaler Wirtschaftsbeziehungen" argumentiert bei der Analyse von Prozeßinnovationen, soweit sie eine Anwendung der neoklassischen Allgemeinen Gleichgewichtstheorie auf offene Volkswirtschaften darstellt, im Rahmen komparativ-statischer Modelle (mit endogenen Kräften zur Vollbeschäftigung); eine Diskussion der bei TW besonders wichtigen Anpassungsprozesse ist daher nicht möglich, und dies trifft ebenso auf die komparativ-dynamischen Modellanalysen in der neoricardianischen Theorie offener Volkswirtschaften zu.(1)

Geht man von der Binsenweisheit aus, daß die Bundesrepublik eine offene Volkswirtschaft ist, die in hohem Maße über Waren-, Dienstleistungs- und Kapitalströme in den "Weltmarkt" integriert ist, dann kommt man m.E. bei der Diskussion um TW und Beschäftigung um eine explizite Berücksichtigung dieser Tatsache nicht herum, auch wenn man sich dabei nicht auf einen ausgefeilten Modellrahmen stüt-

---

(1) Vgl. zu den "Technologie-Hypothesen" und Produktzyklus-Ansätzen zur Erklärung internationaler Handelsströme und empirischen Untersuchungen hierzu z.B. Horn (1976) und die dort zitierte Literatur. Ein "Klassiker" der Behandlung des Technischen Fortschritts im Rahmen der neoklassischen "Reinen Theorie internationaler Wirtschaftsbeziehungen" (RTIW) ist Kemp (1969), Kap. 2, entsprechende Darstellungen finden sich in jedem der Standardlehrbücher; es sei hinzugefügt, daß Anpassungsprozesse und/bei Marktunvollkommenheiten selbstverständlich inzwischen auch in der neoklassischen RTIW in komplizierten dynamischen Mehrsektoren-Modellen diskutiert werden - eine Auseinandersetzung über den Aussagewert dieser Modelle würde eine Behandlung der kapitaltheoretischen Kritik an deren Fundamenten erfordern und daher den Rahmen dieses Beitrags sprengen; vgl. hierzu Kattermann und Kurz (1982) und Nobel (1982), Kap. 3. Zur neo-ricardianischen Theorie offener Volkswirtschaften vgl. Steedman (1979) und Nobel (1982).

zen kann, die Argumentation somit eher auf der "Ebene lockerer Denkzusammenhänge" verbleibt.
In diesem Beitrag sollen - ohne Anspruch auf Vollständigkeit - einige in der aktuellen wirtschaftspolitischen Diskussion besonders wichtige Probleme aus diesem Zusammenhang behandelt werden:

- Kann man von einer weltmarktgerichteten 'Modernisierung der Wirtschaft', wie sie besonders deutlich der Sachverständigenrat zur Begutachtung der gesamtwirtschaftlichen Entwicklung (SVR) in seinen Jahresgutachten 1981/82 und 1982/83 als 'offensive Strategie der außenwirtschaftlichen Anpassung' fordert, einen positiven Beitrag zum Abbau der Massenarbeitslosigkeit erwarten? (Abschnitt 2)
- Inwiefern spielt - über internationalen Handel hinaus - TW eine Rolle für internationale Produktionsverlagerungen? (Abschnitt 3)
- Inwiefern schränkt die Tatsache einer starken Integration in internationale Güter- und Kapitalströme die Möglichkeiten ein, mit Blick auf erwartete negative Beschäftigungseffekte oder andere unerwünschte politische und umweltbezogene Folgen den TW zu steuern? (Abschnitt 4)

Den Abschluß bildet ein Fazit. An einigen Stellen werden theoriegeschichtliche Parallelen gezogen; dies geschieht in der Absicht, auch in diesem Zusammenhang Hinweise darauf zu geben, "daß in den heutigen Diskussionsbeiträgen alte und längst vergessene Argumentationsmuster reproduziert werden." (Mettelsiefen (1981), S. 2o)

2. Modernisierung der Wirtschaft als "offensive" außenwirtschaftliche Anpassungsstrategie - ein Beitrag zur Lösung des Beschäftigungsproblems?

Der Sachverständigenrat zur Begutachtung der gesamtwirtschaftlichen Entwicklung (SVR) widmet der Problematik der internationalen Wettbewerbsfähigkeit der westdeutschen Wirtschaft in seinem Jahresgutachten 1981/82 ein eigenes Kapitel (vgl. ders. (1981), Tz. 442-491), in dem er 'Befunde' vorlegt und darauf aufbauend eine Strategie zur 'offensiven außenwirtschaftlichen Anpassung' entwickelt, die er auch im Jahresgutachten 1982/83 vertritt (vgl. ders. (1982), Tz. 241). Produktivitätssteigerungen durch TW spielen in dieser Strategie eine zentrale Rolle; mögliche negative Folgen für die Beschäftigung ("Freisetzungseffekte") werden nicht diskutiert; aus früheren Gutachten und dort enthaltenen Äußerungen ist jedoch bekannt, daß der SVR darin eigentlich nie ein drängendes Problem gesehen hat, vielmehr geht er davon aus, daß eine "Kompensation" erfolgt (oder sogar positive Beschäftigungseffekte eintreten)(1) - während bei der Diskussion der Folgen einer 'Modernisierung der Wirtschaft' z.B. von Peter Kalmbach die Gefahr betont wurde, eine solche Technologiepolitik könne sich als "beschäftigungspolitischer Bumerang" (Kalmbach (1978), S. 399) erweisen. Die hier zu diskutierende Frage lautet also: Kann von der Strategie einer 'weltmarktgerichteten Modernisierung' ein Beitrag zur Lösung des Beschäftigungsproblems erwartet werden?

Als Komponenten seiner Strategie nennt der SVR u.a. (vgl. ders. (1981), Tz. 489) "mehr Investitionen, höhere Produktivität, neue Güter und neue Märkte, bessere Produkte"; neben Maßnahmen aus anderen Politikbereichen, wie sie Bestandteil seiner generell angebotsorientiert ausgerichteten Empfehlungen sind, fordert er hierbei insbesonders die staatliche Förderung von Forschung und Entwicklung; d.h. eine Technologiepolitik zur 'Modernisierung der Wirtschaft' mit dem Ziel der Lösung der außenwirtschaftlichen Anpassungsprobleme.

Das hohe Maß an Übereinstimmung zwischen den Vorstellungen des SVR und denen der Bundesregierung verdeutlicht das folgende Zitat aus dem Jahreswirtschaftsbericht (1982), Tz. 1o bzw. 45:

"Nur durch eine ... breit angelegte Modernisierung und Ausweitung des Produktionspotentials können in den nächsten Jahren genügend Arbeitsplätze erhalten und neue Arbeitsplätze geschaffen werden. ... Die Bundesregierung hat in ihrer Stellungnahme zu den Strukturberichten... betont, daß sie sich einer pauschalen Kritik an technischem Fortschritt und Produktivitätswachstum nicht anschließen kann. Die Risiken für bestehende Arbeitsplätze werden nach ihrer Auffassung mehr als kompensiert durch die längerfristigen Chancen für Wachstum und Beschäftigung, die der technische Fortschritt auch über eine Stärkung der internationalen Wettbewerbsfähigkeit eröffnet."

Ein solcher weltmarktgerichteter Kompensationsoptimismus ist keineswegs neu. In seiner Untersuchung über "Das europäische Wirtschaftsleben im Zeitalter des Frühkapitalismus vornehmlich im 16., 17. und 18. Jahrhundert" schreibt Werner Sombart: "Wir haben eine Menge von Zeugnissen, aus denen mit voller Deutlichkeit hervorgeht, daß man namentlich gegen die Einführung 'arbeitsparender' Maschinen eine große Abneigung hatte." (Sombart (1921), S. 5o) Von dieser negativen Einstellung gegenüber dem technischen Fortschritt,

---

(1) Vgl. die bei Mettelsiefen (1981), S. 2o angeführten Ziffern früherer SVR-Gutachten.
Mettelsiefen wirft dem SVR in diesem Zusammenhang vor, er trage seine "ganze Palette kompensationstheoretischer Überlegungen... ohne inneren theoretischen Bezug" vor (ebenda).

die sich auf 'Grundanschauungen der merkantilistischen Politik' - und hierbei insbesonders auf die 'Vermehrung der Bevölkerung' - gründete, gab es bemerkenswerte (vor dem Hintergrund des Merkantilismus als einer auf eine positive Handelsbilanz gerichteten Wirtschaftspolitik jedoch einsichtige) Ausnahmen dann, wenn diese Maschinen zur Herstellung international wettbewerbsfähiger Exportgüter dienen. "Selbst ein so waschechter Business-man wie P o s t l e t h w a y t spricht sich doch noch sehr zurückhaltend gegenüber neuen Erfindungen aus. Arbeitssparende Maschinen seien in Staaten ohne auswärtigen Handel auf alle Fälle verderblich; selbst Handelsstaaten dürften nur bestimmte Maschinen zulassen und sollten alle verbieten, die Güter für den Inlandskonsum erzeugten: 'Was wir an Schnelligkeit in der Ausführung gewinnen, verlieren wir an Kraft' (what we gain in expedition, we lose in strength). Dict. of Comm. 2 (1758), 14." (ebenda, S. 52)(1)

Auch Malthus verweist bei seiner klassischen Darstellung "Of Inventions to save labour, considered as a stimulus to the continued Increase of Wealth" (Malthus (1836), S. 351-36o) mehrfach auf die Beschäftigungssteigerungen durch gesteigerte internationale Wettbewerbsfähigkeit beim Einsatz von 'Maschinen' und stellt zusammenfassend fest: "But it is known that facilities of production have the strongest tendency to open market, both at home and abroad." (ebenda, S. 36o)(2)

Eine Beurteilung der Aussichten einer auf den Weltmarkt und damit auf eine Steigerung der Exporte gerichteten Strategie im Hinblick auf ihren möglichen Beitrag zur Lösung des Problems einer anhaltend hohen Arbeitslosigkeit ist zunächst einmal abhängig von den Rahmenbedingungen: schwache Welthandelsentwicklung und zunehmender Protektionismus - beides Folgen einer weltweiten Wirtschaftskrise - sprechen eher gegen eine positive Einschätzung der Erfolgsaussichten. Eine weitere und in vieler Hinsicht grundsätzlichere Kritik läßt sich in Anlehnung an Überlegungen formulieren, die Kalmbach zum Problembereich 'Technologiepolitik und Modernisierung der Volkswirtschaft' entwickelt hat (vgl. Kalmbach (1978), (1979)):

---

(1) Vgl. Sombart (1921), S. 5o-52 für weitere Aussagen hierzu; ferner Gourvitch (194o), S. 25 f.

(2) Vgl. auch Malthus (1836), S. 352, 354 und 356 sowie Gourvitch (194o), S. 55. Zu Malthus' Stellung in der 'Freisetzungs- und Kompensationsdebatte' in der klassischen politischen Ökonomie vgl. Mettelsiefen (1981), S. 47-51, der auch kurz auf die Bedeutung des Vertrauens in eine permanente Ausdehnungsfähigkeit der inneren und äußeren Märkte für Malthus' optimistische Einschätzung bei dessen Betrachtung des Maschinerieproblems hinweist (vgl. ebenda, S. 49).

Unabhängig von der Frage der Effizienz staatlicher Forschungs- und Technologiepolitik im Hinblick auf das richtige Erkennen zukunftsträchtiger, auf den Weltmärkten erfolgreicher Produkte - über den Erfolg kann immer erst dann etwas ausgesagt werden, wenn der Weltmarkt seine Entscheidung gefällt hat - ergeben sich aus einer 'weltmarktgerichteten Modernisierungsstrategie' als Konsequenzen eine noch ausgeprägtere Exportorientierung und eine noch verstärkte Weltmarktabhängigkeit. Den Vorteilen aus der internationalen Arbeitsteilung stehen dabei die Risiken und Gefahren einer noch größeren Abhängigkeit von einem funktionsfähigen Weltwährungssystem sowie von der konjunkturellen Entwicklung in anderen Ländern entgegen; ferner wird bei einer ausgeprägten Exportabhängigkeit der Beschäftigung "... eine Politik der Exportförderung zu einem Muß, dem jedenfalls kurz- und mittelfristig kaum ausgewichen werden kann." (Kalmbach (1979), S. 477)
Für die sich aus einer solchen Strategie ergebenden Beschäftigungseffekte ist einmal das Verhältnis von Produkt- zu Prozeßinnovationen entscheidend, zum anderen die Art der Innovationen selbst. Kalmbach argumentiert hierzu folgendermaßen:
"Empirische Untersuchungen kommen ... zu dem Schluß, daß die zu erwartenden Produktinnovationen hinter den Prozeßinnovationen zurückbleiben werden. Sofern Produktinnovationen überhaupt erfolgen, stehen sie überwiegend in Substitutionskonkurrenz zu vorhandenen Produkten und erfordern meist einen geringeren Arbeitsinput. Bei den schon erfolgten oder zu erwartenden Prozeßinnovationen kommt es überwiegend zu einer Einsparung von Arbeitskräften. Wer positive Beschäftigungswirkungen erwartet, müßte also nachweisen, daß der Rationalisierungseffekt durch Mehrabsatz der mit neuen Technologien erzeugten Produkte oder durch Absatz der neuen Technologien selbst beschäftigungsmäßig überkompensiert wird. Ein solcher Nachweis kann natürlich kaum erbracht werden ..." (Kalmbach (1979), S. 479)
Zu ähnlichen Schlußfolgerungen gelangt auch Günter Friedrichs in seinen Überlegungen zu den Konsequenzen der Einführung mikroelektronischer Techniken für die Beschäftigung. Die Einführung von mit Mikroelektronik ausgerüsteten Investitionsgütern, so argumentiert er (vgl. Friedrichs (1982), S. 216 f.), hat einen relativ hohen arbeitssparenden Effekt, da diese für arbeitssparende Prozeßinnovationen eingesetzt werden; ihre Herstellung wird "nur dann zur Schaffung neuer Arbeitsplätze führen, wenn ein hohes Wirtschaftswachstum und/oder eine sehr starke Exportzunahme erzielt werden kann. Aber das ist in den kommenden Jahren kaum zu erwarten." (ebenda, S. 217)

Bei Konsumgütern unterscheidet Friedrichs vier Fälle (vgl. ebenda): Werden Substitute für auf dem Markt befindliche Produkte produziert, gehen Arbeitsplätze verloren; dies ist auch der Fall, wenn vorhandene Produkte effizienter hergestellt werden können und gleichzeitig die Nachfrage aufgrund einer Preissenkung nicht entsprechend steigt. Führt Mikroelektronik durch zusätzliche Funktionen zu qualitativ höherwertigen Produkten, ist der Beschäftigungseffekt offen, da arbeitssparende Effekte in der Produktion durch Absatzausdehnungen wiederum (über)kompensiert werden können. Positive Beschäftigungseffekte erwartet er lediglich unzweifelhaft von "gänzlich neuartigen Produkten", deren Zahl bisher jedoch "nur sehr beschränkt" sei. Zusammenfassend bemerkt er: "Langfristig gesehen, bietet die Mikroelektronik allerdings beides: Qualitätsverbesserungen, die so groß sind, daß zusätzliche Nachfrage kreiert wird, und völlig neuartige Produkte, die tatsächlich neue Arbeitsplätze schaffen. Allerdings liegt eine beträchtliche Zeitspanne zwischen der Phase, in der die Anwendung von Mikroelektronik durch Prozeßinnovation vorherrscht, und jener Phase, in der Produktinnovationen dominant werden." (ebenda, S. 218)
Nun sind zum heutigen Zeitpunkt alle Aussagen über die Auswirkungen der Einführung mikroelektronischer Technologien in großem Maßstab "mehr oder weniger spekulativ" (Friedrichs (1982), S. 2o2), und die "offensive Modernisierungsstrategie" stützt sich nicht ausschließlich auf diesen Zweig zukunftsträchtiger Produkt- und Prozeßinnovationen. Trotzdem liefern Überlegungen hierzu einen Beitrag zur Einschätzung möglicher Beschäftigungswirkungen und Indizien für die Berechtigung der folgenden These von Peter Kalmbach: "(S)o richtig es ist, daß in einer offenen Wirtschaft eine Nichtanpassung an die technische Entwicklung zu Arbeitsplatzverlusten führt, so falsch ist der Umkehrschluß, daß eine technologische Spitzenposition stets positive Beschäftigungseffekte haben wird. Der arbeitssparende Charakter zahlreicher neuer Technologien läßt erwarten, daß es auch zu Arbeitsplatzverlusten trotz und wegen der Herstellung und des Einsatzes neuer Technologien kommen kann." (Kalmbach (1979), S. 483; Herv. im Original kursiv) Befürchtungen, daß 'Freisetzungseffekte' durch TW in Form von Rationalisierung (Prozeßinnovation) die Arbeitslosigkeit noch erhöhen, statt einen Beitrag zu ihrem Abbau zu liefern, können somit angesichts der aktuellen weltwirtschaftlichen Entwicklungen auch nicht mit dem Hinweis auf exportinduzierte (über)kompensierende Mengeneffekte zurückgewiesen werden: Für einen weltmarktgerichteten Kompensationsoptimismus gibt es keine zwingenden Gründe; somit besteht die Gefahr, daß die vom SVR und von der Bundesregierung angestrebte 'Modernisierung der Wirtschaft' als Strategie der

offensiven außenwirtschaftlichen Anpassung sich sehr wohl als "beschäftigungspolitischer Bumerang" erweisen könnte.

3. Technischer Wandel, internationale Produktionsverlagerung und Beschäftigung

Die Konsequenzen des TW in einer offenen Volkswirtschaft können durch die Analyse der Folgen von Prozeß- und Produktinnovationen für den internationalen Handel nur unvollständig erfaßt werden, da hierbei ein wesentlicher Aspekt unberücksichtigt bleibt: TW kann die Voraussetzungen für eine internationale Verlagerung der Produktion von (Teilen von) Gütern schaffen, Produkt- und Prozeßinnovationen können Standortinnovationen ermöglichen und zum Ziel haben. Dies soll im folgenden Abschnitt gezeigt werden.

3.1. Technischer Wandel und "Neue Internationale Arbeitsteilung"

3.1.1. London, 17o1: Überlegungen eines anonymen "Propheten"

Vor rund 28o Jahren, im Jahre 17o1, veröffentlichte ein anonymer Autor in London eine Schrift mit dem Titel 'Considerations on the East-India Trade'(1), in der er sehr anschaulich (und schon 75 Jahre vor der Publikation von Adam Smith' 'Wealth of Nations') die produktivitätsfördernden Wirkungen der Arbeitsteilung beschreibt (vgl. Anonymus (17o1), S. 591 ff.), und in der er folgendes "Projekt" vorschlägt, um die Wettbewerbsfähigkeit des englischen gegenüber dem holländischen Schiffbau- und Schifftransportgewerbe zu fördern (vgl. ebenda, S. 62o-624):
Statt in England sollten die Schiffe in den Kolonien gebaut werden, da dort die Materialkosten geringer und die Löhne niedriger sind. Damit die Produktion von den Negern dort durchgeführt werden kann, soll der Prozeß der Schiffsproduktion zerlegt werden, so daß jeder Neger immer nur ein bestimmtes Teil produziert, und die Produktion soll durch Beschränkung auf ein einziges Modell standardisiert werden. Die "Kunst" des Schiffbaus wäre so auch für Neger leicht erlernbar und könnte bei weit geringeren Lohnkosten als

---

(1) Vgl. Anonymus (17o1). Die Urheberschaft an dieser Schrift ist umstritten (vgl. McCullochs "Preface", S. XV, zu dem Sammelband, aus dem die Schrift hier zitiert wird); eine gekürzte Übersetzung einiger im hier interessierenden Zusammenhang zentraler Überlegungen des Kapitels XXI der Schrift von 17o1 findet sich bei Fröbel (198o), S. 37.

in England und Holland erfolgen; die Schiffe könnten dann zum Transport von Waren aus den Kolonien eingesetzt und damit gleichzeitig importiert werden.

Unser Anonymus geht in seinen Überlegungen sogar noch einen Schritt weiter: Wenn nun auch auf die genannte Art und Weise nicht jeder Schiffstyp in den Kolonien gebaut und nach England transportiert werden kann - kleine Fischerboote z.B. eignen sich nicht für den Transport von Gütern über den Ozean -, so können doch ihre Teile wie Ruder, Masten und Kiele aller Art mit Hilfe der billigen Arbeitskraft der Neger und der preiswerteren Rohmaterialien produziert und dann importiert werden. Für Arbeiter in England bliebe dann nur noch die Montage der vorgefertigten Teile.(1)
Als Folge dieser Auslandsproduktion und den damit verbundenen Importen nennt der Verfasser: Sinken der Schiffspreise in England; Zwang zur Verbilligung, Standardisierung und Mechanisierung in der heimischen Schiffsproduktion; Zwang zu gesteigerter Sorgfalt und Regelmäßigkeit bei den (nichtfreigesetzten) Arbeitern. Dadurch würde die internationale Wettbewerbsfähigkeit der englischen Schiffe enorm steigen, Holland müßte Schiffe aus England importieren, die englische Handelsflotte würde zum 'Transporteur der Welt' - dies alles 'zum Wohle der Nation'.

Ein 28o Jahre alter Text, der, liest man ihn heute, wie die Beschreibung eines Prozesses klingt, der in der unmittelbaren Vergangenheit begonnen hat und noch andauert: Die Durchsetzung der 'Neuen Internationalen Arbeitsteilung'.

3.1.2. Zentrale Momente der 'Neuen Internationalen Arbeitsteilung'

Silvio Borner hat den Begriff 'Neue Internationale Abeitsteilung' (NIAT) - und dies wohl zu Recht - als "wenig mehr als eine Metapher für ein äußerst komplexes Phänomen" (Borner (198o), S. 15) bezeichnet. Statt zu versuchen, hier eine griffige Definition zu formulieren, sollen kurz zentrale Momente des als NIAT bezeichneten weltweiten Prozesses skizziert werden.

Folker Fröbel (vgl. Fröbel (198o), S. 9 ff.) konstatiert einen Bruch in der weltwirtschaftlichen Entwicklung zwischen den beiden Jahrzehnten vor und dem Jahrzehnt nach dem Ende der sechziger/Anfang der siebziger Jahre; für diesen 'Wendepunkt' führt er u.a. folgende Indizien an:

---

(1) Vgl. Anonymus (17o1), S. 623 f.; bei Fröbel (198o), S. 37 fehlt ein Hinweis auf diesen wichtigen Aspekt der Verlagerung von 'Teilpoduktion'.

- deutlich niedrigere gesamtwirtschaftliche Wachstumsraten in den Industrieländern, verbunden mit niedrigem Auslastungsgrad der Kapazitäten und Investitionsrückgang bei gleichzeitig steigender relativer Bedeutung der Ersatz- und Rationalisierungsinvestitionen;
- Änderungen in der Struktur der internationalen Arbeitsteilung, insbesonders in der verarbeitenden Industrie verstärkte Produktionsverlagerungen nicht mehr nur innerhalb und zwischen Industrieländern, sondern auch aus Industrie- in Entwicklungsländer (LDC) und sozialistische Länder (SOZ); ferner die rasche Ausbreitung von "Weltmarktfabriken" (z.B. in "Freien Produktionszonen") in LDC und SOZ, deren (Teil-)Produkte nicht mehr nur für den jeweiligen Binnenmarkt, sondern für den Weltmarkt bestimmt sind. Begleitet wird dies von einem verstärkten Vordringen international wettbewerbsfähiger verarbeiteter Erzeugnisse aus LDC;
- strukturelle Anpassungsprobleme in einigen industriellen Branchen der Industrieländer durch die Bedrohung ihrer internationalen Wettbewerbsfähigkeit aufgrund kostengünstiger Fertigungen an neuen Standorten, zunehmend in LDC und SOZ.

Die Rahmenbedingungen dieses Prozesses sieht Fröbel (vgl. ebenda, S. 29 ff.) in folgenden drei Punkten:
Erstens im Vorliegen eines weltweiten, nahezu unerschöpflichen Reservoirs potentieller Arbeitskräfte vor allem in LDC, die sich u.a. durch im Vergleich zu Industrieländern wesentlich niedrigere Löhne und Lohnnebenkosten, erheblich längere Arbeitszeiten je Tag, Woche und Jahr und oft gänzlich fehlende Kündigungsschutzbestimmungen usw. auszeichnen, wobei die Produktivität mit der in Industrieländern vergleichbar ist oder diese noch übertroffen wird.
Zweitens nennt Fröbel den durch Technologie und Arbeitsorganisation bei der Zerlegung komplexer Produktionsprozesse ermöglichten ökonomisch effizienten Einsatz der vorgefundenen unqualifizierten Arbeitskräfte nach nur geringer Anlernzeit - dieser Aspekt, der Zusammenhang von TW und NIAT, wird uns im nächsten Abschnitt beschäftigen.
Drittens schließlich führt er das Vorhandensein einer Transport- und Kommunikationstechnologie an, durch die geographische Entfernung für die Standortwahl und Steuerung der Produktion zunehmend unbedeutender werden (Luft- und Containerfracht etc.).(1)

Als Folge hiervon entsteht neben dem Weltmarkt für Güter und Dienstleistungen ein Weltmarkt für Arbeitskraft und ein

(1) Zur Bedeutung des TW in der Transport- und Kommunikationstechnologie für die wachsende räumliche Mobilität der Produktion vgl. auch Bluestone, Harrison (1980), S. 106 ff.

Weltmarkt für Produktionsstandorte; verbunden ist dies mit weltweiter Konkurrenz der Arbeitskräfte untereinander in bisher unbekanntem Ausmaß, und zwar zum einen wegen der enormen Ausweitung des (internationalen) Angebots niedrig qualifizierter Arbeitskraft und damit verbunden einer Schwächung der Stellung der (nationalen) Gewerkschaften in den traditionellen Industrieländern (vgl. Fröbel, Heinrichs, Kreye (1977), S. 155), zum anderen durch die Möglichkeit der "Drohung", auf Lohnerhöhungsforderungen usw. mit der Schließung des Betriebes und Produktionsverlagerung ins Ausland zu reagieren. Hinzu kommt, daß, anders als im Fall von Importen aus 'unabhängigen' Produktionsstätten in LDC, dann, wenn die Güter aus einer Tochergesellschaft im Ausland stammen und/oder dort in der Form des 'subcontracting' hergestellt werden, die Unternehmer aus der gemeinsamen Abwehrfront mit den Gewerkschaften gegen diese Importe ausscheren (vgl. hierzu Sharpston (1975), S. 131).

Neu an der NIAT ist, "... daß das Spektrum alternativer Standorte, die auf Grund der veränderten Konstellation von Rahmenbedingungen der Kapitalverwertung fallweise realisiert werden können, quantitativ bedeutend erweitert sowie qualitativ verändert ist. Dieses Spektrum umfaßt nicht mehr nur im wesentlichen Standorte in verschiedenen Industrieländern oder verschiedenen Regionen innerhalb eines Industrielandes ..., sondern nun auch in einem ins Gewicht fallenden Ausmaß Standorte in zahlreichen Entwicklungsländern." (Fröbel (198o), S. 35 f.)

3.1.3. Internationalisierung der Produktion: Die Anwendung des Babbage-Prinzips auf Weltebene und die Folgen

Es ist für das Verständnis des Prozesses der NIAT von zentraler Bedeutung, diesen als die Anwendung des Babbage-Prinzips auf Weltebene zu begreifen:(1)
Wohl jeder Ökonom kennt die von Adam Smith 1776 in Buch I, Kapitel 1 des 'Wealth of Nations' anhand des Beispiels der Stecknadelherstellung illustrierten Produktivitätsvorteile der Arbeitsteilung - oder besser: Arbeitszerlegung (vgl. hierzu Braverman (198o), Kap. 3) - aufgrund gesteigerter Gesckichlichkeit bei jedem einzelnen Arbeiter, der ersparten Übergangszeit von einer Arbeit zur anderen sowie der induzierten Erfindung von Maschinen zur Mechanisierung der Produktion.

"Die Wirkung dieser Vorteile", so schreibt Harry Braverman (ebenda, S. 69), "wird noch durch einen weiteren Effekt verstärkt, der - wenn er auch in der ökonomischen Literatur erstaunlich wenig Erwähnung findet - mit Sicherheit der

(1) Vgl. zu diesem und zum folgenden Abschnitt auch die knappe Darstellung bei Wagner (1982).

zwingendste aller Gründe für die ungeheure Popularität und rasche Verbreitung ist, denen sich die Aufteilung von Einzelaufgaben unter die Arbeiter bei der kapitalistischen Produktionsweise erfreut. Er wurde erst ein halbes Jahrhundert nach Smith von Charles Babbage deutlich formuliert und hervorgehoben."

Charles Babbage formulierte im 19. Kapitel seines 1832 erstmals erschienenen Werks "On the Economy of Machinery and Manufactures" folgendes Prinzip:(1)

"Daß nämlich der industrielle Unternehmer durch Aufspaltung der auszuführenden Arbeit in verschiedene Arbeitsgänge, von denen jeder einen anderen Grad an Geschicklichkeit oder Kraft erfordert, gerade genau jene Menge von beiden kaufen kann, die für jeden dieser Arbeitsgänge notwendig ist, wogegen aber, wenn die ganze Arbeit von einem einzigen Arbeiter verrichtet wird, dieser genügend Geschicklichkeit besitzen muß, um die schwierigste, und genügend Kraft, um die anstrengendste dieser Einzeltätigkeiten, in welche die Arbeit zerlegt worden ist, ausführen zu können."

Die Zerlegung des Herstellungsprozesses einer Ware durch Aufspaltung des Arbeitsprozesses in unterschiedlich schwierige, verglichen zur gesamten Herstellung sämtlich einfachere Teilprozesse senkt dann die insgesamt aufzuwendenden Lohnkosten (vgl. Braverman (198o), S. 71) - vorausgesetzt, unterschiedlich qualifizierte Arbeit wird unterschiedlich bezahlt (und unabhängig von Produktivitätseffekten à la Smith).

Im Prozeß der NIAT steht die weltweite Neuorganisation der Produktion von Waren im Mittelpunkt, deren Herstellung so zerlegbar ist, daß die Produktion von Teilen durch wenig qualifizierte Arbeitskräfte in Niedriglohnländern auch unter Berücksichtigung von Transport- und anderen Kosten profitabler ist als an den alten Standorten mit durchweg deutlich höherem Lohnniveau.(2) Hierbei ist das Babbage-Prinzip, so schreiben Fröbel u.a., "von vornherein so zu verstehen, daß alle möglichen Aufspaltungen des Produktionsprozesses kostenmäßig verglichen werden müssen, um jene Aufspaltung herauszufinden und gegebenenfalls die entsprechende Fertigungstechnologie zu entwickeln, bei der die Herstellungskosten bei weltweiter Optimierung am geringsten ausfallen." (ebenda) Die Technologie wird zu einem Parameter unter

---

(1) Babbage (1835) ist ein leicht zugänglicher Reprint der 4. Auflage; das Zitat findet sich dort auf S. 175 f., hier wird die Übersetzung aus Braverman (198o), S. 7o übernommen. Karl Marx zitiert diese zentrale Stelle ebenfalls, vgl. Marx (1972), S. 369 f., Fn. 45.

(2) Vgl. Fröbel, Heinrichs, Kreye (1977), S. 57; zur Bedeutung des Babbage-Prinzips im Kontext der NIAT vgl. auch Stuckey (198o).

vielen, TW kann Aufspaltung und (teilweise) Verlagerung der Produktion zum Ziel haben.

Der Prozeß der NIAT als Anwendung des Babbage-Prinzips im Weltmaßstab ist damit als eine untrennbare Einheit von TW in Form von Produkt- und Prozeßinnovationen (Rationalisierung), Standortinnovationen (Produktionsverlagerung mit Formen der Auslandsfertigung u.a. von Teilen), Veränderungen der internationalen Handelströme, Änderungen der Qualifikationsanforderungen bei den Beschäftigten in den betroffenen Zweigen der Produktion in den 'alten' Industrieländern sowie damit verbundenen Beschäftigungsänderungen (regionaler/sektoraler Strukturwandel) anzusehen; hinzu kommen die vielfältigen Auswirkungen auf die Arbeits- und Lebensbedingungen der arbeitenden Menschen in den unterentwickelten und sich im Kontext der NIAT entwickelnden Länder - diese Einheit zahlreicher Teilprozesse findet man übrigens wieder, durchdenkt man erneut das "Projekt" des Londoner Anonymus von 17o1.

Auch wenn eine Abschätzung der quantitativen Bedeutung des Prozesses der Durchsetzung der NIAT für die Beschäftigungsentwicklung in der Bundesrepublik beim heutigen Erkenntnisstand nicht möglich ist, da lediglich Fallstudien vorliegen (vgl. Fröbel, Heinrichs, Kreye (1977) sowie Münster (198o)) und da angesichts der enormen Komplexität des Prozesses die Entwicklung einer angemessenen Berechnungsmethode für die Beschäftigungseffekte der NIAT noch aussteht, so wird doch aus den vorhandenen Untersuchungen deutlich, daß TW in einer offenen Volkswirtschaft mit Standortinnovationen verbunden sein kann, die zu Änderungen der Qualifikationsanforderungen und zum Verlust von Arbeitsplätzen im Inland führen. Die Gefahr, daß eine Technologiepolitik mit dem Ziel einer 'Modernisierung der Volkswirtschaft' sich als ein "beschäftigungspolitischer Bumerang" entpuppt, wie dies oben mit Bezug auf den internationalen Handel gezeigt wurde, wird somit noch vergrößert.

3.2. Mikroelektronik und Produktions(rück)verlagerung

An der oben erwähnten Fallstudie von Münster wird deutlich, daß bei der Herstellung elektronischer Bauteile die arbeitsintensive "Assemblingphase" (Löt- und Montagearbeiten) in 'Billiglohnländer' ausgelagert wird. Die komparativen Vorteile der LDC bestehen somit in dem reichlich vorhandenen, gering entlohnten großen Arbeitskräftepotential für diese nach kurzer Anlernzeit ausführbaren Arbeiten; ähnlich ist es auch in den bei der Textil- und Bekleidungsindustrie von der Produktionsverlagerung betroffenen arbeitsintensiven Teilarbeiten, wie man aus der ebenfalls angeführten Untersuchung von Fröbel u.a. erkennen kann.

Die neuesten technischen Entwicklungen in der Mikoelektronik (vgl. die entsprechenden Beiträge in Friedrichs, Schaff (Hrsg.) (1982)) weisen nun Tendenzen auf, die diese komparativen Vorteile stark abschwächen, wenn nicht sogar aufheben:
Einerseits werden ständig höher integrierte 'chips' in immer stärker automatisierten Herstellungsverfahren produziert, wodurch die arbeitsintensiven Assemblingphasen wegfallen, was wiederum den Anreiz zur Produktionszerlegung und Teilverlagerung aufhebt - und die 'chips' dabei ständig verbilligt (vgl. Rada (1982), S. 231 ff. sowie King (1982b), S. 343). Andererseits ermöglichen die neuen technologischen Entwicklungen in der Mikroelektronik nicht nur die Automatisierung ihrer eigenen Herstellung, sie können und werden auch zur Automatisierung in anderen Bereichen eingesetzt (vgl. King (1982b), S. 341 f.).

Wenn Fröbel u.a. für die Textil- und Bekleidungsindustrie noch feststellen konnten, daß die in den LDC verfügbare Arbeitskraft nach Kalkulationen der Hersteller offensichtlich zu billig sei, als daß es ökonomisch sinnvoll wäre, arbeitsintensive Teilfertigungen an den traditionellen Standorten zu automatisieren (vgl. Fröbel, Heinrichs, Kreye (1977), S. 157), so trifft dies angesichts der enormen Leistungssteigerung und Verbilligung mikroelektronisch gesteuerter Produktionsautomaten heute immer weniger zu, was weiteren Produktionsverlagerungen entgegenwirken kann. Friedrichs geht in seinen Überlegungen noch einen Schritt weiter:
"Die Einführung von Billigkosten-Systemen mit einem hohen Automatisierungsgrad könnte die internationale Arbeitssteigerung auf den Kopf stellen. ... (Die Einführung solcher Systeme bietet) neue Möglichkeiten für eine Rückführung der Produktion in die Hochlohnländer. Insbesondere die Kombination von Billigkosten-Systemen mit hochqualifizierten Arbeitskräften ermöglicht eine Flexibilität, zu der die Entwicklungsländer nicht fähig sind." (Friedrichs (1982), S. 214)

Indizien, die für Friedrichs' Haltung sprechen, wurden bereits genannt; weitere Hinweise ließen sich anführen (vgl. Lamborghini (1982), S. 151 f.; King (1982b), S. 328; Danzin (1978), S. 32; Münster (198o), S. 99) - so berichtet z.B. Brügge: "Deutsche Hersteller aus der Textilbranche etwa kehren mit ihren Produktionen aus Taiwan und Sri Lanka wieder zurück in die teure Heimat. Dorthin, wo Computersysteme fortan alles am billigsten und besten machen." (Brügge (1982), S. 112) -, eine umfassende Darstellung dieser Problematik fehlt aber bisher.

Gegen die Erwartung einer massiven Rückverlagerung von Industrieprodukten aus den LDC führt jedoch Rada folgende Argumente an: hohe Investitionskosten bei Errichtung neuer Anlagen; eine Arbeitsgestaltung am Auslandsstandort, die

Arbeitsbedingungen zuläßt, deren Durchsetzung in den Industriestaaten nicht möglich wäre; schließlich staatliche Eingriffe und Garantien zur Erhaltung der Betriebe in den Schwellenländern (vgl. Rada (1982), S. 239). Dies läßt ihn "eine relative Stabilität der gegenwärtigen internationalen Arbeitsteilung mit einigen Rückzügen in bestimmten Sektoren" seitens der Industrieunternehmen aus den 'alten' Industrieländern erwarten (vgl. ebenda, S. 229; ferner hierzu ebenda, S. 24o).
Wenn die Frage nach dem Umfang der möglicherweise zukünftig erfolgenden Rückverlagerungen auch offen bleiben muß, so kann aus den Überlegungen hierzu doch zweierlei gefolgert werden:
- TW auf dem Gebiet der Mikroelektronik wird sowohl bei der Herstellung der Komponenten als auch durch deren Einsatz in immer billigeren, intelligenteren und flexibler einsetzbaren 'Industrierobotern' zunehmend dazu führen, daß das Vorhandensein billiger, ungelernter Arbeitskraft als Standortdeterminante stark an Bedeutung verliert.
- Selbst dann, wenn TW eine Umkehrung der Richtung der Produktionsverlagerung gegenüber der 'NIAT' bewirken sollte, sind die davon zu erwartenden positiven Beschäftigungseffekte in der BRD gering einzuschätzen, da die Produkt- und Prozeßinnovationen, die diese Rückverlagerung ermöglichen, gerade dies zur Voraussetzung haben.

3.3. Produktionsverlagerung und Technischer Wandel: Abschließende Anmerkungen

Die Überlegungen in diesem Abschnitt haben gezeigt, daß TW in Form von Produkt- und Prozeßinnovationen Standortinnovationen ermöglichen und zum Ziel haben kann. Bei der Diskussion über die Zusammenhänge von TW und Beschäftigung darf in einer offenen Volkswirtschaft diese Möglichkeit nicht vergessen werden - auch dann nicht, wenn eine Quantifizierung der Beschäftigungswirkungen der TW-induzierten Produktionsverlagerungen (noch) nicht möglich ist.

Auf drei Aspekte der hier behandelten Problematik soll abschließend noch hingewiesen werden: Erstens spielen für die Wahl des Produktionsstandortes im Weltmaßstab neben TW selbstverständlich auch noch andere Faktoren eine wichtige Rolle; hier sind neben eher 'angebotsseitigen' Faktoren wie Zugang zu Rohstoffen und Vorprodukten sowie niedrigen Lohnkosten auch (wirtschafts)politische Gründe wie politische Stabilität des Investitionslandes, Handelshemmnisse, staatliche Fördermaßnahmen, ferner Wechselkursentwicklungen und insbesonders 'absatzorientierte' Motive wie Marktnähe, Einsparung von Transportkosten und Kontrolle des Vertriebs zu nennen (vgl. zu den 'Motiven' z.B. als neuere auf die Bundesrepublik bezogene Studie Kayser, Schwarting (1981)).

Alle diese Gründe für Auslandsinvestitionen konnten hier vernachlässigt werden, da es ausschließlich darum ging, auf die Bedeutung von TW für Produktionsverlagerungen und Beschäftigung aufmerksam zu machen.
Zweitens gibt es Parallelen zwischen der Bedeutung des TW für die Produktionsverlagerung - von ganzen Produkten oder von Teilen - über Ländergrenzen hinweg und zwischen verschiedenen, unterschiedlich entwickelten Regionen innerhalb eines Landes: eines der verfolgten Ziele ist es auch hier, "sich das in peripheren Regionen vorhandene Reservoir von unqualifizierten Arbeitskräften zu erschließen". (Müller u.a. (1978), S. 2o7) Der Zusammenhang zwischen TW, Produktionsverlagerung und Beschäftigung ist demnach nicht ein auf offene Volkswirtschaften beschränktes Problem, er muß auch bei der Untersuchung offener Regionen innerhalb einer Volkswirtschaft berücksichtigt werden, ist also allgemein wichtig für die Analyse der 'Arbeitsteilung im Raum' und ihre Folgen für die Arbeitsmärkte.(1) Es ist jedoch davon auszugehen, daß die für die Anwendung des Babbage-Prinzips 'im Raum' (über seine Anwendung 'im Werk' hinaus) entscheidenden Unterschiede bei Löhnen und Arbeitsbedingungen i.w.S. für vergleichbar qualifizierte und produktive Arbeit zwischen Ländern mit unterschiedlichem Entwicklungsniveau weitaus ausgeprägter sind als zwischen entsprechenden Regionen eines Landes.
Drittens schließlich ist auf eine weitere Parallele hinzuweisen, nämlich auf die in vielen Punkten im Hinblick auf die Beschäftigungs- und Arbeitsmarktfolgen identischen Wirkungen einer unabhängig von Produktionsverlagerungen erfolgenden Ausdehnung des internationalen Handels mit Industrieerzeugnissen zwischen Industrie- und Entwicklungsländern: Im Zuge des exportorientierten Industrialisierungsprozesses der 'Schwellenländer' kam (und kommt) es zu Marktanteilsgewinnen von importierten Produkten aus bestimmten - relativ arbeitsintensiven - Branchen dieser Länder, was zu einem Anpassungsdruck in den entsprechenden Industriezweigen der Bundesrepublik führt; der als Folge hiervon eintretende strukturelle Wandel kann (wird) in diesen Branchen zu Arbeitskräftefreisetzungen führen (Bsp.: Textil- und Bekleidungsindustrie, Lederverarbeitung), und dies unabhängig davon, ob Verlagerungen, wie sie oben im Kontext der NIAT

(1) Vgl. hierzu für die USA die Studie von Bluestone, Harrison (198o), für die BRD Müller u.a. (1978), Abschnitt IV; einen Überblick über die 'Werksverlagerungen' innerhalb der BRD gibt Bade (1981), wo man auch eine Bibliographie hierzu findet.

diskutiert wurden, stattgefunden haben oder nicht.(1)
Das für den hier behandelten Zusammenhang von TW und Beschäftigung in einer offenen Volkswirtschaft wichtige spezifische Merkmal der NIAT gegenüber dem allein durch internationalen Handel induzierten Strukturwandel besteht jedoch darin, daß TW hier als offensive Strategie die Form der Einheit von Produkt-, Prozeß- und Standortinnovationen durch Unternehmen in der Bundesrepublik annimmt und einen entsprechenden Strukturwandel des internationalen Handels induziert, während TW, betrachtet man gegebene Veränderungen der Konkurrenzfähigkeit von industriellen Schwellenländerimporten, allenfalls als Folge davon - durch Prozeßinnovationen bei Übergang zu kapitalintensiver Produktion und/ oder als Produktinnovation bei Diversifikation des Produktionssortiments und Umstellung auf hochwertige und wettbewerbsfähige Erzeugnisse - auftreten kann.

Mögen die Folgen für die Beschäftigung (Verlust von Arbeitsplätzen mit geringen Qualifikationsanforderungen, vielfach konzentriert in peripheren Regionen, verbunden mit einem überproportional hohen Anteil von Frauen bei den 'Freigesetzten'; Entstehen von Arbeitsplätzen mit anderen Anforderungen in anderen Regionen) auch in vielen Fällen ähnlich oder sogar gleich sein, ihre Ursachen sind es nicht. Von daher verdient die NIAT bei der Behandlung von TW und Beschäftigung in einer offenen Volkswirtschaft gesonderte Beachtung.

4. Technikwahl in einer offenen Volkswirtschaft

David Ricardo schließt das XXXI. Kapitel "On Machinery" in der dritten Auflage seiner "Principles" von 1821 mit folgenden Bemerkungen (Ricardo (1821), S. 396 f.):

> "The employment of machinery could never be safely discouraged in a State, for if a capital is not allowed to get the greatest net revenue that the use of machinery will afford here, it will be carried abroad, and this must be a much more serious discouragement to the demand for labour, than the most extensive employment of machinery; for, while a capital is employed in this country, it must create a demand for some labour; machinery cannot be worked without the assistance of men, it cannot

(1) Zum welthandelsinduzierten Strukturwandel durch Importe aus den 'Schwellenländern' in die Bundesrepublik und den sich hieraus ergebenden Anpassungserfordernissen und -problemen vgl. z.B. die 'Strukturberichte', insbesondere Fels, Schmidt (198o), Kap. 4.

be made but with the contribution of their labour. By investing part of a capital in improved machinery, there will be a diminution in the progressive demand for labour; by exporting it to another country, the demand will be wholly annihilated.
The prices of commodities, too, are regulated by their cost of production. By employing improved machinery, the cost of production of commodities is reduced, and, consequently, you can afford to sell them in foreign markets at a cheaper price. If, however, you were to reject the use of machinery, while all other countries encouraged it, you would be obliged to export your money, in exchange for foreign goods, till you sunk the natural prices of your goods to the prices of other countries. In making your exchanges with those countries, you might give a commodity which cost two days labour, here, for a commodity which cost one, abroad, and this disadvantageous exchange would be the consequence of your own act, for the commodity which you export, and which cost you two days labour, would have cost you only one if you had not rejected the use of machinery, the services of which your neighbours had more wisely appropriated to themselves."

Schon in diesem "Klassiker" zum Thema TW und Beschäftigung finden sich Überlegungen, die zeigen, daß die Möglichkeiten der Technikwahl - d.h. der Entscheidung, ob eine bestimmte Technik in der Produktion in einem Land eingesetzt wird oder nicht - in einer offenen Volkswirtschaft durch die internationale Mobilität des Kapitals und durch den internationalen Handel eingeschränkt werden können: verbietet ein Land den profitablen Einsatz von "Maschinen" (z.B. aus Gründen der Furcht vor umfangreichen "Freisetzungen"), dann kommt es zu Kapitalexporten (mit, so Ricardo, noch stärkerem Rückgang der Arbeitsnachfrage); verzichtet ein Land auf Produktion mit "Maschinen", während ihr Einsatz in den Handelspartnerländern gefördert wird, dann muß es massive Terms-of-Trade-Verschlechterungen hinnehmen.

Mikroökonomisch formuliert ergibt sich aus diesen Überlegungen folgende These: Die Tatsache, daß die Bundesrepublik als offene Volkswirtschaft ohne internationale Kapitalverkehrsbeschränkungen und (weitgehend) ohne Beschränkungen im Import und Export von Gütern in die Weltmärkte integriert ist, führt immer dann, wenn es um die Entscheidung über den Einsatz und die wirtschaftspolitische Förderung einer Technologie geht, die für die internationale Wettbewerbsfähigkeit der BRD große Bedeutung hat (oder der diese hohe Bedeutung zugemessen wird), unter der Voraussetzung gegebener institutioneller Rahmenbedingungen zu einer Verteuerung der Alternative: nicht einsetzen, nicht fördern. Die "Offenheit" der Volkswirtschaft bewirkt in einem solchen Fall eine Erhöhung der Alternativkosten des Nicht-Einsatzes und der Nicht-Förderung, was dazu führt, daß - ceteris paribus - diese verteuerte Alternative in geringerem Ausmaß gewählt wird.(1)

Umfangreiche "Freisetzungen" gehören zu den von vielen erwarteten Folgen des ständig ansteigenden Einsatzes mikroelektronischer Technologie. King schreibt beispielsweise: "Es besteht somit begründeter Anlaß zur Sorge, daß wir einer langanhaltenden Periode umfangreicher und wahrscheinlich endemischer Arbeitslosigkeit entgegengehen, die zu einem großen Teil die Folge der durch die Mikroelektronik ermöglichten Automation sein wird." (King (1982a), S 43) Immer wieder wird auch darauf hingewiesen, daß diese neuen Technologien langfristig neue Arbeitsplätze und neue Strukturen schaffen könnten, kurzfristig aber zu wirtschaftlichen und sozialen "Anpassungsproblemen" führen werden (vgl. z.B. King (1982b), S. 328 f., Friedrichs (1982), S. 2o1). Die Antwort auf die oft gestellte Frage nach dem Grund des Verzichts auf die vorherige umfassende Untersuchung der möglichen ökonomischen und gesellschaftlichen Folgen des verstärkten Einsatzes der Mikroelektronik sowie auf die bewußte zeitliche Steuerung ihres Einsatzes (unter Abstimmung mit anderen Maßnahmen) findet sich in der Tatsache der Weltmarktverflechtung:
"Der Druck des internationalen Wettbewerbs zwischen den führenden Industriestaaten zur Ausnutzung dieser neuen Welle der Entwicklung wird jedoch wahrscheinlich jeden einzelnen dazu zwingen, die neue Phase der produktivitätsintensiven Industrie so schnell wie möglich einzuleiten." (King (1982a), S. 23) "Die internationalen Wettbewerbsbedingungen werden das Tempo der Einführung bestimmen, und kein einzelnes Land wird imstande sein, allein das Tempo zu bestimmen." (ders.,(1982b), S. 33o) "(Alle hochentwickelten Industriestaaten greifen) nach dieser vielversprechenden Industrie, fördern die technologische Entwicklung und hoffen auf einen entsprechenden Marktanteil für die Erzeugnisse dieser neuen und wachsenden Industrie, oder sie befürchten, daß sie, wenn sie dies versäumen, aus dem Rennen um das industrielle Überleben ausscheiden würden." (ders., (1982a), S. 25)

Aus Gründen der internationalen Wettbewerbsfähigkeit kommt es zu einem Wettlauf bei Herstellung und Einsatz mikroelektronischer Technologien, wobei das Nachdenken über die gesellschaftlichen Folgen auf der Strecke bleibt (vgl. King (1982b), S. 333; ferner Lamborghini (1982), S. 138 f.). Staatliche Subventionen für entsprechende Forschungs- und Entwicklungsprojekte kommen in diesem Kontext "einem Pro-

---

(1) Vgl. zum Alternativkostenkonzept und seiner Verwendung in der Mikroökonomie Weise u.a. (1979), insbes. S. 32 f. und S. 56.

tektionismus, um nicht zu sagen Merkantilismus, sehr nahe." (Friedrichs (1982), S. 212 f.)

Vielen Akteuren scheinen offenbar langfristig die Kosten der Nicht-Forcierung der "mikroelektronischen Revolution" so hoch zu sein, daß sie trotz der zumindest kurzfristig damit verbundenen Anpassungskosten insbesonders auch aus Gründen der Aufrechterhaltung und Festigung der Position im internationalen Wettbewerb an schnellstmöglichen Einsatz im großen Stil interessiert sind.

Die Handlungsmöglichkeiten im Hinblick auf eine Steuerung des Einsatzes bestimmter Technologien nach sozialen oder gesellschaftspolitischen Kriterien können, so die Schlußfolgerung aus den Überlegungen, durch die Weltmarktintegration eingeschränkt werden: Technikwahl in einer offenen Volkswirtschaft ist eine Wahl, bei der Alternativen durch die Rückwirkungen auf die internationalen ökonomischen Verflechtungen erheblich verteuert werden können. Dies kann eine Ausrichtung der zu treffenden Entscheidung an den Belangen der Betroffenen erschweren. Letztlich ist dies ein weiteres Beispiel für die alte Tatsache, daß internationale ökonomische Verflechtungen neben Erträgen auch Kosten bringen.

5. Fazit

Versucht man ein Fazit zu ziehen, so ergeben sich für die Diskussion der Zusammenhänge von TW und Beschäftigung in einer offenen Volkswirtschaft folgende Schlußfolgerungen:

- TW ist zumindest teilweise durch internationalen Handel induziert, denn Produkt- und Prozeßinnovationen werden oft mit Blick auf die internationale Wettbewerbsfähigkeit durchgeführt - als 'offensive' Strategie zur Erschließung neuer Märkte und/oder als Reaktion auf die Gefährdung oder den Verlust 'alter' in- und ausländischer Märkte.(1) Eine Garantie für positive Beschäftigungseffekte, d.h. für eine (Über)Kompensation der mit Rationalisierungen verbundenen 'Freisetzungseffekte' durch entsprechend große 'Mengeneffekte' ist auch für weltmarktgerichtete TW-Strategien dabei keineswegs gegeben: die

(1) Vgl. zur Bedeutung der 'rauheren Konkurrenz des Weltmarktes' für eine vergleichsweise raschere Adaption technologischer Neuerungen in außenhandelsintensiven Wirtschaftsbereichen Hesse (1982), S. 75 f., der aufgrund seiner Auswertung der 'Strukturberichte' zu dem Schluß kommt, "daß der technische Fortschritt (in der BRD, J.W.) zumindest in den siebziger Jahren in beachtlichem Maße außenhandelsinduziert gewesen ist". (ebenda, S. 76)

Gefahr des 'beschäftigungspolitischen Bumerangs' für eine entsprechend ausgerichtete Technologiepolitik droht.

- TW in einer offenen Volkswirtschaft ist - zumindest potentiell - vielfach eine Einheit von Produkt-, Prozeß- und Standortinnovationen; dies belegt die NIAT, und dies zeigen auch Untersuchungen über die Anpassungsreaktionen der Unternehmen auf den weltwirtschaftlichen Strukturwandel (vgl. hierzu Fels, Schmidt (198o), S. 169 ff.). Generelle Aussagen über die Beschäftigungseffekte sind hierbei unmöglich, da diese von Branche zu Branche und von Betrieb zu Betrieb variieren.
- Die Möglichkeit der 'Steuerung' des TW im Hinblick auf die erwarteten Beschäftigungswirkungen kann durch die Einbindung in internationale Güter- und Kapitalströme eingeschränkt werden. Dies gilt auch für die Frage nach der 'Wahl des Tempos' bei der Einführung mikroelektronischer Technologien mit hohen (erwarteten) Freisetzungen - es sei denn, es gelingt den an einer zeitlich verzögerten Einführung interessierten Gruppen, die 'Alternativkosten' einer schnellen Einführung entsprechend zu beeinflussen. Die Verteilung der Rationalisierungslasten und -vorteile ist demgegenüber eine offene Frage.

Alle drei genannten Schlußfolgerungen führen zu der Frage, ob die möglichen oder tatsächlichen Kosten einer hohen Weltmarktintegration, die am Beispiel des Zusammenhangs von TW und Beschäftigung deutlich werden, eine 'Abkopplungsstrategie', die mit dem Verlust der Vorteile aus der internationalen Arbeitsteilung verbunden wäre, nahelegen. Dies ist wiederum ein Alternativkostenproblem, und es ist ein sehr komplexes. Die Kosten (und hierbei insbesonders die Anpassungskosten während des "Übergangs") einer auf Desintegration abzielenden Politik werden fast durchgängig als prohibitiv hoch eingeschätzt. Auch innerhalb der Linken in der Bundesrepublik wird eine solche autarkistische Politik kaum favorisiert (vgl. hierzu Deubner (1979)); die Memorandumgruppe betont z.B. ausdrücklich: "Alternative Wirtschaftspolitik ist binnenmarktorientiert, ohne damit eine Autarkie anzustreben" (Arbeitsgruppe "Alternative Wirtschaftspolitik" (198o), S. 261), sie fordert stattdessen eine im Kern auf internationaler Kooperation auf der Grundlage von Warenabkommen zur geplanten Nutzung der Vorteile der internationalen Arbeitsteilung (Größen- und Spezialisierungsvorteile) beruhende 'fortschrittliche Alternative zu der herrschenden Exportorientierung', die sie jedoch nur grob skizziert.

Eine Ausnahme bilden hier lediglich einige Vertreter der 'grünen' Technikkritik, die autarkiegerichtete Abkopplungsbestrebungen mit der angestrebten politischen und ökonomischen Autonomie für die 'Kommunen' der nachindustriellen Zukunftsgesellschaft begründen (vgl. Ullrich (1979), S. 122). Ziel ist demnach eine Reduktion der Beeinflußbarkeit der Alternativkosten durch Geschehen außerhalb der ökonomischen Einheit durch Verzicht auf 'Arbeitsteilung im Raum'. Nach Überlegungen von Piore könnten die neuesten Entwicklungen auf dem Gebiet der Mikroelektronik durch die Möglichkeit zu automatisierter und gleichzeitig sehr flexibler Produktion mit dazu führen, daß 'economies of scale' und damit auch die (internationale) Ausdehnung des Marktes an Bedeutung verlieren (vgl. Piore (1982)) - aber das alles ist, ohne mit diesem Wort eine Wertung zu verbinden, "Zukunftsmusik".

Eine erfolgversprechende Alternative zur risikoreichen weltmarktgerichteten Förderung des TW, die die Risiken einer 'Abkopplungsstrategie' vermeidet, stellt der u.a. von Fritz W. Scharpf (vgl. ders. (1981), S. 218 ff.) vorgeschlagene Weg einer gezielt binnenwirtschaftlich ausgerichteten Beschäftigungspolitik in kaum durch Importkonkurrenz bedrohten, defizitären gesellschaftlichen Bereichen wie Energieeinsparung, Umwelt-Sanierung und Altbaumodernisierung dar; hierin könnte, begleitet von Ausbildungs- und Qualifizierungsmaßnahmen und Flexibilisierungsstrategien bei der Arbeitszeit, der Schlüssel für eine verbesserte Wirtschafts- und Beschäftigungsentwicklung bestehen.

Literaturverzeichnis

ANONYMUS (17o1), Considerations on the East-India Trade, in: J.R. MC CULLOCH (Hrsg.), A select collection of early english tracts on commerce, S. 541-629, London 1856, Reprint: Cambridge 1954.

Arbeitsgruppe "Alternative Wirtschaftspolitik" (198o) Memorandum, Gegen konservative Formierung - Alternativen der Wirtschaftspolitik, Köln.

BABBAGE, Ch. (1835), On the Economy of Machinery and Manufactures, London, Reprint: New York, 1971.

BADE, F.-J. (1981), Industrial Migration in the Federal Republik of Germany between 196o and 198o, discussion papers, IIM/Industrial policy, Wissenschaftszentrum Berlin, IIM/IP 81-1o, May 1981.

BLUESTONE, B., HARRISON, B. (198o), Capital and Communities The Causes and Consequences of Privat Disinvestment, Washington: The Progressive Alliance, April 9, 198o.

BORNER, S. (198o), Transnationale Produktionsaktivitäten Überblick über Probleme und Theorien der Produktionsverlagerung aus der Sicht einer kleinen offenen Volkswirtschaft (Schweiz), in: S. BORNER (Hrsg.), Produktionsverlagerung und industrieller Strukturwandel, S. 13-34, Bern und Stuttgart.

BRAVERMAN, H. (198o), Die Arbeit im modernen Produktionsprozeß, Frankfurt/New York.

BRÜGGE, P. (1982), "Sagen wir lieber nicht Humanität" - SPIEGEL-Reporter Peter Brügge über Auswirkungen der Mikroelektronik auf westdeutsche Arbeitnehmer, DER SPIEGEL, 36. Jg., Nr. 36, S. 74-112.

DANZIN, A.M. (1978), Die gesellschaftlichen Auswirkungen der Informationstechnologien, München, Wien.

DEUBNER, C. (1979), Internationalisierung als Problem alternativer Wirtschaftspolitik, Leviathan, 7. Jg., S. 97-116.

DOSTAL, W. (1982), Bildung und Beschäftigung im technischen Wandel. Bildungsökonomische und arbeitsmarktpolitische Rahmenbedingungen des technischen Wandels am Beispiel der elektronischen Datenverarbeitung und Mikroelektronik, Nürnberg: IAB.

FELS, G., SCHMIDT, K.-D. (198o), Die deutsche Wirtschaft im Strukturwandel, Tübingen.

FRIEDRICHS, G. (1982), Mikroelektronik und Makroökonomik in: FRIEDRICHS, G., SCHAFF, A. (Hrsg.) (1982), S. 2o1-223.

FRIEDRICHS, G., SCHAFF, A. (Hrsg.) (1982), Auf Gedeih und Verderb - Mikroelektronik und Gesellschaft, Bericht an den Club of Rome, Wien u.a..

FRÖBEL, F. (198o), Zur gegenwärtigen Entwicklung der Weltwirtschaft, in: Starnberger Studien 4, Strukturveränderungen in der Kapitalistischen Weltwirtschaft, S. 9-88, Frankfurt am Main.

FRÖBEL, F., HEINRICHS, J., KREYE, O. (1977), Die neue internationale Arbeitsteilung. Strukturelle Arbeitslosigkeit in den Industrieländern und die Industrialisierung der Entwicklungsländer, Reinbek.

GOURVITCH, A. (194o), Survey of Economic Theory on Technological Change & Employment, Reprint: New York 1966.

HESSE, H. (1982), Weltwirtschaft und Strukturwandel in: B. GAHLEN (Hrsg.), Strukturberichterstattung der Wirtschaftsforschungsinsitute, - Analysen und Diskussion - S. 69-93, Tübingen.

HORN, E.-J. (1976), Technologische Neuerungen und internationale Arbeitsteilung, Tübingen.

Jahreswirtschaftsbericht 1982 der Bundesregierung (1982) Deutscher Bundestag, Drucksache 9/1322 vom 4.2.1982.

KALMBACH, P. (1978), Beschäftigungssicherung durch "Modernisierung der Wirtschaft"? in: MARKMANN, H., SIMMERT, D.B. (Hrsg.), Krisen der Wirtschaftspolitik, S. 383-399, Köln.

KALMBACH, P. (1979), Technologiepolitik als Strukturpolitik in: SIMMERT, D.B. (Hrsg.), Wirtschaftspolitik-Kontrovers, S. 466-483, Köln.

KATTERMANN, D., KURZ, H.D. (1982), Die Kontroverse um das kapitaltheoretische Fundament der traditionellen Außenhandelstheorie: Kritik und Antikritik, Jahrbuch für Sozialwissenschaft, Bd. 33, S. 333-366.

KAYSER, G., SCHWARTING, U. (1981), Auslandsinvestitionen als Unternehmensstrategie - Zum Ergebnis einer Umfrage, Wirtschaftsdienst, 61. Jg., S. 454-458.

KEMP, M.C. (1969), The Pure Theory of International Trade and Investment, Englewood Chiffs, N.J.

KING, A. (1982a), Einleitung: Eine neue industrielle Revolution oder bloß eine neue Technologie? in: FRIEDRICHS, G., SCHAFF, A. (Hrsg.) (1982), S. 11-47.

KING, A. (1982b), Mikroelektronik und globale Interdependenz, in: FRIEDRICHS, G., SCHAFF, A. (Hrsg.) (1982), S. 327-352.

LAMBORGHINI, B. (1982), Die Auswirkungen auf das Unternehmen, in: FRIEDRICHS, G., SCHAFF, A. (Hrsg.) (1982), S. 131-167.

MALTHUS, Th.R. (1836), Principles of Political Economy, London, Reprint: Clifton 1974.

MARX, K. (1972), Das Kapital, Bd. 1 (MEW 23), Berlin (DDR).

METTELSIEFEN, B. (1981), Technischer Wandel und Beschäftigung, Rekonstruktion der Freisetzungs- und Kompensationsdebatten, Frankfurt/New York.

MÜLLER, G. u.a. (1978), Ökonomische Krisentendenzen im gegenwärtigen Kapitalismus, Frankfurt/New York.

MÜNSTER, A.-M. (198o), Qualifikationsveränderungen bei der Rationalisierung und Verlagerung von Produktionen untersucht am Beispiel der Elektronik, Frankfurt am Main u.a..

NOBEL, K. (1982), Außenhandelseffekte in linearen Wachstumsmodellen, Berlin.

PIORE, M.J. (1982), American labor and the industrial crisis, Challenge, Vol. 21, No. 2, S. 5-11.

RADA, J.F. (1982), Aussichten für die dritte Welt, in: FRIEDRICHS, G., SCHAFFER, A. (Hrsg.) (1982), S. 225-255.

RICARDO, D. (1821), On the Principles of Political Economy and Taxation (1821), in: Works, Piero SRAFFA (Hrsg.), Vol. I, Cambridge 1951.

Sachverständigenrat zur Begutachtung der gesamtwirtschaftlichen Entwicklung (1981), Jahresgutachten 1981/82 Deutscher Bundestag, Drucksache 9/1o61 vom 2o.11.1981.

ders. (1982), Jahresgutachten 1982/83, Deutscher Bundestag, Drucksache 9/2118 vom 23.11.1982.

SCHARPF, F.W. (1981), Arbeitslosigkeit oder was sonst? Optionen der Arbeitsmarktpolitik in den achtziger Jahren, IHS-Journal, Vol. 5, S. 2o3-222.

SHARPSTON, M. (1975), International Sub-Contracting, Oxford Economic Papers, Vol. 27, S. 94-135.

SOMBART, W. (1921), Der moderne Kapitalismus, Zweiter Band, Erster Halbband, München und Leipzig.

STEEDMAN, I. (1979), Trade amongst growing economies, Cambridge 1979.

STUCKEY, B.L. (198o), Das Babbage-Prinzip der Internationalisierung der industriellen Produktion: Strukturwandel in den Industrieländern, S. BORNER (Hrsg.), Produktionsverlagerung und industrieller Strukturwandel, S. 35-6o, Bern und Stuttgart.

ULLRICH, O. (1979), Weltniveau. In der Sackgasse des Industriesystems, Berlin.

WAGNER, J. (1982), Das Babbage-Prinzip, Wirtschaftswissenschaftliches Studium, 11. Jg., S. 588-59o.

WEISE, P. u.a. (1979), Neue Mikroökonomie, Würzburg-Wien.

Hans Peter Widmaier

TECHNOLOGIEVERTRÄGE ALS GEWERKSCHAFTLICHES INSTRUMENT DER EINFLUSSNAHME AUF INVESTITIONSENTSCHEIDUNGEN

1. Mikroelektronik und Mitbestimmung: Das Umfeld von wirtschaftlichem Wachstum, technischem Fortschritt und gewerkschaftlicher Mitbestimmung

Wirtschaftliches Wachstum ist seit jeher verbunden mit technischem und sozialem Wandel. Dieser Gesichtspunkt hat im Zusammenhang mit der Einführung der Mikroelektronik und insbesondere von sogenannten Mikroprozessoren und den damit verbundenen sozialen und ökonomischen Folgen eine neue Bedeutung gewonnen.

Heftige Diskussionen um die sich immer deutlicher abzeichnende Technologie-Umstellung und die damit verbundene Gefahr neuer Arbeitslosigkeit führen u.a. auch dazu, daß die Debatte um die Notwendigkeit einer Steuerung des technischen Fortschritts an Bedeutung gewonnen hat. In den letzten Jahren wurde diese Fragestellung weitgehend überdeckt durch die Energiedebatte und die Diskussionen um eine Krise der Wirtschafts- und Sozialpolitik ja den heftigen Auseinandersetzungen um eine Krise der wirtschaftlichen Entwicklung überhaupt.

Technischer Fortschritt hat in der Entwicklung und Entfaltung kapitalistischer Gesellschaft eine zentrale Rolle gespielt und aus diesem Grunde sowohl eine positive als auch negative Beurteilung gefunden.

Heute ist die Diskussion um technischen Fortschritt, wirtschaftliches Wachstum und dem damit verbundenen wirtschaftlichen und sozialen Wandel, insbesondere seinen Beschäftigungsfolgen, in ein neues Stadium gerückt: der Vormarsch der Mikroelektronik, den wir seit etwa 2o Jahren beobachten können, hat weltweite Diskussionen über die ökonomischen und sozialen Folgewirkungen hervorgerufen. Mikroprozessoren und die damit verbundenen Automatisierungs- bzw. Rationalisierungsmöglichkeiten finden Beachtung: in der Hochkonjunktur wurden sie als "Job-Knüller" gefeiert, in der wirtschaftlichen Rezession werden sie als "Job-Killer" gebrandmarkt.

Eine Analyse der internationalen Literatur (1) zu diesem Problem zeigt, daß eine systematische Beurteilung der Folgen der Einführung von Mikroelektronik außerordentlich problematisch ist und auch weiterhin bleiben wird, weil die entsprechenden Ermittlungsverfahren fehlen. Was bereits für die analytische Erfassung der ökonomischen und sozialen Probleme dieser neuen technischen Evolution gilt, ist für die Prognosemöglichkeit noch in stärkerem Maße hervorzuheben. Aus diesem Grunde erhält eine institutionelle Lösung im Rahmen der Mitbestimmung, die auch die Arbeitnehmer über Einsatz und Entfaltung dieser neuen Technologie mitentscheiden läßt, eine besondere Bedeutung.

Dabei soll im folgenden ein derartiger institutioneller Versuch dargestellt werden, der die Probleme des Zusammenhangs zwischen Mikroelektronik und Beschäftigung im Rahmen eines 'Mitbestimmungsmodells durch Dialog und Vertrag' anzugehen sucht. Meines Erachtens ist dies eine politisch und ökonomisch sinnvolle Konstruktion, aber auch zugleich der "harte Kern der technologiepolitischen Debatte": denn an die Stelle einer "Rationalisierung von oben" würde hier eine "Rationalisierung durch Dialog und Vertrag" treten.

Dieser Konzeption stehen allerdings grundsätzliche ordnungspolitische - die Marktwirtschaft betreffende - Einwände entgegen, da in dieser die "Technologiewahl unter das Direktionsrecht der Kapitaleigentümer" fällt.(2)

Die Auswirkungen der Mikroelektronik mit ihren sozialen und wirtschaftlichen Konsequenzen für die Beschäftigten haben nationale und internationale Gewerkschaftsorganisationen dazu veranlaßt, sich um das Problem der Rationalisierung Gedanken zu machen. Die derzeitige Situation ist gerade dadurch charakterisiert, daß den Unternehmen dafür in einem beträchtlichen Umfang neue Technologien zur Verfügung stehen. Damit gewinnt die Diskussion um eine Mitbestimmung auf Betriebsebene, Branchenebene, auf regionaler, nationaler und auf internationaler Ebene zunehmend an Bedeutung.

Schließlich geht es in diesem Zusammenhang um ein neues Problem der Gewerkschaftspolitik: nämlich nicht nur Reallohnsteigerungen zu fordern und durchzusetzen, sondern zugleich die Durchsetzung und Anwendung neuer Technologien, wie der Mikroelektronik im Dialog und über Verträge mit dem Arbeitgeber vertraglich zu vereinbaren. Das ist ein neues Problem der seit Jahrzehnten laufenden Mitbestimmungsdebatte, das über die bisherigen politischen Verhandlungssysteme hinausgeht und neue Dimensionen

(1) Vgl. hierzu BMFT (198o).
(2) Vgl. Geipel, Schneider, Vogt (1979), S. 73 f..

der Investitionspolitik, der Mitbestimmungspolitik, aber auch der Strategien der Gewerkschaften und ihrer Kontrahenten aufzeigen könnte.

Allgemein hängt die Konkretisierung der Mitbestimmung - hier verstanden als institutionalisierte Form der Konfliktaustragung zwischen den Kapitaleigentümern und Arbeitsbesitzern (1) - einerseits von der Art der gewerkschaftlichen Forderungen, andererseits von den Machtverhältnissen zwischen Gewerkschaften und Unternehmern und von der jeweiligen wirtschaftlichen und sozialen Lage ab. Sie erstreckt sich dabei auf verschiedene Ebenen.

So wird in der technologiepolitischen Debatte - die vom Bundesministerium für Wissenschaft und Technologie wiederbelebt werden sollte - eine betriebliche und überbetriebliche Mitbestimmung der Probleme langfristiger Wirkungen von wirtschaftlicher, sozialer und technischer Entwicklung in Wirtschafts- und Sozialräten gefordert. Und es ist die Rede von der Schaffung von Bedingungen, die den Beschäftigten und ihren Organisationen die Möglichkeit der bewußten und solidarischen Gestaltung der Produktionsbedingungen und der Technologieentwicklung geben. Dies erscheint unerläßlich - insbesondere in bezug auf die Aufklärung und Diskussion über die Folgewirkungen der technologischen Entwicklung.

Überdies wird Rationalisierung und Durchsetzung neuer Technologien von Menschen gemacht, ist nicht naturwüchsig, auch nicht gottgewollt, sondern zeigt Aspekte, die im Dialog und Vertrag zwischen den Vertragsparteien, Arbeitgebern und Arbeitnehmern, herausgearbeitet werden müssen. Dies bedeutet Verhandlungen etwa über die Möglichkeit kürzerer Arbeitszeiten, besserer Arbeitsbedingungen, die Entlastung von monotoner, menschenunwürdiger Arbeit, die Schaffung von mehr Qualifikation im Arbeitsbereich und schließlich bessere Gesundheit der Arbeitenden und damit verbunden, größeres Wohlbefinden. Das ist möglich und durchsetzbar, wenn die sozialen Konsequenzen der Entwicklung, des Einsatzes und der Durchsetzung von Technologien in Diskussionen und Verträgen zwischen den Tarifparteien ausgehandelt werden.

So formulierte auch der damalige Bundesminister für Forschung und Technologie, Volker Hauff, daß es eines Grundkonsens über Ausprägung und Ziele des wirtschaftlichen Wachstums und der technischen Entwicklung bedarf, um eine positive Akzeptierung der wirtschaftlichen und technischen Entwicklung zu erreichen.(2)

---

(1) Vgl. Leminsky (1978), S. 864.
(2) Vgl. Hauff (1978), S. 14o ff..

2. Technologiepolitischer Dialog und technologiepolitische Verträge: Eine institutionelle Lösung des Problems?

Neuere wirtschaftspolitisch-theoretische Forschungen weisen nach, daß die Institutionalisierung des Gegensatzes zwischen Arbeitgebern und Arbeitnehmern im Rahmen von Verhandlungssystemen zu einer Stabilisierung kapitalistischer Systeme geführt haben.(1) Dies bedeutet auch eine Neubewertung der gewerkschaftlichen Politik, nämlich nicht Störfaktor einer Wettbewerbsordnung zu sein, sondern stabilisierend zu wirken in einem zentralen Konflikt marktwirtschaftlicher Gesellschaftsformationen. Stabilisierend bedeutet theoretisch wie praktisch die institutionalisierte, genormte, nach Regeln verlaufende Auseinandersetzung zwischen zwei einander gegenüberstehenden Kontrahenten, nämlich Arbeitgebern und Arbeitnehmern. Sie treffen sich auf einem Arbeitsmarkt, der dominiert wird von der Vorherrschaft der Kapitaleigner - auch in der Technologiewahl. Diese Vorherrschaft bedeutet die Möglichkeit der Bestimmung der Organisationsform von Arbeit, der Technologiewahl und der Hierarchisierung von Arbeit durch die Arbeitgeber. Historisch haben die Gewerkschaften darauf mit politischen Forderungen reagiert, wie Reallohnforderungen, der Humanisierung der Arbeitswelt und anderen. Heute aber, im Zuge der vollen Entfaltung marktwirtschaftlicher Prozesse haben sich die Forderungen der Gewerkschaften dahingehend konkretisiert, daß sie auch Mitbestimmung in bezug auf die Technologiewahl einbeziehen wollen.(2) Diese Forderung, wie sie beispielsweise in Norwegen und England (3) durchgesetzt bzw. artikuliert wurde, ist eine Wende in der theoretischen und praktischen Debatte in bezug auf den Konflikt zwischen beiden Kontrahenten. Sie wird zum harten Kern der Debatte um Einführung und Durchsetzung von Technologien und den damit verbundenen sozialen und ökonomischen Beschäftigungsfolgen.

Diese politische Forderung bedeutet zugleich eine Erweiterung der Mitbestimmung - wie sie in der Bundesrepublik Deutschland entwickelt wurde - auf einen Bereich, der bisher der Mitsprache der Arbeitnehmer weitgehend entzogen gewesen ist. Diese - aufgrund der ökonomischen und sozialen Folgewirkungen bedingten - politisch-praktische Forderung der gewerkschaftlichen Position hat besondere Brisanz im Bereich der Informationstechnologien bekommen. Konkret bedeutet dies, daß in der Auseinandersetzung zwischen den Tarifparteien neue Di-

(1) Vgl. Brockhaus (1979).
(2) Vgl. z.B. IG Druck und Papier (1979).
(3) Vgl. hierzu etwa Evans (1979).

mensionen jenseits der klassischen Reallohnforderungen und Arbeitszeitverkürzungen Eingang finden werden in die Auseinandersetzung zwischen den beiden konfligierenden Parteien. Mit anderen Worten: der Verhandlungsprozeß zwischen Arbeitgeberverbänden und Arbeitnehmerverbänden über die Technologiewahl wird in Zukunft neben den oben genannten traditionellen Tarifkomponenten auf betriebsspezifischer Ebene, auf regionalspezifischer Ebene, auf branchenspezifischer Ebene, schließlich auch auf Bundesebene im Rahmen der technologiepolitischen Dialoge an gesellschaftspolitischer Bedeutung gewinnen und zu einem zentralen Diskussionspunkt der Auseinandersetzung zwischen den Vertragsparteien werden. Ergebnis dieser Dialoge sollten Technologieverträge sein. Der Zweck von derartigen Technologievereinbarungen zwischen Arbeitgebern und Arbeitnehmern soll in der gemeinsamen Evaluation und Bestimmung technologischen Wandels liegen.

Diese erweiterte Form der Mitbestimmung der Arbeitnehmervertreter ist dadurch legitimiert, daß - zentral und dezentral - die Einführung von Informationstechnologien und ihren Auswirkungen auf Arbeitsplatzveränderungen, Qualifikationsstrukturveränderungen und Freisetzungsprozessen besprochen und kontrolliert werden könnte.

Kritisch ist dazu anzumerken, daß es aus Effizienzgründen und betriebswirtschaftlichen Argumenten her Widerstände gegenüber einer erweiterten Mitbestimmung geben könnte. Andererseits muß angemerkt werden, daß die Verhandlungen aus konjunktur- und wachstumspolitischer Sicht die einzige Möglichkeit anbieten, die quantitativ und qualitativ dramatischen Wandlungsprozesse in den Griff der Beteiligten zu bekommen. Das heißt, auch hier wäre eine konzertierte Aktion zwischen Gewerkschaften und Unternehmern eine Lösung, die vergleichbar wäre den sozialpolitischen Lösungen des 19. Jahrhunderts wie der Arbeiterschutzgesetzgebung, der Sozialversicherung, der Krankenversicherung, die zu einer Stabilisierung der Entfaltung marktwirtschaftlicher Systeme beigetragen haben.

Falls diese Einigung im Rahmen kollektiver Verhandlungssysteme nicht zustande kommen würde, ist zu befürchten, daß eine vehemente Legitimationskrise des Wohlfahrtsstaates auf der Basis massenhafter Arbeitslosigkeit zu einem Dauerbrenner wahlpolitischer und ideologischer Auseinandersetzung werden könnte. Zyniker, Voluntaristen und Glaubensverfechter könnten sehr wohl der Meinung sein, daß es ohne all diese theoretischen Vorüberlegungen möglich sei, die nächsten Dekaden zu bewältigen. Unser Anliegen allerdings hier kann nicht jenen Stimmen folgen, sondern sucht zu ermitteln, welche rationalen Möglichkeiten über einen Dialog und über Verträge eine Einigung zu erzielen es gibt, um damit auch zu einer ordnungspolitischen Lösung beitragen zu können.

3. Technologierepräsentanten und Technologiekonferenzen

Nationale und internationale Debatten haben gezeigt, daß die institutionelle Lösung des technologischen Problems zum harten Kern der technologiepolitischen Debatte geworden ist. Im Prinzip geht es dabei um folgendes: das zentrale Argument lautet, daß der technologische Wandel sich zwischen den Vertragspartnern in vereinbarter Form durchsetzen möge: durch ein Verhandlungssystem, vergleichbar dem Tarifvertragssystem. Praktisch geht es um eine Erweiterung der institutionalisierten Austragung des Konfliktes zwischen Kapitaleignern und Arbeitnehmern in Form von technologischen Dialogen, politischen Auseinandersetzungen und schließlich Verträgen.

Als essentials der internationalen - insbesondere in England (1) und Norwegen (2) praktizierten - Organisationsformen der Technologiewahl (3) lassen sich festmachen:

1. Rechtzeitige und regelmäßige Information der Unternehmensleitungen über mögliche und geplante technologische Veränderungen an die Belegschaften.
2. Regelmäßige beratende Treffen zwischen der Unternehmensleitung und Gewerkschaftsrepräsentanten um alle Probleme, die mit der Einführung neuer Technologien entstehen, zu diskutieren (sog. Technologie-Konferenz).
3. Die Gewerkschaften ermitteln - bezogen auf das jeweilige spezifische Unternehmen - sog. Technologieexperten oder Technologievertreter (Technologiepräsentanten). Diese haben das volle Recht, sich auszubilden, mit Arbeitsurlaub unter voller Bezahlung und der Möglichkeit der systematischen Berichterstattung.
4. Die Informationsvermittlungen an die Belegschaften sollen in verständlicher Form und so detailliert und systematisch wie möglich erfolgen. Hierzu gehört insbesondere auch die Schaffung der Möglichkeit des Zugangs der Technologierepräsentanten zu allen Informationen und Dokumentationen über die möglichen Auswirkungen geplanter und alternativer Technologien.
5. Das beiderseitige Recht, Verhandlungen über bestehende Technologieverträge wieder zu eröffnen, wenn diese durch neue technologische Veränderungen inhaltlich beeinflußt werden.(4)

---

(1) Evans (1979a).
(2) Evans (1979b).
(3) Ein Entwurf zu solchen Vereinbarungen findet sich bei Jenkins (1979).
(4) Die hierzu einschlägigen Vorschläge finden sich im Originaltext in BMFT (198o), S. 512 ff..

Diese Figur des Technologierepräsentanten gibt es seit einer Reihe von Jahren in Norwegen. Die Idee ist auch von den englischen Gewerkschaften aufgegriffen worden. Es soll jeder nationalen oder internationalen Gewerkschaft anheim gestellt werden, über die Möglichkeit des Einsatzes von Technologierepräsentanten zu befinden. Der Vorteil, besondere Technologierepräsentanten zu haben, kann darin liegen, so die Meinung der Gewerkschaft, daß sie sich systematisch und kontinuierlich über technologische Entwicklungen informieren können, soweit ihre Gewerkschaftsmitglieder betroffen sind. Dies ermögliche die Aktivitäten in Beziehung zum technologischen Wandel zu koordinieren und technischen und sozialen Rat zu vermitteln.

Die Funktion der Technologierepräsentanten wird u.a. im Dialog mit den Arbeitgeberrepräsentanten in der Technologie-Konferenz gesehen. Diese soll sich vorrangig mit Fragen der neuen Produktionstechnologien, den hierfür erforderlichen Qualifikationsstrukturen und -anforderungen, den entsprechenden Ausbildungs- und Fortbildungsprogrammen, sowie den arbeitsmedizinischen Fragen und solchen der Arbeitsplatzsicherheit beschäftigen.

Es ist Aufgabe der jeweiligen Gewerkschaft, die spezifische Rolle im Verhandlungssystem mit den Arbeitgebern über technologische Entwicklungen zu definieren.

Schließlich wird darauf hingewiesen, daß zwischengewerkschaftliche Absprachen über die Beurteilung und Einführung technologischen Wandels durch die Existenz von Technologierepräsentanten wichtig seien, insbesondere in bezug auf die Koordination der Information und der gewerkschaftlichen Aktivität.

Da technologischer Wandel sowohl direkte als auch indirekte Effekte in bezug auf die Beschäftigung hat, wird von gewerkschaftlicher Seite vorgeschlagen, daß Technologieverträge auch als zwischengewerkschaftliche Verhandlungssysteme entwickelt werden, die alle betroffenen Gewerkschaften vereinigen. Dabei wird davon ausgegangen, daß die Technologierepräsentanten sich neben den traditionellen Tarifverhandlungen über Reallohnsteigerungen auf die Einführung und die Durchsetzung neuer Verfahren, die sich aus neuen Technologien ergeben, konzentrieren sollten. Damit werden die Technologierepräsentanten und -kommitees als Ergänzung und Zusatz zu den in den traditionellen Tarifverhandlungen ablaufender Verhandlungen über Gehälter, Arbeitsbedingungen und Humanisierung der Arbeitswelt gesehen. In diesem Sinne wird eine fruchtbare Abstimmung der Technologieverträge im tarifvertraglichen Sinne erwartet.

Abschließend wird betont, daß die Dringlichkeit der Schaffung technologischer Vereinbarungen in jüngster Zeit unter dem Aspekt der Arbeitslosigkeit größer geworden ist und besonderer politischer Aufmerksamkeit bedarf. In diesem Zusammenhang ist ein Wort von Jürgen Habermas bedeutsam, das besagt, daß es in entwickelten kapitalistischen Gesellschaften nach der "Rationalisierung von oben" (durch die Kapitaleigner) auch der Entwicklung einer "Rationalisierung von unten" im Dialog mit den Arbeitnehmern notwendigerweise bedarf, um ein Minimum an Stabilität der herrschenden Wirtschaftsordnung zu gewährleisten.

Literaturverzeichnis

BMFT (Hrsg.) (198o): Informationstechnologie und Beschäftigung. Eine Übersicht über internationale Studien. Endbericht, o.O., hier: Kapitel 6.

BROCKHAUS, C. (1979): Lohnarbeit als Existenzgrund von Gewerkschaften, Frankfurt/M. usw.

EVANS, J. (1979a): The Impact of Microelectronics on Employment in Western Europe in the 198o's, Brüssel, hier: Trade Union Congress (U.K.): New Technology Agreements. A Checklist for Negotiators.

EVANS, J. (1979b): The Impact of Microelectronics on Employment in Western Europe in the 198o's, Brüssel, hier: General Agreement between the Norwegian Federation of Trade Unions (U.K.) and the Norwegian Employer's Confederation (NAF) to Computer-Based Systems.

GEIPEL, U., SCHNEIDER, J., VOGT, W. (1979): Möglichkeiten systemimmanenter Krisenüberwindung, in: Alternative Wirtschaftspolitik 1, Berlin, S. 7o-88.

HAUFF, V. (1978): Aufschwung durch Innovation?, Die Neue Gesellschaft, S. 138-143.

IG DRUCK UND PAPIER (Hauptvorstand) (1979): Tarifvertrag über Einführung und Anwendung rechnergesteuerter Textsysteme, Stuttgart.

JENKINS, C. (1979): Trade Unions and Technology: The Role of Technology Agreements, in: Micro Electronic Conference, Zandvoort (NL), 19. - 22. September, Documentation IV.

LEMINSKY, G. (1978): Mitbestimmung, in: GLASTETTER, W. u.a. (Hrsg.): Handwörterbuch der Volkswirtschaftslehre, Wiesbaden.